探索真实宇宙：
宇宙学思想的工具、形成和代价

In Search of the True Universe
The Tools, Shaping, and Cost of Cosmological Thought

〔美〕马丁·哈维特 (Martin Harwit)　著

钱　磊　译

科学出版社

北京

图字: 01-2018-2943 号

内 容 简 介

本书作者、天文学家马丁·哈维特探讨了: 我们关于宇宙的理解是如何在 20 世纪快速演进的, 同时指出影响此过程的一些因素. 天文学所用的工具大多从物理学和工程学引入. 天文学受益于美国基础研究优先的政策. 起初为军事和工业发展的方法以几乎零代价为天文学提供了强有力的工具, 催生了射电、红外、X 射线和伽马射线天文学. 今天, 天文学家正在探索暗物质和暗能量的新前沿, 这对于理解宇宙至关重要, 但是在社会经济方面的预期产出一般. 作者强调了当前的这些挑战, 提出了探索真实宇宙的新方法.

对于希望从过去获取经验并以此获得更深的宇宙学洞察力的天体物理学家、政策制定者、历史学家和科学社会学家者而言, 阅读本书将是引人入胜的.

图书在版编目(CIP)数据

探索真实宇宙: 宇宙学思想的工具、形成和代价/(美)马丁·哈维特(Martin Harwit)著; 钱磊译. —北京: 科学出版社, 2020.6

书名原文: In Search of the True Universe: The Tools, Shaping, and Cost of Cosmological Thought

ISBN 978-7-03-065058-0

Ⅰ. ①探… Ⅱ. ①马… ②钱… Ⅲ. ①宇宙学 Ⅳ. ①P159

中国版本图书馆 CIP 数据核字 (2020) 第 078432 号

责任编辑: 王丽平 田轶静/责任校对: 杨聪敏
责任印制: 吴兆东/封面设计: 陈 敬

科学出版社 出版
北京东黄城根北街 16 号
邮政编码: 100717
http://www.sciencep.com

北京厚诚则铭印刷科技有限公司 印刷
科学出版社发行 各地新华书店经销
*
2020 年 6 月第 一 版 开本: 720 × 1000 B5
2021 年 8 月第二次印刷 印张: 22
字数: 440 000
定价: 148.00 元
(如有印装质量问题, 我社负责调换)

探索真实宇宙

天体物理学家和学者马丁·哈维特探讨了我们对宇宙的理解在 20 世纪是如何快速发展的, 并找出了对这个进展有贡献的因素. 天文学的工具很大程度上从物理学和工程学引入, 它受益于 20 世纪中期美国将基础研究和实际中的国家优先事项结合起来的政策. 这个政策最初出于军事和工业的目的, 为天文学提供了强大的工具, 使人们可以几乎没有成本地进行射电、红外、X 射线和伽马射线观测. 今天, 天文学家正在研究暗物质和暗能量的新前沿, 这对于理解宇宙很关键, 但其社会经济效益不确定. 哈维特从相互竞争的国家优先事项出发讲述当前的这些挑战, 并提出探索真实宇宙的其他新方法. 对于那些希望通过了解和应用过去的经验来获得更深刻的宇宙学见解的天体物理学家、政策制定者、历史学家和科学社会学家来说, 这是一本引人入胜的读物.

马丁·哈维特是康奈尔大学辐射物理和空间研究中心的天体物理学家和天文系的荣誉教授. 多年来, 他还担任华盛顿特区的国家航空航天博物馆馆长. 在大部分天体物理生涯中, 他建造仪器并在红外天文学中进行了开创性的观测. 他的高等教科书《天体物理学概念》(*Astrophysical Concepts*) 已出版了四版, 教育了几代天文学家. 哈维特对科学如何进步或者如何受限于科学家无法控制的因素有持久的兴趣. 他的著作《宇宙的发现》(*Cosmic Discovery*) 首先提出了这些问题. 本书探讨了哲学见解、历史先例、工业进步、经济因素和国家优先事项如何影响我们对宇宙的理解. 哈维特是太平洋天文学会最高荣誉 —— 布鲁斯奖章获得者, 该奖章赞扬了"他原创的思想、学术和经过缜密思考的倡议".

译 者 序

本书的翻译是出于译者对马丁·哈维特著作的兴趣. 哈维特经历丰富, 写过《天体物理概念》这样的著作, 还提出了很多有趣的想法. 本书是一本关于 20 世纪及其前后一段时期天文学发展的科普书, 里面有一些大家耳熟能详的天文学趣闻轶事 (比如, 伽莫夫为了把作者列表凑成 α, β, γ, 硬是把汉斯·贝特拉来作为一篇文章的第二作者). 书中还提到了一些鲜为人知的历史 (比如被忽视的天文学家塞西莉亚·佩恩、恩斯特·约皮克等), 发人深省.

原书内容丰富、引人入胜, 但译者才疏学浅, 读者如果发现不妥之处, 请邮件 (lqian@nao.cas.cn) 联系或访问译者博客 (http://blog.sciencenet.cn/blog-117333-1133804.html) 留言.

本书的出版得到了中国科学院青年创新促进会资助 (会员编号：2018075), 在此表示感谢.

钱 磊

2020 年 3 月

前　言

在我的大学时代, 阿尔伯特·爱因斯坦还健在. 我的朋友和我是听着这位伟人的传奇故事长大的. 故事里说, 位于伯尔尼的瑞士专利局的一个三级职员在 26 岁时突然出手, 在一篇文章中写下了相对论的规律. 这篇文章太新鲜、太新颖, 无须引用其他学者的工作作为这篇里程碑式文章的哪怕是部分灵感之源. 爱因斯坦的文章没有参考文献列表 —— 因为没有参考文献或根本找不到参考文献.

我们都渴望效仿爱因斯坦写出一篇同样伟大的文章. 为此, 似乎我们只需要培养自立能力, 拒绝外界的影响并只依靠内在的智慧就可以了.

当然, 这是不可能的.

实际上, 这就没发生过!

但是在 20 世纪前半叶, 这个传奇挥之不去. 当时活跃的科学史家愿意书写遥远的过去. 作为一个年轻人, 爱因斯坦自己可能非常享受围绕其工作的神秘感. 据我所知, 仅有三次, 他描述了他走过的路、他与之搏斗的困难以及他人工作带来的灵感, 其中两次是在他生命的晚期.

第一次发生在 1922 年 12 月 14 日, 这可能是他一生中最陶醉的日子之一. 在此之前四天, 他本应在瑞典从瑞典国王手中接受诺贝尔物理学奖, 但是他那时在日本的京都访问.

11 月 10 日当电报从斯德哥尔摩传来的时候, 爱因斯坦不在柏林的家中 [1]. 那时, 他和妻子已经着手前往地球另一边的漫长旅程 —— 接受来自日本的邀请.

12 月的这一天, 爱因斯坦似乎并不担忧他错过了前往斯德哥尔摩的旅程①. 应即席演讲请求, 他脱稿对京都大学的学生和老师发表了演讲. 他用德语演讲, 这是他能最好地表达自我的语言. 曾经在慕尼黑理论物理学家阿诺德·索末菲门下学习的日本东北大学物理学教授石原纯博士, 认真做了笔记并为日本听众做了流利的翻译.

石原纯的笔记于次年发表在日文月刊《改造》(Kaizo) 上 (图 0.1), 但直到 60 年后才有英文全译, 出现在 1982 年 8 月的《今日物理》(Physics Today)上, 题为《我如何创立了相对论》(How I Created the Theory of Relativity)[2].

在京都的这次演讲中, 爱因斯坦谈到了美国物理学家阿尔伯特·迈克耳孙和法国物理学家希波吕忒·斐索的光速实验对他思想的早期影响. 爱因斯坦也阅读了荷

---

① 在爱因斯坦返回柏林时, 瑞典大使访问了他并将奖章交给了他.

兰的亨德里克·洛伦兹 1895 年的电动力学专著 [3]，并完全熟悉詹姆斯·克拉克·麦克斯韦于一代人之前在苏格兰创立的电磁理论. 他回顾了奥地利哲学家及物理学家恩斯特·马赫对他思想的"巨大影响".

图 0.1 "鼻子是思想的蓄水池". 冈本一平在 1922 年爱因斯坦访问日本期间画的一张速写(来自日本报纸《朝日新闻》. 鸣谢美国物理联合会 (AIP)埃米利奥·塞格雷视觉档案库)

爱因斯坦在他开拓性的关于相对论的文章中可能没有引用他人的工作，但是他确实完全熟悉这些人的工作.

我多希望我在做学生时就知道年轻的爱因斯坦花了他本科的大部分时间阅读了玻尔兹曼、亥姆霍兹、赫兹、洛伦兹、麦克斯韦和其他人的伟大著作. 通常他喜欢通过参加苏黎世的联邦工学院 (Eidgenössische Polytechnikum)，今天的联邦理工学院 (Eidgenössische Technische Hochschule, ETH)[4] 的报告会这种方式来学习. 这或许会消除我这个错误的想法，即集中于自己的努力而不是仔细了解别人的工作以学习他们是如何对科学做出贡献的. 科学是一门手艺，手艺最好向大师学习. 他们工作的迷人之处不仅在于告诉我们关于宇宙的知识，还在于告诉我们，人类在发现真理过程中所扮演的角色.

科学方法断言，使用科学将如实反映自然的图像. 然而，仔细的观察揭示出一幅图景，这幅图景由个人的天赋与偏好、新工具的可用性、一般性的错误和误解、无法将我们从几千年来所采用和辩护的确定信念中解放出来的那种无能为力，以及政治、军事和经济实体的持续争论所塑造.

　　我写作本书的目的是展示这些因素多么强烈地塑造了, 并继续塑造着我们对宇宙的认识. 为保持在此界限内进行讨论, 在很大程度上将其限制为在 20 世纪中取得的进展, 一组交织在一起的基本原理 —— 物质、恒星和宇宙的起源, 以及从最早的宇宙时期到当前的演化过程. 这三个课题的活跃研究贯穿 20 世纪, 它们的发展紧密交织, 不可分割.

　　本书的前几章展示了不同的个人选择如何帮助不同的天体物理学家得到新的认识. 在 20 世纪前半叶, 这些研究者中的大多数独自或者有时和一个学生或同事一起进行他们的研究. 很多这些努力涉及从物理和数学中引入新的理论工具以实现一种新方法以及取得一个我们的认识中令人信服的进展.

***

　　第二次世界大战 (以下简称 "二战") 戏剧性地改变了这一切. 战争表明, 科学和技术的力量可以决定一个国家的未来. 在美国, 意识到这一点促成了在时任科学研究和发展办公室 (OSRD)[5] 主任的范内瓦 · 布什建议下, 由富兰克林 · 德拉诺 · 罗斯福委托提交的一份有远见的报告 ——《科学 —— 无尽的前线》(Science—The Endless Frontier)①. 这份于 1945 年 7 月发布的报告由于有说服力地促进了政府对科学的资助而广受好评. 它倡导无缝整合的基础和应用研究计划, 专注于国家的健康、繁荣和安全.

　　由此带来将基础研究与应用研究的紧密合作提升到国家优先地位的措施, 很快为美国天文学家提供了强大的新型射电、红外、X 射线和伽马射线设备. 气球、飞机、火箭和卫星用于将这些杰出工具运载到高空或太空, 提供了有史以来最清晰的宇宙图像. 这些技术通常花费巨大, 是为国家安全发展的, 但免费提供给天文学家, 依靠这些技术, 天文发现和理论进展捷报频传.

***

　　这个领域始于 20 世纪 80 年代早期并从那时起加速发展, 它很大程度上重组了即便没有数千也有数百科学家、工程师和项目经理承担的大科学工程.

　　于是, 出版物有可能由工作在若干相互独立的研究所中的科学家共同署名. 在美国, 主要研究方向不再由个体研究者或他们天文台的领导确定, 而是通过美国科学院支持的十年调研, 在委员会范围内达成十年时间尺度上的共识来确定. 由于支持天文学的费用变得昂贵, 通常接近国家所能承受的极限, 所以必须得到公众的理解和支持.

　　今天在建的天文台, 无论是设计工作于地面还是太空, 都已经变得非常昂贵, 只有通过国际合作才能筹措所需要的经费. 欧洲和美国已经在很多空间项目开展了合作. 类似地, 地基天文台也需要不同大洲上国家的合作.

---

　　①译者注: 也译为《科学 —— 无尽的战线》.

　　未来的设备可能很快就会达到一种境地, 建造费用需要更大的国际合作以及只有数十年或更长的投入才能负担, 尽管我们现在还没有设计过持续这么长时间的科学项目.

＊＊＊

　　有一些问题 —— 我们对宇宙的探索开始变成真正困难的宇宙学问题. 我们即将面对的这些问题可能变得无法承受, 除非我们发现新的天文方法以继续前进.

　　为什么无法承受?

　　在过去十年, 我们的探索揭示出宇宙中的原子物质 ——星系、恒星、星际气体、行星, 以及生命 —— 占宇宙中所有物质的 4%. 比例大得多的那 96% 来自星系中的暗物质和同样神秘、遍布宇宙的暗能量. 除了它们的引力, 我们对二者都知之甚少.

　　这种认识缺乏的情况很大程度上是由于我们当前所依赖的工具和技术能力在其用于天文观测之前, 最初是为工业或国防目的发展的. 它们所能进行的研究主要限制于对原子物质的观测, 这个限制造成了我们对宇宙认识的偏差. 我们知道这一点是因为类似的偏差曾经误导过我们一次.

　　在 "二战" 前那些年, 天文学仅由光学天文的工具推动, 故所感知的宇宙非常不同于今天我们巡视的宇宙. 20 世纪前半叶的天文学家用宁静、庄重的术语描述宇宙, 今天我们满怀激动地看着星系撞入彼此而导致形成新的大质量恒星的那种壮烈, 这些恒星很快爆发, 将这些正在撞击的物质撕碎. 然而, 我们当前的理解仍然来源于将有限的工具带来的印象拼接起来. 现在所具有的能力或许比 20 世纪早期所拥有的能力大得多, 但是它们仍然将我们限制在主要处理被归结为原子的那仅仅 4% 的质量的观测上.

　　我们将需要一套新的工具来研究宇宙组成的那另外 96%, 这些不太可能有实际的应用并且不再能方便地采用或改造工业或国防相关的技术. 它们的发展可能需要合理的政府途径之外的支持, 除非持续数十年或更长.

　　从天文学采用《科学 —— 无尽的前线》给出的经济模型以来已有六十年了, 我们可能需要相应地回顾对于成功完成宇宙学探索所作的选择.

　　我有些担忧, 因为依靠有限的有效途径, 可能只能揭示这些仪器所能揭示的关于宇宙的那些方面. 所以, 正如工作在 "二战" 前的天文学家一样, 我们得到的可能是对宇宙的错误感觉. 这就是为什么我将获得我们可能需要的昂贵工具的现实计划看得这么重要. 这些工具将可靠地塑造我们的宇宙学观点, 并帮助我们在对真实宇宙的探索中取得成功.

出版商和数据库的贡献

　　我非常感激众多的出版商和数据库允许我使用它们拥有版权的材料. 这些图片和引文生动地丰富了本书. 尽管这些贡献已在图注和文献引文中提到, 但我还是想在此再次明确感谢这些版权所有者.

　　感谢美国天文学会 (AAS) 及其出版商、美国光学研究所允许引用和使用一张来自《天体物理学杂志》的图以及引用由美国天文学会和美国物理联合会联合出版的《美国天文学会的第一个世纪》(The American Astronomical Society's First Century) 中的一段. 感谢美国物理研究所 (AIP) 允许使用埃米利奥·塞格雷视觉档案库的九张图片. 感谢美国物理学会允许使用来自其四本杂志的图片和来自这些杂志中的一些引文以及其他材料. 感谢《天文学和天体物理学年评》(The Annual Review of Astronomy and Astrophysics) 允许引用汉斯·贝特在《我的天体物理生涯》(My Life in Astrophysics) 和埃德温·E.萨尔皮特在《一个通才学者的回望》(A Generalist Looks Back) 中的回忆录. 感谢英仙座图书 (Perseus Books) 出版社的分支机构——Basic Books 出版社允许我引用我的书《宇宙的发现》中的材料. 我感谢康奈尔大学善本和手稿收藏图书馆的卡尔·A.克罗赫图书馆分部允许发表汉斯·贝特的一张照片. 感谢 Dover 出版社允许我采用昂利·庞加莱的《科学和假设》(Science and Hypothesis) 中的一段. 我感谢 Elsevier 出版社允许我引用雅科夫·鲍里索维奇·泽尔多维奇和马克西姆·尤里耶维奇·赫洛波夫在《物理快报B》中的一篇文章. 感谢苏黎世的欧罗巴 (Europa Verlag) 出版社授权引用卡尔·塞利希编著的《鲜明的时代–黑暗的时代》(Helle Zeit-Dunkle Zeit) 中阿尔伯特·爱因斯坦自传梗概的一些段落. 感谢乔治·伽莫夫基金会授权引用伽莫夫的书《我的世界线》(My World Line) 中的若干回忆录. 感谢哈佛大学约翰·沃尔巴赫图书馆允许我引用塞西莉亚·佩恩的博士论文的一些部分. 我感谢科学史出版有限公司《天文学史杂志》允许我引用伯纳德·洛韦尔爵士的《国防科学对天文学发展的影响》(The Effects of Defense Science on the Advance of Astronomy) 中的段落. 感谢美国科学院允许我复制埃德温·哈勃最初的星云红移距离关系图以及邓肯·J.瓦茨的文章《随机网络上的全局级联效应的一个简单模型》(A Simple Model of Global Cascades on Random Networks) 中的一段引文. 我感谢自然出版集团允许使用 20 世纪在《自然》中发表的若干引文和图片. 感谢敞院出版公司 (Open Court Publishing Company) 允许引用保罗·亚瑟·西尔普编著的《阿尔伯特·爱因斯坦:哲学家–科学家》(Albert Einstein: Philosopher-Scientist) 中阿尔伯特·爱因斯坦的著作. 我感谢普林斯顿大学出版社允许使用大卫·德沃金的 Henry Norris Russell 中的节选. 感谢英国皇家天文学会 (伦敦) 允许我引用斯坦利·爱丁顿爵士在《天文台》中的一些话以及引用赫尔曼·邦迪和托马斯·戈德、弗雷德·霍伊尔以及罗杰·布兰德福德和罗曼·兹纳耶克在《皇家天文学会 (伦敦) 月刊》中的一些文章. 我感谢伦敦皇家学会 (The Royal Society of London) 允许引用梅格纳德·萨哈和保罗·A. M. 狄拉克分别于 1921 和 1931 年发表在《皇家学会文集 A》上的一些文章. 感谢剑桥大学圣约翰学院提供并授权使用保罗·A. M. 狄拉克和弗雷德·霍伊尔的照片. 同样感谢剑桥大学三一学院提供并授权使用斯坦利·爱丁顿爵士、拉尔夫·霍华德·福勒和萨婆罗门扬·钱德拉塞卡的照片. 感谢芝加哥大学出版社允许引用托马斯·库恩的《科学革命的结构》(*The Structure of Scientific Revolutions*) 以及彼得·伽里森的《实验是如何终结的?》(*How Experiments End*), 以及使用《太平洋天文学会会刊》的一段引文. 感谢伊利诺伊大学允许我引用其重印的克劳德·香农的《通信的数学理论》(*The Mathematical Theory of Communication*) 中的节选. 感谢鲁汶大学数据库友情提供并授权使用乔治·勒梅特的一张照片. 感谢 W. W. 诺顿出版社允许我引用邓肯·J. 瓦茨《六度分隔: 一个相互连接的时代的科学》(*Six Degrees— The Science of a Connected Age*) 中的一段.

致　　谢

　　我感谢那些为 *In Search of the True Universe* 出版做出贡献的众多研究机构和个人.

　　我在 1983 年春天作为史密松学会的国家航空航天博物馆的访问学者开始本书的写作. 我原打算将此书作为早先两年发表的 *Cosmic Discovery* (主要讨论取得天文发现的方式) 的姊妹篇. 但是由于有其他更优先的事务, 我并未在这本新书上取得太多进展. 在 2002 年夏天, 格罗宁根大学的卡普坦研究所邀请我作为阿德里安·布洛乌教授在格罗宁根访问三个月. 我再一次开始写作, 但是这一次也没有取得我所希望的进展. 最终, 在 2007 年秋天, 英国杜尔汉姆大学的高等研究院延续了其热情好客的态度. 在那里, 两位访问学者向我介绍了我从不知道的工作. 哥伦比亚大学的社会学家大卫·斯塔克向我介绍了最近对社交网络的研究. 人类居住区发展专家, 澳大利亚的理论人类学家罗兰·弗莱切使我熟悉了他的工作. 最终, 有了这些我曾经寻找并且不知道是否存在的工具, 可以令人满意地完成当前的这本书了. 我特别感谢杜尔汉姆大学 (Durham University) 的高等研究院负责人的款待.

　　美国宇航局资助了我的天文学研究近半个世纪. 最近的资助是美国宇航局作为欧洲空间局伙伴的联合项目, 一开始是红外空间天文台, 后来是赫歇尔空间天文台. 这些项目为本书后面一些章节讨论的很多方法增色不少.

　　理论天体物理学家伊拉·瓦瑟曼, 是我在康奈尔大学的同事和朋友, 是第一个阅读并对早期版本的完整书稿进行评判的人. 他的见解和建议有巨大的价值. 很多同事和家庭成员随后阅读并对本书随后的草稿给出意见. 我感谢我们的儿子阿列克斯、埃里克·哈维特和我们的女儿艾米丽及她的丈夫斯蒂芬·A. 哈维特–韦维尔. 天文学家皮特·谢费和天文史学家罗伯特·W. 史密斯也都通读了整本书. 另外两位历史学家卡尔·哈夫鲍尔和大卫·德沃金友情阅读并对一些章节提出了建议, 我深深折服于他们的见多识广. 卡尔也提供给我很多富有知识性的未发表文章.

麻省理工学院的天体物理学家兼作家阿兰·莱特曼允许我引用他对顶尖天体物理学家的采访. 大卫·德沃金授权我引用他的 *Henry Norris Russell* 的传记中的见解. 密歇根大学的理论物理学家马克·E.J. 纽曼允许我使用并改编他的若干论著中的图表. 很多同事, 如大卫·克拉克、布鲁斯·马尔贡、维拉·鲁宾和亚历山大·沃尔茨冈在我尚不确定他们的发现如何产生时, 不吝回答了关于他们个人对天文学贡献的问题, 其他人包括伯恩哈特·布兰德、哈罗德·雷切马、吉尔·塔尔特和基普·索恩提供了关于我尚不能解决的问题的信息. 对于纽约州伊萨卡的康奈尔大学图书馆的职员, 我从没有机会和任何一位见面并道谢, 因为我现在居住并工作在华盛顿特区. 这些年间, 他们找到并通过电子邮件给我发送了很多国家早期的科学论文. 这些都是我自己无法获得的. 皮特·赫特尔也在康奈尔大学, 他为版权法的复杂规定提供了有价值的专业建议.

和剑桥大学出版社的天文学和物理学编辑温斯·希格斯和制作编辑约书亚·彭尼一起工作很愉快. 我也感谢在印度金奈工作的纽根知识工场项目经理阿比达·苏莱曼, 他组织了本书的制作. 感谢特蕾莎·科恩纳克作为文字编辑凭借良好的判断力改进了本书. 本书的封面设计是詹姆斯·布里森完成的.[①]我感谢布莱恩·奥布莱恩 (我第一次与其一起工作大约是三十年前) 设计了图 11.1, 此图源自 1985 年美国宇航局的一本手册, 重画为灰色调, 以及在本书封底重绘了一部分这幅图的彩色版.

我非常感谢我的妻子玛丽安, 在我无数天的写作期间, 她一直鼓励我. 没有她的支持, 这本书是不可能写出来的.

注释和参考文献

[1] Subtle Is the Lord—The Science and the Life of Albert Einstein. Abraham Pais, Oxford, 503-504, 1982.

[2] How I created the theory of relativity, Albert Einstein, 由物理学家石原纯从德语译为日语, 以日语于 1923 年发表于日本期刊《改造》上; 随后由 Yoshimasa A. Ono 从日语译为英语, 发表在 *Physics Today*, 35, 45-47, 1982.

[3] Versuch Einer Theorie der Elektrischen und Optischen Erscheinungen in Bewegten

①詹姆斯·布里森设计的原书的封面显示了一个沙漏, 在顶部, 早期宇宙充满了无数相互碰撞的亚原子粒子. 随时间推移, 今天的宇宙出现在下面, 作为一张复杂的星系网络充满了所有空间.

Körpern, H. A. Lorentz, Leiden, The Netherlands: E. J. Brill, 1895; reprinted unaltered by B. G. Teubner, Leipzig, 1906.

[4] Erinnerungen eines Kommilitonen, Louis Kollros, in Helle Zeit-Dunkle Zeit. Zürich, (Carl Seelig, editor), Europa Verlag, 22, 1956.

[5] *Science—The Endless Frontier, A Report to the President on a Program for Postwar Scientific Research*, Vannevar Bush. Reprinted on the 40th Anniversary of the National Science Foundation, 1990.

[6] *Cosmic Discovery—The Search, Scope and Heritage of Astronomy*, Martin Harwit. New York: Basic Books, 1981.

使 用 说 明

  第 1 章描绘了物理科学在 19 世纪末所处的位置. 随后的章节几乎完全在讲述 20 世纪中以及千年之交时我们对宇宙的认识上的进展.

  天文学是一门观测科学, 它不同于实验科学之处在于它不能操作其研究对象. 这些困难是特有的, 所以本书的一些章节着眼于描述 20 世纪科学家在深入探索宇宙本性时所面对的主要问题, 特别是第 3~6 章、第 8 章和第 10 章. 相反, 第 2 章、第 7 章、第 9 章和第 11 ~ 16 章描述了随着那个世纪的进步, 这些科学家之间的互动以及他们不断增长的改变社会的力量如何影响了开展天体物理学研究的方式. 尽管在这些相对独立的章节中有讲述, 但科学问题和社会因素是本书最后几个章节所要描绘的更为一体的过程的一部分.

  因为本书瞄准, 至少是部分瞄准年轻研究者和来自人文社会科学领域的学者, 所以我希望对我插入的少量天体物理公式和方程的不熟悉不会阻碍新来者阅读. 文字通常旨在用日常英语对数学表达式的含义补充说明. 插入符号语句对天体物理学家是有益的, 这为他们提供了一种熟悉并快速理解我想要传达的观点的途径. 在任何可能的地方, 数学公式都放在脚注里, 以便读者愉快地阅读没有公式的文本.

  阅读一本可能涉及大量不熟悉的概念的书的主要障碍可能是缺乏足够的解释. 我通过加入一个全面的术语表来应对这个困难. 在我第一次使用很多读者可能不能立即认出的某个术语时, 我将其写为*斜体*[1]. 这意味着, 如果我不马上解释它的意义, 那么它的定义通常可以在书末尾的术语表中找到.

***

  自 20 世纪初以来, 科学符号稳步发展. 在 20 世纪 20 年代, 原子量为 16 的氧同位素写为 O^{16}, 而今天我们写为 ^{16}O. 在 20 世纪 30 年代, 表示核反应的表达式写得好像方程一样, 在初态和终态组分间插入等号 (==). 今天, 从初态到终态的反应方向用箭头 ($\longrightarrow$) 表示.

  高能的氢核、电子和光子[2]分别用希腊字母阿尔法、贝塔和伽马命名为 α 粒子、β 粒子和 γ 射线.

  开尔文测量的温度原先写为 °K, 现在缩写为 K. 在天体物理学中, 厘米-克-秒 (cgs) 单位制仍然常用, 尽管官方场合应该已经普遍采用米-千克-秒 (mks) 单位制. 过去时间单位秒简写为 sec, 而今天, 物理学家和天文学家写为 s.

  在引用不同年代的论文时, 我选择统一地使用当前的用法, 主要基于 cgs 单位

---

①译者注: 本书中翻译为中文时用楷体, 相应的英文为正体.
②译者注: 原文为 X-rays. 但实际这里应该用 "光子" 一词.

制, 即使在我逐字引用早期科学文本时也是如此. 一个例外是我保留了秒的缩写 sec, 因为 s 单独使用有时会含混不清. 我希望全书采用这种统一符号可以减少给读者的压力.

除了这些科学符号的修改, 所引用的材料总是保持其原始形式. 如果一段引文含有斜体①的文字, 是因为原始的文本如此. 在直接引用中插入的我自己的旁白总是出现在方括号中.

我预期至少一些读者想知道应该如何看待天体物理学家在 20 世纪各时期得到的结论. 为了不干扰行文, 但依旧满足好奇心, 我时不时地在脚注中插入这些比较. 参考文献列在每一章后面的尾注中.

在一位科学家所用的精确表达值得引用并且最初为德语 (德语一直到 "二战" 时期在欧洲大陆经常被用作科学的语言) 时, 我提供了自己的翻译. 这通常不是逐字逐句的翻译 (一个世纪后这种翻译可能不再传达其原有的意义), 而是用当今的英语尽可能接近地表达那些论述的含义.

我应该辨析我贯穿全书所使用的五个词:

我对等地使用 Universe 和 Cosmos②统指自然的所有.

在谈论天文学家(astronomer) 和天体物理学家(astrophysicist) 时, 我将那些把精力集中于观测和解释宇宙的同事区分开. 但是这两种工作很少可以区分; 很多同事认为他们既是天文学家又是天体物理学家. 相应地, 我几乎对等地使用这两个称呼.

在使用我们(we) 这个词时 (这个词在本书中不断出现), 我尝试传达一种感觉, 我们(天文学家和天体物理学家群体) 会说什么. 用这种方式写作时, 我可能偶尔会曲解我的同事; 但是天文学是快速变化的领域, 我们不可能总是意见完全相同.

本书末尾的附录定义了科学表达式, 列出了符号的含义并澄清了读者可能不熟悉的不同单位之间的关系.

最后的目录给出了书中交叉引用的话题.

---

①本书中翻译为中文时用楷体, 相应的英文为正体.
②译者注: 本书统一译为 "宇宙".

目　　录

图 目 录

表 目 录

第 1 章　19 世纪最后五年

　　1895 年秋天, 16 岁的阿尔伯特·爱因斯坦来到苏黎世寻求进入苏黎世联邦理工学院工程系的机会. 他们家刚搬到意大利, 爱因斯坦便准备了入学考试, 而大部分学生在 18 岁才进行这些考试. 苏黎世联邦理工学院的校长没有直接录取这位最年轻的考生, 而是建议他去位于阿劳 (Aarau) 的瑞士州立学校. 爱因斯坦次年从那里毕业.

　　从阿劳毕业进入理工学院无须进一步考试. 阿尔伯特 1896 年 10 月在那里开始了他的学习, 并在 1900 年 7 月末毕业. 只不过他注册了数学和物理的学习而不是工程学.

　　回顾 1895 年秋天到 1900 年夏天这五年的学生时代, 这几乎是科学发展中最令人兴奋的一个时期.

＊＊＊

　　1895 年 11 月 8 日下午晚些时候, 维尔茨堡大学的物理学教授威廉·康拉德·伦琴注意到了一种奇怪的微光. 他研究不同放电管的发射已有几个星期了, 之前他曾注意到一小块涂有氰亚铂酸钡的纸板在放到这些放电管之一前面时会发出荧光. 为更好地理解产生这种荧光的原因, 他用黑色纸板罩住了放电管, 使得没有光可以漏出. 在暗室中, 他检查了罩子的不透明度. 它看起来是完好的, 但是每次放电都伴随有一种奇怪的微光. 在黑暗中划一根火柴, 他发现这种微光来自他放在旁边的涂了氰亚铂酸钡的纸板, 这块纸板是随后要用的.

　　整个周末他重复了这个过程, 好像有一些新的效应. 在随后的几周, 他进行了各种实验以更密切地研究产生荧光的原因. 他发现穿透黑色罩子的辐射也让照相底片变黑了.

　　铅对这种辐射的吸收最强. 这种辐射不同于放电管中的放电, 不能被磁铁偏转. 它沿直线传播, 但是和紫外辐射不同, 它不能被金属反射. 由于不知道如何准确称呼这些射线, 他选择了无偏见的命名 ——X 射线.

　　12 月 28 日, 第一篇关于他的发现, 题为《一种新的射线》(*Über Eine Neue Art von Strahlen*) 的文章发表在《维尔茨堡物理学医学学会会刊》(*Sitzungsberichte der Würzburger Physikalisch-Medizinischen Gesellschaft*). 这篇文章包含了六天以前, 伦琴让他妻子将她的手放在底片上所得到的照片, 如图 1.1 所示. 这张照片引起了轰动, 并且可能仍然是所有时代中最具标志性的科学图片, 它显示了伦琴妻子手的骨骼结构, 而更清楚的是她佩戴的戒指. 一眼看上去, 这揭示了一种新的穿透成像技术及其在医学科学和不可胜数的其他研究中具有广阔前景的明确迹象. 英国《自然》杂志在 1896 年 1 月 23 日发表了这篇文章的英文翻译 [1]. 这篇英译稿及之前的新闻稿立即引起了世界的注意. 同年出现了超过 1000 份关于 X 射线的出版物, 包括书和小册子.[2]

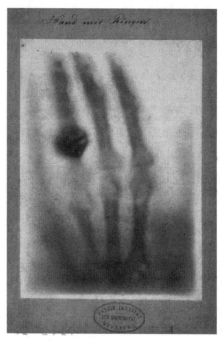

图 1.1　这幅图片包含在伦琴发表的原始论文中, 不过没有维尔茨堡大学物理系的印章. 作为一个非常注重隐私的人, 伦琴在发表的图片的图注里仅写了: "一个活人手指骨的照片. 第三个手指戴有一个戒指". 公开这是他妻子的手并非伦琴的本意. 复制在这里的图片的德语图注甚至更简洁地写为 "戴着戒指的手" (Hand mit Ringen) (鸣谢维尔茨堡大学)

伦琴并不完全确定他发现的是一种什么辐射. 他认为它类似于光或者光的某种变体. 他知道 X 射线可能的医学应用, 但他拒绝获取专利, 他坚持所有人类都应该从他的工作中获益. 但是他从未预料到一个世纪后, 围绕地球的 X 射线望远镜正在研究膨胀的宇宙深处的黑洞发出的信号. 这样说可能没有意义, 但它传达出了那时无法想象的概念!

***

关于伦琴发现的新闻激励了巴黎综合理工大学的物理教授安东尼·昂利·贝克勒尔去研究是否所有磷光材料都会发出类似的射线, 然而答案并非如此. 但是贝克勒尔发现了另外一种出乎预料的现象, 即来自铀盐的自发辐射. 他在 1896 年公布了这一发现.

在随后的 1897 年, 剑桥的卡文迪许物理系数学实验室的教授约瑟夫 · 约翰 · 汤姆孙发现了产生 X 射线的高能阴极射线的来源. 汤姆孙发现, 阴极射线是带负电的粒子流. 它们的带电量和稀电解质溶液中带电氢原子的带电量相同. 他判断这种粒子的质量只有带电氢原子质量的 1/1700①. 仔细的测量以及汤姆孙完整的论证致使这种现在称为电子的新粒子很快被人们接受.

到 1898 年, 巴黎索邦大学的物理学教授皮埃尔 · 居里和他年轻的波兰妻子玛丽 · 斯克罗多夫斯卡 · 居里进一步开展了贝克勒尔的研究. 他们为贝克勒尔发现的现象创造了一个词——放射性. 在他们进行的很多实验中, 居里夫妇从含铀矿石沥青铀矿中分离了两种新的放射性物质, 每一种的放射性都比铀强数百万倍. 这两种物质之前都是未知的元素. 玛丽 · 居里把第一种称为钋, 第二种称为镭.

到 1898 年末, 苏格兰化学家威廉 · 拉姆赛和同事也已经在过去一些年在实验室中进行的一系列精巧的实验中分离出了惰性元素氦、氩、氖、氪和氙.

在 19 世纪接近尾声时, 物理学家和化学家开始理解化学元素的本性. 圣彼得堡的俄国化学家德米特里 · 伊万诺维奇 · 门捷列夫于 1869 年发表的元素周期表成为一份细节越来越清晰的路线图. 门捷列夫对其设计的表格信心满满, 非常自信地在其中留下了空白. 此时, 化学家正在迅速分离出他预言的新元素并且发现它们是排列好的. 拉姆赛的新元素恰好适合周期表新增加的一列, 正如玛丽 · 居里的新元素填满了两个之前的空格. 化学家越来越感觉自己进入了正轨 [3].

元素的原子本质逐渐被接受. 人们发现分子总是由原子组成的, 虽然原子的结构那时还不知道, 但是汤姆孙的实验表明它们含有电子. 电子可以由强电场从任意数量的不同物质中移出.

在那个世纪, 电和磁的本质已经通过很多实验 (特别是麦克尔 · 法拉第在英格兰做的那些) 逐渐为人知晓. 到 1865 年, 苏格兰的詹姆斯 · 克拉克 · 麦克斯韦已经扩展了法拉第的工作并发展了我们今天所知的辐射的电磁理论. 这表明光是一种垂直于传播方向的振荡波, 在空间中传播等量的电能和磁能 [4]. 这个预言已经被海因里希 · 赫兹于 1888 年在德国通过射频波实验所证实 [5,6]. 追随赫兹, 意大利发明家古列尔莫 · 马可尼于 1899 年证明, 无线电波可以穿越英吉利海峡 [7].

***

对于天文学家来说, 这些结果中的很多仍然太新颖, 不能马上找到应用. 天体物理学仍然是一门年轻的学科. 《天体物理学杂志》第一期在 1895 年 1 月 1 日刚刚出版, 那时还主要专注于光谱学. 人们活跃地对太阳、恒星和实验室源的光谱进

---

①汤姆孙的电子和质子(汤姆孙称为 "带电氢原子" 的氢原子核) 的质量比非常接近今天的比值 1/1836.

行研究以寻找地球上发现的化学成分和可能组成了行星、恒星和星云的那些化学成分之间的相似性.

　　尽管光谱学工作很大程度上仍然专注于收集数据和对恒星光谱进行分类, 但高分辨率光谱学已经开始通过观测其多普勒频移, 即速度移动的光谱, 得到恒星的视向速度[①]. 到 19 世纪 90 年代, 波茨坦天体物理天文台的赫尔曼·卡尔·福格和尤里乌斯·席耐尔充分发展了光谱学技术, 使得能够可靠地确定恒星相对于地球的视向速度, 并在地球周年绕太阳转动期间直接测量地球的速度.

　　通过观测数月或数年期间谱线的多普勒频移, 密近双星围绕彼此的速度也可以精确测定, 如果它们正好互相掩食. 一旦测定了它们的轨道速度和周期, 就可以应用牛顿定律导出恒星的质量[9].

　　然而, 在一些关键性问题上, 天文学仍旧保持沉默: 我们对宇宙的尺度一无所知. 我们对它的年龄或者它是否如大多数人所相信的那样是永恒的一无所知. 我们对太阳如何在地球被阳光温暖的那么长的时期内保持发光也非常不确定.

　　地球上岩石被风和雨侵蚀的速率以及被侵蚀的物质进入海洋产生的海洋盐度表明, 地球已经被太阳温暖了数亿年. 从含有化石动物群的地层沉积深度也能得出类似的结论. 但是太阳如何能保持这么长时间发光, 没人能解释, 其所需能量远超任何可以想象的来源!

　　20 世纪会逐渐回答这个问题.

注释和参考文献

[1]　On a New Kind of Rays, W. C. Röntgen, *Nature* 53, 274-76, 1896.

[2]　Wilhelm Conrad Rñtgen, G. L'E. Turner, *Dictionary of Scientific Biography*, Vol.11. New York: Charles Scribner & Sons, 1981.

[3]　Ueber die Beziehungen der Eigenschaften zu den Atomgewichten der Elemente, D. Mendelejeff, *Zeitschrift für Chemie*, 12, 405-406, 1869.

[4]　A Dynamical Theory of the Electromagnetic Field, James Clerk Maxwell, *Philosophical Transactions of the Royal Society of London*, 155, 459-502, 1865.

[5]　Über die Entwicklung einer geradlinigen elektrischen Schwingung auf eine benachbarte Strombahn, H. Hertz, *Annalen der Physik*, 270, 155-70, 1888.

[6]　Über die Ausbreitungsgeschwindigkeit der electrodynamischen Wirkungen, H. Hertz, *Annalen de Physik*, 270, 551-69, 1888.

[7]　Wireless Telegraphic Communication, Guglielmo Marconi, *Nobel Lectures in Physics*, The Nobel Foundation, 1909.

---

　　①光谱移动已经于半个世纪之前的 1842 年由布拉格的数学家克里斯蒂安·多普勒预言.

[8]　Ueber das farbige Licht der Doppelsterne und einiger anderer Gestirne des Himmels, Christian Doppler, *Abhandlungen der königlich böhmischen Gesellschaft der Wissenschaften zu Prag*, Folge V, 2, 3-18, 1842.

[9]　*A History of Astronomy*, Anton Pannekoek, p. 451. London: George Allen & Unwin, 1961. Reprinted in Mineola, NY: Dover Publications, 1989.

第一部分

理论工具的引入

第2章 概 述

我们今天看到的宇宙

20 世纪的天体物理学家告诉我们, 我们在夜间看到的恒星和我们所居住的宇宙的起源和演化具有连贯的历史, 可以回溯到数十亿年前. 尽管我们的知识仍然是片段化的, 但是探索的进展很快并且给了我们一个希望, 即我们的探索终有一天会变得完整, 或许不是在我们将知道一切的这个意义上, 而是在我们或许会发现科学所能揭示的所有东西这个意义上.

我们的探索中的一个有益特征是, 远至我们所能探测的时间, 我们发现已知的物理规律严格正确. 光速、原子性质、它们的组成成分 —— 电子和原子核以及所有这些粒子和辐射的相互作用, 从宇宙生命的最初几秒以来就没改变过.

同样有益的是, 宇宙在膨胀, 尽管光速很快, 但也需要若干世纪才能穿过宇宙级别的距离. 使用最强大的望远镜, 我们能够直接看到遥远的恒星和星系, 因为它们在数十亿年前发出了光. 我们可以比较它们那时的样子和在空间上更靠近我们的恒星和星系现在的样子. 随着宇宙膨胀, 在空间中纵横交错的光波与其一起膨胀. 一个遥远星系发出的短波长的光到达我们时会具有较长的波长. 蓝光向红端移动. 这个红移随着穿过的距离和自发出以来的时间的增加而增加, 故一个星系的红移记录了我们观测到那些光从这个星系发出时所处的时期①.

强大的望远镜可以描绘一个星系的外貌, 分辨其结构并通过光谱探测其内部运动和化学组成以确定起作用的物理过程: 这个星系是否在形成新的恒星? 它发出了多少辐射? 它是孤立的还是在和邻近的星系相互作用?

随着我们在空间中探测得更深, 在时间中回溯得更远, 大型巡天观测提供了宇宙演化的全景历史. 我们看到了诞生不久的小星系, 注意到, 它们在某个时期并合形成更大的星系. 在这个时期中, 每个地方的星系核都比这个时期之前和之后的更亮. 早期宇宙看起来几乎没有重于氢和氦的化学元素. 但在晚些时候, 我们看到较重的化学元素的丰度稳步增加.

最难探测的时期正是最早的时期. 在宇宙诞生后的最初数十万年间, 一团电子、

---

①我们往往将望远镜看作能看到远处空间的工具. 但是在宇宙学中, 它们实际上是在时间中回溯. 今天看到的最早期的星系也正是那些最遥远的星系, 它们的光到达地球需要时间. 我们今天所见的最近的星系仅是它们数百万年前的样子, 我们不可能观测到它们数十亿年前的样子, 因为它们在那时发出的光在很早以前就已经越过我们了.

核子、辐射① 和中微子浓雾充满空间, 模糊了可见光、射电波、X 射线或任何其他电磁辐射可能传递的所有关于宇宙诞生的信息. 我们还不能准确知道可以用这种方法得到多少关于宇宙创生的信息, 但是我们通过寻找宇宙历史早期的其他线索成功地部分弥补了这个损失.

这些线索中的一个是由氢原子和氦原子的比例给出的; 另外一个是我们今天探测到的无处不在的微波背景辐射的温度, 这种辐射可以回溯到那团起初的浓雾刚刚散开之时. 这两个特征告诉我们宇宙在年龄只有几分钟时, 曾经是多么致密和多么极端地炽热, 原初的质子、中子和电子不断碰撞导致了今天仍然是宇宙主要组成成分的氦原子的丰度.

我们尚不知道如何解释的进一步线索可能是, 宇宙中电子和质子的丰度高, 但几乎完全没有它们的反粒子, 即正电子和反质子. 在最早期存在的高温下, 粒子和辐射之间的碰撞应该形成等量的质子和反质子、电子和正电子. 归根到底, 我们现在所知的物理规律会不同于最早期么? 或者我们当前对于极高能下物理的知识是否不完备? 若是这样, 那么在高能加速器上进行的实验或者对从外层空间自然撞击地球的高能宇宙线的观测可能会在某一天告诉我们应该怎么对这些规律进行补充.

我们的探索仍然继续.

发现 (discovery) 和见解 (insight)

我们对宇宙的理解基于发现和见解的共同影响. 这两个词有很多含义. 在此, 我把发现考虑为, 认识到一个确认的研究结果不符合当时的预期. 观测、实验和探索都能导致发现. 见解让我们可以将发现放到我们相信并且知道的其他一切知识所形成的图景中. 发现就好像是要纳入更大的拼图中的一片形状奇怪的碎片. 为使得发现能纳入, 拼图的形状可能需要改变, 或者整个拼图在新的碎片能被安放之前可能必须重新组装并通过新的见解重构.

认识的增长涉及发现和见解的交替循环. 但是和更规则的周期性过程不同, 发现和见解通常不遵循匀整的周期性模式. 这个序列或许可以更好地描述为发现、不确定性和怀疑积累的时期, 随后是认识到只有抛弃之前所持有的观点代之以新的视角的时期, 才能澄清.

然而, 验证这些新的视角可能需要新的工具. 对于天文学家而言这可能意味着建造和使用新种类的望远镜和设备. 对于理论家而言这可能是使用专门发明的分析方法或数学概念. 对于二者而言, 缺乏实验室数据这一点可能需要使用第三组工具来克服.

合适的工具是不可或缺的. 仅仅靠勤奋并不能弥补工具的缺乏. 但通常可能缺

---

①译者注: 即光子.

乏所需的工具甚或关于这些工具可能为何的知识. 数十年间, 没有天文学家想到探测 X 射线的工具能革新这个领域.

如我们在后面将要看到的, 当爱因斯坦奋斗多年理解空间、时间和引力的本质时, 他曾经求助于他的朋友和昔日同窗 —— 数学家马赛尔·格罗斯曼. 格罗斯曼向他介绍了数学家伯恩哈特·黎曼和他的追随者在 19 世纪末探索过的一种深奥的微分几何. 当正确的工具出现时, 才有可能取得进展.

有时, 理论工具比比皆是. 天体物理理论超前于观测, 直到理论有脱离实际的危险. 其他时候, 观测结果容易获得, 我们关于宇宙的知识变成了唯象的理解. 我们可能知道发生了什么, 但无法用联系不同现象的总体原理对其进行解释. 当他们的理论无论在深度上还是在所覆盖课题的广度上大致符合观测时, 天文学家最为满意. 这种平衡使得我们有可能沿着宽阔的前沿稳步前进. 在这个前沿上, 新问题可以用已有的观测和理论工具进行研究.

然而最终, 发现、见解和它们所要求的工具都不足以确保进展, 所以具有新的认识水平的每个天文学进展在有后续进展之前都必须首先被接受. 为此, 说服同行是至关重要的. 这种接受需要学界共识. 一个科学家或许取得了一个发现, 获得了新的见解并找到一本期刊发表这些发现 —— 尽管不确定这些发现是否符合期刊编辑和审稿人的口味. 但是仅仅发表不会自动让人们接受. 大部分发表了的文章, 特别是那些声称有新进展的文章很大程度上都被学界忽略了, 学界喜欢处理已经被接受的知识而不是新知识. 除非科学家能说服批评者, 他或她做出了有价值的贡献, 否则进展将仍然埋没在某些出版物中 —— 如果它能走那么远的话. 大部分天文学家会告诉你, 让大家接受独立验证了一个著名真理的发现比说服同行接受一个例外的观测或一个特别大胆的见解要容易.

说服同行非常困难, 因为它通常不是通过单一的进展, 而是通过不断增加的有说服力的实例, 新见解或新发现如何调和盛行的观点无法解释的另类发现的实例.

为理解我们对宇宙的认识如何演进, 必须认识到发现、见解、必要的工具和说服天文学界这些所有因素的重要性. 如果我们忽略或降低这四个因素中任意一个的重要性, 那么认识的增长就变得不可预测并且看起来杂乱无章.

认识的增长

新发现如何产生并产生对宇宙的更深入理解可能取决于许多因素. 类星体和脉冲星都是在 20 世纪 60 年代发现的. 但是, 完全认识到类星体是什么用了近 30 年的时间, 而对脉冲星物理过程的解释几乎是马上就被理解了.

类星体相当不寻常的第一个迹象是, 它们从看起来像一个点源 (即使最大射电望远镜也无法分辨出可观测的结构) 的地方发出强大的射电信号. 此外, 光学望远镜的观测显示了这些辐射是强烈红移了的. 所有这些在 1963 年就知道了. 我们想要一个响亮的名字来识别这些新发现的源, 但不希望对他们进行有偏见的解释, 我们称它们为类星体(quasar), 是类星的 (quasi-stellar) 源的缩写 —— 参照它们的点状外观.

爱因斯坦的广义相对论为我们看到的现象提供了两种相当不同的解释. 高红移的一种可能解释是, 类星体位于极远的距离, 从而宇宙以更大的速度膨胀. 另一种可能性是, 类星体是高度致密和大质量的, 而观测到的红移是由于类星体强大的引力作用于逃离其表面的光. 爱因斯坦的广义相对论预言了这种潜在的红移, 实验室中的实验那时也已经证实了这个预言.

于是确定红移的来源变成了优先问题. 如果类星体的引力非常强, 那么它们可能位于非常近的地方, 那里可能不是特别明亮. 如果它们的光从宇宙深处到达我们, 那么类星体应该是如看起来那样是极其明亮的.

直到 20 世纪 90 年代中期, 最初的发现后三十年, 我们才非常确定类星体是什么. 在那之前, 我们已经弄清楚它们是非常明亮的遥远星系的大质量核. 因为类星体远远亮过它们寄主星系中的星光, 所以这些星系的存在性长期以来都受到质疑. 但是到 20 世纪 90 年代中期, 哈勃太空望远镜强大的成像能力开始揭示出来自寄主星系恒星的暗弱辐射. 类星体和它们的寄主星系应该位于同样距离, 因此容易排除星系和类星体恰好重叠的可能性 [1]. 这个证据证实了类星体是非常遥远、极端强大的发光天体. 最终发现, 和宇宙膨胀造成的红移相比, 引力对类星体红移的贡献非常小.

***

脉冲星的发现历程非常不同. 这些源首先在射电观测中被注意到, 并于 1968 年发表, 它们也是点状射电源. 但是脉冲星射电辐射是以短促而强烈的脉冲形式在秒或数分之一秒时标上发生的 [2]. 再一次, 为了不对这些脉冲源可能是什么的解释产生偏见, 它们被称为脉冲星(pulsar), 是脉冲的恒星(pulsating star) 的缩写. 人们很快就认识到了它们是什么. 在数周之内, 理论家就提出它们是高度致密、快速旋转的恒星, 带有磁场, 在这颗星转动时拖动了一个电离大气层, 我们称之为磁层. 到达我们的射电爆发是这个旋转挥舞、与恒星转动同步的磁层发出的. 射电波和视线方向、星际气体的相互作用也表明最初观测到的脉冲星位于我们自己的银河系内. 它们一点也不像类星体那样遥远, 很多类星体都在十万倍远的宇宙深处.

理论家长期以来猜测可能存在非常致密的恒星, 电子被压入原子核中, 将这些恒星变为大质量的中子聚集体. 如果一颗年老恒星用光了所有使其发光的核能, 其中心部分冷却且不再能阻止灾变引力坍缩, 那么这样的坍缩可能是不可避免的. 一颗比我们的太阳质量大很多的恒星可能向心聚爆, 形成直径不比纽约城大的中子星. 这颗恒星最初可能具有的所有磁场可以在坍缩中被压缩. 如果这颗恒星最初是旋转的, 那么它会快速加快自转以保持角动量守恒.

一旦发现了脉冲星, 就可以使用所有这些假设并且在更多细致的观测蜂拥而至时进行探索. 几乎没有什么可怀疑的了, 脉冲星就是快速旋转的中子星!

类星体和脉冲星, 这两种完全不同现象的发现展示了人们如何通过严格的观测发现引人注目的新天体物理现象. 这个新现象和任何之前探测到的都差异巨大, 直觉表明它必然是某种之前从未发现的新过程导致的. 洞察这个发现实际代表了什么天体和过程可能需要数周、数十年或者比想象的长得多的时间.

我们对于宇宙的认识出自两个不同的步骤. 第一步是意识到观测确定了一种全新的现象. 第二步是寻找解释这个新发现的物理过程. 这些步骤的每一步对于理解我们周围的世界都是必要的. 发现让我们注意到新的观测. 洞察发现的重要性可以提供解释、理论和更深的认识. 或者, 已有的理论可能预言了一种新现象, 我们随后寻找并有可能发现它. 发现是提前还是追随见解很大程度上依赖于可用的工具.

推理链

最前沿的科学几乎不可避免地需要积累经验和受到人们对基本原理的理解影响的那些判断. 因为不同研究者正确判断的能力有差异, 所以他们在面对同样数据时得出的结论可能差异巨大. 这可能导致代价很高的争论, 标志是需要数十年才能解决的激烈争论.

甚至对于去除人为效应(artifact) 或噪声(二者分别由仪器缺陷或随机环境扰动导致) 所必要的原始天文数据的筛选, 也会有个人判断. 如果 20 世纪 60 年代末, 剑桥大学的研究生乔斯林·贝尔当时决定扔掉 400 英尺[①]长、记录无线电信号的纸卷上半英寸[②]的 "浮渣" 的话, 脉冲星的发现或许会被错过 [3]. 但是贝尔坚持进一步挖掘数据, 促成了中子星的发现. 后来, 其他天文学家回头检查他们自己早先得到的数据, 发现这些数据含有类似的信号, 但是他们将其作为某种噪声源忽略掉了.

所以, 我们应该相信我们现在能发射到太空去的强大望远镜所传达的引人注目的关于宇宙的天文图片么? 这些图片同样需要大量处理以修正望远镜和航天器的特征性影响、撞击探测器的宇宙线产生的假信号或者其他缺陷. 我们必须相信那些处理数据的科学家仅仅去除了这些缺陷以突出数据传达的信息.

科学结果不能脱离得到它们的那些科学家. 科学和任何重大的事业一样, 多半是一项人类和社会事业. 对一个天文发现的解释涉及独立步骤的集合, 例如, 在解释新发现星系的距离时, 我们变得更依赖于我们的信任, 即对提供了观测和推理链的很多天文学家的判断的信任. 我们的结论就基于这些观测和推理链.

天文知识是一张网, 将无数独立进行的观测真正整合为一幅连贯图像的网. 这幅图像基于观测者、实验家和理论家在数个世纪中得到的物理原理. 因为没有单个

①译者注: 1 英尺 =0.3048 米.
②译者注: 1 英寸 =2.54 厘米.

科学家能够重复如此多的实验和计算来让每个人满意, 所以科学认识很大程度上是建立在信任和验证之上的. 每个重要结果都被独立研究组重复检验以去除错误、误解或偶尔的蓄意欺骗.

　　甚至回答 "银河系是否是一个和我们在天空中看到的无数旋涡星系类似的星系?" 或者 "银河系之外最近的可观的大星系, 仙女座星云有多远?" 这样简单问题的推理链都太复杂, "我们如何能对我们所居世界所知的任何事情如此肯定?" 这个问题是不恰当的.

　　更简单的问题是: "什么使得我们认为我们在夜里看到的恒星是和我们自己的恒星类似的遥远的太阳? 我们怎么知道我们的太阳是大约 46 亿年前诞生的, 或者原始生命是大约二十亿年之后扎根地球的?"

　　走近我们周围的日常世界, 我们可能会问更简单的问题: "纽约的美国自然历史博物馆中的恐龙化石是真实的还是高明的复制品?" "奥尔塔米拉的洞穴岩画是古代洞穴人画的还是更近时候绘制的赝品?"

　　没有完全无意义的问题. 数十年中, 人们认为皮尔当人 (Piltdown man) 是现代人类的祖先, 但是后来新的科学技术显示, 这是一个高明的赝品 [4]. 支持或反驳生命起源、地球过去的历史和气候或宇宙的起源的理论, 试图促进或反驳激昂的个人、宗教或政治信念的这种诱惑, 是在解决持续的科学争论中占很大权重的一个因素.

　　欺诈最难以追踪, 因而是特别可恶的. 一个同事若被发现故意伪造结果, 则会失去所有信任, 在科学探索中几乎不再发挥作用, 并且一般会被排除出这个职业, 因为欺诈是知识的敌人.

　　尽管如此, 欺诈并不是科学进步的主要障碍. 更难认识到的是塑造了我们思考的方式、筛选科学证据的方式和我们能对宇宙 (其行为时常违反日常生活的每个可以想到的经验) 进行想象的程度的社会偏见或假设. 这就是为什么爱因斯坦的狭义相对论难以被接受. 光如何能以相对于任何观者 (这些观者都以非常不同的速度运动) 都相同的速度传播? 如我们将在第 3 章看到的, 在完全理解答案, 足够自信地在 1905 年发表他的理论之前, 年轻的爱因斯坦长期和这个问题斗争.

　　现在, 类似的偏见可能是调和爱因斯坦的广义相对论和量子力学 (克服我们今天面对的一些最大的天体物理不确定性中的一个必要步骤) 的主要障碍.

宇宙是社会构建?

　　令人惊奇的是, 在某种程度上, 关于宇宙我们看起来知道得很多, 而关于我们自己却知道得很少.

　　我们学到的关于宇宙的知识是基于望远镜、仪器和数据处理系统的. 我们定标, 在广泛的运行条件下进行测试并持续监测以确保获得的数据是可靠的、被完全理解的.

我们理解最少、校准最糟的过程是天体物理学界如何理解宇宙运行的方式. 我们深信, 在日常工作中, 我们忠实地揭示了宇宙的真实本质. 没有干预, 没有演绎.

但科学历史学家和科学社会学家已经一次又一次证明, 学者群体往往被困在束缚了我们看待世界的方式的思维习惯中. 我们仍然不知道我们最基本的假设是多么局限. 我们将它们当作显然的真理, 只在碰到最巨大的困难时才抛弃它们.

我们能找到可能克服这些局限性的方法吗? 这个问题的答案需要我们查看科学界是如何构成和互动的.

＊＊＊

三十年前, 科学社会学家安德鲁·皮克林写了《构建夸克 —— 粒子物理的社会学史》, 一本在当时让高能物理学界大为恼火的书, 或许是因为它包含了数量多得令人不安的真相.

皮克林论证说, 基本粒子理论 —— 夸克和介子、重子和轻子构成所有物质, 是物理学家通过一个他称之为学界共识的现实表示的过程拼凑起来的一个构建. 他断言, 粒子物理标准理论不是自然的固有描述, 而是 "深深根植于对世界的常识直觉和我们对其的认识." [5] 皮克林总结说, 代替这个理论, 一个更好的粒子物理描述最终可能看起来和已经被接受的看待自然界的基本粒子的方式没有什么可分辨的不同.

今天, 很多粒子物理学家可能比那时更有可能赞同皮克林. 尽管标准理论已经成功经受了近半个世纪的检验, 但是我们知道其眼界是有限的, (粒子物理) 标准理论不能合适地容纳引力. 能产生自然中所有已知力的一个协调理论的弦论、膜理论和其他粒子物理尝试在拓扑上都具有和标准理论非常不同的结构, 而且在空间维度方面, 它们也几乎没有什么可辨认的相似之处.

所以我们可能会问, 皮克林是对的吗? 物理学家和天文学家是否只是构建了与我们居住的宇宙的固有结构几乎没有关系的相似表示.

在天文学中, 我们现在已经接受了所谓的基于广义相对论的协调模型(concordance model), 我们断言这个模型已经在理解宇宙演化中产生了巨大的进展. 但是随后发现我们不得不假设一种新形式的物质 ——暗物质, 其存在性几乎没有独立证据的支持, 我们还发现我们不得不假设存在一种新形式的能量 —— 暗能量, 类似地也几乎没有独立证据. 二者都只由引力效应确定, 对于二者我们没有别的解释.

暗物质和暗能量加起来占了宇宙质量-能量的 96%. 星系、恒星、行星和人类中的原子只占 4%.

或许不久之后的某天, 推测的暗物质和暗能量会被完全理解并证实为之前被错误地忽视的新形式的物质和能量. 但是我们也同样可能发现需要用完全不同的方式看待宇宙, 仅将广义相对论作为一个极限情形, 而将暗物质和暗能量作为这个新观点、新理论的自然结果.

这样的描述可能和我们今天的认识有令人难以置信的不同. 在他第一次宣布时, 爱因斯坦的假设是, 无论观者运动多快, 光速应该总是相同的, 以及引力代表了空间的曲率. 这怎么可能? 二者都违反通常的直觉!

***

有人可能会争论说, 我们如何看待自然的这些巨大变化只是科学的自然进展, 无论是物理还是天文 —— 最终, 在一系列相继的修正之后, 我们离精确描述自然和我们周围世界的演化更近了. 但是当我们回望过去几个世纪的科学史和科学社会学时, 很显然, 不同的文化以非常不同的方式看待我们所居住的这个世界, 在我们今天认为不科学和不适当的基础上判断他们的世界观的正确性.

即使在成熟的科学界之内也可能出现热烈争议, 因为不同学派会排除一种形式的证据, 同时强调另一种. 故而对立者得到的结论可能会导致完全不同的世界观, 每一种都是不同文化对待科学的产物. 医学研究者和思想家路德维克 · 弗莱克在 20 世纪 30 年代他的开创性著作《科学事实的起源和发展》(*Entstehung und Entwicklung Einer Wissenschaftlichen Tatsache*) 中第一次告诉了我们这一点. 英文翻译中没有此书的德文副标题《思想习俗和思想集体研究概述》(*Einführung in die Lehre vom Denkstil und Denkkollektiv*), 特此说明.

弗莱克定义了思想习俗(Denkstil), 这个词在英语中的含义要多于"类型"(style): 它是一种思想习俗, 一种互相都接受的推理、对话、讨论、辩论、说服其他人和看待这个世界的方式. 思想集体(Denkkollektiv) 是解除对于可接受的科学思想和话语的束缚的一种科学领导力. [6]

弗莱克令人信服地展示了科学界 (对于弗莱克, 为医学界) 在何种程度上屈服于文化权威并抵制新的思想和观念, 往往与盛行的思想保持一致, 直到其失去效用之后很久.

弗莱克之后四分之一世纪, 托马斯 · 库恩在其 1962 年出版的《科学革命的结构》(*The Structure of Scientific Revolutions*)[7] 一书中讨论了同样的问题. 弗莱克的思想习俗变成了库恩的范式(paradigm), 这为他称之为常规科学的东西定了调子①. 所以, 如果我们希望判别当前的宇宙学以及我们达成了一致的模型是否仅仅是一种**公共构建**(communal construct), 我们应该开始检视皮克林、弗莱克和库恩是否有可能是对的 —— 我们天文学家在一个紧密协作、文化强加的权威系统中工作, 并且如果是这样, 那么是否存在警示信号以保证我们不在自我任性中走得太远.

这是我现在要尝试做的.

---

① 多年以后, 库恩在 1979 年出版的弗莱克著作的英文翻译版的前言中明确表示了对弗莱克的感谢.

观点和争论

天文学界对新发现尤其是新理论或解释的接受是不可预测的, 这很大程度上依赖于心理准备. 在不确定性日益增加、越来越多的问题显得棘手的时候, 指引前进方向的新想法可能是受欢迎的. 但在工作高歌稳进时, 新的提案可能会被当作恼人的干扰而被驳回.

然而, 除了心理准备, 有没有一个决定不同天体物理观点的理性基础? 导致对一个解释的普遍赞同和接受的那类论证是什么 (不论这个解释最终被证明对还是错)? 简单地说, 天体物理学家如何在一个问题上至少达成暂时的一致? 这就是我们现在需要研究的.

为了理解为什么一些天体物理学家达成共识几乎是不可能的, 需要明白, 很多科学家仅通过少数不同形式的推理思考, 也仅被少数不同形式的推理说服. 这个对不同思维模式的限制是最难克服的障碍. 仅有少数天体物理学家对这些模式感到同样自在. 这些少数天体物理学家可以作为同行之间的热烈讨论中的翻译者, 发挥非常重要的决定性作用. 这些同行不能达成共识, 因为其思维模式差异巨大, 他们没有意识到他们可能在说同样的事情, 但是却没说到一块儿并互相误解.

为使这一点可以理解, 值得把一些经常遇到的推理形式列出来.

(1) 推理最简单的辅助概念是连续性. 考虑所有从周围陆地流入黑海的雨水. 雨水不会在那里积累, 而是会通过博斯普鲁斯海峡流入马尔马拉海并最终流入大洋. 在博斯普鲁斯海峡变窄的地方, 水流比宽的地方快; 但是每分钟流过海峡任意一段的水的质量总是相同的. 水在海峡的任何地方不会积累也不会减少. 这个观察结果代表了不可压缩流体流动的连续性. 这也可以被认为是稳态, 或者通过海峡任意截面的水的流率守恒.

在一个相关的探索中, 我可以把一块冰放在一个坚固、紧紧密封、摆放平稳的玻璃罐中. 随着我加热这块冰, 冰首先融化然后开始蒸发. 自始至终, 平衡保持不变. 罐中水的质量不变, 即便其相从固态变为液态, 并变为气态. 这个过程展现了连续性, 我们可以称为质量守恒.

质量和不可压缩质量流率只是 19 世纪科学家已经认识到的守恒量中的两个. 第三个量是能量, 而第四个是运动物体的动量. 预期这些量必然守恒是检查一个观测现象是否合理或者我们是否未能认识到缺失的成分的简单方法.

(2) 第二个简单但同样深刻的科学推理形式需要基于对称性的论证. 为展示对称性论证的威力和局限性, 让我们考虑图 2.1 所示的掷骰子. 如果我们要问一个骰子以五点位于顶部的形式落地的概率, 那么对称性告诉我们这会以 1/6 的概率发生. 为得到这个结论, 我们论证说, 骰子以任意一面向上落地的可能性相同. 因为有六个面, 所以五点的面朝上的概率是 1/6. 我们可以将这个结果推广为一个守恒律: 一个骰子以某一给定的面朝上的可能性对于所有的面是相同的.

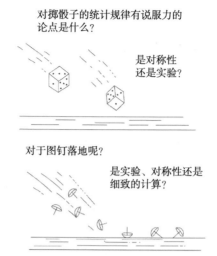

图 2.1　对称性论证在天体物理中可能是强有力且有说服力的. 只要天体物理环境不是太复杂, 对称性论证往往有重要影响. 一旦有了复杂性, 大部分天文学家只会被细致的计算或实验说服. 甚至扔出的图钉最终可能停下的位置也往往太复杂, 没有细致的计算或实验则无法预测

事实证明, 对称性论证和守恒律是同一枚硬币的两面. 我们中的大多数感觉更熟悉一种或另一种论证并且可能没有意识到它们的一致性! 事实上, 这个见解并不总是明显的, 它代表了 20 世纪数学物理的一个巨大成就.

1918 年, 36 岁的艾米·诺特 (人们普遍认为她是从事数学最才华横溢的女性) 证明了理论物理中最强有力的定理 [9]. 定理指出, 能量的守恒、角动量的守恒和所有这些守恒律都对应于自然中特定的对称性. 起初她考虑的对称性相对简单, 她后来的工作以及其他人的工作将她的定理推广到覆盖越来越复杂的对称性. 量子力学、基本粒子理论和广义相对论都是这些对称性的表现.①

(3) 当一个怀疑者不信任对骰子的对称性解释并坚持假设需要实验检验时, 一类不同的科学论证出现了. 怀疑者掷了成百上千次骰子, 发现平均四次中有一次五点的面朝上, 而不是六次中有一次.

对称性论证失效了么? 显然是的. 骰子肯定是喝醉了.

但即使一切顺利, 对称性论证也往往只能在简单系统中得到确定的结论. 如果我们把掷骰子换成从某个高度向桌子上随机扔图钉, 情况会变得更复杂. 图钉中的

---

① 甚至在她的同名定理发表之前, 她在不变量理论中的数学成就就已经很高, 大数学家大卫·希尔伯特和菲利克斯·克莱茵在 1915 年将她引进到哥廷根大学. 然而对于受传统束缚的哥廷根大学, 艾米·诺特的成就显然不足以让她得到一点点认可. 有四年时间, 哲学系教员都拒绝了她的教师资格 (Habilitation, 以她自己的名义在大学授课的先决条件) 权利. 他们坚持妇女不具有资格. 希尔伯特徒然无果地抗议:"我们是一所大学, 不是一个洗浴场所." 最终, 她被授予了教师资格, 但多年后她才得到一个领工资的职位. [10]

一些会头朝下针竖直朝上, 其他的图钉会停在头的边缘及针都和桌子顶部接触的状态, 如图 2.1 所示. 尽管图钉的对称性不是特别复杂, 但预测其停下的方式已变得困难且不直观.

(4) 对于图钉来说, 细致的理论方法有可能会比简单的对称性论证得到更广泛的接受. 这可能涉及对钉头形状的仔细分析, 到底钉头是完全平的还是像地毯钉那样更圆. 可能也会考虑钉头的质量与针的质量和长度相比较. 基于钉子形状和质量分布的全面计算有可能得到关于这些钉子会停在何种状态的概率的可靠预测. 具有重的半球形钉头和长而重量轻的图钉不可避免地停在针竖直向上的状态. 图钉就像一个立着的玩偶.

一个实验家仍然可能不相信这些计算并坚持扔大量图钉以令人信服地展示它们的特点. 这或许会消除对特定的一类图钉的怀疑, 但是可能几乎不能提供其他不同形状图钉如何停在桌子上的信息.

(5) 理论解释一个近期的变体是计算机建模. 建模和理论计算之间的不同可以认为只是规模上的, 但当这个不同变大时, 区分二者就变得迫切了.

大规模天体物理计算机模型一般借助于大量重复步骤. 想要分析极端复杂的恒星间相互作用的建模者可能会从一组或多或少的随机分布、互相之间有引力作用的恒星开始. 第一步是观察这些恒星之间的力如何产生瞬时加速度以及在一个较短的时间间隔后相对位置的微小变化.

将这些信息反馈到模型中, 并计算由诱导位移产生的一组新的力, 以及这些力产生的进一步位移. 计算机模型可能包含数百万颗以这种方式相互作用的恒星并以数百万相继的小步骤追踪它们的位移. 在这个大规模计算结束时, 这一组恒星可能变成了星系、星系团或大质量黑洞, 这依赖于所假设的初始物理条件.

这类计算在对我们所认为的在宇宙演化早期中发生过的过程的建模中变得越来越常见. 它们表明, 当宇宙充分冷却, 大部分电离氢—— 质子和电子, 结合为中性氢原子. 这些中性气体通过宇宙膨胀进一步冷却会有一些延迟, 最初在宇宙中大致均匀分布的原子氢将首先形成氢分子. 分子会更有效地将能量辐射掉, 使得气体云能快速冷却并通过相互的引力作用坍缩, 形成恒星和星系.

计算机建模者试图令人信服地展示所有这些是如何发生的. 他们也希望确定恒星是形成于星系之前还是星系形成于恒星之前, 以及类星体 —— 极端明亮的星系核心 (现在人们相信是由超大质量黑洞供能的), 是形成于第一代恒星之前还是之后. 这可能暗示了通常有数十亿倍太阳质量的巨型黑洞在早期是如何形成的.

通过足够迭代的小步骤进行建模的困难在于, 迭代数量的增加可能会导致一开始看起来微不足道的异常情况变得重要起来. 由于需要大量迭代, 每一步都有可能引入同样小的积累性异常, 建模者必须特别小心、合理地考虑计算中潜在的缺陷.

即便如此, 也不能保证这么处理是令人满意的. 一个模型只有能首先模拟实验上、观测上或通过较简单的计算很好地理解了的大量不同过程才能让人相信. 一些不同结构的计算机模型得到一致的结论也会有帮助, 最好这些模型是独立工作的研究者用不同的数学技术建立的.

对于天体物理而言, 特别紧迫的一个问题是检验基于计算机的大规模模拟. 遗憾的是, 今天的很多期刊不要求那些发表大规模计算结果的文章的作者开放他们的程序, 让别人检查他们的工作, 所以我们难以验证计算结果. 有关专家最近的一项研究有力地论证了应该让科学计算中使用的计算机程序更开源. [11] 他们指出, 研究者产生的编程错误通常超过每一百行代码一个, 即使是良好编码的程序在不同计算机上运行可能也不会给出同样的结果. 所有这一切都要求在其结果可以完全信任之前深入了解计算是如何进行编码并执行的. 不幸的是, 使用了商用程序的计算机程序可能是专有的; 于是期刊就没有办法强制要求计算开源. 所有这些可能让天体物理学界大部分人无法检查计算类发现的正确性 —— 科学通常取得进步的方式有可能失效.

科学结果不应该被认为是信仰. 它们只有在仔细验证之后才应该被接受.

***

每一种不同类型的客观证据 —— 天文观测、实验室实验、守恒原理、对称性论证、传统计算和计算机建模, 都提供了自己的见解, 但有可能留下一些悬而未决的问题. 在可能的情况下, 天体物理推理考虑所有这些证据来源以及我们认为有可能甚至不言而喻的因素, 因为值得信赖的权威或整个学界中的每个人都这么认为. 在第 9 章我们会遇到一个不言自明、在 20 世纪中期被证明为没有根据的信念, 即宇宙没有对左手性或右手性结构与生俱来的偏好.

天文学很大程度上是一门观测科学, 但很多天体物理现象非常少见, 比如距离足够靠近能深入研究的超新星爆发. 这让我们非常依赖于用理论方法指导我们的理解. 相互竞争的理论可以帮助我们确定下一次进一步观测机会出现时要进行的关键测量. 通过这种方式, 我们或许最终可以区分不同类型的超新星爆发和很多其他罕见现象的不同解释和模型. 观测和理论携手共进.

接下来四章将分别展示总体对称性和守恒原理的应用、观测和详细计算如何导致了 20 世纪前半叶的天体物理理解中的重要进展. 计算机模拟直到 20 世纪 70 年代才开始发挥作用, 并在此后随着技术进步提供了日益强大的工具而逐渐变得更细致.

<h2 align="center">注释和参考文献</h2>

[1] The Apparently Normal Galaxy Hosts for Two Luminous Quasars, John N. Bahcall, Sofia Kirhakos, & Donald P. Schneider, *Astrophysical Journal*, 457, 557-64, 1996.

[2] Observation of a Rapidly Pulsating Radio Source, A. Hewish, S. J. Bell, J. D. H. Pilk-

ington, P. F. Scott, & R. A. Collins, *Nature*, 217, 709-13, 1968.

[3] Ibid., Observation of ..., A. Hewish, et al., 1968.

[4] The 100-year mystery of Piltdown Man, Chris Stringer, *Nature*, 492, 177-79, 2012.

[5] *Constructing Quarks—A Sociological History of Particle Physics*, Andrew Pickering, University of Chicago Press, 1984, p. 413.

[6] *Entstehung und Entwicklung einer wissenschaftlichen Tatsache—Einführung in die Lehre vom Denkstil und Denkkollektiv.* Basel: Ludwik Fleck, Benno Schwabe & Co., 1935; reprinted by Suhrkamp, Frankfurt am Main, 1980 (English translation: Genesis and Development of a Scientific Fact, Ludwik Fleck, translated by Fred Bradley & Thaddeus, J. Trenn, edited by Thaddeus J. Trenn & Robert K. Merton, University of Chicago Press, 1979).

[7] *The Structure of Scientific Revolutions*, Thomas Kuhn. University of Chicago Press, 1962.

[8] Ibid., *Genesis and Development*, Fleck pp. vii-xi.

[9] Invariante Variationsprobleme, Emmy Noether, *Königliche Gesellschaft der Wissenschaften zu Göttingen, Nachrichten, Mathematisch-physikalische Klasse*, 235-57, 1918.

[10] Emmy Noether and Her Influence, Clark Kimberling, in Emmy Noether, A Tribute to her Life and Work, eds. James W. Brewer and Martha K. Smith, New York & Basel: Marcel Dekker, 1981.

[11] The case for open computer programs, Darrel C. Ince, Leslie Hatton & John Graham-Cumming, *Nature*, 482, 485-88, 2012.

第3章　基于原理的结论

使用原理可能有收获, 但也可能有风险. 如果原理背离所有预期, 结果是不正确的怎么办?①

在 1900 年夏天以勉强通过的成绩从联邦理工学院毕业时, 21 岁的爱因斯坦 (图 3.1) 不能得到永久职位. 但在他从一个临时职位换到另一个的过程中, 至少可以自由地追求对物理的热情. 拿到文凭不到五个月, 他就将他的第一篇文章投到了顶尖的德国杂志《物理年鉴》(*Annalen der Physik*). 和他接下来三年发表的所有文章一样, 这篇文章是基于热力学的.[6-10]

图 3.1　爱因斯坦第一年在伯尔尼的专利局办公室. 照片据说是卢西恩·查文在 1906~1907 年拍摄的(耶路撒冷希伯来大学阿尔伯特·爱因斯坦档案馆. 鸣谢美国物理联合会(AIP)埃米利奥·塞格雷视觉档案库)

热力学是能量从一种形式 (如电能、机械能或化学能) 变为另一种形式时守恒的一种表达方式. 爱因斯坦不断从这个守恒原理和其他守恒原理为他的大部分工作汲取力量. 这些原理在他深入未知领域时给予了指导和保障.

---

①希望以更广阔的时代背景看本章的读者会发现亚伯拉罕·派斯写的爱因斯坦传记、爱因斯坦自己写的两篇自传回忆、赫尔奇·克拉夫和罗伯特·W. 史密斯写的一篇文章和哈里·努斯鲍默尔和莉迪亚·比厄里的一项历史研究包含很多信息. [1-5]

　　马塞尔·格罗斯曼的父亲救济了没有工作的爱因斯坦. 马塞尔·格罗斯曼是爱因斯坦在理工学院学习期间最亲密的朋友. 爱因斯坦给老格罗斯曼留下了深刻的印象. 老格罗斯曼把他推荐给了伯尔尼瑞士专利局的局长, 弗里德里希·哈勒. 当 1902 年 6 月那里有一个新的职位时, 爱因斯坦马上进行申请, 赢得了一个三级专利职员的职位 (图 3.1).[11] 他一直非常感激格罗斯曼一家, 在他 1905 年完成博士工作时, 他把他的毕业论文献给了他的朋友.

　　在正式被专利局任命前爱因斯坦就已经在伯尔尼定居了. 他通过为学生辅导数学和物理赚取部分生活费. 一个前来寻求获得更好的物理学基础的哲学系学生莫里斯·索洛文很快和爱因斯坦成为长久的朋友. 爱因斯坦特别享受与索洛文及一位叫康拉德·哈比希特的年轻数学家认识以后开始的讨论. 从那时起他就不收学费了.

　　这三个朋友开始常规会面, 广泛讨论哲学、文学和物理学.[12] 他们愉快地称自己为 "奥林匹亚科学院" 的创始人和仅有的成员. 索洛文非常详细地记录了他们的阅读和讨论.[13] 有时他们数周一段一段或一页一页地通读休谟、密尔、柏拉图和斯宾诺莎的哲学著作, 塞万提斯、狄更斯、拉辛和索福克勒斯的文学著作和就当时的目标来说更为重要的安培、戴德金德、马赫、庞加莱和黎曼的著作.

　　特别地, 他们阅读了昂利·庞加莱的《科学与假设》(*La Science et l'Hypothèse*)①. 这本书在 1902 年出版. 在书中我们读道[14]:

　　　　① 没有绝对空间, 我们只能想象相对运动. 而在大多数情况下, 机械力听起来好像存在一个可以参考的绝对空间. ② 没有绝对时间. 当我们说两个周期相等时, 这句话并没有意义, 只能通过惯例获得意义. ③ 不仅我们没有两个周期相等的直接感觉, 而且我们甚至没有在两个不同地点发生的两个事件同时性的直接感觉……④ 最后, 我们的欧氏几何是否只是一种语言的惯例? 力学事实可以参考非欧空间进行阐述, 这个空间可能不太方便, 但和我们的普通空间一样真实. 这种阐述可能变得更复杂, 但仍然是可能的.

　　恩斯特·马赫在他的书《力学史评》(*Die Mechanik in Ihrer Entwicklung-Historisch-Kritisch Dargestellt*) 中类似地思考了相对运动的问题. 奥林匹亚科学院的三位成员也阅读和讨论了这本书. 很有可能他们手上的是这本书的 1883 年版.[15] 书中, 马赫在空间、时间和运动, 以及它们的相对测量这些问题上广泛引述了牛顿的话. 他也引用了牛顿的观察, 用绳子旋转悬着的水桶, 如果其中的水相对于水桶的转动速度减小, 则其表面靠外的部分会升高. 马赫问: 水怎么知道自己在转动? 宇宙结构或者说固定恒星的分布是否有一个优先的静止系? 如果有, 这是怎么来的? 他强调, 这仍然是一个需要进一步研究的未解决的问题.[16]

---

　　①1905 年, 这本书被翻译为英文, 书名为 *Science and Hypothesis*. 这段引用的文字来源于 Dover 出版社 1952 年出版的版本的第 90 页.

由爱因斯坦后来的回忆我们知道, 马赫原理 (认为宇宙以尚未理解的某种方式影响当下物理条件的想法) 产生了持续的影响.

相对性原理

据爱因斯坦几十年以后在与美国物理学家和历史学家罗伯特 · 舍伍德 · 尚克兰的一系列访谈中回忆, 他在 16 岁时开始思考电磁波在以太中的传播. [17] 这段回忆被爱因斯坦在 15 岁或 16 岁写的一篇科学小品文所证实. 他在 1894 年或 1895 年把这篇文章寄给了他在安特卫普的叔叔凯撒 · 科赫. 这第一篇尝试性的科学工作在他死后于 1971 年发表.[18]

爱因斯坦阅读麦克斯韦、赫兹和洛伦兹的工作以及庞加莱和马赫的书显然只是他的相对论所基于的逐渐积累的部分观点.

到他最终准备好写下他完全满意的结果时, 爱因斯坦 26 岁, 是他在瑞士专利局的第三年. 过去一年他都在琢磨空间和时间. 如果没有优先的时间、地点或速度来定义一个观者的运动, 那么一定存在某种原理, 它让处于不同运动状态的观者得出相同的自然规律, 无论他们觉得他们自己处于什么绝对运动状态. 然而有一个物理量看起来似乎是绝对的 —— 麦克斯韦电磁理论中所表述的光速. 表面上看, 麦克斯韦的理论要求光以绝对的速度 $c \sim 300000$ km/sec 运动. 有没有某种方式让不同观者看起来光速是相同的, 而无论它们的运动状态为何, 无论光源的运动状态为何? 起初, 这个想法看起来是自相矛盾的. 对于以任意速度运动的观者, 这个速度怎么能是相同的呢? 爱因斯坦回忆 [19]:

> 我白白花了差不多一年时间修改洛伦兹的想法, 希望能解决这个问题. 碰巧我在伯尔尼的一个朋友 (米凯勒 · 贝索) 帮助了我. 我访问他的那天是个晴天 …… 我们讨论了这个问题的每一个方面. 然后我突然明白了这个问题的关键在哪儿. 第二天, 我再次去找他, 并且没有问候就和他说: "谢谢你, 我已经完全解决了那个问题".

如爱因斯坦在他与尚克兰的访谈中说的: "最终我发现, 时间是可疑的. " 爱因斯坦得出的结论是, 如果他正确地解释如何从运动时钟读出时间以及类似地如何测量运动杆的长度, 那么两个共线的速度 v_1 和 v_2 相加应该得到测量到的速度 v:

$$v = \frac{v_1 + v_2}{1 + \dfrac{v_1 v_2}{c^2}}. \tag{3.1}$$

这里 c 是真空中的光速, 与穿过空气的速度基本相同.

无论一个观者和传播中光束的相对速度是多少, 容易证明这个公式保持观测到的光速不变. 令 v_1 或 v_2 甚至二者都等于光速 c, 这个方程得到的合速度 v 都系统性地等于 c.

一旦爱因斯坦意识到运动系统的相对速度如何合成, 解决他的困难就变得容易了. 对于任何相对于光束运动的观者, 光速看起来总是 c. 只有光的频率会变化 —— 如果观者和光源相向运动, 随速度增加而增大; 如果它们相互退行, 随速度增加而减小. 这个称为多普勒频移的频率变化已经通过恒星光谱的观测得到证实. 从牛顿理论已经知道, 在近邻恒星和地球的相对速度较低的情况下, 爱因斯坦的方程 (3.1) 中的 $(v_1 v_2)/c^2$ 项太小, 牛顿的理论和爱因斯坦的理论预言的结果在实际观测中无法区分.

***

爱因斯坦 1905 年关于相对论的文章有两个主要部分.[20] 第一部分处理运动学(kinematic). 这部分展示了固体杆的长度以及固定在这些杆的末端的时钟测量的时间如何随观者的相对运动变化. 爱因斯坦发现, 垂直于运动方向的杠的长度保持不变, 但是沿运动方向的杠长度看起来会缩短. 此外, 相对于观者运动的时钟看起来系统性地走得更慢. 今天, 这些效应分别称为洛伦兹收缩(Lorentz contraction) 和时间膨胀(time dilation). 伟大的荷兰理论物理学家亨德里克 ·A. 洛伦兹之前已经提出了这种奇怪的收缩, 但是没有注意到它只是爱因斯坦引入的更广泛的相对性原理的运动学效应的一个表现. 昂利 · 庞加莱已经独立得到了和洛伦兹类似的结论.

爱因斯坦论文的第二部分将他刚刚得出的运动学应用于阐明麦克斯韦的电磁方程. 他将他新得到的空间和时间之间的关系代入这些方程, 展示电场和磁场、电荷和电流在相对运动中会如何相互作用; 在平行于和垂直于运动方向施加力时, 电子质量会如何变化; 辐射能量及其施加于一个相对运动物体上的压强如何表现为速度的函数; 无论多努力地加速一个物体, 它如何能永远不超过光速. 所有这些, 爱因斯坦都能基于相对性原理(要求所有物理规律, 包括光速不变, 在所有匀速相对运动的参考系中都是等同的) 导出. 爱因斯坦在这篇文章中的所有考虑, 包括方程 (3.1), 适用于任意匀速运动, 但是不适用于加速运动. 在这个意义上它们代表了一组运动的狭义 (special) 状态 —— 故称为狭义相对论. 加速运动可能需要的相对论是爱因斯坦还无法解决的问题.

***

在这篇文章投稿后几个月, 爱因斯坦回头基于他的相对性原理进行了另一个预言. 在一篇只有三页长的文章中, 他证明了吸收或发射能量为 E 的辐射分别会使一个物体的质量 m 增加或减少 (E/c^2)①. [21]

相对性原理已经让爱因斯坦得到了对两个总是被看作独立的原理的更一般性理解: 能量守恒原理, 即能量不能创生也不能消灭; 质量守恒原理, 即质量不能创生也不能消灭. 相对论现在预言, 更深入的研究会发现更包容的关系, 仍然与现有的

---

①译者注: 原文是 (m/c^2).

观测一致, 但会导致一个统一的世界观, 所需任意因素更少. 质量和能量不再是彼此独立的. 只有它们之和应该守恒. 释放能量会导致相应的质量损失. 放射性衰变有可能证实这个预言的质量损失.[①]

***

三年以后, 天才的数学家赫尔曼 · 闵可夫斯基在 1908 年 9 月 21 日举办的第 80 届科隆科学家大会(Naturforscherversammlung zu Köln) 上的一个重要演讲中阐述了爱因斯坦的理论所暗示的进一步统一以及爱因斯坦的相对性原理所基于的潜在对称性.

具有戏剧性的是, 闵可夫斯基宣布: "今后, 空间本身和时间本身注定会褪色为影子, 只有两者的一种联合体将保持为一个独立的实体. "[22][②]

除了他演讲中给出的最简单的例子, 闵可夫斯基还提出了对所有其他物理量也适用的类似的转动变换. 那个时代最顶尖的热力学专家马克斯 · 普朗克已经证明, 相对性原理也阐明了之前尚未解决的热力学的复杂问题.[23]

闵可夫斯基继续指出, 一个至少在电磁理论中成立的简单经验法则显示了从相对于某个初始坐标系匀速运动的坐标系中看, **有质动力**(ponderomotive force)[③] 如何变换. 如果限于四维矢量之间的变换, 那么这个经验法则可以让他定义一个特殊的矢量分量, 在任意变换下保持不变. 他认为这个分量是能量, 代表了力做的功. 为这个分量指定类时坐标后, 剩下的三个**正交类空分量**就代表了有质动力. 如闵可夫斯基所说, 他可以很好地再现不同的匀速相对运动参考系中看到的动力学系统的运动规律, 并重新导出爱因斯坦的总能量由质量能加上牛顿动能组成 —— 至少在 $1/c^2$ 阶的精度上.

十年前的闵可夫斯基 (此时在哥廷根大学工作) 曾经是爱因斯坦在苏黎世联邦理工学院的数学教授之一. 他的报告当时使大家注意到, 爱因斯坦在建立用四维方式看待世界的这个新方式中的贡献.

在这个报告之后不到四个月后, 赫尔曼 · 闵可夫斯基因阑尾炎在 44 岁时去世.

什么让太阳发光?

对于天文学来说, 这个新的相对性原理以及它所涉及的对称性的直接后果是质

---

①和流行的信念相反, 这篇文章没有任何地方包含了让爱因斯坦成名的方程 $E = mc^2$. 以他偏好的符号, 辐射能量 L 会使一个物体的质量减少 L/V^2, 其中 V 表示光速.

②闵可夫斯基指出, 不应该考虑一个观者 O 看见的相隔空间距离 $\sqrt{x^2 + y^2 + z^2}$ 和时间差 t 的两个事件, 而应该考虑两个事件的时空间隔 $\sqrt{c^2t^2 - x^2 - y^2 - z^2}$. 第二个相对于观者 O 坐标系 (t, x, y, z) 运动的观者 O' 可以用坐标系 (t', x', y', z') 描述同样的间隔并发现他测得的事件间的间隔为 $\sqrt{c^2t'^2 - x'^2 - y'^2 - z'^2}$, 和 O 测得的间隔精确相等. 观者 O 和 O' 分别测得的间隔的变换简单对应于四维笛卡儿坐标系中的转动. 其中空间坐标用实数表示, 时间坐标用虚数表示, 转动半径矢量的长度保持不变.

③译者注: 带电粒子在非均匀振荡的电磁场中受到的非线性力. 参考 https://en.wikipedia.org/wiki/Ponderomotive_force.

量有可能转化为能量, 释放出巨大的能量.

第一次以合理的精度测量太阳辐射的热量是在 1838 年. 在法国, 克劳德 · 塞尔维 · 马提亚 · 普耶为此发展了一种特殊的太阳热量计(pyrheliometer). [24]入射到地球上一块给定面积上的太阳辐射, 对应于大约 1.76 cal/(cm²·min)(1 cal= 4.1868 J), 他称之为 **太阳常数**.①有了太阳的距离, 可以得到太阳的能量输出大约是 5×10^{27} cal/min.

若干年间这都没有引起过多注意. 但是在 1848 年的一篇文章中, 具有广泛科学兴趣的德国物理学家尤里乌斯 · 罗伯特 · 迈尔计算发现, 如果太阳是由煤的燃烧加热, 只是被动地通过辐射冷却, 那么它不可能辐射超过数百年.[25] 他得出结论, 为保持太阳发光, 一定还有另外一个热源.

迈尔的结论基于他几年前提出的一个新原理, 它很快被认为是 19 世纪中叶科学最普遍适用的发现, 它是支配能量守恒的规律. 在 1842 年 5 月发表的一篇文章《无生命自然力的评述》(*Bemerkungen über die Kräfte der unbelebten Natur*) 中, 他展示了他的假设. [26]

能量不能凭空产生, 只能从一种形式转化为另一种. 他使用词力(Kräfte 或 force) 代替能量这件事今天看来可以认为是令人误解的, 但是 19 世纪的科学家在探索新的方法思考物质的行为、找到精确的术语方面还需要一些时间.

到 1848 年, 确定了**陨石**的存在 —— 围绕太阳偶尔落到地球上的岩石或铁的碎片. 迈尔想到, 类似的陨石以足够大的速率落到太阳上可以提供必要的热量. 但是下落率必须极大, 为每秒万亿吨陨石物质的量级, 相当于每两年有一个月亮的质量落到太阳上. 如迈尔指出的, 这么大的质量下落率会显著增加太阳的引力并增加地球围绕太阳的轨道速度, 使一年的长度变短一秒的数分之一. 因为这和经验相悖, 质量的增加必须有所补偿, 迈尔想到, 太阳辐射的光可以带走这些质量. [27]

避免太阳质量增加同时又保持充足能源的方法是苏格兰科学家和工程师约翰 · 詹姆斯 · 沃特森于 1853 年和赫尔曼 · 冯 · 亥姆赫兹于 1854 年在德国提出的. 两人都提出太阳逐渐收缩并把损失的引力能辐射掉. 这个过程可以在能源消失前延长太阳潜在的寿命大约两千万年, 太阳首先收缩到一半大小, 随后变得和地球同样致密. 此后, 进一步的收缩被认为不太可能.

在 19 世纪末, 太阳收缩理论提供了维持太阳辐射能源唯一可能的解释, 尽管其结论和地理学家和进化生物学家的地球年龄一定远超过两千万年的结论是相悖的.

昂利 · 贝克勒尔在 1896 年发现的放射性以及皮埃尔和玛丽 · 居里两年后发现的镭表明存在一个不同的、几乎不竭的能源, 有可能维持太阳辐射更长时间. 1903

①这是非常准确的, 只比今天接受的平均值低了约 10%.

年, 剑桥的布卢米安天文学教授 (博物学家查尔斯·达尔文的儿子) 乔治·达尔文爵士推测放射性可能为太阳提供能源. 在《自然》(Nature) 上发表的一篇短文中, 他提到了实验核物理先驱欧内斯特·卢瑟福的估算, 一克镭可以发射 10^9 cal 的能量, 相比之下引力收缩每克只能产生约 2.7×10^7 cal. 的能量 [29] 相应地, 如果太阳含有大量放射性物质, 他写道: "我认为没有理由怀疑有可能将引力理论得到的太阳热量的估计提高 10 倍或 20 倍."

尽管达尔文的猜测在爱因斯坦的预测之前, 但是没人理解放射性中释放的能量来源于何处. 也没有人完全领会消耗质量可以更一般地产生巨大能量. 一旦接受了这个可能性, 就出现了各种建议来解释太阳的长寿.[30] 一个是*物质的湮灭*. 以爱因斯坦的巨大转换因子, 预计每湮灭 1g 物质产生 $c^2 \sim 9 \times 10^{20}$ erg①或 2.15×10^{13} cal 能量. 湮灭可以保持太阳发光数万亿年.②

一个引力理论

今天, 毫无疑问, 爱因斯坦对宇宙认识最伟大的贡献是他将相对性原理扩展, 推导出一个引力理论 —— *广义相对论*. 所有现代宇宙学理论都基于这个理论. 数学上, 这是爱因斯坦最大的奋斗目标.

第一步早在 1907 年就开始了. 爱因斯坦被邀请为《放射性和电子学年鉴》(*Jahrbuch der Radioaktivität und Elektronik*) 写一篇关于相对论的综述文章. [31] 在他组织思想时, 他经历了后来称为 "我一生最幸福的想法" 的体验: 当他在瑞士专利局办公桌前沉思时, 他想到一个自由下落的人感受不到引力.[32]

爱因斯坦想象, 这个人轻轻地释放了一些球, 这些球持续在他旁边下落, 无论其物质组成为何, 就像伽利略实验三个世纪之前已经展示的那样. 19 世纪末匈牙利人巴荣·罗兰·冯·厄缶进行的更精确的实验进一步证明, 在不大于大约一亿分之一的可能的实验误差内, 广泛的不同物质组成的物体受到的引力加速相同.

对于爱因斯坦来说, 这个想象的图景是一种顿悟. 如果一个人和他紧邻的所有物体以同样的速率下落, 互相之间没有相对加速, 那么没有任何证据表明引力有任何效应. 这个人感觉不到力, 认为自己处于静止. 在这些条件下, 相对性原理至少在这个人的近邻处是成立的. 这一思想被爱因斯坦称为*等效原理*, 表明相对性原理对于处于引力造成的自由下落的系统都同样成立, 表明引力理论可以沿这些路线构造.

可以立刻得到这个原理的一些简单结果. 太阳发出的光在它克服太阳引力达到地球过程中应该损失能量. 这个能量损失应该表现为光的波长向长波移动, 也就是说向可见光谱的红端移动 —— 简单地说, 这是*引力红移*. 类似地, 一束经过太阳附

---

①1 erg=10^{-7} J.

②那时, 术语湮灭的意思是任何一种将质量转化为能量的方式. 它不像今天指的物质和反物质的湮灭. 反物质的存在直到 1932 年才发现.

近的光的路径应该会被太阳的引力弯折, 正如一个下落的有质量的物体的轨迹被太阳引力偏折.

牛顿引力得到类似的预言. 需要将这些想法扩展为条理分明、结合相对论原理的引力理论, 以确定牛顿的引力理论的预测是否需要以及在何种程度上需要修正.[33]

1907 年后, 爱因斯坦偶尔继续研究相对论的同时也集中精力于量子理论. 但是到 1912 年, 他被任命为苏黎世联邦理工学院的物理学教授, 他意识到他碰到了一个不可逾越的困难. 他缺少数学工具, 甚至对是否存在合适的工具感到迷茫. 在无望中, 他向那时也在联邦理工学院做数学教授的、他的朋友马塞尔·格罗斯曼求助:"格罗斯曼, 你必须帮助我, 我要抓狂了! (Grossmann, Du musst mir helfen, sonst werd'ich verrückt!)"[34] 格罗斯曼很快发现黎曼几何就是满足要求的工具, 这两个长期合作的朋友在次年共同发表了一篇文章, 在其中, 他们第一次将这种形式的几何应用于引力问题.[35] 一年以后, 他们发表了他们的第二篇, 也是在这个课题上的最后一篇合作文章.[36]

1915 年夏天和秋天, 爱因斯坦被这个合作的工作中他仍然认为是缺陷的内容卡住了. 他已经在 1914 年移居到柏林, 接受柏林的威廉皇帝学会 (Kaiser Wilhelm Gesellschaft) 为他建立的一个新研究所的物理职位. 这个职位给了他在柏林大学授课的权利, 但不强制, 也使他成为普鲁士科学院成员. 这是为爱因斯坦特殊安排的. 他喜欢做报告和与同行辩论让他感兴趣的科学课题. 但他发现常规给学生授课会干扰他集中精力进行他的理论工作.

1915 年夏天早些时候, 爱因斯坦已经在哥廷根做了一系列共六个关于广义相对论的两小时长的报告. 两位顶尖的德国数学家大卫·希尔伯特和菲利克斯·克莱茵参加了这些报告. 爱因斯坦充满热情, 因为他觉得用他的黎曼几何方法赢了数学家.[37] 或许这也是他对他提出的广义相对论的一些工作感到不舒服的地方. 这些表观的不一致也引起了希尔伯特的兴趣. 那年 11 月爱因斯坦和希尔伯特之间的频繁通信表明两个人在工作, 或许是竞争. 沿着不同的路线去推导正确的广义相对论方程.[38]

11 月 18 日, 爱因斯坦发现他的理论的新的变体让他可以计算水星的近日点进动.①他发现理论与这个长期观测但同样长期未得到解释的天文发现的精确吻合对他有深刻的影响. 他感觉到他的心在狂跳! 自然最终为他正名, 证明他在这个理论上数年的努力处于正确的轨道上![39]

同一天, 他也发现他之前计算的太阳造成的光的偏转 (和牛顿物理中可以导出的值相符) 也少了一个 2 的因子. 这提供了之前没预测到的可以验证他的理论的第

①水星近日点是这颗行星轨道上最接近太阳的那个点. 这个最接近的点慢速地绕太阳进动, 需要大约三百万年完成一整圈.

二个检验. 凭借这两个发现, 他对最后的成功充满信心. 他在这天结束前向科学院提交了一篇短文.[40]

接下来一周, 在 11 月 25 日, 爱因斯坦完成了他的广义相对论的最终形式并在同一天提交给了科学院.[41]

但是五天之前, 希尔伯特已经向哥廷根科学会 (Gesellschaft der Wissenschaft in Göttingen) 提交了他自己版本的理论 ——《物理学的基础》(*Die Grundlagen der Physik*).[42] 爱因斯坦理论的完整版本在此后很快付印, 题目为《广义相对论的基础》(*Die Grundlage der allgemeinen Relativitätstheorie*).[43]

如希尔伯特文章雄心勃勃的标题所示, 这位伟大的数学家正在寻求一个在所有物理现象的有机理论中结合电磁和引力的统一场论. 在这件事上他没有成功. 爱因斯坦也没有成功 (他在后来有类似的雄心). 我们今天仍然缺少这样一个理论. 但是显然希尔伯特的方法很大程度上在他们发展广义相对论场方程最终形式的竞赛中影响了爱因斯坦, 尽管希尔伯特始终指出是爱因斯坦的物理洞察引发了他找到这一组方程的兴趣.

***

1971 年, 普林斯顿的理论物理学家尤金 · 魏格纳写信给科学史家雅迪什 · 梅拉询问有关希尔伯特的独立发现, 他从未听任何物理学家提到过这些.[44]

在详细的回复中, 梅拉写了一篇文章, 可能至今仍然是对爱因斯坦和希尔伯特对这个理论的贡献最详细和公正的分析之一. [45] 但是因为爱因斯坦和希尔伯特在 1915 年秋天密集工作的那四个星期互相交换笔记, 所以各自的贡献难以区分, 引起了很多进一步的分析.[46]

如爱因斯坦在他 1916 年发表的一篇长文章中指出, 希尔伯特和那时的荷兰理论物理学家亨德里克 ·A. 洛伦兹两个人都已经使用单一的总体原理独立导出了广义相对论的基本公式. 爱因斯坦此时开始基于使用哈密顿原理 (起初由 19 世纪的爱尔兰物理学家、数学家和天文学家威廉 · 罗恩 · 哈密顿发展) 的方法做同样的事. [47]

***

爱因斯坦完整理论最重要的一个直接结果是卡尔 · 史瓦西在 1916 年初, 爱因斯坦的新理论印出来之后仅仅几周, 发展的一个全新应用. 史瓦西推导了一个大质量致密天体附近的引力场. 这成为现在被称为黑洞的后续工作的基础. 在第 5 章, 我将描述史瓦西的工作及其对前进的 20 世纪的天体物理学相当的重要性.

光线弯曲、水星运动和引力红移

广义相对论有三个直接推论, 尽管相当困难, 但都是可以进行天文学验证的. 首先考虑上面提到的水星绕太阳运动的微小、但是令人困惑的异常 —— 水星近日点逐渐沿轨道移动. 这个近日点进动异常达到了约 43 角秒每世纪. 观测到总的进动为 5599.74 ± 0.41 角秒每世纪, 其中 5557.18 ± 0.85 可以归结为围绕太阳的其他行星的引力对水星轨道的影响.[48]

爱因斯坦的广义相对论不仅能解释, 而且实际上要求有这个进动. 他进一步计算了进动幅度为 43 角秒每世纪, 和观测符合得很好.[49] 然而, 对著名观测效应的解释往往来得轻易并且通常是错的. 所以爱因斯坦给出的水星近日点进动的解释只有有限的影响. 一个理论更有说服力的验证是正确预言一个从未观测到的效应.

爱因斯坦的第二个预言涉及的正是这样的效应 —— 光线被太阳弯曲. 牛顿的引力理论预言, 太阳的引力应该稍微弯曲来自遥远恒星、从太阳边缘(limb) 附近通过的光线. 这会使得这颗恒星在天空中的位置看起来相比距离太阳角距离更大的恒星有位移. 爱因斯坦作出了类似的预言, 但他的广义相对论预言的偏转角是牛顿理论预言的两倍, 大约是 1.7 角秒.[50] 这个效应难以测量. 它意味着要在太阳的强烈眩光中准确测量一颗遥远恒星的位置. 地球绕太阳做周年运动会把这颗恒星的图像挪到更接近太阳边缘的地方. 唯一适合进行这个测量的时机是在日全食期间.

爱丁顿和太阳导致的光学弯曲

在荷兰, 第一次世界大战的不结盟国家, 爱因斯坦有一个狂热的追随者. 在 1916 年爱因斯坦的《广义相对论基础》(*Die Grundlage der allgemeinen Relativitäts-theorie*) 发表后不久, 荷兰物理学家威廉·德·西特清晰地总结了这篇文章并指出了其对天文学的启示. 这些总结以一系列三篇文章发表在《皇家天文学会月刊》(*Monthly Notices of the Royal Astronomical Society*)上.[51] 这让广义相对论受到了英国天文学家的注意. 那时, 亚瑟·斯坦利·爱丁顿 (图 3.2) 是剑桥的顶尖天体物理学家, 是一个反战者. 他立刻认识到广义相对论的重要性.

爱丁顿 1882 年出生在英国威斯特摩兰郡肯达尔的一个贵格会家庭, 由他母亲抚养长大. 他的父亲亚瑟·亨利·爱丁顿, 肯达尔贵格会学校的校长, 在 1884 年的流行性伤寒中去世. 作为一名优秀的学生, 年轻的爱丁顿获得了奖学金以完成大学学习并让他在 1905 年从剑桥三一学院毕业获得文学硕士学位. 那时他已经在 1904 年获得了数学荣誉学位考试第一名.[52]

通过德·西特的文章和爱因斯坦的文章, 爱丁顿沉浸在新物理中. 他 1916 年在英国 (科学促进)(British Association) 会议上讲授了相对论, 1918 年向物理学会提供了一份关于这个课题的全面报告, 并为预期 1919 年 5 月 29 日的日食期间测量太阳对光的偏折的两次远征申请了经费支持. 其中一支远征队由皇家天文学家弗兰克·沃森·戴森组织 (但他并未参加), 去往巴西北部塞阿拉州的索布拉尔镇; 另一支由爱丁顿领导, 去往西非的普林西比岛.

图 3.2　亚瑟·斯坦利·爱丁顿, 在他所处的时代, 欧洲最有影响力的天体物理学家 (鸣谢剑桥三一学院的主管和董事)

对所得到的感光板的仔细定标花了几个月, 1919 年 10 月 30 日, 爱丁顿和他的两个合作者提交了他们的结果. 在索布拉尔测量的平均光偏折为 1.98 角秒, 误差估计为 ±0.12 角秒; 普林西比的结果为 (1.61 ± 0.30) 角秒. 这两个值位于爱因斯坦预测的 1.75 角秒偏折的两边, 考虑到观测的不确定性, 符合得不错.[53]

当戴森和爱丁顿在皇家学会和皇家天文学会于 1919 年 11 月 6 日的一次共同会议上宣布远征的结果时, 这一结果使公众对爱因斯坦和爱丁顿的热情高涨. [54] 两个国家已经在一场艰苦的战争中搏斗了四年. 然而出现了两位同为公认的和平主义者的科学家. 一位于战争期间在柏林的威廉皇帝学会工作, 另一位在剑桥工作. 他们设计和验证了一种全新的思考光、引力以及最终思考宇宙的方法.

引力红移

如我们之前看到的, 爱因斯坦的第三个预言是光离开大质量致密天体表面会损失能量. 能量损失表现为光的波长向长波端移动, 也就是向红端移动.

尽管是爱因斯坦的三个预言中最简单的, 但是这个红移是最后观测到的. 普通恒星被证明是不可靠的, 因为它们的大气对不同谱线有不同的大气深度. 恒星大气中的对流运动可以产生多普勒移动混淆测量结果. 但人们逐渐知道一类高度致密的恒星或许可以进行这种测量.

　　1914 年, 威尔逊山天文台的一位天才的天文学家沃尔特 ·S. 亚当写了一篇关于双星, 波江座 o2 的短文. 来自两颗星的光都是白的. 但是和当时的预期不同, 亚当指出, 两颗恒星中的一颗比另一颗暗很多.[55] 两年以后, 1916 年, 一位刚在莫斯科完成学业的爱沙尼亚学生 —— 恩斯特 · 约皮克, 发表了一篇文章. 他在文章中估计了一些引力束缚的双星的相对密度. 虽然大部分都具有相当正常的密度, 但是波江座 o2 中的暗星是令人迷惑的, 其密度看起来是主星的 25000 倍, 尽管两颗星具有类似的光谱. 约皮克得到结论: "这个不可能的结果暗示, 在此情形下我们的假设是错误的. "[56] 实际上, 没有什么真的错了. 随着其他极端致密的白恒星逐渐被发现, 它们被称为白矮星.

　　受到爱丁顿 1924 年写的一篇文章的启发, 沃尔特 · 亚当 1925 年提供了第一个看起来可信的, 对一颗白矮星 —— 天狼星伴星的引力红移测量.[57] 但是亚当警告说, 这个红移测量非常困难, 在数十年间天文检验仍然非常不确定.[58]

　　预测的引力红移到爱因斯坦去世五年后的 1960 年才被完全验证, 这需要哈佛的罗伯特 · 薇薇安 · 庞德和他的博士生小格伦 ·A. 瑞贝卡进行的一个巧妙的实验室实验.[59] 他们的实验室测量基于穆斯堡尔效应. 这个效应是 1958 年由位于海德堡的马克斯 · 普朗克医学研究所的物理研究所的 29 岁的鲁道夫 · 穆斯堡尔在他的博士论文中首先发现的.

　　直到 2005 年哈勃太空望远镜有了突破, 才有了恒星红移可靠的天文测量. 尽管亚当似乎在八十年前就证实了爱因斯坦预测的结果, 但他对这些结果的警告既是认真的也是正确的: 它们差了一个因子 4.[61]

　　值得提到的另外两个评论是: 艾萨克 · 牛顿的引力理论是基于两个质量 M 和 m 之间的引力 F 的. 这个力正比于质量之积, 反比于它们之间距离 r 的平方, 为 $F = MmG/r^2$, 其中 G 是普适的引力常数. 使质量 m 产生加速度 $\ddot{r}$ 的力为

$$m\ddot{r} = MmG/r^2, \tag{3.2}$$

指向 M.

　　牛顿假设方程左边的质量 m 和右边的质量 m 相等. 但是爱因斯坦强调, 这是一个物体的两个不同特征. 在方程 (3.2) 右边, m 是 M 作用于 m 的引力的一个度量, 可以认为 m 是这个物体的引力质量. 方程左边, m 代表惯性, 惯性抑制了 m 的加速度 $\ddot{r}$. 这个 m 值称为这个物体的惯性质量. 如爱因斯坦注意到的, 这两个质量相等这件事并不显然, 这是通过厄缶的实验才确立下来的.

　　故而惯性质量和引力质量相等是所有物质的一个偶然且没有得到解释的性质, 也是建立广义相对论的一个基本假设. 它导致了一个概念, 加速运动的相对性可

能和宇宙质量分布确定的引力场密切相关. 反过来, 这导致了爱因斯坦的等效原理 —— 在引力场中自由下落物体附近的物理过程和没有引力时匀速运动物体周围的类似过程不可区分. 这种一般性使得相对性原理可以应用于广泛的现象并提供对宇宙本性的新见解.

相对论宇宙学

在完成广义相对论后一年, 爱因斯坦展示了广义相对论如何能重塑我们对宇宙的理解, 从而为所有现代宇宙学奠定了基础. 为此, 这个理论应该在所有尺度上成立.

爱因斯坦已经证明广义相对论一定是*行星系统尺度上的正确理论*. 它合理地解释了水星近日点进动. 现在, 他需要证明这个理论也正确地描绘了超越行星范畴的整个宇宙.

为此, 他需要克服一个牛顿引力理论未解释的问题: 如果所有物质相互吸引, 如牛顿所发现的, 那么为什么宇宙没有坍缩?

爱因斯坦考虑了很多可能规避这个困惑的不稳定性的方法, 但没有一个方法让他满意, 直到他放弃了直觉上合理的要求, 即宇宙的几何是欧几里得的 —— 意思是光总是沿直线传播到无穷远, 只要它避免近距离越过可能引力弯曲其轨道的恒星.

他开始猜测, 如果假设宇宙在空间上是闭合的球, 那么就可以避免引力坍缩. 然而, 球的拓扑结构要求对他 1915 年末推导出来的引力场方程进行小的修改. 他在他起初的方程中加了某个未知常数 Λ 和一个定义了空间曲率的量的乘积.[62] 爱因斯坦把 Λ 称为*普适常数*. 现在它普遍被称为*宇宙学常数*.

Λ 值和宇宙的曲率半径 R 有一个简单关系:

$$\Lambda = \frac{4\pi G \rho}{c^2} = \frac{1}{R^2},\tag{3.3}$$

其中, G 是引力常数; ρ 是宇宙的质量密度, 粗略地说是宇宙中所有恒星和其他物质的总质量除以宇宙体积; c 是真空光速.

对于曲率半径 R 足够大的宇宙, 宇宙学常数 Λ 可能很小, 故广义相对论场方程的修正太小, 本质上观测不到, 至少*在太阳系尺度上如此*. 爱因斯坦之前推导的水星近日点进动或太阳周围的光线弯曲对于所有实际目的而言不受影响.

爱因斯坦描述的宇宙是静态的, 怎么能预言它在膨胀呢. 但是他对广义相对论方程的应用激发了其他数学家以及天文学家的兴趣, 去寻找他的方程能够描述宇宙的非静态、膨胀、收缩以及振荡模型的变体, 从而进一步丰富天文学家探测宇宙的工具. 在 1917 年, 宇宙的大小是未知的, 相互有引力作用的恒星显然有相对运动, 但还没有任何人想到可能存在某些主导的大尺度运动.

德·西特、弗里德曼和勒梅特的宇宙模型

荷兰天文学家威廉·德·西特在爱因斯坦对静态宇宙的广义相对论描述发表后只花了九个月就描述了一个和广义相对论相容的膨胀宇宙. 爱因斯坦的模型只是三类宇宙模型 A、B 和 C 中的一种. 德·西特在他 1917 年提交到《皇家天文学会月刊》的三篇文章中最后一篇中考虑了这三类模型. 所有这三类都和广义相对论相容.[63]

如果德·西特假设旋涡星云 (spiral nebulae) 是遥远的类似银河系的恒星系统, 并且如果"观测可能证实旋涡星云具有系统性的负径向速度", 如后来有的、之前缺乏的数据告诉他的, 则他得出结论:"这肯定表明应该采用 B 模型." 模型 B 是有些奇怪的, 宇宙缺乏物质, 明确地说, 物质密度为零. 但是因为知道宇宙中物质密度低, 所以这看起来不是一个严重的缺陷.

观测天文学只为膨胀宇宙或静态宇宙提供了最微薄的证据. 1912 年, 位于亚利桑那弗拉格斯塔夫的洛厄尔天文台的维斯托·梅尔文·斯里弗得到了适于从多普勒频移的谱线确定速度的星系光谱的第一张照片. 斯里弗观测了最近邻的大旋涡星系, 仙女座星云, 发现它在以 300 km/sec 的速度靠近. 除了仙女座星云大约 −300 km/sec 的接近速度, 三位观测者还观测到了平均退行速度, NGC 1068 +925 km/sec、NGC 4594 的两次独立观测的平均值为 +1185 km/sec. 这里加号 (+) 表示退行, 减号 (−) 表示接近. 在确定这些平均速度时用到了斯里弗的观测. 德·西特部分或者说尝试性地引用了斯里弗的这些最早的结果, 以支持他的宇宙可能在膨胀的论点. 据报道斯里弗也总共观测了 15 个星系, 只有列在这里的三个得到了证实. 他测量的平均退行速度在 +300 km/sec 和 +400 km/sec 之间.[65]

当然, 斯里弗假设了星系是独立的恒星系统, 位于宇宙深处, 具有和银河系相当的宏大规模. 然而, 直到 20 世纪 20 年代, 分别来自威尔逊山天文台和里克天文台的天文学家哈罗·沙普利和希伯·道斯特·柯蒂斯之间的辩论, 都还远没有确定. 人们可能仍然会问, 旋涡星系是否是银河系或遥远星系的成员.[66]

回想起来有人会说, 1922 年后就没有进一步的合理疑问了. 那一年, 恩斯特·约皮克得到了仙女座星云的距离, 不仅考虑了天文数据还有物理论证. 他将位力定理应用于将星系描绘为旋转的引力束缚的恒星集团的一个模型, 得出约 450 kpc 的距离, 和之前的一些不太确定的估计大致相符.[67]① 但是约皮克的文章看起来既没有说服沙普利也没有说服柯蒂斯. 天体物理学家和历史学家维吉尼亚·特林布尔回忆, 两人在 1923 年底埃德温·哈勃 (图 3.3) 发现仙女座星云含有造父变星之后才开始相信. 这些造父变星的视星等表明这个星云是遥远的、和银河系同样的恒星系统, 说明其他旋涡星云也应该看作独立的星系.[69]

---

① 考虑到那时很多关于星际吸收和我们自己的星系结构的不确定性, 约皮克的估计看起来和 2005 年发表的 (774 ± 44) kpc 符合得令人惊奇得好. [68]

图 3.3   埃德温 · 鲍威尔 · 哈勃, 20 世纪 20 年代为河外宇宙绘制天图的顶尖天文学家(美国
物理联合会埃米利奥 · 塞格雷视觉档案库, 珍本书库)

***

1922 年起, 亚历山大 · 弗里德曼, 一位天才数学家和气象学家, 发现了一整族
宇宙学模型, 所有都和广义相对论的框架相容, 宇宙质量密度具有合理的值.

乔治 · 伽莫夫, 后来成为 20 世纪最有想象力的天体物理学家之一, 在 20 世纪
20 年代是弗里德曼在列宁格勒①的学生. 他回忆, 弗里德曼对广泛的数学应用感兴
趣, 包括气象学. [70] 在天体物理学家和宇宙学家中, 弗里德曼最著名的贡献是展示
了可以建立各种宇宙模型, 其中一些是膨胀的, 另一些是收缩的或振荡的 —— 所
有这些不同的可能性都和爱因斯坦的广义相对论相洽.②

弗里德曼的工作不仅仅是无意义的推断, 他就他的发现写信给爱因斯坦, 但是
没有收到回信. 所以当列宁格勒大学的一位理论物理学家同行尤里 · 克鲁特科夫得
到去西方访问的许可时, 弗里德曼让他试图去见爱因斯坦并聊一聊这些工作. 结果,
弗里德曼收到了来自爱因斯坦的, 被伽莫夫描述为 "相当暴躁" 的一封信, 信中赞同
弗里德曼的论证. 这使得弗里德曼在德国的《物理学报》(*Zeitschrift für Physik*)上
发表了他的工作.[71,72]

***

---

① 现称圣彼得堡.
② 亚历山大 · 弗里德曼的名字可以有各种拼写. 在他的家乡, 他被称为 Aleksandr Aleksandrovich
Fridman.

到 1925 年, 斯里弗已经收集了 41 个星系的径向速度, 古斯塔夫 · 斯特伦贝里已经分析和发表了这些星系的列表. 斯特伦贝里在瑞典出生, 但那时在美国的威尔逊山天文台工作. [73] 这些视向速度范围覆盖从仙女座星系 300 km/sec 的接近速度到星云 NGC 584 的 1800 km/sec 的退行速度. 大部分星系在退行. 这些星系的退行速度也是更随机的银河系球状星团速度的很多倍.

次年, 威尔逊山的埃德温 · 鲍威尔 · 哈勃发表了基于大约 400 个星系视星等的宇宙距离标度, 维也纳的 J. 霍勒谢克在 1907 年就已经得到了这些星系的视星等.[74] 哈勃发现了这些星系角直径和视星等之间的近似关系. 注意到, 给定类型的星系大体上构成了一个均匀的组, 使用近邻星系已知的距离, 他得到了星系的星等–距离关系, 由这个关系他导出了星系在空间中的数密度和质量密度.[75]

同时, 比利时天体物理学家乔治 · 勒梅特神父 (Abbé Georges Lemaître, 图 3.4) 已经在思考德 · 西特和爱因斯坦的宇宙学之间的不同. 两个模型都由宇宙学常数 Λ 支配, 两个模型都是均匀各向同性的. 宇宙学中用到的均匀性(homogeneity) 指的是宇宙的任意部分看起来在本质上和其他部分相同, 至少当我们比较大区域时, 其中的小尺度差异互相抵消. 各向同性 (isotropy) 表明宇宙没有特别的方向: 光速或一个大质量天体对其周围施加的引力场的强度在所有方向都相同. 德 · 西特的模型普遍符合斯里弗的观测和斯特伦贝里的列表所反映的宇宙膨胀, 这个模型缺乏广义相对论要求的时间和空间的对称. 相反, 爱因斯坦的宇宙学保留了那个对称性, 但是静态的. 到 1927 年, 勒梅特已经消除了这些差异并得到了一个保持了爱因斯坦要求的对称性的膨胀宇宙模型. 有了这个模型, 他拟合了斯特伦贝里收集的速度以及哈勃在此前两年得到的质量密度. 它们产生了这样的见解, 退行离开我们的星系的速率不仅正比于它们的距离, 而且和广义相对论要求的宇宙密度相洽. 所以勒梅特提出了一个自洽的广义相对论宇宙模型, 用观测到的质量密度解释了宇宙膨胀.[76]

这是一篇令人印象深刻的文章!

科学史家赫尔奇 · 克拉夫指出了勒梅特的两项明显创新. [77] 勒梅特的文章是第一篇把热力学应用于相对论宇宙学的文章. 他导出了能量守恒的表达式

$$\dot{\rho} + \frac{2\dot{R}}{R}\left(\rho + \frac{P}{c^2}\right) = 0, \tag{3.4}$$

其中, 压强 P、质量密度 ρ 以及质量密度随时间的变化率 $\dot{\rho}$ 和宇宙膨胀速率 $\dot{R}/R$ 有关. 这是一个特别强大的方程, 因为它对任何均匀各向同性宇宙成立, 和它的膨胀是否由宇宙学常数 Λ 支配无关. 斯特伦贝里收集的数据表明越远的星系红移越大. 勒梅特把这解释为宇宙膨胀的一个标志, 这让他可以估计宇宙膨胀速率 $\dot{R}/R \sim$ 625 km/(sec·Mpc).

图 3.4　20 世纪 30 年代早期的乔治·勒梅特，他提出一个物理模型解释膨胀宇宙(鸣谢天主教鲁汶大学档案馆图片库)

卡拉夫毫不讳言："著名的哈勃定律显见于勒梅特的文章中. 它也可以命名为勒梅特定律."

遗憾的是，似乎没有人注意到哈里·努斯鲍姆和莉迪亚·比利富有见解的书——《发现膨胀的宇宙》(Discovering the Expanding Universe). [78] 勒梅特把他的文章寄给了爱丁顿和德·西特，但他们似乎都没有读. 这篇文章埋没在勒梅特选择发表的《布鲁塞尔科学会年鉴》(Annales de la Société scientifique de Bruxelles)中，几乎没有人会读到. 直到 1931 年当勒梅特再次将这篇文章引入爱丁顿的视线时，爱丁顿才认识到其重要性.

《皇家天文学会月刊》编辑威廉·马绍尔·斯马特随后写信给勒梅特询问他是否可以准许这篇文章在《皇家天文学会月刊》上重印，最好是用英文，可以加入任何勒梅特想做的有注释的修改. 勒梅特欣然接受了这个邀请，自己翻译了这篇文章，但是代之以 1927 年他自己的定量计算，他使用那时能得到的天文数据导出了宇宙膨胀速率. 他写信给斯马特"我觉得重印关于径向速度的临时讨论不明智，这显然没有实际的重要性 ……"①相反，勒梅特使用了哈勃后来在 1929 年发表的数据. 天文学家马里奥·利维奥发现了勒梅特写给斯马特的信，他认识到勒梅特的态度令人敬佩.[79] 但是，作为勒梅特合乎情理做法的结果，现在人们通常认为哈勃得出了

———————
①如很多说法语的人已经注意到的，勒梅特的意思无疑是"当前"而不是"实际上". 法语单词"actuel"翻译成"当前"(current) 或"现在"(present).

这个发现.

1929 年, 使用较新的、改进的观测, 哈勃独立发现了河外星云 (他更喜欢称为星系) 红移和距离之间的关系 (图 3.5), 就是勒梅特之前已经建立的那个关系. 他明确地用这些红移表示它们的 "表观速度". 但是, 如克拉夫和罗伯特 ·W. 史密斯已经指出的, 哈勃在其生命末期不想明确指出这些速度也表明了宇宙膨胀. [80,81] 勒梅特显然感觉到哈勃较新的数据比他自己从 1927 年时已有文献中收集的可靠. 勒梅特文章的英文版令人遗憾地表明与哈勃在勒梅特之前提出了宇宙膨胀相反的事实. [82]

发现的荣誉通常属于文章最容易被世人读到的那些人, 哈勃的论述既容易获得也令人信服. 这就是为什么人们说哈勃膨胀定律而不是勒梅特定律. 更准确地如克拉夫提出的, 人们可能应该把发现的荣誉颁发给勒梅特.

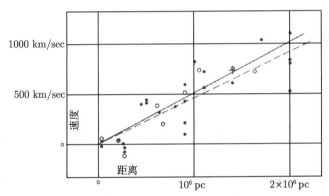

图 3.5　河外星云的速度–距离关系. 埃德温 · 哈勃的图展示了星系的距离和用红移得到的速度. 黑点和实线是对星系的最佳线性拟合. 圆圈和虚线代表对星系合并分组结果的拟合. 十字叉号代表 22 个距离不能单独估计的星系的平均速度(由 *Proceedings of the National Academy of Sciences of the USA*(《美国科学院院刊》), 15, 172, 1929年重印)

勒梅特看起来不走运. 但弗里德曼也是, 他的文章勒梅特从未读过. 亚历山大 · 弗里德曼甚至无法得到个人的满足. 他没能活到看见自己的预言成真. 弗里德曼的很多兴趣扩展到了气象气球飞行. 遗憾的是, 据伽莫夫回忆, 在一次上升中, "弗里德曼患了重感冒导致了肺炎. " 一个月后, 1925 年 9 月, 弗里德曼死于斑疹伤寒感染. [83,84]

在勒梅特文章的英文版出版之后, 顶尖的理论家们很快接受了宇宙膨胀及其广义相对论解释. 到 1931 年, 甚至最初认为弗里德曼和勒梅特的宇宙学模型非物理的爱因斯坦也被说服了, 写了一篇短文表示赞同. [85]

这篇文章中, 对于爱因斯坦或许最重要的是指出, 不再需要宇宙学常数了. 1917年他把这个常数放到他的方程里仅仅是因为他认为宇宙的空间结构和密度应该随时间保持不变. 一旦丢掉了这个判据 (如哈勃的发现所示, 必须这么做), 在爱因斯坦看来, 宇宙学常数就没有进一步的用处并且总是不能令人满意 (unbefriedigend).

今天, 大部分天体物理学家可能不会同意这一点. 观测到当前宇宙的膨胀看起来需要引入某种至少和爱因斯坦的宇宙学常数非常类似的东西.

马赫原理和相对性原理

当爱因斯坦刚开始对引力和宇宙进行理论描述时, 就预期马赫对宇宙统一体的观念会浮现出来, 只不过不清楚会以什么形式. 马赫假设, 至少那个告诉我们一桶水是在旋转还是静止的那个坐标系是由宇宙的大尺度结构确定的. 旋转水桶边上的水位上升肯定是由于旋转和无旋转坐标系之间的某种普遍差异造成的. 这是否也意味着原子物质的结构和质量、电子电荷以及光速都可以用某种宏大的宇宙理论解释.

但是, 随着爱因斯坦的努力持续结出果实, 马赫的预言似乎没有一个起了作用. 最终, 爱因斯坦的预期降低了, 马赫原理似乎无关紧要.

为什么?

直到今天我们也没有答案.

爱因斯坦遵循了相对性原理的结果, 得出了合乎逻辑的结论. 支配宇宙及其组成的运行和演化的物理定律必须是不变的, 所有观者都应该同意并理解, 无论它们的位置和运动状态如何. 如果不是这样, 那么就没有一致的基础.

在奥林匹亚学院的那些日子里, 1923 年前后, 当三位成员康拉德·哈比希特、莫里斯·索洛文和阿尔伯特·爱因斯坦在学习恩斯特·马赫和昂利·庞加莱的著作时, 马赫原理和相对性原理都已经有说服力了. 但是只有相对性原理稳步向前, 马赫原理看起来却失去了方向. 某天或许它仍有机会. 但是, 现在我们知道, 长久以来, 宇宙膨胀对电子电量 e、普朗克常量 h、引力常数 G、光速 c 或任何物理定律都没有可以察觉的影响. 宇宙结构或许决定了哪个坐标系是转动的, 哪个是不转动的. 但即使这个也是不清楚的.

爱因斯坦显然是幸运或者说有深刻见解的, 他首先选择了相对性原理指向的地方. 如果他走了马赫建议的路, 那么他不会得到很多结果.

在科学中, 指导原则可能是无价的.

它们也可能会误导!

***

之前, 我在某种程度上详细介绍了爱因斯坦及其思考问题的方式. 他对学习的渴望以及他需要 "沉思"[1] 困难的问题, 看起来一度是他工作的中心.

---

[1] 爱因斯坦使用了德语表达 "grübeln".

或许理解爱因斯坦风格最简单的方式是认识到他的主要兴趣是理解科学的结构—— 将其不同部分联系起来并使得世界可以被理解的那很大一部分.

爱因斯坦的传记作者、理论物理学家亚伯拉罕 · 派斯和相对论学家基普 · 索恩都提到过, 爱因斯坦的早期工作看起来很容易, 但后来广义相对论的工作却很艰难. 持续的小改动引起的信心只是一再让希望破灭. 他在 1915 年末写的最后四篇广义相对论的文章仅相隔几天投往《会议报告》(*Sitzungsberichte*). 他与希尔伯特在得到广义相对论场方程的竞赛中, 人们看到他几乎是跌跌撞撞地越过了终点线.

派斯回忆了爱因斯坦早期的文章, 赞扬它们具有莫扎特音乐的品质, 即从作曲家的意识中以明显的极度舒缓的节奏流淌出来. 而后来关于广义相对论的工作在他看来是在更吃力地创作贝多芬的作品 —— 不朽的作品, 但也是折磨心灵的作品.

派斯的回忆中的一个例外可能是爱因斯坦在与希尔伯特的竞赛末尾 1915 年的那篇凯旋的短文, 在这篇文章中, 他推导了水星近日点进动和光线经过太阳时的弯曲.[86] 这里, 可以感觉到爱因斯坦的精疲力竭, 但也能感觉到他对工作的新热情和自豪. 他已经提出了对一个他很有信心的理论的两个新的检验.[87] 其中一个检验—— 近日点进动, 他知道肯定是对的. 另外一个检验将决定这个理论的命运并明确将其与牛顿的工作区分开. 他看起来像是一个非常放松的人.

但建立广义相对论的漫长而艰苦的斗争也教给了爱因斯坦一堂关于他自己的课, 他现在认识到这一课并表示了最深的遗憾. 这是别人可能没有注意到的一堂课.

1979 年在的里亚斯特举办的一次纪念阿尔伯特 · 爱因斯坦百年诞辰的会议上, 20 世纪中期伟大的理论物理学家杨振宁讲述了爱因斯坦对当代思想的影响. 在杨振宁看来, 爱因斯坦强调了对于理论家而言, "对称性支配相互作用, 几何是物理的核心, 形式的优美在描述世界时发挥了作用. "[88]

爱因斯坦或许会对杨振宁的评价感到高兴, 但是在生命末期, 他看待事情不太一样了, 他很遗憾没有足够早地理解数学对他的工作的极端重要性. 在杨振宁所赞扬的爱因斯坦对于对称性的应用上, 爱因斯坦认识到, 他对它们的应用非常有限, 而且或许在某些问题上使他失败. 如果他掌握了更多能更好地发展数学形式的知识和感觉, 那么他应该在这些问题上取得更多成果.

这不是虚伪的谦虚. 爱因斯坦只是认识到, 他对数学没有像他在物理中那样广泛的熟知和直觉. 闵可夫斯基展示了如何用空间和时间的旋转对称性最简单地看待狭义相对论.[89] 如爱因斯坦后来回忆, 他起初认为闵可夫斯基的做法是多余的.① 直到数年以后当他开始广义相对论的工作时, 才领会了其重要性.[90]

1912 年他不得不请求他的朋友马塞尔 · 格罗斯曼帮忙以找到开展广义相对论工作所需的数学结构的这段经历本来可能会增强这种认识. 但是之后四十年, 爱因

---

① Überflüssige Gelehrsamkeit.

斯坦都对从他的朋友那里获得的帮助保持沉默，命运对于他的朋友是无情的. 1920
年前后，格罗斯曼开始表现出多发性硬化症的症状，说话逐渐变得困难. 1927 年他
辞去了联邦理工学院的职位并最终在 1936 年因此病去世. [91] 即使在那时，爱因斯
坦欠他的人情仍然没还.

直到 1955 年去世前不久，在写一篇简短的自传文章时，爱因斯坦才表达了他
对格罗斯曼的衷心感谢. "写这篇某种程度上有些斑驳的自传梗概的勇气来源于我
必须在我一生中至少表达一次我对马塞尔·格罗斯曼的感谢. "[92]① 爱因斯坦悔恨
地承认了伯恩哈特·黎曼的巨大贡献，"从这里可以确定广义相对论场方程所必须
假设的形式，如果要求所有连续的坐标变换下具有不变性. 然而，这个要求是合理
的这件事不容易理解，特别是因为我认为已经找到了反驳的论据. 这些无可否认的
错误考虑带来了仅在 1916 年最终形式中出现的那个理论. "②

最终，爱因斯坦在寻找清晰的数学形式上的弱点一定让他在与 20 世纪伟大的
数学家大卫·希尔伯特寻找广义相对论最终公式的竞赛中感受到了痛苦的清醒.

在生命末期的写作中，爱因斯坦回忆了他在苏黎世联邦理工学院当学生时的数
学教授，优秀的阿道夫·胡尔维茨和赫尔曼·闵可夫斯基. 然而，爱因斯坦花了大部
分时间让他自己熟悉物理. 他回忆道 [93]：

> 我在某种程度上忽略数学的原因不仅仅是我对自然科学比对数学有更强烈的兴趣，
> 而且因为 …… 数学被分割为众多专门领域 …… 我在这些数学领域的直觉不足以明
> 确区分基本的重要内容，…… 并且作为学生，我不清楚，获得更深刻的基本物理原理知
> 识的方法是和最复杂的数学方法联系在一起的. 经过多年独立的科学工作之后我才明白
> 这一点.

意识到这些错过的数学机会显然深深困扰着爱因斯坦. 他认识到他的成就是
伟大的，但其实可以更伟大.

注释和参考文献

[1]　*Subtle is the Lord—The Science and the Life of Albert Einstein*, Abraham Pais. Oxford
　　University Press, 1982.

[2]　Autobiographical note in *Helle Zeit, dunkle Zeit-in memoriam Albert Einstein*, A. Ein-

①Den Mut, diese etwas bunte autobiographische Skizze zu schreiben, gab mir das Bedürfnis,
wenigstens einmal im Leben meiner Dankbarkeit für Marcel Grossmann Ausdruck zu geben.

②Daraus war zu ersehen, wie die Feldgleichungen der Gravitation lauten müssenfalls Invarianz
gegenüber der Gruppe aller kontinuierlicher Koordinaten-Transformationen gefordert wird. Dass
diese Forderung gerechtfertigt sei, war aber nicht so leicht einzusehen, zumal ich Gründe dagegen
gefunden zu haben glaubte. Diese, allerdings irrtümlichen, Bedenken brachten mit sich, dass die
Theorie erst 1916 in ihrer endgültigen Form erschien.

stein (Carl Seelig, editor). Zürich: Europa Verlag, 1956, p. 16.

[3]　Autobiographical Notes, Albert Einstein, in *Albert Einstein: Philosopher Scientist*, Paul A. Schilpp ed., 2nd edition. New York: Tudor Pub., 1951, pp. 2-95.

[4]　Who Discovered the Expanding Universe? Helge Kragh & Robert W. Smith, *History of Science*, 42, 141-62, 2003.

[5]　*Discovering the Expanding Universe*, Harry Nussbaumer & Lydia Bieri, Cambridge University Press, 2009.

[6]　Folgerungen aus den Capillaritätserscheinungen, Albert Einstein, *Annalen der Physik*, 4, 513-23, 1901.

[7]　Thermodynamische Theorie der Potentialdifferenz zwischen Metallen und vollständig dissoziierten Lösungen ihrer Salze, und eine elektrische Methode zur Erforschung der Molekularkräfte, A. Einstein, *Annalen der Physik*, 8, 798-814, 1902.

[8]　Kinetische Theorie des Wärmegleichgewichtes und des zweiten Hauptsatzes der Thermodynamik, A. Einstein, *Annalen der Physik*, 9, 417-33, 1902.

[9]　Theorie der Grundlagen der Thermodynamik, A. Einstein, *Annalen der Physik*, 11, 170-87, 1903.

[10]　Allgemeine molekulare Theorie der Wärme, A. Einstein, *Annalen der Physik*, 14, 354-62, 1904.

[11]　Ibid., *Subtle is the Lord* . . . , Pais, p. 46.

[12]　Ibid., *Subtle is the Lord* . . . , Pais, pp. 46-7.

[13]　*Albert Einstein, Lettres a Maurice Solovine*, ed. Maurice Solovine, Paris: Gauthier-Villars, 1956.

[14]　*La Science et l'Hypothèse*, H. Poincaré, 1902; translated into Science and Hypothesis, H. Poincaré, 1905; Mineola NY: Dover Publications, 1952.

[15]　*Die Mechanik in Ihrer Entwicklung - Historisch-Kritisch Dargestellt*, Ernst Mach, Brockhaus, Leipzig, 1883, reissued 1897, pp. 216-23.

[16]　Ibid., *Die Mechanik* . . . , Mach, p. 232.

[17]　Conversations with Albert Einstein, R. S. Shankland, *American Journal of Physics*, 31, 47-57, see p. 48, 1963.

[18]　Albert Einstein's erste wissenschaftliche Arbeit, Jagdish Mehra, *Physikalische Blätter*, 27, 385-91, 1971.

[19]　How I created the theory of relativity, Albert Einstein, Translated from the German into Japanese by the physicist, J. Ishiwara, and published in the Japanese periodical *Kaizo* in 1923; then translated from the Japanese into English by Yoshimasa A. Ono and published in *Physics Today*, 35, 45-47, 1982.

[20]　Zur Elektrodynamik Bewegter Körper, A. Einstein, *Annalen der Physik*, 17, 891-921, 1905, translated as On the Electrodynamics of Moving Bodies in *The Principle of Relativity*, edited by A. Sommerfeld, translated by W. Perrett and G. B. Jeffery, 1923, Dover

Publications.

[21] Ist Die Trägheit eines Körpers von seinem Energieinhalt abhängig? A. Einstein, *Annalen der Physik*, 18, 639-41, 1906, translated as Does the Inertia of a Body Depend upon its Energy Content? Ibid., Sommerfeld, 1923, Dover.

[22] Raum und Zeit, address by Hermann Minkowski reprinted in *Physikalische Zeitschrift*, 10, 104-11, 1909, translated as Space and Time, Ibid., Sommerfeld, 1923, Dover.

[23] Zur Dynamik bewegter Systeme, M. Planck, *Annalen der Physik*, 26, 1-35, 1908.

[24] Mémoire sur la chaleur solaire, sur les pouvoirs rayonnants et absorbants de l'air atmosphérique, et sur la température de l'espace, Pouillet, *Comptes Rendus des Séances de L'Academie des Sciences*, 7, 24-65, 1838; see also *A Popular History of Astronomy during the Nineteenth Century*, Agnes M. Clerke, London: Adam and Charles Black, 1908, Republished by Scholarly Press, St. Clair Shores, Michigan, 1977, p. 216.

[25] Beiträge zur Dynamik des Himmels in populärer Darstellung, Robert Mayer, Heilbronn, Verlag von Johann Ulrich Landherr, 1848; reissued in the series *Ostwald's Klassiker der Exakten Wissenschaften* Nr. 223 as *Beiträge zur Dynamik des Himmels und andere Aufsätze*, Robert Mayer; published by Bernhard Hell. Leipzig: Akademische Verlagsgesellschaft m.b.h., 1927, pp. 1-59.

[26] *Bemerkungen über die Kräfte der unbelebten Natur*, J. R. Mayer, (Remarks on the Forces of Inanimate Nature), *Liebigs Annalen der Chemie*, 1842, p. 233 ff.

[27] See also *A Popular History of Astronomy during the Nineteenth Century*, Agnes M. Clerke. London: Adam and Charles Black, 1908. Republished by Scholarly Press, St. Clair Shores, Michigan, 1977, p. 310 ff.

[28] Astronomers take up the stellar energy problem 1917-1920, Karl Hufbauer *Historical Studies in the Physical Sciences*, 11, part 2, 273-303,1981.

[29] Radio-activity and the Age of the Sun, G. H. Darwin, *Nature*, 68, 222, 1903.

[30] The state of affairs in this debate at the start of the 20th century has been recorded in a number of detailed publications cited and summarized by Karl Hufbauer: See Ibid. Astronomers take up the stellar . . . , Hufbauer, pp. 277-303.

[31] Über das Relativitätsprinzip und die aus demselben gezogenen Folgerungen (The Relativity Principle and its Consequences), A. Einstein, *Jahrbuch der Radioaktivität und Elektronik*, 4, 411-462, 1907; *Berechtigungen* (errata), 98-99, 1908.

[32] Ibid. How I created . . . , Einstein, pp. 45-47, 1982.

[33] Über den Einfluss der Schwerkraft auf die Ausbreitung des Lichtes, A. Einstein, *Annalen der Physik*, 35, 898-908, 1911, translated as On the Influence of Gravitation on the Propagation of Light, Ibid., Sommerfeld, 1923, Dover.

[34] Erinnerungen eines Kommilitonen, Louis Kollros, in *Helle Zeit-Dunkle Zeit, in Memoriam Albert Einstein*, editor Carl Seelig. Zürich: Europa Verlag, 1956, p. 27.

[35] Entwurf einer verallgemeinerten Relativitätstheorie und eine Theorie der Gravitation I. Physikalischer Teil von A. Einstein; II. Mathematischer Teil von M. Grossmann, *Zeitschrift für Mathematische Physik*, 62, 225-61, 1913.

[36] Kovarianzeigenschaften der Feldgleichungen der auf die verallgemeinerte Relativitätstheorie gegründeten Gravitationstheorie, A. Einstein & M. Grossmann, *Zeitschrift für Mathematische Physik*, 63, 215-25, 1914.

[37] Ibid., *Subtle is the Lord*, Pais p. 259.

[38] Ibid., *Subtle is the Lord*, Pais pp. 259-60.

[39] Ibid., *Subtle is the Lord*, Pais p. 253, quoting A. D. Fokker's article in *Nederlands Tijdschrift voor Natuurkunde*, 21, see p. 126, 1955.

[40] Erklärung der Perihelbewegung des Merkur aus der allgemeinen Relativitätstheorie, A. Einstein, *Sitzungsberiche der Königlich-Preussischen Akademie der Wissenschaften zu Berlin*, 44, 831-39, 1915.

[41] Die Feldgleichungen der Gravitation, A. Einstein, *Sitzungsberichte der Königlich-Preussischen Akademie der Wissenschaften zu Berlin*, 44, 844-47, 1915 (see also Ibid., Subtle is the Lord, Pais p. 257.)

[42] Die Grundlagen der Physik (The Foundations of Physics), David Hilbert, *Nachrichten der Königlichen Gesellschaft der Wissenschaften zu Göttingen, Mathematisch-physikalische Klasse*, 395-407, 1915.

[43] Die Grundlage der allgemeinen Relativitätstheorie, A. Einstein, *Annalen der Physik*, 49, 769-822 ,1916; translated as The Foundation of the General Theory of Relativity, Ibid., Sommerfeld, 1923, Dover.

[44] Letter from E. Wigner to J. Mehra, November 29, 1971, reproduced in Einstein, Hilbert, and the Theory of Gravity, Jagdish Mehra, in *The Physicist's Conception of Nature*, ed. Jagdish Mehra, Dordrecht-Holland: D. Reidel Publishing Company, 1973, 92-178, see especially pp. 174-78.

[45] Ibid., Einstein, Hilbert and the Theory of Gravity, Mehra.

[46] A set of references to the debate is included in an article by Ivan T. Todorov, Einstein and Hilbert: The Creation of General Relativity, Ivan T. Todorov, http://lanl.arxiv.org/pdf/physics/0504179v1.pdf

[47] Hamiltonsches Princip und allgemeine Relativitätstheorie, A. Einstein, *Sitzungsberichte der Königlich-Preussischen Akademie der Wissenschaften zu Berlin*, 1916; translated by W. Perrett & G. B. Jeffery, as Hamilton's Principle and the General Theory of Relativity, Ibid., Sommerfeld, 1923, Dover.

[48] The Relativity Effect in Planetary Motions, G. M. Clemence, *Reviews of Modern Physics*, 19, 361-63, 1947. Although the observed precession values cited here correspond to a re-evaluation in 1947, they do not appreciably differ from those available to Einstein in 1915.

[49] Ibid., Die Grundlage . . . , Einstein.

[50] Ibid., Erklärung . . . , Einstein.

[51] On Einstein's Theory of Gravitation, and its Astronomical Consequences, W. de Sitter, *Monthly Notices of the Royal Astronomical Society*, 76, 699-728, 1916; 77, 155-84, 1916; 78, 3-28, 1917.

[52] Sir Arthur Stanley Eddington, O.M., F.R.S., Obituaries written by several astronomers in *The Observatory*, 66, 1-12, February 1945.

[53] A Determination of the Deflection of Light by the Sun's Gravitational Field, from Observations at the Total Eclipse of May 29, 1919, F. W. Dyson, A. S. Eddington, & C. Davidson, *Philosophical Transactions of the Royal Society of London*, 220, 291-333, 1920.

[54] Joint Eclipse Meeting of the Royal Society and the Royal Astronomical Society, *The Observatory*, 42, 388-98, 1919.

[55] An A-Type Star of Very Low Luminosity, Walter S. Adams, *Publications of the Astronomical Society of the Pacific*, 26, 198, 1914.

[56] The Densities of Visual Binary Stars, E. Öpik, *Astrophysical Journal*, 44, 292-302, 1916.

[57] On the Relation between the Masses and Luminosities of the Stars, A. S. Eddington, *Monthly Notices of the Royal Astronomical Society*, 84, 308-32, 1924.

[58] The Relativity Displacement of the Spectral Lines in the Companion of Sirius, Walter S. Adams, *Proceedings of the National Academy of Sciences of the USA*, 111, 382-89, 1925.

[59] Apparent Weight of Photons, R. V. Pound & G. A. Rebka, *Physical Review Letters*, 4, 337-41, 1960.

[60] Kernresonanzfluoreszenz von Gammastrahlung in Ir191, R. L. Mössbauer, *Zeitschrift für Physik*, 151, 124-43, 1958.

[61] Hubble Space Telescope spectroscopy of the Balmer lines in Sirius B, M. A. Barstow, et al., *Monthly Notices of the Royal Astronomical Society*, 362, 1134-42, 2005.

[62] Kosmologische Betrachtungen zur allgemeinen Relativitätstheorie, (Cosmological Considerations on the General Theory of Relativity) A. Einstein, *Sitzungsberichte der Königlich-Preussischen Akademie der Wissenschaften zu Berlin*, 142-52 (1917) translated from the German in The Principle of Relativity, A. Sommerfeld (ed.), Mineola NY: Dover Publications.

[63] On Einstein's Theory of Gravitation and its Astronomical Consequences, W. de Sitter, *Monthly Notices of the Royal Astronomical Society*, 78, 3-28, 1917.

[64] Ibid., On Einstein's Theory, de Sitter.

[65] Council note on The Motions of Spiral Nebulae, Arthur Stanley Eddington, *Monthly Notices of the Royal Astronomical Society*, 77, 375-77, 1917.

[66] The 1920 Shapley-Curtis Discussion: Background, Issues, and Aftermath, Virginia Trimble, *Publications of the Astronomical Society of the Pacific*, 1133-44, 1995.

[67] An Estimate of the Distance of the Andromeda Nebula, E. Oepik, *Astrophysical Journal*, 55, 406-10, 1922.

[68] First Determination of the Distance and Fundamental Properties of an Eclipsing Binary in the Andromeda Galaxy, Ignasi Ribas, et al., *Astrophysical Journal*, 635, L37-L40, 2005.

[69] Ibid. The 1920 Shapley-Curtis Discussion, Trimble, see p. 1142.

[70] *My World Line*, George Gamow. New York: Viking Press, 1970, pp. 42-45.

[71] Über die Krümmung des Raumes, A. Friedman, *Zeitschrift für Physik*, 10, 377-86, 1922.

[72] Über die Möglichkeit einer Welt mit konstanter negativer Krümmung des Raumes, A. Friedmann, *Zeitschrift für Physik*, 21, 326-32, 1924.

[73] Analysis of Radial Velocities of Globular Clusters and Non-Galactic Nebulae, Gustaf Strömberg, *Astrophysical Journal*, 61, 353-62, 1925.

[74] Beobachtungen über den Helligkeitseindruck von Nebelflecken und Sternhaufen in den Jahren 1886 bis 1906, J. Holetschek, *Annalen der K. & K. Univeristäts-Sternwarte Wien* (*Wiener Sternwarte*), 20, 1-8, 1907, digitally available through the Hathi Trust Digitial Library.

[75] Extra-Galactic Nebulae, Edwin Hubble, *Astrophysical Journal*, 64, 321-69 and plates P12-P14, 1926. 76.

[76] Un univers homogène de masse constante et de rayon croissant, rendant compte de la vitesse radiale des n'ebuleuses extra-Galactiques, Abbé G. Lemaître, *Annales de la Société scientifique de Bruxelles, Série A*, 47, 49-59,1927.

[77] *Cosmology and Controversy*—The Historical Development of two Theories of the Universe, Helge Kragh. Princeton University Press, 1996, pp. 29-30.

[78] *Discovering the Expanding Universe*, Harry Nussbaumer & Lydia Bieri. Cambridge University Press, 2009.

[79] Mystery of the missing text solved, Mario Livio, *Nature*, 479, 171-73, 2011.

[80] Who Discovered the Expanding Universe?, Helge Kragh & Robert W. Smith, *History of Science*, 41, 141-62, 2003.

[81] A Relation between Distance and Radial Velocity among Extra-Galactic Nebulae, Edwin Hubble, *Proceedings of the National Academy of Sciences of the USA*, 15, 168-73, 1929.

[82] A Homogeneous Universe of Constant Mass and Increasing Radius accounting for the Radial Velocity of Extra-galactic Nebulae, Abbé G. Lemaître, *Monthly Notices of the Royal Astronomical Society*, 91, 483-90, 1931.

[83] Ibid., *My World Line*, Gamow.

[84] Alexander Friedmann and the origins of modern cosmology, Ari Belenkiy, *Physics Today*, 65, 38-43, October 2012.

[85] Zum kosmologischen Problem der allgemeinen Relativitätstheorie, A. Einstein, *Sitzungs-berichte der Deutschen Akademie der Wissenschaften*, 235-37, 1931.

[86] Erklärung der Perihelbewegung des Merkur aus der allgemeinen Relativitätstheorie, A. Einstein, *Sitzungsberichte der Königlich-Preussischen Akademie der Wissenschaften zu Berlin*, 44, 831-39, 1915.

[87] Albert Einstein 14 Maart 1878 - 18 April 1955, A. D. Fokker, *Nederlands Tijdschrift voor Natuurkunde*, 21, 125-29, 1955.

[88] Einstein's Impact on Theoretical Physics Chen-Ning. N. Yang, *Physics Today*, 33, 42-49, June 1980.

[89] Raum und Zeit, H. Minkowski, *Physikalische Zeitschrift*, 10, 104-11, 1909.

[90] Ibid., *Subtle is the Lord*, Pais p. 152.

[91] Ibid., *Subtle is the Lord*, Pais p. 224.

[92] Autobiographische Skizze in Helle Zeit, Dunkle Zeit - *in memoriam Albert Einstein*, A. Einstein (Carl Seelig, editor). Zürich: Europa Verlag, 1956, p.16.

[93] Autobiographical Notes, Albert Einstein, Paul A. Schilpp ed., 1951, 2nd edition. New York: Tudor Pub., 1951, pp. 14-17.

第4章 基于前提的结论

科学工作一般基于前提 (premise), 就是对于某些假设能稳妥地导致有用进展的一种预感.[①] 随着新的观测结果、实验证据或计算结果的积累, 前提可能会导致包含对未来观测的预言的连贯一致的观点. 当这些观测仅部分地证实演化中的世界观时, 改正或修正可能是必要的, 故而会出现一个越来越复杂的世界观, 其复杂的细节需要用一个总体理论理解. 理论变得令人困惑之处, 人们就会假设新的物理过程以使理论更容易理解. 确认这些过程要不停地寻找, 所以工作仍在继续.

19 世纪的两项遗产

太阳中的化学元素

1895 年, 海德堡的物理学家古斯塔夫·罗伯特·基尔霍夫和他的同事 —— 化学家罗伯特·威廉·本生发现, 在火焰中注入痕量的氯化锶会产生一个清晰地显示存在锶元素的光谱. 钠也容易由显示出两个明亮的临近光谱特征的光谱证认, 这两个光谱特征的波长精确对应于太阳光谱中的两个暗的光谱特征.

那年晚些时候, 基尔霍夫让一束阳光通过了含有钠蒸气的火焰. 令他惊奇的是, 火焰发出的光没有填补暗的太阳光谱特征, 太阳光谱特征实际上还变暗了. 从太阳发出的微弱的光似乎被火焰吸收了.

这个结论是不可避免的, 特别是对于一些在实验室中进行了大量研究的元素. 基尔霍夫代表本生和自己写道: "太阳光谱中暗的 D 线导致的结论是, 太阳大气中含有钠."[②]同样的结论对于钾也成立.[5]

基尔霍夫和本生后来证明太阳中也存在其他金属, 包括铁、镁、钙、铬、铜、锌、钡和镍. 他们猜测, 恒星的组成不再是高深莫测的, 一步一步, 我们终将了解恒星的化学组成!

人们只能想象他们的兴奋和惊叹. 自然的沉默终被打破, 他们满腔热情地宣布, 现在我们可以自信地确定 "远远超出地球界限, 甚至我们太阳系界限" 的世界的化学组成.[6]

---

①要寻找本章中讲述的事件更广泛背景的读者, 可以在大卫·H. 德沃金和拉尔夫·克纳特的文章、德沃金写的亨利·诺里斯·罗素以及卡尔·胡夫鲍尔 20 世纪早期对恒星结构和演化的综述中找到有益的论述.[1,2,3,4]

②[D]ie dunkeln Linien D im Sonnenspektrum lassen daher schliessen, dass in der Sonenatmosphäre Natrium sich befindet.

恒星的温度

尽管 19 世纪末的天文学家已经开始通过将恒星的颜色与已知温度的热发光固体匹配来估计恒星温度, 但这个过程很大程度上是经验性的.

另一个经验方法是维也纳的科学家约瑟夫·斯特藩提出的, 他准确估计的太阳表面温度约 6000 K 是基于他确定了一个被加热的物体的辐射功率正比于温度的四次方 (σT^4), 其中 σ 是对任意全黑表面适用的普适常数. [7] 但是几乎没有 19 世纪的天文学家对斯特藩的工作有太多信心, 对太阳表面温度的其他估计可以覆盖数万开尔文的范围.

1900 年 12 月 14 日, 柏林大学的理论物理学教授马克斯·普朗克在柏林的德国物理学会作了一个报告, 在报告中, 他给出了实验观测到的黑体辐射(一个被加热的、与其周围热平衡的完美黑体发出的辐射) 的光谱的一个理论推导. [8] 普朗克把这种光谱称为正则谱(normal spectrum), 但是术语黑体谱(blackbody spectrum) 很快就被广泛接受了. 在这个语境中, "黑" 这个描述指的是完全吸收所有入射辐射的能力. 普朗克的推导代表了 19 世纪末从热力学、统计力学、气体的动理学理论以及詹姆斯·克拉克·麦克斯韦的电磁理论中逐渐发展起来的对热辐射研究工作的顶峰. [9]

普朗克的工作, 特别是他证明斯特藩定律可以在光的电磁理论的基础上推导出来, 给使用这个定律导出温度提供了很强的支持. 然而, 天文学家对恒星温度感到不确定的部分原因是, 没有恒星的光谱能量分布精确地和黑体符合. 作为一种妥协, 他们赞同, 有可能从恒星表面发出的总的辐射得到一个等效温度T_{eff}, 只要这个温度定义为 $(F/\sigma)^{1/4}$, 其中 F 是每秒从单位面积的恒星表面发出的总功率 —— 辐射流量, $F = \sigma T^4$.

巨星和矮星

1909 年哥本哈根的埃希纳·赫茨普龙引起了人们对一个新见解的注意. 恒星看起来分为两个不同的种类, 巨星和矮星. 一些看起来和其他恒星有同样温暖的颜色, 故而有同样的温度和表面亮度的恒星具有非常小的视差, 所以必然非常遥远, 但是它们的视星等和那些具有较大视差的较近的恒星相似. 这些罕见的遥远恒星必然比那些临近的恒星大得多. 在赫茨普龙的描述中, 认为它们是鱼中的鲸.[10]

赫茨普龙的发现花了些时间才被人了解. 但是四五年后, 在 1913~1914 年, 普林斯顿的亨利·诺里斯·罗素得到了同样的结论. [11] 使用额外的从双星轨道导出的恒星质量以及基于颜色的温度的信息, 他发现①颜色类似的巨星和矮星的质量差异不大, ②恒星的表面亮度随颜色变红而快速下降以及③红巨星的直径可能比红矮星大一百倍, 密度小一百万倍. 赫茨普龙的鲸和鱼的比喻差得不远. 值得注意的是, 在 1913 年 12 月 30 日佐治亚州亚特兰大美国天文学会和美国科学促进会 A 部的一次联合会议上的报告中, 罗素在一幅图 (图 4.1) 中展示了这些特征. 这幅图现在被称为赫罗图, 20 世纪产生的最富有信息量的图之一. 他的报告 "做了一些增补", 在从 1914 年 4 月 30 日的一期开始的三期《自然》杂志上做了报道.

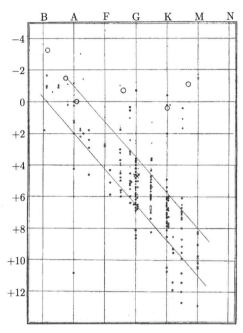

图 4.1 最初的已知视差的恒星赫罗图, 由亨利·诺里斯·罗素在 1913 年 12 月 30 日佐治亚州亚特兰大美国天文学会和美国科学促进会 A 部的一次联合会议上提出. 从左到右, 恒星颜色从蓝到红, 用光谱型B, A, F, ···, M, N 标记. 从上到下, 恒星的绝对光度从最亮的 −4 变化到最暗的大约 +9. 不同的符号表示位于天球上不同恒星群的恒星 (得到Macmillan Publisher Ltd.的许可, 重印自: *Relations Between the Spectra and Other Characteristics of the Stars*, Henry Norris Russell, *Nature* 93, 252, 1914 ©1914 Nature Publishing Group)

太阳, 一颗光谱型为 G 的恒星, 是一颗矮星. 矮星是一类位于从图 4.1 左上延伸到右下的恒星主序中较低较红部分的恒星. 巨星覆盖了从某种程度上比太阳明亮且更蓝的恒星到逐渐变红位于红巨星支的明亮恒星. 红巨星支从主序开始向右上延伸. 赫罗图成为 20 世纪早期天体物理学最为不朽的遗产之一. 但是, 很多年间, 其重要性和完整的含义仍然不清楚. 不同光度恒星中特定谱线的普遍存在也仍然没有解释.

尼尔斯·玻尔和原子光谱理论

1913 年的一个关键突破引出了研究恒星大气温度和化学丰度的全新方法. 1912年整个秋天, 27 岁的丹麦物理学家尼尔斯·玻尔都在寻找理解原子结构和它们发出辐射的方式. 他在过去一年在剑桥和曼彻斯特分别和约瑟夫 · 约翰 · 汤姆孙和欧内斯特 · 卢瑟福一起工作. 他们的工作产生了两种非常不同的原子结构模型. 玻尔在寻找结合两个模型的方法, 每个模型都基于自己的一组实验观察. 汤姆孙 1898 年的模型将原子描绘为光滑分布的正电荷, 电子像一颗颗葡萄干均匀地嵌在蛋糕上. 考虑到卢瑟福的阿尔法粒子散射实验已经表明原子具有点状的、大质量、带正电的核, 这个模型在玻尔看来不太可能.

玻尔的贡献基于对瑞士物理学家、一所女子中学的老师约安 · 雅各布 · 巴尔末在 1885 年首先发现的一个关系的物理洞察. 它通过一个公式将氢发射谱线的波长 λ 联系起来, 这个公式可以写为

$$\frac{c}{\lambda} = R\left(\frac{1}{b^2} - \frac{1}{a^2}\right), \tag{4.1}$$

其中, c 是光速; c/λ 是光的频率; R 是一个以瑞典光谱学家约安尼斯 · 罗伯特 · 里德伯命名的常数; b 是一个可以取值 $1, 2, 3, \cdots$ 的整数; a 是比 b 大的整数.

玻尔的伟大成就是给出了氢的物理模型, 通过自然的基本常数给出了 R 的公式

$$R = \frac{2\pi^2 m e^4}{h^3}, \tag{4.2}$$

其中, m 和 e 是电子的质量和电量; h 是普朗克常量.

玻尔的公式基于氢的模型, 其中电子可以稳定地在一些分立轨道中的任何一个绕质量大得多的原子核转动. 每个轨道的半径由电子能量、电子负电荷对带正电的原子核的静电吸引以及任何处于稳定轨道中的电子角动量应该为 $\hbar \equiv h/2\pi$ 整数倍的条件决定.

从一个能量 E_a 的轨道跃迁到另一个较低能量 E_b 的轨道, 电子发出波长 λ_{ab} 的辐射. 为了得到巴尔末的结果, 需要设 $b = 2$, a 必须为大于 2 的整数, 辐射频率和电子轨道能量之差相联系, $\nu_{ab} \equiv c/\lambda_{ab} = (E_a - E_b)/h$.

这是很有道理的. 爱因斯坦在 1905 年的一篇文章中解释了被紫外线照射的金属表面的电子发射以及其他的光和物质的相互作用. 他发现被吸收的光量子的能量 E 等于普朗克常量 h 乘以被吸收的光的频率 ν[13]:

$$E = h\nu. \tag{4.3}$$

还有进一步的证据. 1896 年哈佛大学的查尔斯 · 皮克林在恒星船尾座 ζ 的光谱中发现了一系列不能很好地符合巴尔末公式的谱线, 但是被认为是氢产生的. 玻尔指出, 这些谱线可以归结为一次电离的氦, 此时原子核带电量应该是氢的两倍, R 的公式应该为

$$R_Z = \frac{2\pi^2 m Z^2 e^4}{h^3}. \tag{4.4}$$

对于氢原子核带电量, 玻尔取 $Z = 1$ 和 $R_{Z=1} = 3.1 \times 10^{15}$ 周每秒[1], 这和观测在代入量 m、e 和 h 的实验不确定性之内符合. 这是他处于正确轨道上的强烈证据. 对于一次电离的氦, 原子核电量应该为 $Z = 2$, $R_{Z=2} = 4R_{Z=1}$.

玻尔的工作出现在三篇文章中, 都在 1913 年发表. 在这些文章中, 他把在氢原子中的发现推广到其他原子和分子的课题中.[14,15,16]

英国物理学家阿尔弗莱德·福勒在《自然》杂志上回应玻尔的第一篇文章时断言, 玻尔将观测到的一些太阳发射归结为氦的假说不可能是正确的. 氦的实验室谱线明确显示比值 $R_{Z=2}/R_{Z=1}$ 是 4.0016, 而不是玻尔所说的 4.000.[17]

仅仅四周之后在《自然》的一篇快报中, 玻尔回复说, 他的文章所用的 $R_{Z=2}$ 的值基于原子核质量 M 无限大于电子质量的简化假设. 如果在他的理论中使用氢和氦真实的 M 值, 那么他的公式中的电子质量 m 变为其约化质量 $m_r = mM/(m + M)$. 这个量是行星系统轨道研究者熟悉的. 于是比值 $R_{Z=2}/R_{Z=1} = 4$ 应该替换为 4.00163.[18]

福勒在同一期《自然》中大方地回复说: "我很高兴发起了与玻尔博士的这个有趣的讨论, 我承认上面给出的更精确形式的方程和所讨论谱线的观测符合得很好." [19]

玻尔的两个主要结果, R_Z 的推导和通过更详细地计算比值 $R_{Z=2}/R_{Z=1}$ 无疑证认了氦的光谱, 令人无法忽略. 爱因斯坦之前一直怀疑 R_Z 的原始推导. 但是在听到匈牙利出生的化学家盖奥尔格·冯·赫维西关于氦的结果后, 据说他回复: "这是一个巨大的成就, 玻尔的理论肯定是对的." [20]

玻尔的理论和普朗克以及爱因斯坦早期的量子力学思想一致, 在某种意义上解释了 (尽管是以一种当时完全不熟悉的逻辑) 为什么原子物质只在分立的波长吸收和发射辐射. 它也清楚地表明, 高能级只能通过给原子注入相当数量的能量才能布居, 这意味着这些能级可能只在温度较高的恒星大气中布居.

亨利·诺里斯·罗素 (图 4.2) 和太阳、地球及陨石的化学元素

到 20 世纪初, 组成太阳的物质和地球上的物质有相当的相似之处这件事变得渐渐清晰. 但是太阳光谱也表现出实验室中无法重复的、费解的特征.

抛开这些异常, 天文学家假设太阳中化学元素的相对丰度和地球相似. 还没有方法检验这个假设, 但普林斯顿的亨利·诺里斯·罗素认为肯定有. 这变成了他的前提, 以及在 1914 年到 1929 年的 15 年间研究的基石.

---

①译者注: 即赫兹.

图 4.2　亨利·诺里斯·罗素、他的妻子露西·梅和他们的四个孩子，大约是在他得到赫罗图和收集他最初的元素丰度表的时候 (鸣谢美国物理联合会埃米利奥·塞格雷视觉档案库，玛格丽特·罗素·埃德蒙森收藏)

***

　　罗素 1877 年出生在一个长老会牧师家庭，在普林斯顿大学接受了本科和研究生教育，于 1899 年在那里获得了博士学位. 1905 年在完成英国的博士后工作后回到普林斯顿大学，他很快就成为美国天体物理的领军人物.

　　1914 年，37 岁的罗素那时是普林斯顿大学天文台台长，他对比了三个来源的元素：那时已经在太阳中发现的元素的汇编、地壳中存在的元素列表以及陨石 (落在地球上的行星系统的材料) 中发现的元素的普查. [21] 罗素注意到重印在表 4.1 中的表格前两列之间令人惊奇的相似性：“两列中前十六种金属元素中的十五种是相同的.” 参考约翰·霍普金斯大学著名物理学家亨利·奥古斯图斯·罗兰 (他在 1899 年成为美国物理学会第一任会长，之前花了很多年编制了太阳中发现的元素的第一个列表) 的工作，罗素得出结论：“尽管……有例外，但太阳和地球元素列表的吻合非常强地证实了罗兰的观点，如果地壳能升温到太阳大气的温度，它会给出非常类似的吸收光谱……”

爱丁顿和恒星内部组成

　　到 1916 年，剑桥的天文学家亚瑟·斯坦利·爱丁顿已经发现了一种尝试性方法来解释矮星和巨星之间的差异. [22] 他论证说, 对于低密度的巨星, 和它们稀薄的气体产生的压强相比, 辐射产生的压强是巨大的. 他进一步假设热输运在所有恒星中相同, 都是通过辐射流从酷热的内部流向较凉的表面层. 他假设通过传导和对流的热输运可以忽略.

表 4.1　亨利·诺里斯·罗素 1914 年发表的元素表

太阳光谱暗线 (霍兰德)		色球层, 亮线 (米契尔)	地壳最外层 10 英里 *(克拉克)		石质陨石 (梅瑞尔)	
1	Ca	Fe	O	49.85%	O	35.75%
2	Fe	Ti	Si	26.03	Fe	24.52
3	H	H	AL	7.28	Si	18.20
4	Na	Cr	Fe	4.12	Mg	13.80
5	Ni	Ca	Ca	3.18	S	1.85
6	Mg	V	Na	2.33	Al	1.45
7	Co	Sc	K	2.33	Ca	1.25
8	Si	Zr	Mg	2.11	Ni+Co	1.32
9	Al	C	H	0.97	Na	0.70
10	Ti	Mn	Ti	0.41	Cr	0.34
11	Cr	Mg	Cl	0.20	K	0.27
12	Sr	Ni	C	0.19	P	0.11
13	Mn	Ce	P	0.10		
14	V	Nd	S	0.10		
15	Ba	He	F	0.10		
16	C	Co	Ba	0.09		
17	Sc	Y	Mn	0.08		
18	Y	Sr	Sr	0.03		
19	Zr	Ba	Cr	0.025		
20	Mo	La	Ni+Co	0.018		
21	La	Sa	V	0.015		
22	Nb	Al	Zr	0.013		
23	Pd	Er	Cu	0.010		
24	Nd	Gd	Zn	0.004		
25	Cu	Na	Li	0.004		
26	Zn	Si	Pb	0.002		
27	Cd	Eu	Br	0.0006		
28	Ce	Zn	As	0.004		
29	Gl	Dy	Cd	0.00002		
30	Ge	Cu	其他所有元素 0.38			
31	Rh	Pr				
32	Ag	Nh				
33	Sn					
34	Pb					
35	Er					
36	K					

注: 元素相对丰度中观察到的相似性让罗素相信, 太阳的组成一定和地球类似 (来源: 美国科学促进会).

* 译者注: 1 英里 =1.609 千米.

但是辐射不会以恒星透明时的那种方式逃逸，爱丁顿假设有一个单位质量单位面积 (即单位柱密度) 的吸收系数 k. 他认为在恒星内部必然有某种能量供应，可能是由于放射性或只是由于恒星收缩产热，用 ϵ 表示单位质量产生的能量. 他承认不知道 k 或 ϵ 的任何事，但是假设乘积 $k\epsilon$ 在恒星内部为常量.

爱丁顿进一步假设流体静力学平衡，也就是说恒星内每一点的压强足以抵抗压在它上面来自半径更大处物质的重量导致的进一步压缩. 这让他可以使用一组瑞士天体物理学家罗伯特 · 埃姆顿 1907 年的著作《气体球》(Gaskugeln) 中汇编的一组恒星温度和密度分布的方程. [23] 爱丁顿在此之外唯一的假设是，恒星表层温度比内部深处低很多. 恒星内部的典型温度可达数百万开尔文.

在 1916 年发表的第二篇文章中，爱丁顿改正了他之前没有注意到的一个重要的错误. 他此时意识到，恒星内部深处的原子一定是完全电离的. [24] 使用三年前发表的玻尔模型告诉他，内部高温下的气体压强不可能只正比于原子密度. 相反，在完全电离的物质中，压强应该正比于粒子数密度. 对于一个典型的原子，这会使数密度增加一个 $n_e + 1$ 因子，其中 n_e 是每个原子的电子数，另外一个粒子是原子核.

气体压强会增大一个量级，因为和 1914 年的罗素一样，爱丁顿假设恒星由与地球类似的重元素组成. 对于完全电离、有 26 个电子的铁，压强会增加到 27 倍.

＊＊＊

两年以后的 1918 年，爱丁顿回到同一课题. 此时他简化了表述，大大简化了这个课题.[25] 但仍然忽视了对流的可能性，假设能量从恒星内部辐射输运到表面，我们现在知道这个条件只在某些恒星的某些部位满足. 其他恒星可能是完全对流的，所以他的假设不适用. 他知道这个局限性，但他的贡献提供了一种新的影响深远的方法.

爱丁顿的关键假设是，只应存在比氢重的元素. 有了这个假设，他就可以马上确定恒星中所有原子成分的平均质量. 所有重于氢的元素具有接近 $2Am_p$ 的原子核质量，其中 $A^{①}$ 是原子核周围的电子数，m_p 是氢原子核的质量 —— 质子质量. 理论很好地结合在一起，不依赖于恒星精确的化学组成，只要它们主要由重元素组成，也就是说，只要排除氢元素.

＊＊＊

爱丁顿证明了恒星的光度 L 与其质量 M 可以通过方程

$$L = \frac{4\pi cGM(1-\beta)}{k}, \quad (1-\beta) \propto M^2 m^4 \beta^4 \tag{4.5}$$

相联系. 其中 k 如之前一样，是单位柱密度的吸收系数，c 是光速，G 是引力常数，M 是恒星质量，m 是粒子的平均质量，β 是气体贡献的压强的比例，$(1-\beta)$ 是辐射贡献的比例.

---

①译者注：电荷数现在通常用 Z 表示.

在爱丁顿的质量–光度关系方程 (4.5) 中, 恒星主要由重元素组成的假设意味着粒子平均质量大约是 $m \sim$ 原子质量单位, 或者大约两倍质子质量 $2m_p$. 如果气体不是完全电离的, 那么爱丁顿估计的 m 应该大一些, $m = 2.8m_p$. 最后, 他也假设仅仅是电离物质的一个性质的吸收系数 k 在整颗恒星中为常量.

但是方程 (4.5) 不依赖于恒星半径 R, 爱丁顿得出结论, β 仅仅依赖于恒星质量 M. 相应地, 这意味着乘积 Lk 对于同样质量的恒星必然相等, 这很重要. 通过比较太阳光度和颜色或表面温度与太阳相当的巨星的光度, 爱丁顿可以得到两个方程, 使得他能够分别确定 β 和 k 的值.

对于太阳和颜色相似的巨星, 爱丁顿估计的质量分别为 $1M_\odot$ 和 $1.5M_\odot$. $(1-\beta)$ 的值分别为 0.106 和 0.174. 在对 k 的估计中, 爱丁顿得出结论, 一个只有 $\frac{1}{23}$ g/cm^2 的吸收层可以让透过的辐射降低到 "大约最初的三分之一". [26]

爱丁顿 1918 年的理论堪称一绝!

它解释了恒星光度和质量之间的观测关系, 以及巨星和矮星之间的差异. 至少, 与观测相符说明了很多问题.

遗憾的是, 理论的细节依赖于 "恒星主要由类似地球的物质组成" 的假设、"能量在整颗恒星中产生而不是主要在中心区域产生" 的假设和 "热量向外输运主要通过辐射转移而不是部分或主要通过对流" 的假设.

爱丁顿理论成功的一个后果是, 它证实了罗素的信念, 恒星一定有和地球一样的化学组成. 反过来, 如果我们将要看到的, 罗素关于化学组成的信念让爱丁顿相信他关于恒星结构和辐射转移的理论也一定是正确的. 这两位天体物理巨人, 一位在英国, 一位在美国, 经常肩并肩指导天体物理的发展 —— 有时候是误导.

萨哈和电离气体光谱

在爱丁顿试图理解恒星内部时, 玻尔的工作以及不断增加的实验室工作也开始为恒星大气的化学性质提供线索. 最为重要的是一位印度的年轻人令人惊叹的新见解.

梅格纳德·萨哈 1893 年出生于东孟加拉 (今天的孟加拉国) 达卡附近的一个小村庄, 是家中的第五个孩子. 年轻的萨哈勉强得到了教育的机会. [27] 尽管因为参加反英抗议失去了奖学金并被暂停了学业, 但萨哈最终于 1919 年, 在新建立的加尔各答科学大学学院教授热力学和光谱学的同时在加尔各答总统学院获得了应用数学博士学位.

萨哈在博士期间几乎独立工作, 他在 1919 年已经建立了电离气体的动理学理论, 为恒星大气的物理条件提供了第一个清晰的见解. 在恒星光谱理论的开创性文章 (其中第一篇在 1920 年初发表) 中, 他表示已经解决了这个难题 [28]:

　　　　到目前为止, 热力学还局限于处理类似液化和汽化的物理过程或类似分子分解或离
解为原子的化学过程. 它已经把我们带到了所有物质被分解为原子的阶段. 但如果由原
子组成的气体继续被加热会发生什么? ⋯⋯ 升高温度的第一个效应是从原子系统剥离
最外围的电子 ⋯⋯ 接下来是证认这个物理系统中电离的元素. 在光谱学上, 这是一件
非常简单的事, 因为电离的元素显示出一系列和中性原子谱线非常不同的谱线.

然后他描绘了原子经过持续加热而被逐渐激发时会发生什么; 它们吸收或再发射所
处的激发能级; 随着加热继续它们最终经历的电离 (这使得它们可以从电离原子的
一系列完全不同的能级发射和吸收辐射); 如何计算这些能级之间的平衡与温度和
压强的函数关系.

在这个计算中他证明气体压强发挥了关键作用, 因为电离释放的电子在较高压
强下更容易和离子复合. 作为这些计算的结果, 萨哈解释说: "(谱) 线出现或消失的
物理意义 ⋯⋯ 现在变得清晰." 他将他的理论和观测到的恒星光谱联系起来得到
结论: "在实践中没有实验数据给予我们指导, 但是恒星光谱可以看作是以不间断
的序列向我们显露无遗: 随着温度持续从 3000 K 变化到 40000 K, 物理过程一个接
一个."

在萨哈的方法发表后几个月, 罗素在 1921 年热情地评论道: "新研究领域的巨
大可能性在我们面前展开. 在仔细研究之前必须进行大量工作 —— 相比之下结果
少得多, 天文学家、物理学家和化学家必须联合起来攻坚, 将他们的所有资源用于
这个对我们同样重要的伟大问题." [29]

罗素比他同时期的大多数人看得都清楚, 天文学只有引入相关领域的工具和多
得多的科学家的努力, 才能快速发展. 另外两个有类似觉悟的人是剑桥的数学家和
理论物理学家拉尔夫·霍华德·福勒 —— 一位热力学和统计力学中的顶尖研究者
以及他的同事, 理论天体物理学家爱德华·亚瑟·米尔恩. 他们一起改进了萨哈的
理论, 在 1923 年发现, 恒星大气中的气体动理学压强远低于萨哈和大多数天文学
家的假设.

在大气不同深度 (深度增加对应于更高的温度和电离态) 观测到的丰富的谱线
需要低压大气. 只有高度稀薄的大气才有可能让辐射穿透到这样的深度, 这样的大
气中气体压强大约是地球上的万分之一. 这意味着在恒星大气建模中必须考虑辐射
压而不仅仅是气体动理学压强. [30]

塞西莉亚·佩恩在恒星化学组成上的惊人见解

塞西莉亚·H. 佩恩 (图 4.3), 一位来自英国的研究生, 1923 年在剑桥爱丁顿门
下完成本科学习之后来到哈佛. 在剑桥, 她熟悉了福勒和米尔恩的工作, 她的博士
论文选择充分探索他们的理论及其结果. 她确信他们对萨哈工作的改进提供了一种
新的方法. 第一个任务是导出恒星的哈佛光谱分类系统中不同光谱型恒星的温度.

图 4.3　1924 年塞西莉亚·佩恩在哈佛大学 (凯瑟琳·哈拉蒙德尼斯收藏)

由于她在哈佛天文台档案库可以获得大量恒星光谱, 所以她处于进行此项工作的理想地点. 很快, 她成功建立了不同光谱型恒星的温标. 这项工作本身是一个令人印象深刻的成就. 在她完成恒星温度的工作后, 佩恩开始将福勒–米尔恩理论进一步应用于估计太阳中主要化学组分的相对丰度. [31]

光谱特征的强度随温度及原子和离子能级相对布居数变化. 福勒和米尔恩已经证明, 谱线刚刚能被探测到的温度为谱线所对应元素丰度提供了一个好的测量方法, 此时谱线的自吸收可以忽略. [32] 他们也计算了达到某个特定电离态的谱线最大吸收的温度和压强. [33]

佩恩使用哈佛的光谱确定了不同谱线强度随大气温度变化的函数关系, 这些大气温度是她刚刚确定的. 她知道她所用的方法是粗略和初步的, 但是估计得到氢丰度至少是处于最可能的电离态的类似硅、钙或镁这样的元素丰度的十万倍, 一次电离的氦看起来丰度要高一百万倍以上. 我们现在知道她对氢的估计大了一个大约 10 的因子, 氦大了一个大约 100 的因子, 但这些高得惊人的估计值仍然比她同时期的那些结果更有启示.

哈罗·沙普利, 哈佛天文台主任和塞西莉亚·佩恩的论文导师把她的博士论文草稿发给了罗素. 罗素是沙普利本人在普林斯顿的论文导师. 罗素强烈反对佩恩给出的较高的氢丰度. 他写道:"······ 当前理论有某些严重错误. 氢丰度是金属丰度的一百万倍显然是不可能的,"然后提到了他和普林斯顿的同事、物理学家卡尔·泰勒·康普顿最近一起发表的一篇文章. [34,35]

在 1924 年《自然》的快报中, 罗素和康普顿坚持认为, 基于所采用的光谱理论, 对太阳中氢和镁谱线中的吸收的比较"要求一个荒谬的巨大氢和镁 (本身是一种丰富的元素) 的相对丰度比. "为解决这个表观的矛盾, 他们建议, 权重, 也就是氢原子中产生巴尔末吸收的态的倾向性"通过某些特殊途径增加了一个非常大的因子."

这篇快报几乎只是给出了一个明确的观点. 我们之前看到罗素如何在 1914 年确信恒星大气的化学丰度和地球表面层非常类似. [36] 在 1922 年他给萨哈写信时仍然持此观点"······我们不能确定地球上元素的相对丰度和恒星中类似, 但是我认为它是我们所拥有的最好的向导. "[37] 回想起来, 罗素和康普顿这篇《自然》快报看起来是维持太阳的化学成分大致和地球相同这个假设孤注一掷的尝试.

***

在她的令人印象深刻的博士论文《恒星大气：对高温物质观测研究的贡献》(*Stellar atmosphere: A contribution to the observational study of matter at high temperatures*, 也作为哈罗·沙普利编辑的第一本哈佛天文台专著) 中, 佩恩比较了恒星和地球元素的相对丰度. 对于比氢和氦质量大的原子, 她发现了大致的对应关系. 然而, 氢和氦的丰度要高数个量级, 如她的表 XXVIII 中所示.[38]

作为对罗素直言不讳批评的回应, 这位年轻的博士生写道："虽然氢和氦在恒星大气明显是非常丰富的, 但从临界的表现估计得出的实际值是具有欺骗性的. "[39] 两页之后, 她接着写道："恒星大气中得到的这些元素的错误丰度几乎肯定是不真实的. "[40] 似乎是要解释这些反对意见, 她提到了罗素和康普顿在《自然》上的快报, 然后引用了罗素写给她的信"对于谱线似乎有一种真实的趋势, 电离和激发势都很大, 比基本理论所表明的强得多. "[41]

一方面, 她不确定她的结果的正确性. 另一方面, 她不相信罗素. 她站哪边不是很清楚. 现在回想起来, 这可能是正确的态度. 激进的新结果需要全面、独立的验证, 但这在当时根本没有.

和罗素一样, 爱丁顿也持怀疑态度：在她的自传中, 塞西莉亚·佩恩回忆了在完成她一本书长度的论文后到剑桥访问爱丁顿. 她写道："凭着一股年轻的热情, 我告诉他, 我相信在恒星中氢原子远多于其他原子. 他的评论是'你说的不是恒星中(in the star), 你说的是恒星上(on the star)', 在这个情况下, 实际上我是对的, 数年后他也认识到这一点. "[42]

***

佩恩的贡献基于她对观测和理论工作的融合. 她的成功基于她认识到两个资源, 她巧妙地将它们变为可用的工具. 第一个是哈佛天文台存档的无与伦比的恒星光谱库. 第二个是她认识到了拉尔夫·福勒和 E.A. 米尔恩最近在剑桥发展的新的辐射转移技术.

加在一起, 这些资源让她能够确定恒星大气中不同元素的原子和离子的丰度. 对她来说, 一切都很直接：氢是恒星大气中迄今最丰富的元素, 在内部可能也是. 她的发现和她在应用她的方法时的谨慎应该至少让亨利·诺里斯·罗素和亚瑟·斯坦利·爱丁顿这样有经验的天文学家留下了深刻印象. 而且或许它们激发了罗素去进行更深入的研究, 即使它们挑战了他最深的信念.

爱丁顿在他的恒星结构理论中犯错误的地方是他未能认识到这个理论的一个变体对于完全由氢组成的恒星 (而不是他所假设的完全由重元素组成) 可以解释得很好. 对于他来说这显然看起来不可能, 因为和罗素一样, 他本能地相信恒星不能大部分由氢组成. 恒星光谱明显显示存在很多地球上也发现了的重元素. 和罗素一样, 爱丁顿假设这些明显的光谱特征对应于高的重元素丰度, 这使得他的简化假设 $m \sim 2m_{\mathrm{p}}$ 非常吸引人.

氢远远超过其他元素的观点有可能从根本上改变爱丁顿的质量–光度关系, 因为这将意味着恒星组成粒子的平均质量会变成质子的一半 $m \sim m_{\mathrm{p}}/2$. 因为在他的理论中辐射压和光度都正比于质量的四次方, 即 m^4, 这会使两个量减小一个高达 256 的因子. 难怪爱丁顿没有热情接受塞西莉亚·佩恩的恒星中氢丰度高的结论. 它威胁了他建立的优美的知识结构以及在佩恩访问前后他可能准备出版的经典著作 ——《恒星的内部组成》(*The Internal Constitution of the Stars*). [43]

爱丁顿恒星结构理论的公式是有影响力的, 如果对恒星中的化学组成和普遍存在的离子的质量密度和数密度知之甚少. 他的一般性方法在更仔细地关注元素丰度、恒星不透明度和热对流时仍然处于中心地位, 但是以他所采用的简化构建理论的那种形式很快就过时了.

亨利·诺里斯·罗素对化学组成的估计

罗素又花了四年时间才接受氢可能是恒星大气中最丰富的元素的观点. 他似乎不知疲倦地研究谱线宽度如何提供丰度的线索, 并从很多其他有利方向对这个问题进行研究. 到 1927 年, 他之前的博士生唐纳德·门泽尔、他的助手夏洛特·E. 莫尔、罗素年轻的普林斯顿同事约翰·昆西·斯图尔特以及刚刚在慕尼黑的阿诺德·索末菲指导下完成博士论文的年轻德国理论家阿尔布雷特·昂索特都表示, 恒星大气中应该有高的氢丰度.[44] 但是或许是为了内心的平和, 罗素仍然要用他自己的方法证明这个高丰度.

直到 1929 年罗素才最终得出结论 (承认？): 高的氢丰度是真实的. 他在《天体物理杂志》上的一篇长文中总结了他转变观点的证明, 他在文中也提供了对 56 种元素和 6 种化合物的估计.[45]

在这篇长文的表 16 中, 罗素比较了他导出的元素丰度和四年前 "之前最重要的 …… 佩恩女士通过天体物理方法确定的元素丰度". 如罗素所说, 二者之间 "符合" 得惊人得好, 如他强调的, 特别是因为它们是通过非常不同的方法得出的. 但是, 以八十年后的眼光来看, 这两个估计值都和现代值差了几个量级, 尽管它们之间是紧密符合的.

由于仅仅四年前罗素还断然否认高的氢丰度, 或许, 有些令人失望的是, 人们没有找到他明确说明是佩恩首先意识到恒星中氢丰度占主导.

塞西莉亚·佩恩可能会对她所处时代的两位顶尖天文学家断然否定她的工作感到愤怒. 爱丁顿至少是她在剑桥本科时期非常好的导师. 那个时代一般不鼓励妇女从事科学. 甚至在她生命后期她仍然认为爱丁顿是"我有幸认识的最伟大的人."[46] 对于罗素, 她的自传中没有这类评述.

在完成毕业论文后, 佩恩成为第一位因为在哈佛天文台的工作获得博士学位的女性. 她留在了哈佛大学, 但是尽管她很优秀, 在接下来三十年, 哈佛大学都拒绝给她一个体面的职位. 只有在沙普利和一系列大学校长退休以后, 她才最终获得了她应有的职位. 直到 1956 年, 56 岁, 她才晋升为哈佛大学艺术与科学学院的第一位女教授, 之后她也成为哈佛大学第一位领导一个学术部门的女性. 女性在学术生活中的角色是艰难的, 她必须在没有先例之处克服一个又一个障碍.[47]

***

这个故事中的很多重要特征值得记住.

首先, 它围绕天文学中出现过的最有能力、最有资格的人物. 罗素和爱丁顿是天体物理中的领军人物. 佩恩是一位才华横溢的年轻先驱, 也是吸引女性进入这个领域的榜样.

其次, 对早期量子理论的快速消化及其提供的工具显示了天文学家, 特别是罗素为促进他们的工作迅速引入最强有力的理论工具和实验方法的重要性. 反过来, 玻尔、萨哈、福勒和米尔恩受到的欢迎激发了其他物理学家的兴趣, 将他们的才能用于解决天文问题.

最后, 罗素转而接受氢丰度高这一事实表明即使是错误的前提也能最终被克服. 这可能经历了曲折的过程, 并采取现实主义且或许勉强谦逊的措施来使自己完全转变, 但最终罗素做到了.

***

通过很多方法, 罗素提前同时代的人很长时间理解了, 如果天文学家不仅结合观测家和理论家的力量, 而且也结合物理学家以及潜在的化学家的力量去解决重要的天文学问题, 那么天文学会发展得更快. 他很快接受了萨哈关于电离原子结构和它们对恒星光谱学重要性的新思想. 他和物理学家密切合作, 包括哈佛大学的光谱学家 F.A. 桑德斯. 罗素和桑德斯一起发表了一篇关于碱土金属原子 (包括钙、锶和钡, 都有一对价电子) 光谱理论有影响力的文章.[48]

在这种情况下, 他也不知疲倦地和威尔逊山天文台的观测家一起工作, 建立合作, 使得他能够获得可能需要的光谱. 他把以前的学生放在他可能影响他们和他们的同事的位置上. 他支持年轻人研究他们所感兴趣的天文问题.

罗素的两个学生, 后来哈佛天文台的台长唐纳德·霍华德·门泽尔以及最终在普林斯顿接替罗素的莱曼·斯皮策是第一批接受美国教育的天文学家. 这批天文学家具有很好的现代物理基础, 因而可以使用更深入的方法研究天体物理问题.

罗素传记的作者, 大卫·德沃金提供了对罗素的这段总结性见解[49]:

> 在他职业生涯中点, 他开始理顺天体物理, 将其从很大程度上仍然经验性的 ……天体光谱学 …… 框架中提升为分析的、因果性和解释性的现代天体物理框架. 他在观测和理论的交界面上工作, 让观测天文学家更容易接触到理论 …… 结果, 他帮助将美国的天体物理学转变为一个完全的物理学科. 建立这个框架超过了任何冠以他的名字的发现或应用, 这是罗素留给天文学最伟大的遗产 ……
>
> 对于罗素这样务实的理论家来说, 最重要的是知道如何精巧地发展技术和收集证据以使它们可以被学界接受. 一个事物要变得可被接受, 它必须是有用的. 效用和正确同样重要, 只要它有希望以一种可理解的方式获得新的知识. 这就是罗素的贡献的本质所在……
>
> 有很多通往权力的途径, 通过功绩或政治的帮助、过去的记录、说服的能力、整理证据的能力、成功招募盟友以及与机构的联系. 罗素的权力是所有这些产物, 但它主要基于功绩……他知道如何建立知识联盟, 甚至从竞争对手那里获得信任, 趁机成熟.

在他的时代, 美国没有谁在天文学中具有比罗素大的影响力. 如果在欧洲寻找他的对手, 必须转向爱丁顿. 在下一章, 我们将再次碰到这个天才的、复杂的人.

注释和参考文献

[1] Quantum Physics and the Stars (I): The Establishment of a Stellar Temperature Scale, David H. DeVorkin and Ralph Kenat, *Journal for the History of Astronomy, xiv*, 102-32, 1983.

[2] Quantum Physics and the Stars (II): Henry Norris Russell and the Abundances of the Elements in the Atmospheres of the Sun and Stars, David H. DeVorkin and Ralph Kenat, *Journal for the History of Astronomy, xiv*, 180-222, 1983.

[3] *Henry Norris Russell, Dean of American Astronomers.* David H. DeVorkin, Princeton University Press, 2000.

[4] Stellar Structure and Evolution, 1924-1939, Karl Hufbauer, *Journal for the History of Astronomy*, 37, 203-27, 2006.

[5] Über die Fraunhoferschen Linien, *Monatsberichte der Königlich Preussischen Akademie der Wissenschaften zu Berlin*, 662-65, 1859.

[6] Chemical Analysis by Spectrum-observations, Gustav Kirchhoff & Robert Bunsen, *Philosophical Magazine* 4th Series 20, 1860, pp. 89-109. (See also *A Popular History of the Nineteenth Century*, Agnes M. Clerke, Adam & Charles Black,1908, pp. 132-35, republished by Scholarly Press, Inc. St. Claire Shores, Michigan, 1977).

[7] Über die Beziehung zwischen Wärmestrahlung und der Temperatur, Josef Stefan, *Sitz-*

sungsberichte der Akademie der Wissenschaften in Wien, lxxix, part 2, 391-428, 1879.

[8]   Über das Gesetz der Energieverteilung im Normalspectrum, Max Planck, *Annalen der Physik*, 4th Series, 4, 553-63, 1901.

[9]   *The Historical Development of Quantum Theory*, Jagdish Mehra and Helmut Rechenberg, volume 1, part 1, chapter 1. New York: Springer Verlag, 1982.

[10] Über die Sterne der Unterabteilungen c und ac nach der Spektralklassifikation von Antonia C. Maury, Ejnar Hertzsprung, *Astronomische Nachrichten*, volume 179, Nr. 4296, columns 373-80, 1909.

[11] "Giant" and "Dwarf" Stars, Henry Norris Russell, *The Observatory*, 36, 324-29, 1913.

[12] Relations Between the Spectra and other Characteristics of the Stars, Henry Norris Russell, *Nature*, 93, 252-58, 1914; essentially the same material was also published in *Popular Astronomy*, in two articles, the first of which appeared in the May 1914 issue *Popular Astronomy* 22, 275-94, 1914.

[13] Über einen die Erzeugung und Verwandlung des Lichtes betreffenden heuristischen Gesichtspunkt, A. Einstein, *Annalen der Physik*, 17, 132-48, 1905.

[14] I. On the Constitution of Atoms and Molecules, N. Bohr, *Philosophical Magazine*, 26, 1-25, 1913.

[15] On the Constitution of Atoms and Molecules, Part II. Systems containing only a single nucleus, N. Bohr, *Philosophical Magazine*, 26, 476-502, 1913.

[16] On the Constitution of Atoms and Molecules, Part III. Systems containing several nuclei, N. Bohr, *Philosophical Magazine*, 26, 857-75, 1913.

[17] The Spectra of Helium and Hydrogen, A. Fowler, *Nature*, 92, 95, 1913.

[18] The Spectra of Helium and Hydrogen, N. Bohr, *Nature*, 92, 231, 1913.

[19] The Spectra of Helium and Hydrogen, A Fowler, *Nature*, 92, 232, 1913.

[20] *Subtle is the Lord: The Science and the Life of Albert Einstein*, Abraham Pais, Oxford University Press, 1982, p. 154.

[21] The Solar Spectrum and the Earth's Crust, Henry Norris Russell, *Science*, 39, 791-94, 1914.

[22] On the Radiative Equilibrium of the Stars, A. S. Eddington, *Monthly Notices of the Royal Astronomical Society*, 77, 16-35, 1916.

[23] *Gaskugeln, Anwendungen der mechanischen Wärmetheorie auf kosmologische und meteorologische Probleme*, Robert Emden, Teubner-Verlag, 1907.

[24] Further Notes on the Radiative Equilibrium of the Stars, A. S. Eddington, *Monthly Notices of the Royal Astronomical Society*, 77, 596-613, 1916.

[25] On the Conditions in the Interior of a Star, A. S. Eddington, *Astrophysical Journal*, 48, 205-13, 1918.

[26] Ibid. On the Conditions . . . Eddington, pp. 211-12, 1918.

[27] Meghnad Saha, 1893-1956, *Biographical Memoirs, Royal Society of London*, 217-36,

1960.

[28] On a Physical Theory of Stellar Spectra, M. N. Saha, *Proceedings of the Royal Society of London A*, 99, 135-53, 1921.

[29] The Properties of Matter as Illustrated by the Stars, Henry Norris Russell, *Publications of the Astronomical Society of the Pacific*, 33, 275-90, 1921, see p. 282.

[30] The Intensities of Absorption Lines in Stellar Spectra, and the Temperatures and Pressures in the Reversing Layers of Stars, R. H. Fowler & E. A. Milne, *Monthly Notices of the Royal Astronomical Society*, 83, 403-24, 1923; see especially p. 419.

[31] Astrophysical Data Bearing on the Relative Abundance of the Elements, Cecilia H. Payne, *Proceedings of the National Academy of Sciences of the USA*, 11, 192-98, 1925.

[32] Ibid., The Intensities of Absorption Lines, R. H. Fowler & E. A. Milne.

[33] The Maxima of Absorption Lines in Stellar Spectra R. H. Fowler and E. A. Milne, *Monthly Notices of the Royal Astronomical Society*, 84, 499-515, 1924.

[34] Letter from Russell to Cecilia Payne, 14 January, 1925, Russell papers, cited in Ibid., Quantum Physics and the Stars (II), DeVorkin & Kenat.

[35] A Possible Explanation of the Behaviour of the Hydrogen Lines in Giant Stars, H. N. Russell & K. T. Compton, *Nature*, 114, 86-87, 1924.

[36] Ibid. The Solar Spectrum and the Earth's Crust, Russell, 1914.

[37] Letter from Russell to Saha cited in Ibid., Quantum Physics and the Stars (II), DeVorkin & Kenat.

[38] *Stellar Atmospheres: A contribution to the observational study of matter at high temperatures*, Cecilia Helena Payne, Ph.D. thesis, Radcliffe College, 1925, see also American Doctoral Dissertations, source code L1926, 168 pp.

[39] Ibid., *Stellar Atmospheres*, p. 186.

[40] Ibid., *Stellar Atmospheres*, p. 188.

[41] Ibid., *Stellar Atmospheres*, p. 57.

[42] *Cecilia Payne-Gaposchkin: An Autobiography and Other Recollections*, edited by Katherine Haramundanis, Cambridge University Press, 1984, p. 165.

[43] *The internal constitution of the stars*, Arthur S. Eddington, Cambridge University Press, 1926.

[44] Ibid., *Henry Norris Russell*, DeVorkin, chapter 14.

[45] On the Composition of the Sun's Atmosphere, H. N. Russell, *Astrophysical Journal*, 70, 11-82, 1929.

[46] Ibid., *Cecilia Payne-Gaposchkin*, Haramundanis, p. 203.

[47] Ibid., *Cecilia Payne-Gaposchkin*, Haramundanis, p. 257.

[48] New Regularities in the Spectra of the Alkaline Earths, H. N. Russell & F. A. Saunders, *Astrophysical Journal*, 61, 38-69, 1925.

[49] Ibid., *Henry Norris Russell*, DeVorkin, pp. 364-67.

第 5 章 基于计算的结论

有充分基础且影响深远的理论, 其逻辑有时可以扩展到普通经验中所没有的问题, 导出的结果违反直觉. 故而人们会怀疑将理论应用于这样的极端条件时的正确性, 理论的最初建立者也可能变成对其最严厉的批评者.①

一个等待时机的问题

什么时候是问一个问题的合适时机? 一些问题可以几乎在它们被提出时就得到回答. 其他的问题则无法回答, 或是因为其表达笨拙, 或是因为尚无解决方法. 这样的一个问题首先出现在 18 世纪末.

早在 1783 年, 英国自然哲学家和地理学家约翰·米歇尔牧师就设想了一颗致密的大质量恒星, 其引力可以阻止光线逃逸. 他用牛顿的方式考虑光的运动, 表明任何恒星的引力都会减慢其辐射. 尽管对于大多数恒星这个减速很小, 但是从大质量恒星逃逸的辐射的速度可能有明显降低. 对于极大质量的致密星, 他认为发出的辐射实际上会停下来, 然后落回恒星表面.[3]

米歇尔不仅关心光是否真的无法从恒星逃逸, 也关心我们如何能发现这一点. 或许他最重要的认识是, 这样的恒星可以从它对轨道运动的伴星施加的引力推断出来.[4] 法国学者皮埃尔–西蒙·拉普拉斯后来考虑了同样的问题, 沿相似的路径探讨过这个问题.

尽管米歇尔的看法是正确的, 但是他的问题必须等到爱因斯坦的广义相对论出现才能回答. 卡尔·史瓦西在一篇关于可以看作几何点的大质量致密星周围引力、空间和时间的开创性文章中将这个问题阐述得很清楚.[5]

卡尔·史瓦西和大质量天体的引力

在 1914 年第一次世界大战爆发时, 波茨坦天文台台长卡尔·史瓦西志愿参军, 尽管他刚刚度过 40 岁生日. 那时, 他已经是德国顶尖的天体物理学家, 一个兴趣广泛、理论能力和工具能力都很强的人.

在德国军队中, 史瓦西先是在比利时和法国服役, 然后转到了俄国的东部前线. 他感染了天疱疮, 一种痛苦的皮肤病, 在当时是致命的. 知道了自己的命运后, 他抓紧时间在仅仅几周内写了三篇重要的科学论文. 最重要的一篇奠定了黑洞理论的基础.[6]

---

①本章所述的事件已经成为人们喜闻乐见的天体物理八卦中的一部分. 希望进一步阅读的读者可以参考米沙埃尔·诺伯格的文章和基普·索恩特别有信息量的关于黑洞的书中的见解. [1,2]

史瓦西的第一篇文章写于 1915 年 12 月 2 日爱因斯坦完整的广义相对论发表之后仅仅几周, 通过将质量集中到一个几何点上描述了一颗大质量致密星. 他让他的计算看起来简单 —— 这里熟练选择坐标, 那里巧妙变量替换, 一个变换表明他的数学解的奇异性必然位于点质量处, 然后很快, 一个优美的解析解出现了, 不仅提出了一个符合广义相对论的严格解, 他还认为这是唯一可能的解, 即点质量的唯一解. 确实, 如我们将在第 10 章看到的, 有超过四十年没有人怀疑这一点.

然而, 如史瓦西强调的, 他的努力得到了更多结果. 他的解不仅重现并证实了爱因斯坦推导的水星近日点进动, 而且, 在爱因斯坦觉得不得不求助于二阶近似之处 (当然, 对于处理太阳系行星轨道足够了), 史瓦西的严格解使他能够推导出对于更靠近中心质量时适用的一个开普勒定律的变体. 他发现, 一个绕这个质量做圆轨道运动的天体的角频率 n 不再如开普勒定律所要求的那样随半径的减小而稳定增长, 而是接近一个 $n = c/(\alpha\sqrt{2})$ 量级的极限, 其中 $\alpha = 2MG/c^2$, M 是中心点的质量, G 是引力常数, c 是真空光速. 对于一倍太阳质量 $M_\odot$, 对应的轨道频率在靠近中心点质量时为 $\sim 10^4$ 圈每秒.

在实践中, 这个对开普勒预言的偏离对于太阳系行星来说太小, 无法测量, 但是对于假想的远比太阳致密的中心质量, 这个差别可能是巨大的.

史瓦西从俄国前线写信给爱因斯坦. 爱因斯坦马上把文章传给了柏林普鲁士皇家科学院(Sitzungsberichte der Königlich-Preussischen Akademie der Wissenschaften zu Berlin) 发表. 如史瓦西文章的大方措辞, 这个新的解可以 "让爱因斯坦的结果具有更高的纯度. "[1]

显然是因为这个未预料到的对他工作的迅速支持而感到惊奇、高兴和感动, 爱因斯坦写信给史瓦西:"我未曾预料到点质量问题的严格处理是如此简洁. "[2][7][3]

在接下来四十年, 史瓦西的点质量解被包含在大多数广义相对论专著中, 并在这段时期内折磨着顶尖天体物理学家的头脑.

点质量附近的两个邻近事件的时空间隔 ds 可以用它们附近的时间和空间表示为径向距离 R 的函数. 它可以写为

$$ds^2 = \left(1 - \frac{\alpha}{R}\right)c^2dt^2 - \left[\frac{dR^2}{\left(1 - \frac{\alpha}{R}\right)} + R^2(d\theta^2 + \sin^2\theta d\phi^2)\right]. \tag{5.1}$$

这里, θ 是极角, ϕ 是正交的方位角, dt^2 是两个事件之间的时间间隔的平方, 方程右边方括号里的项是在黑洞引力势中径向距离 R 处等效空间间隔的平方.

---

[1]Einstein's Resultat in vermehrter Reinheit erstrahlen zu lassen.
[2]Ich hätte nicht gedacht, dass die strenge Behandlung des Puktproblems so einfach wäre.
[3]史瓦西在 1915 年 12 月 22 日把文章发给了爱因斯坦. 爱因斯坦在 12 月 29 日回复. 史瓦西由于其致命疾病从军队归来, 在 1916 年 5 月 11 日逝世.

径向距离 $R = \alpha \equiv 2MG/c^2$ 是黑洞理论中的一个临界参数, 称为**史瓦西半径**. 在远离这个质量的观者看来, 任何下落物体在穿过这个半径的假想面时达到光速.[①]对于和太阳相当但被压缩到若干立方千米或更小的体积中的质量, 史瓦西给出这个半径为 ~ 3 km. 对于 1 g 的足够致密的质量, 这个半径为 $\sim 1.5 \times 10^{-28}$ cm.

这是爱因斯坦的广义相对论应用于点质量的严格解. 难以构想比这简单的物理系统, 但它是有些麻烦的.

其数学表达式是时间对称的. 无论时间 t 向前或向后它都是一样的. 任何落入黑洞的物体应该有一个离开黑洞的对应体. 但这看起来是不可能的. 一个外部观者可以看到粒子落向史瓦西半径, 但看不到粒子出来. 对于无穷远处的观者, 他沿径向向中心质点扔一个小质量, 这个远离的质量将永远能看到, 在它接近史瓦西半径 (在那里时钟慢到停止) 的过程中红移越来越大. 没有光可以从时钟看起来完全停止的某个径向距离处逃逸.

在第 10 章中, 我们将看到, 直到 1958 年及之后才调和了史瓦西的文章引起的一些明显的矛盾.

有一段时间, 史瓦西的工作成为一个有趣的数学怪谈, 在现实世界少有明显的应用. 所有这些在他去世 15 年之后开始改变.

拉尔夫 · 福勒和白矮星的本质

在第 4 章中, 我提到了拉尔夫 · 福勒 (图 5.1) 和他与 E.A. 米尔恩关于恒星大

图 5.1　在解释白矮星组成的那个时期前后的拉尔夫 · 福勒 (剑桥三一学院院长和研究员(Master and Fellows of Trinity College Cambridge)版权所有)

①译者注: 这个说法是不正确的.

气中谱线特征对温度和压强对依赖关系的工作. 福勒没有他在剑桥三一学院的同事亚瑟·爱丁顿那么有名, 但他对天体物理持续的贡献是与之相当的.

1914 年, 第一次世界大战 (后文简称 "一战") 刚刚爆发, 福勒已经因为在纯数学中的工作在剑桥三一学院获得了学术奖金. 那一年他 25 岁, 成为皇家海军上尉, 在加里波利受了重伤 —— 在英国、法国、澳大利亚和新西兰海军试图从土耳其人手中夺取达达尼尔海峡控制权的灾难性战斗中. 在盟国最终撤退前, 盟国和土耳其双方的损失都是令人震惊的.

在痊愈之后, 福勒被委派到军需品研发部 (Munitions Invention Department) 的实验部门解决防空射击中的数学问题. 这点燃了他对数学物理的兴趣, 决定了他的职业生涯. 在 1918 年战争结束时, 他因为领导战时的弹道工作被授予大英帝国勋章 (Order of the British Empire).

回到剑桥三一学院, 福勒工作在数学物理的很多领域, 包括统计力学、热力学和天体物理. [8] 他是一位特别高效的博士生导师, 他的很多学生都有辉煌的职业生涯. 他的第一批学生中的埃德蒙·克利弗顿·斯通纳, 在 1924 年获得学位. 那时, 24 岁的斯通纳已经提出了一种全新的原子中电子能级和子能级的分类方法. 他注意到通过已有的光学和 X 射线光谱以及原子的磁性, 以及通过形成化学键的原子价可以证实他的分类法. [9] 这个新的分类法建立在尼尔斯·玻尔相对不太有效的原子能级计数法基础上, 也替代了这个方法. 这个新的分类法很快就被接受了. 在几个月内, 那时在汉堡大学的 24 岁的理论物理学家沃尔夫冈·泡利 (20 世纪最犀利的理论物理学家之一) 就延伸了斯通纳的工作, 将其推广为一种新的规则, 即没有两个具有相同动量和自旋的电子能同时占据空间中完全相同的位置. 具有相同自旋的近邻粒子的动量和位置之积必须至少相差一个量 h. 泡利的规则发现, 强的外场将原子能级分裂为最基本的子能级, 每个子能级由一组唯一的量子数标记, 它指出: "一个原子中不可能存在两个或更多等价电子, 在强的外场中其所有量子数的值相符." [10] 这个规则很快被奉为泡利不相容原理. 这个原理不仅对单个原子成立, 而且对任何系统的电子也成立.

尽管斯通纳对泡利原理的贡献很快就被忘记了, 但我们后面还将再次碰到这位有前途的年轻研究者, 提到他对理解正在死亡的恒星的重要贡献.

福勒广泛的兴趣让他接触到了沃纳·海森伯. 海森伯于 1925 年 7 月 28 日在剑桥做了一个关于玻尔和索末菲的量子理论的报告. 那时海森伯正在研究他刚刚发现的全新量子方法.

8 月, 在海森伯的报告后几个星期, 福勒收到了海森伯的新文章的校样. 通读之后, 福勒认为这篇文章会让他的一个学生感兴趣, 即保罗·狄拉克. 狄拉克在 1923 年来到剑桥时就开始攻读理论物理博士学位. [11] 福勒作为剑桥少数对现代原子核量子理论有浓厚兴趣的理论家, 已经在之前建议狄拉克基于统计力学进行计算以及处理玻尔–索末菲理论的计算.

在通读了文章校样之后, 狄拉克一开始没有太深刻的印象. 一周之后, 他意识到海森伯的想法是多么具有革命性! 他很快开始了改进这个新理论的工作, 使海森伯的工作变成和狭义相对论协调一致的形式. 这是欧洲大陆上很多强大的竞争对手在研究的基本问题, 包括尼尔斯·玻尔、马克斯·玻恩、恩里克·费米、帕斯卡·约当、沃尔夫冈·泡利、欧文·薛定谔, 其他的人中包括海森伯. 狄拉克在这项工作中的成功成为传奇.

1926 年, 在尝试将量子力学建立在坚实的相对论基础上时, 狄拉克写了一篇基础性文章处理电子的统计力学和它们在占据一个小体积时的集体动力学. [12] 他的文章付印之后不久, 收到了意大利物理学家恩里克·费米的信. 费米既是实验物理大师又是理论物理大师, 他在几个月前发表了一篇基本上相同的文章. [13] 费米困惑于狄拉克没有在文章中提到他的文章. 狄拉克感到不好意思, 写信给费米道歉. 他回忆说, 他看到了费米的文章, 那时他对这个问题还不感兴趣, 很快就完全忘记了. 后来, 在他出于一些不同的动机开始研究同一个问题时, 他完全没有意识到这个问题已经被解决了. [14]

费米和狄拉克独立建立的理论称为费米–狄拉克统计. 一些年后, 狄拉克为类似电子、质子和中子这种遵守不相容原理的粒子取名为费米子. 光量子 (光子) 和氦原子核 (阿尔法粒子) 都可以任意靠近, 遵守称为玻色–爱因斯坦统计的规律, 狄拉克给它们取名玻色子. [15]

狄拉克首次提出他的统计方法时还在攻读博士学位, 所以福勒是第一批听到这个结果的人之一. 福勒马上意识到费米–狄拉克统计可能提供对白矮星的见解. [16] 他的注意力被爱丁顿的书 ——《恒星的内部组成》中提出的一个问题吸引到这些高度致密的恒星上. 爱丁顿在书中问, 当最终冷却到绝对零度附近时, 白矮星中的物质会怎样? [17]

爱丁顿想, 恒星内部最初的电离气体必然会倾向于形成原子固体 —— 在他看来, 低温时物质的正常形态. 然后, 如爱丁顿认为的, 原子的形成释放热量, 借助这些热量这颗恒星可能会逆引力而膨胀, 以产生新形成的原子所需的空间. 但是, 因为在白矮星的致密状态下引力巨大, 释放的热量不足以使恒星膨胀以装下新形成的原子.

这是否意味着原子态不是物质顶级的能量状态?

福勒马上意识到费米–狄拉克统计为这个问题提供了一个答案. 他将这些新的量子统计应用于高度压缩的白矮星物质, 简化了讨论, 让人们注意到这些恒星的主要特征, 即便他的方法可能不能提供最终的严格分析.

在费米–狄拉克统计中, 从原子核剥离一个电子所需的能量即使在接近绝对零度的温度时也可能非常高. 由于泡利不相容原理, 没有两个相同自旋和动量的电子能同时占据一个任意小的空间体积. 在非常低的温度下, 电子收缩到一个很小的空间, 类似一颗高度致密恒星的内部, 它们被称为是简并的. 如果一对具有相同动量的电子 —— 一个具有正的自旋, 另一个具有负的自旋, 被压入一个线尺度为 $\Delta\ell$ 的很小的空间体积, 那么其他这样的电子对就不能占据同样的空间, 除非其动量 p 和最初的电子对的动量相差某个最小值 $\Delta p \sim h/\Delta\ell$. 进一步增加电子对会不可避免地增大动量范围, 随着物质逐渐被压入更小的体积内, 必然会有更高的粒子能量.

埃德蒙 · 斯通纳和白矮星的最大质量

凭借早期对泡利不相容原理认识上的贡献和熟悉福勒的工作, 埃德蒙 · 斯通纳特别适合拓展福勒对白矮星的研究. 1929 年, 斯通纳是利兹大学的讲师, 他重新研究了福勒关于白矮星的问题, 写了一篇文章, 提出问题, 在这些星中是否可能存在一个物质的极限密度? [18] 出现这个问题是因为随着恒星收缩, 它释放引力能. 但是如果这些释放的能量不足以为压入一个更小的体积的电子提供合适的能量, 那么收缩会因为缺少不相容原理所要求的能量而停止. 恒星的温度将变为零, 因为所有费米–狄拉克理论中电子的最低能级都会被完全填满.

在第一篇文章中, 斯通纳忽略了相对论效应, 正如福勒一样, 他发现一颗质量为 M 的恒星可以收缩直到达到一个极限电子密度 $n = 9.24 \times 10^{29} (M/M_\odot)^2$ cm^{-3}. 如果他取每个电子对应的核质量为 $2.5 m_H$, 其中 m_H 是氢原子的静质量, 那么最大质量密度为 $\rho_{\max} \sim 3.85 \times 10^6 (M/M_\odot)^2$ g/cm^3. 这对应于最小半径 $r_{\min} = (3M/4\pi\rho_{\max})^{1/3}$, 对于白矮星波江座 o2 B, 这大约是观测估计的半径 ~ 13000 km 的 60%. 这颗白矮星看起来还能收缩一些, 但之后应该达到一个不能进一步收缩的状态.

斯通纳忽略了相对论效应这件事很快就被爱沙尼亚的威廉 · 安德森注意到了. 他指出电子动能的增加比斯通纳计算的要慢, 因为要从其总能量中减去其静质能以得到动量的等价量. 安德森重新计算了考虑这一点以后的电子数密度, 发现对于均匀密度的恒星, 斯通纳的平衡条件下的极限质量只能在有限的恒星质量范围内达到. 对于质量高达 $\sim 0.7 M_\odot$ 的白矮星, 平衡时的电子数密度会匀速增加数个量级, 等效地变为无穷大, 正如安德森指出的, 除非其他物理因素首先出来干预. 由于那时对这些能量下的物理知识知之甚少, 所以安德森只能猜测这些物理因素可能是什么. [19]

在读到安德森的文章的几个月内, 斯通纳不仅改正了自己早先的错误, 还比安德森更严格地重新计算了恒星的能量. 对看作均匀密度球的恒星所计算的新平衡条件提高了能达到平衡的白矮星的极限质量, 达到大约比 $1.1 M_\odot$ 稍小的值. 大于这个质量, 恒星密度快速增加, 似乎没有限制, 表明恒星可能会坍缩.

斯通纳认识到, 看作均匀球的恒星只能表示白矮星极限质量的一个可能值. 更严格的计算可能涉及多方模型. 这些模型考虑了向恒星中心单调增加的流体静力学压强. 对于真实气体, 这些压强 P 和质量密度 ρ 通过 $P = \kappa\rho^\gamma$ 形式的关系相联系, 其中 κ 是常数, γ 对于非相对论情形为 5/3, 对于相对论性理想气体为 4/3.

考虑到白矮星可能只有一个极限质量这种严肃的可能性, 如果超过这个质量会发生什么？它是否一定会坍缩？物态方程, 压强和密度之间的关系是否可能会剧烈变化, 潜在地防止这颗恒星完全坍缩？斯通纳没有讨论或推测这些问题, 但在幕后, 卡尔·史瓦西对高度致密的大质量天体的广义相对论描述隐约出现, 准备接受仔细审查.

年轻的钱德拉塞卡

福勒发表白矮星的文章四年后, 文章所阐述的想法吸引了印度的一位异乎常人的学习物理的年轻学生. 1930 年 7 月, 19 岁的萨婆罗门扬·钱德拉塞卡 (图 5.2), 马德拉斯院长学院的一位新晋毕业生, 获得了印度政府资助的在剑桥进行研究生学习的奖学金. 那时, 他决定在福勒门下进行博士阶段的学习. 在去英国的漫长海路旅行中, 他结合他对狭义相对论和那时的新量子统计的理解, 试图理解白矮星结构.

图 5.2 在剑桥研究白矮星坍缩期间的萨婆罗门扬·钱德拉塞卡. 在发表第一篇关于这个课题的文章时他刚满 20 岁 (剑桥三一学院院长和研究员(Master and Fellows of Trinity College Cambridge)版权所有)

在思考这个问题时, 钱德拉塞卡被大质量白矮星中电子可能达到的极高能量难住了. 当然, 电子速度会接近光速, 这意味着必须使用相对论形式的量子统计. 这是福勒的文章中没有做的事.

到达剑桥后, 钱德拉塞卡成为福勒指导的研究生. 福勒帮助他的学生进入剑桥三一学院并指导前两年的学习. 在福勒之前的研究生保罗·狄拉克的建议下, 钱德拉塞卡花了三年时间在尼尔斯·玻尔领导的哥本哈根理论物理研究所学习. 所以他整个研究生教育都在理论物理领域, 在一些当时最顶尖的物理学家指导下. 在三一学院, 钱德拉塞卡也持续和当时顶尖英国天体物理学家之一、三一学院研究员爱丁顿接触.

1933 年夏天, 钱德拉塞卡在剑桥获得了博士学位. 同年 10 月, 他在 23 岁获得了 1933~1937 年三一学院的优等奖金.[20]

此前两年, 在抵达剑桥后不久, 钱德拉塞卡就已经发表了三篇关于白矮星收缩的文章.[21-23] 所有三篇文章都提到了斯通纳之前的工作, 尽管非常有限. 在发表在《哲学杂志》(*Philosophical Magazine*)上的文章之一中, 钱德拉塞卡断言, 他的结果基于 $P \propto \rho^{5/3}$ 形式的多方模型, 得到了 "比之前斯通纳基于恒星中均匀密度分布的计算更接近白矮星中真实存在条件的近似. "

在后来投到《天体物理学杂志》(*Astrophysical Journal*)的另外一篇文章中, 钱德拉塞卡修改了他的结论. 他在这篇文章中考虑了完全相对性的白矮星, 满足 $P \propto \rho^{4/3}$. 这使得他能够推导出流体静力学支撑的白矮星在自身引力作用下坍缩之前所能达到的极限质量. 他计算得到这个最大质量为 $M = 1.822 \times 10^{33}$ g, 斯通纳的值为 $M = 2.2 \times 10^{33}$ g. 他增加了一句, "基于多方理论的精确结果和由粗略形式的理论得到的结果的 '符合' 是非常令人惊奇的. "这里, 多方理论指的是 $P \propto \rho^{4/3}$ 的假设, '粗略形式' 指的是斯通纳恒星中密度均匀的假设.

钱德拉塞卡的第一篇文章已经提出了白矮星中心部分灾变坍缩为无穷大密度和零半径的点质量的问题. 但他退一步认为, 坍缩可能导致一个新的未知的状态方程, 这或许可以阻止或至少延缓完全坍缩为一个点.[24]

在他早先的文章中, 钱德拉塞卡无法知道下一个物体方程实际上可能是中子星物质的物态方程. 在那时中子还未被发现. 一年后, 同在剑桥的物理学家詹姆斯·查德威克在他的实验中发现了这种电中性粒子.[25] 我们现在知道白矮星坍缩后的物态方程可能是完全由中子组成的星体的物态方程. 大质量白矮星核中的电子可以具有很高的能量, 穿透原子核形成由中子组成的电中性物质. 钱德拉塞卡推导出来的白矮星的方程对中子星也成立. 只需简单地把相对论性电子换成相对论性中子, 尽管其他形式的核物质也是可能的. 即使到今天, 我们对恒星中的高密度态下能存在的物质形态也知之甚少.

1934 年, 钱德拉塞卡更明确地写道: "可想而知, 比如说, 在非常高的临界密度下, 原子核彼此靠得很近, 相互作用的性质可能突然改变, 随后物态方程也急剧变化, 给出一个物质所能到达的最大密度. "对此, 他补充道: "然而, 我们现在正在进入一个纯推测的区域 ⋯⋯"[26] 中子物理仍然缺乏理解.①

---

① 即便今天关于中子星的不确定性仍然存在. 现在观测表明, 中子星可以具有高达 $\sim 2M_\odot$ 的质量, 这是一个尚未完全被理解的值.[27]

列夫·朗道、中子星和坍缩星

1931 年, 独立于钱德拉塞卡和斯通纳, 23 岁的苏联物理学家列夫·达维多维奇·朗道在钱德拉塞卡的第一篇文章发表前得到了类似的结论. [28] 朗道在与钱德拉塞卡类似的基础上估计出一颗质量大于 2.8×10^{33} g, 即 1.4 倍太阳质量的恒星最终会坍缩. 他将这个值舍入为 $1.5 M_\odot$, 不过实际上他的值和钱德拉塞卡的复杂模型后来得到的值相同.

朗道措辞特别清晰:"在整个量子理论中没有任何理由阻止这个系统坍缩为一个点 (静电力在巨大的密度下相对而言非常小)······ 沿着这些一般思路, 我们可以尝试发展一个恒星结构理论. 这颗星的中心区域一定是由高凝聚态物质的核和周围的普通状态的物质组成的. "

朗道的研究与斯通纳和钱德拉塞卡的不同. 他没有写白矮星, 而是写了所有恒星的最终结构以及恒星能量. 他的文章提出, 恒星具有致密的中心物质聚集, 周围包层的物质持续流入, 释放能量. 在朗道看来, 这种能量释放是所有星光的能源.

朗道在 1938 年回到了这个课题.[29] 那时, 詹姆斯·查德威克 1932 年对中子的发现已经被证实, 朗道重新对完全由中子组成的恒星核进行了计算. 他首先计算了产生这样一个由中子组成、压缩到通常原子核密度的恒星核所需要的能量. 如果他假设恒星开始时完全由氧原子组成, 那么他马上就可以通过比较氧原子 ^{16}O 加上 8 个电子的质量和 16 个中子的质量得到这个能量. 因为这些中子的质量比原子核加电子的质量大, 所以形成这些中子需要能量. 通过这种方式形成一个中子需要 1.2×10^{-5} erg. 形成 1 g 这种中子物质需要 7×10^{18} erg. 另一方面, 如果一个均匀、球对称、具有核密度 $\sim 10^{14}$ g/cm^3 的中子核已经形成, 并且质量足够大, 那么其 (负) 势能就足够填补这个能量差. 朗道发现, 达到这个稳定态所需的最小的恒星核质量为 $1/20\, M_\odot$, 并且这可以更低, $\sim 10^{-3} M_\odot$, 如果中子的行为类似于遵守费米–狄拉克统计的气体并因此具有大的动能以及较高的相对论性质量 (因为它们被压缩到小的体积内).

朗道得出结论:"当天体质量大于临界质量, 在形成'中子'相物质的过程中会释放巨大数量的能量, 我们发现, 物质的'中子'态的概念立即给出了恒星能量来源问题的答案. "

朗道的文章出现在了 1938 年 2 月 19 日的《自然》上. 他那时 30 岁, 已经在领导莫斯科的苏联科学院物理问题研究所的理论物理部. 当时, 斯大林的政治清洗运动在苏联肆虐, 朗道也未能幸免. 他对这种正在发生的野蛮行为的反对导致他在几周后的 1938 年 4 月 27 日被捕. 他被关押在内务人民委员部的监狱里, 1939 年 4 月 29 日, 在更著名的苏联物理学家同事、研究所所长彼得·卡皮查给斯大林写了为他担保的个人信件后才被释放.

一个竞争的观点

钱德拉塞卡在接下来的三年在爱丁顿的鼓励下继续完善和推广他的理论. 到 1934 年末, 他得到了可以描述由简并核和周围的普通物质组成的恒星的一个严格状态方程. [30] 他在此也明确提到了斯通纳、朗道以及前些年在白矮星理论中有贡献的其他人的工作. 特别地, 斯通纳另外写了一些文章. [31,32]

钱德拉塞卡把他的文章提交给了皇家天文学会并受邀在紧接着的 1935 年 1 月的学院会议上报告了他的结果. 在这次会议前几周, 钱德拉塞卡获悉爱丁顿将在他的报告之后马上讲一下相对论简并. 他很困惑, 爱丁顿之前没和他提过, 因为他们在三一学院几乎每天都能见面. [33]

尽管如此, 在 1935 年 1 月 11 日星期五的皇家天文学会的会议上, 钱德拉塞卡还是按时报告了他的最新结果. [34]

难以想象在钱德拉塞卡《具有简并核的恒星位形》的报告之后, 紧接着的是爱丁顿轻蔑的反对言论 [35,36]:

> 我不知道我是否能活着逃离这次会议, 但是 [我的观点] 是不存在相对论简并这种事的! …… 钱德拉塞卡博士之前已经得到了这个结果, 但他在上一篇文章中反复提到了这点. 在和他讨论这个问题时, 我得到结论, 这几乎是相对论简并的归谬. 拯救一颗恒星, 各种意外可能介入, 但我需要比那更多的保护. 我认为, 应该有一个自然规律阻止恒星产生这么荒谬的行为! ……
>
> 这个公式基于相对论力学和非相对论性量子力学的结合, 我认为这种结合的产物是不合理的. 让我感到满意的是, 现在的公式基于部分相对论性理论, 如果理论将相对论改正补充完整, 我们会回到"正常的"公式.

爱丁顿说完后, 主席马上叫了下一位演讲者介绍其工作, 没有给钱德拉塞卡任何回复的机会. [37]

有资历的科学家往往意识不到一个诙谐的反驳对于一个年轻的同行可能是毁灭性的. 在场的每一个人似乎都被爱丁顿的俏皮话说服了. 一些人表达了他们对钱德拉塞卡和他受到的挫折感到遗憾. 在接下来的一些年, 爱丁顿在其他情形重复了这些对钱德拉塞卡工作的攻击. 私下里, 诸如尼尔斯·玻尔和沃尔夫冈·泡利的顶尖物理学家安慰钱德拉塞卡说, 爱丁顿是在胡说八道. 但是没有一个人觉得有必要和爱丁顿进行论战. [38]

在面对那位英国天体物理巨人时, 24 岁的钱德拉塞卡几乎孤身一人. 最终, 他觉得继续争论没有意义. 他写了一本现已成为经典的书《恒星结构研究引论》(*An Introduction to the Study of Stellar Structure*). 后来他就继续研究其他问题去了. [39]

***

今天, 大部分天体物理学家对爱丁顿的反应感到困惑. 他为什么强烈反对钱德拉塞卡的发现?

我们将在本章最后一节看到, 那时爱因斯坦自己也可能会提问, 并且已经在提问合理的问题了. 到他生命晚期, 爱因斯坦都在思考量子力学以及量子统计力学的完备性. 他认为二者应用于普通问题是正确的, 但是未能回答他认为的本质问题. 他怀疑这两个理论是否能合法地扩展到相对论情形, 覆盖速度接近光速的粒子的量子统计. 到 1939 年, 爱丁顿和钱德拉塞卡的交锋到了最后阶段, 爱因斯坦写了一篇重要的文章质疑大质量天体相对论性坍缩的物理实在性. [40]

因而, 爱丁顿在担忧恒星灾变坍缩的物理实在性这一点上并不孤独.

优先权问题

爱丁顿 1935 年 1 月在皇家天文学会会议上对年轻的钱德拉塞卡报告的攻击的详细记录完好地保留在学会出版物《天文台》(*The Observatory*)上的会议记录中.[41] 数年来, 一代代天文学家每读到这些都表示同情. 钱德拉塞卡从这场大卫和歌利亚的对抗 (David and Goliath confrontation) 中获得了巨大的声望. 一个神话发展起来了, 斯通纳和朗道的工作被轻易地遗忘了. 这个神话强调了钱德拉塞卡孤独地对抗那时的天体物理巨人. 斯通纳和他研究的白矮星的极限质量仅仅被称为钱德拉塞卡极限.

在它们发生 70 多年后对这些事件最权威的探讨是加州大学圣克鲁兹分校的麦克·诺伯格的一项仔细研究. [42] 诺伯格肯定地指出, 斯通纳在钱德拉塞卡之前发表了他对白矮星极限质量的计算, 并得到了一个简单估计. 后来, 斯通纳和钱德拉塞卡都处理了更复杂的恒星模型并把计算的复杂性扩展到了新高度. 朗道的工作在钱德拉塞卡的工作之前投稿, 但是在之后出版, 也没有得到应有的荣誉. 人们只能希望诺伯格的分析会得到适当的承认, 因为糖尿病患者斯通纳, 以及在一次车祸中重伤的朗道都比钱德拉塞卡早去世, 钱德拉塞卡成为那个时代的唯一幸存者.

毫无疑问, 钱德拉塞卡本人是一位伟大的天体物理学家. 但是为了历史的准确性, 他第一个发现极限质量, 并且其存在性唯一的辩护者的神话必须靠边了. 应有的荣誉应该给予安德森, 因为他首先指出必须考虑相对论性简并, 而正是这一点解释了极限质量.

***

把优先权的问题搁置一边, 钱德拉塞卡喜欢的工作方式还是值得一提的. 在生命的尽头, 他强调了在他的工作中, 寻找宇宙内在的数学美是多么的重要. 在他 1992 年出版的巨著《黑洞的数学理论》(*The Mathematical Theory of Black Holes*)的后记中, 他回忆了与伟大的现代雕塑家亨利·莫尔的谈话. 莫尔引用了米开朗琪罗的雕塑作为 "从整体比例的卓越到指甲的优雅精致 …… 在每个尺度揭示" 极大之美的例子. 对此, 钱德拉塞卡补充道:"类似地, 自然中黑洞的数学完美在每个层次上都被一些奇异性揭示出来. 这些奇异性包括成比例的性质、部分之间以及部分到整体的一致性. "[43]

在他天体物理生涯各阶段, 钱德拉塞卡在一段通常几年到十年的时期内完全投身于一个天体物理问题, 在他能力范围内澄清其基础, 然后突然转换领域研究一个完全不同的天体物理问题. 在每段这种智力旅程的末尾, 他都写一本权威的著作, 类似于过去几个世纪的探险家和博物学家发表的日志, 只是每一本书都覆盖了不同的理论天体物理学分支并提供了一套新的理论工具.

钱德拉塞卡费心研究的问题对于他同时代的人来说似乎都太抽象. 然而, 最后人们认识到他的文章和书只是远远超前于他们的时代而已. 这些文章和书能够解决问题, 并提供了其他人最终承认并采用的新数学方法. 他的书和文章是匠心、耐心、完美和优美的典范.

爱丁顿

回顾过去, 20 世纪最有争议的天体物理学家可能是亚瑟·斯坦利·爱丁顿. 在他所处的时代, 他主导了理论天体物理学. 他工作在天文学的很多领域, 只有一部分研究恒星结构或宇宙学和相对论. 他把在 20 世纪前四分之一中迅速演进的量子理论和广义相对论中的新见解快速引入天文学, 开辟了很多新的研究路线. 英国的其他人追随他的工作. 可以理解, 他的大部分工作已经被替代, 但这就是所有科学进步的本质.

爱丁顿最大的胜利来自他很快意识到广义相对论及其预言的太阳造成的光线弯曲可以而且应该迅速得到检验. 他组织的日食远征的成功促使爱因斯坦的广义相对论被广泛接受以及爱因斯坦被公众追捧, 爱丁顿也沾了光, 获得了他那个时代顶尖欧洲天体物理学家的声誉.

1926 年, 爱丁顿关于恒星结构的、如书一样长的综述文集《恒星的内部组成》(*The Internal Constitution of the Stars, ICS*) 被称为一本杰作. [44] 拉尔夫·福勒的文章《致密物质》也证实了这个评价. [45] 但是, 回想起来, 这本书看起来也标志着爱丁顿的影响力开始减弱. 他周围的其他人, 特别是福勒和福勒的研究生保罗·狄拉克快速掌握了海森伯、薛定谔和哥廷根以及哥本哈根学派的新量子理论. 爱丁顿从来没有像熟悉普朗克、爱因斯坦和玻尔的早期理论那样熟悉这些新理论. 特别地, 福勒很快解决了白矮星内部组成的问题 (《恒星的内部组成》试图正确描述这个问题, 但是徒劳无功). 爱丁顿在《恒星的内部组成》的前言里感谢福勒"通常是我碰到关于理论物理观点的困难时的评判人".

爱丁顿拒绝相对性量子理论可能看起来令人惊奇, 特别是那时这个问题的两位世界级专家 —— 拉尔夫·福勒和保罗·狄拉克, 都是剑桥的同事. 或许爱丁顿在这个问题上追随了爱因斯坦, 如他在他最伟大的成功, 测量太阳对光线的弯曲中那样. 爱因斯坦在普林斯顿高等研究院的年轻同事以及他的传记作者亚伯拉罕·派斯回忆: "爱因斯坦认为量子力学是很成功的 ······(但是) 这个意见仅针对非相对论量子力学. 我从经验知道和他讨论量子场论有多困难. 他不相信非相对论量子力学为相对论性推广提供了足够可靠的基础. 他讨厌相对论性量子场论. "[46]

尽管早期他掌握了现代物理的进展并将它们用于天文学, 但是到 20 世纪 20 年代末, 爱丁顿越来越远离当代物理学.[47] 他 1944 年去世前才完成的《基础理论》一书反映了很多他的深入思考. 在一个量子理论的尝试中, 他仅基于对称性考虑进行论证, 他同时代的人都不能接受.[48] 他精心写出的这本书中并没有出现什么有价值的东西.

***

爱丁顿对待比他年轻得多的钱德拉塞卡的方式无疑是粗鲁的, 但爱丁顿也给其他年轻科学家留下了很深刻的印象. 塞西莉亚·佩恩–加波施金 (当她还是剑桥的本科生时爱丁顿对她产生了强烈影响) 回忆他是 "一个非常安静的人 ······ 和他谈话经常会有长时间的沉默. 他从不马上回复一个问题. 他沉思, 然后过很长 (但是不是令人不舒服的) 时间给出一个完整和全面的答案. "[49]

J. 罗伯特·奥本海默和坍缩星

1938 年末, 加州大学伯克利分校的 J. 罗伯特·奥本海默 (图 5.3) 和他的博士生罗伯特·塞伯发现了朗道对相对论性中子星所要求的最小核质量计算中的一个

图 5.3　在和学生以及一位博士后发展了预测中子星形成和进一步坍缩为一个奇点的理论后一些年的 J. 罗伯特·奥本海默. 这些奇点的术语黑洞还没有创造出来 (数字照片档案库, 能源部[DOE]. 美国物理联合会埃米利奥·塞格雷视觉档案库版权所有)

错误. 他们得出结论, 最小的稳定核质量应该为 $\sim 0.1 M_\odot$, 但是恒星最多能在它们耗尽至少是中心部分的所有核能时才能形成这么一个核.

几个月后, 奥本海默回到这个问题, 这一次是和研究生乔治 ·M. 沃尔科夫.[51] 他们考虑了是否存在中心核的极限质量, 在此之上没有核可以避免坍缩. 这个问题类似于斯通纳、钱德拉塞卡和朗道若干年前考虑的那个问题, 但是现在要考虑的相对论性粒子是中子而不是电子. 此外, 需要考虑广义相对论效应. 对此, 奥本海默得到了加州理工学院 (奥本海默每学年在那里度过一半的时间) 教授广义相对论专家理查德 ·C. 托尔曼的帮助. 托尔曼对这个问题的贡献以一篇独立的文章在奥本海默和沃尔科夫文章同一期的《物理评论》上发表. [52]

假设含有遵守他们考虑的一些状态方程的中子核的恒星存在静态位形, 奥本海默和沃尔科夫提出, 不存在质量大于 $\sim 0.7 M_\odot$ 的稳定核. 但是, 如托尔曼以及奥本海默和沃尔科夫强调的, 一个静态解不保证这个位形是稳定的. 找到静态解也不是必要的, 因为一个足够缓慢变化的位形可能同样有趣.

为检验这些考虑中的一些, 奥本海默和另一位研究生哈特兰·斯奈德开始进一步研究恒星在持续的引力收缩下会有什么行为.[53]

在研究广义相对论情形下一颗质量足够大的恒星的命运过程中, 奥本海默和斯奈德得出结论: “当所有热核能量耗尽以后, 一颗足够重的恒星会坍缩. 除非由于旋转而分裂、物质辐射或者物质被辐射吹走将恒星质量降低到太阳的量级, 否则这个收缩会无限地进行. ”

通过假设恒星内部压强低得可以忽略, 他们指出, 对于和坍缩物质一同运动的观者看来, 在接近史瓦西半径时恒星的坍缩可能非常快. 然而, 一个远处的观者可能看到更缓慢的收缩, 恒星表面看起来收缩到史瓦西半径内的时刻可能出现在无限遥远的时间, 从恒星发出的光看起来逐渐变红. 他们相信, 关于压强可以忽略的假设和预期相符. 他们得出结论, 质量足够大的无转动恒星最终必然会完全坍缩.

奥本海默和斯奈德的想法没有马上产生影响. 他们的假说和天文学家当时观测的任何对象都没有关系. 等观测者发现最终坍缩为几何点的恒星存在的足够证据还要四分之一个世纪的时间.

爱因斯坦对引力坍缩的怀疑

1939 年 7 月 10 日当奥本海默和斯奈德把他们的文章提交到《物理评论》时, 他们并不知道两个月以前的 5 月 10 日, 爱因斯坦向《数学年报》提交了一篇同样主题的文章. [54] 爱因斯坦和奥本海默似乎都不知道对方的工作. 奥本海默和斯奈德的文章直到当年 9 月 1 日才出版, 爱因斯坦的文章出版更晚, 出版在《数学年报》10 月的一期上.

1916 年, 爱因斯坦热烈祝贺史瓦西巧妙地用广义相对论推导出了大质量天体周围的引力场. 然而, 在过去一些年, 他明显在怀疑自然中是否可能存在足够致密的大质量天体. 他 1939 年的文章试图通过假设一群在同心圆轨道中运动的粒子在理论上构建这样一个天体. 这些粒子中的每一个都对其他所有粒子有引力作用. 随着粒子群的半径减小, 粒子速度会按之前提到的史瓦西的预言那样增加, 直到它们的速度几乎要超过光速, 一个爱因斯坦认为粒子不可能达到的速度.

爱因斯坦找不到从这样一个收缩的粒子群构建那个假设的天体的方法, 得出结论说, 这些致密物质可以用数学描述, 但是物理上它们不可能存在.

这样, 广义相对论之父否认了黑洞的存在!

***

发生了什么?

半个世纪之后, 相对论专家基普·索恩的一本科普著作简明扼要地解释了奥本海默和斯奈德的观点和爱因斯坦观点之间的表观矛盾. 爱因斯坦 1939 年的考虑大体是正确的. 他被他所坚持的观点误导了, 即随着他假设的粒子群半径逐渐缩小, 黑洞需要通过一系列平衡态形成. 索恩论证说, 黑洞不可能在这些限制下形成, 黑洞只能通过灾变坍缩形成. 爱因斯坦显然忽略了这种可能性.[55] 在第 10 章中, 我们回到这一点, 看看为什么灾变坍缩是必要的.

注释和参考文献

[1] Edmund C. Stoner and the Discovery of the Maximum Mass of White Dwarfs, Michael Nauenberg, *Journal for the History of Astronomy*, 39, 1-16, 2008.

[2] *Black Holes and Time Warps-Einstein's Outrageous Legacy*, Kip Thorne. New York: W. W. Norton, 1994.

[3] On the Means of discovering the Distance, Magnitude, &c. of the Fixed Stars, in consequence of the Diminution of the Velocity of Light, in case such a Diminution should be found to take place in any of them, and such other Data should be procured from Observations, as would be farther necessary for the Purpose, John Michell, *Philosophical Transactions of the Royal Society of London*, 74, 35-57, 1784.

[4] Ibid., On the Means, Michell, paragraph 29.

[5] Über das Gravitationsfeld eines Massenpunktes nach der Einsteinschen Theorie, Karl Schwarzschild, *Sitzungsberichte der Königlich-Preussischen Akademie der Wissenschaften zu Berlin*, VII, 189-96, 1916.

[6] Ibid., *Über das Gravitationsfeld*, Schwarzschild.

[7] Letter from Karl Schwarzschild to Albert Einstein, December 22, 1915, and Einstein's reply dated December 29, 1915, *The Collected Papers of Albert Einstein*, Vol. 8, The Berlin Years, Part A: 1914-1917, R. Schulmann, A. J. Knox, M. Janssen, J. Illy, eds. Princeton University Press, 1998, pp. 224 and 231.

[8]   Obituaries: Ralph Howard Fowler, E. A. Milne, *The Observatory*, 65, 245-46, 1944.

[9]   The Distribution of Electrons among Atomic Levels, E. C. Stoner, *Philosophical Magazine*, 48, 719-36, 1924.

[10] Über den Zusammenhang des Abschlusses der Elektronengruppen im Atom mit der Komplexstruktur der Spektren,W. Pauli, jr. *Zeitschrift für Physik*, 31, 765-83, 1925.

[11] *Dirac, a scientific biography*, Helge Kragh. Cambridge University Press, 1990, p. 14.

[12] On the Theory of Quantum Mechanics, P. A. M. Dirac, *Proceedings of the Royal Society of London A*, 112, 661-77, 1926.

[13] Zur Quantelung des idealen einatomigen Gases, E. Fermi, *Zeitschrift für Physik*, 36, 902-12, 1926.

[14] Ibid., *Dirac*, Kragh, p. 36.

[15] Ibid., *Dirac*, Kragh, pp. 35-36.

[16] On Dense Matter, R. H. Fowler, *Monthly Notices of the Royal Astronomical Society*, 87, 114-22, 1926.

[17] *The internal constitution of the stars*, A. S. Eddington, Cambridge University Press, 1926, Section 117.

[18] The Limiting Density in White Dwarf Stars, Edmund C. Stoner, *Philosophical Magazine*, 7, 63-70, 1929.

[19] Über die Grenzdichte der Materie und der Energie, Wilhelm Anderson, *Zeitschrift für Physik*, 54, 851-56, 1929.

[20] Autobiography, S. Chandrasekhar, in *Les Prix Nobel*, The Nobel Prizes 1983, Editor Wilhelm Odelberg, Nobel Foundation, Stockholm, 1984. Conclusions Based on Calculations 95.

[21] The Highly Collapsed Configurations of a Stellar Mass, S. Chandrasekhar, *Monthly Notices of the Royal Astronomical Society*, 91, 456-66, 1931.

[22] The Density of White Dwarf Stars, S. Chandrasekhar, *Philosophical Magazine*, Series 7, 11, 592-96, 1931.

[23] The Maximum Mass of Ideal White Dwarfs, S. Chandrasekhar, *Astrophysical Journal*, 74, 81-82, 1931.

[24] Ibid. The Highly Condensed . . . Chandrasekhar, see p. 463.

[25] Possible Existence of a Neutron, J. Chadwick, *Nature*, 129, 312, 1932.

[26] The Physical State of Matter in the Interior of Stars, S. Chandrasekhar, *The Observatory*, 57, 93-99, 1934.

[27] A two-solar-mass neutron star measured using Shapiro delay, P. B. Demorest, et al., *Nature*, 467, 1081-83, 2010.

[28] On the Theory of Stars, L. Landau, *Physikalische Zeitschrift der Sowjetunion,* 1, 285-88, 1932.

[29] Origin of Stellar Energy, L. Landau, *Nature*, 141, 333-34, 1938.

[30] The Highly Collapsed Configurations of a Stellar Mass. (Second Paper.), S. Chandrasekhar, *Monthly Notices of the Royal Astronomical Society*, 95, 207-25, 1935.

[31] The Minimum Pressure of a Degenerate Electron Gas, Edmund C. Stoner, *Monthly Notices of the Royal Astronomical Society*, 92, 651-61, 1932.

[32] Upper Limits for Densities and Temperatures in Stars, Edmund C. Stoner, *Monthly Notices of the Royal Astronomical Society*, 92, 662-76, 1932.

[33] Chandrasekhar vs. Eddington - an unanticipated confrontation, Kameshwar C. Wali, *Physics Today*, 35, 33-40, October 1982.

[34] S. Chandrasekhar, *The Observatory*, 58, 37, 1935.

[35] Stellar Configurations with Degenerate Cores, S. Chandrasekhar, *The Observatory*, 57, 373-77, 1934.

[36] Response to Chandrasekhar, Sir Arthur Eddington, *The Observatory*, 58, 37-39, 1935.

[37] *The Observatory*, 58, 37-39, 1935.

[38] Ibid., Chandrasekhar vs. Eddington, Wali, pp. 37-40.

[39] *An Introduction to the Study of Stellar Structure*, S. Chandrasekhar, University of Chicago Press, 1939; Mineola, NY: Dover Publications 1957.

[40] On a Stationary System with Spherical Symmetry Consisting of Many Gravitating Masses, Albert Einstein, *Annals of Mathematics*, 40, 922-36, 1939.

[41] *The Observatory*, 58, 37-39, 1935.

[42] Ibid., Edmund C. Stoner, Nauenberg.

[43] *The Mathematical Theory of Black Holes*, S. Chandrasekhar, Oxford University Press, 1992.

[44] Ibid., *The internal constitution of the stars*, A. S. Eddington, Cambridge University Press, 1926.

[45] Ibid., On Dense Matter, Fowler, 1926.

[46] *Subtle is the Lord: The Science and the Life of Albert Einstein*, Abraham Pais, Oxford University Press, 1982, p. 463.

[47] Sir Arthur Stanley Eddington, O.M., F.R.S., G. Temple, *The Observatory*, 66, 7-10, 1945.

[48] *Fundamental Theory*, A. S. Eddington, Cambridge University Press, 1948.

[49] *Cecilia Payne-Gaposchkin - An autobiography and other recollections* edited by Katherine Haramundanis, Cambridge, 1984, pp. 203 and 120.

[50] On the Stability of Stellar Neutron Cores, J. R. Oppenheimer & Robert Serber, *Physical Review*, 54, 540, 1938.

[51] On Massive Neutron Cores, J. R. Oppenheimer & G. M. Volkoff, *Physical Review*, 55, 374-81, 1939.

[52] Static Solutions of Einstein's Field Equations for Spheres of Fluid, Richard C. Tolman, *Physical Review*, 55, 364-73, 1939.

[53] On Continued Gravitational Contraction, J. R. Oppenheimer & H. Snyder, *Physical Review*, 56, 455-59, 1939.

[54] Ibid., On Stationary Systems, Einstein.

[55] Ibid., *Black Holes and Time Warps*, Thorne, pp. 135-37.

第6章 问正确的问题，接受有限的答案

问正确的问题并且对得到的答案满意是天体物理研究中最困难的任务之一. 集中于太小的问题, 你可能会忽视必要的外在因素. 试图回答一个太大的问题, 你可能会全面失败.

***

20 世纪 20 年代快结束时, 两个问题被问得越来越多:"什么使恒星发光?"以及"化学元素的起源为何?"对于很多人来说, 这两个问题看起来是相关的.

引力收缩那时看起来是一个不太可能的恒星能源. 看起来存在潜在的充足的核能供应, 以维持恒星发光数十亿年, 但是核能如何释放是未知的. 已知的重元素质量亏损表明轻元素聚合形成较重的元素既可以释放足够的能量也可以解释重元素的存在. 氢是宇宙中最丰富的元素的新认识使得这个概念特别吸引人.

如果我们理解了核反应的本质, 我们就可能同时解释恒星能源和化学元素的相对丰度. 这个前景是令人兴奋的![①]

罗伯特·阿特金森和他双管齐下的研究

到 1929 年, 两个观测发现开始影响这个讨论. 宇宙膨胀逐渐被认为是真实的. 如果假设膨胀率是常量, 那么在时间上的外插表明宇宙年龄是数十亿年的量级. 同时, 亨利·诺里斯·罗素不情愿地认识到太阳和其他恒星很大程度上由氢组成表明氢转化为氦可能是一个提供太阳发出的辐射能量的不可忽视的机制. 无论通过所能想到的什么转换机制释放的能量都直接正比于四个氢原子和一个 ^{4}He 原子的质量差 —— 质量亏损. 这个质量差当时已为人熟知, 每消耗 1 g 氢原子大约是 $\Delta m = 7 \times 10^{-3}$ g. 乘以光速平方, 每消耗 1 g 氢潜在放出的能量是 $c^2 \Delta m \sim 6 \times 10^{18}$ erg/g 的量级 —— 足以让太阳保持发光数十亿年.

在罗素 1929 年对太阳中氢丰度的估计发表之前, 一位三十出头在哥廷根大学攻读博士的英国物理学家罗伯特·阿特金森已经开始考虑恒星中的元素组成了. 他感兴趣于同时研究当时天文学家的两个问题, "什么使恒星发光?"以及"重元素如何起源?"[5,6] 这两个问题看起来是相关的, 因为重元素的质量亏损随着质量增加而增加, 直到铁的同位素 ^{56}Fe. 通过不断从氢制造出更重的元素, 或许可以同时解释恒星辐射的能量来源和重元素丰度.

---

①卡尔·哈伯尔在他的很多著作中记录了 20 世纪初对这个问题的持续争议, 特别是在他的《天文学家研究恒星能源问题, 1917—1920》(*Astronomers Take up the Stellar Energy Problem*, 1917—1920).[1] 本章大部分基于他在那篇文章以及另外三篇文章中的发现. 这三篇文章中的最后两篇还未发表.[2-4]

哥廷根的一位年轻的实验物理学家弗里德里希·乔治 (弗里茨)·豪特曼斯 (出生在西普鲁士的但泽① 附近) 加入以后, 阿特金森到处寻找合适的切入点来分析这些可能性. 他们在乔治·伽莫夫在前一年发展的一种惊人的新理论方法中找到了切入点.

乔治·伽莫夫 (图 6.1) 和恒星的核物理学

1928 年夏季学期, 这位 24 岁的列宁格勒大学的理论物理研究生已经被派往哥廷根学习——这是发展了量子物理学的主要中心之一. 在哥廷根, 人们在那个夏天都在热烈讨论发展原子和分子结构的量子理论. 伽莫夫故意选择不参与这项研究. 相反, 如他后来写道:"我决定看看这个新的量子理论在原子核的情形下会怎么样." [7]

图 6.1 伽莫夫的一张似乎可以追溯到 1929 年的照片, 那一年他是哥本哈根的玻尔研究所的访问学者. 1928 年, 伽莫夫 24 岁, 已经发展了量子力学隧穿理论. 这个过程被证明对于理解恒星中心的能量产生是必要的 (*美国物理联合会埃米利奥·塞格雷视觉档案库, 玛格丽特·玻尔收藏*)

在来到哥廷根后, 伽莫夫偶然读到了欧内斯特·卢瑟福近期的一篇文章, 发现他可以解释卢瑟福获得的一组令人迷惑的实验结果. 数年前的 1919 年, 卢瑟福用阿尔法粒子 (氦原子核) 轰击了氮原子, 注意到它们形成了氧同位素 ^{17}O, 释放出一个质子 p(氢原子核),

$$^{14}N +^4 He \longrightarrow ^{17}O + p. \tag{6.1}$$

然而, 卢瑟福发现指向铀原子核的极高能阿尔法粒子也会被散射, 无法穿透原子核产生核反应. 与此不同, 铀能发射非常低能量的阿尔法粒子. 卢瑟福给出了一

---

①德语: Danzig. 今天为波兰的格但斯克.

个解释, 伽莫夫觉得非常没有说服力.[8,9]

伽莫夫很快解决了这个问题. 使用他已经掌握的量子理论, 他提出了一种惊人的反直觉的全新解释, 基于偶然隧穿通过原子核的正电荷建立的静电排斥势垒. [10] 他证明了量子理论允许类似阿尔法粒子的高能的原子核偶尔穿透进入另一个原子核, 即使它没有足够的能量完全克服两个带正点的原子核之间的相互排斥. 这就好比你可以驾驶一辆飞驰的汽车撞向一堵墙, 并且让它毫发无损地出现在另一边, 既不撞坏墙, 也不翻越墙.

这是量子理论中的一个新的方面, 在经典物理学中没有对应. 隧穿允许阿尔法粒子进入一个适当带电的氮原子核, 但不能进入带电很多的铀原子核. 然而, 对于铀来说, 隧穿允许偶尔在放射性衰变中发射一个阿尔法粒子.

和豪特曼斯一起写的第二篇文章表明, 伽莫夫的新方法也解释了实验得到的一个已超过十年的关系. 这个定律首先由物理学家汉斯·盖革和约翰·米切尔·纳托尔在 1911 年得到, 它反映了从一个原子核发射一个阿尔法粒子的半衰期和所发射粒子能量的关系. 发射出的粒子的能量越高, 发射粒子的原子核的半衰期越短.[11,12]

来自尼尔斯·玻尔的邀请

待在哥廷根的 1928 年夏末, 伽莫夫几乎没钱了, 他想他还应该访问哥本哈根和尼尔斯·玻尔的研究所. 他未事先打招呼就去了, 不过玻尔的秘书安排他和这位伟大的物理学家会面了. 伽莫夫告诉了玻尔他的放射性阿尔法衰变的量子理论. 玻尔显然被打动了. "我的秘书告诉我, 你的钱只够在这里待一天. 如果我给你一份皇家丹麦科学院的嘉士伯 (Carslberg) 奖学金, 你能在这里待一年吗?"[13] 伽莫夫满腔热情地接受了. 难以相信他的好运.

后续的文章使得伽莫夫获得了到剑桥的卢瑟福实验室更长期访问的邀请, 玻尔在洛克菲勒基金会奖学金的支持下为他安排了这些.[14]

阿特金森和豪特曼斯的计算

阿特金森和豪特曼斯对伽莫夫的隧穿理论印象深刻. 他们猜测, 在爱丁顿计算的太阳中心温度大约四千万开尔文之下, 质子和电子可以隧穿进入原子核.①[15] 如果一系列 4 个质子和两个电子撞击在一起并以某种方式粘在一个 ^{4}He 原子核上, 就有可能形成一个 ^{8}Be 原子核. 但 ^{8}Be 原子核是不稳定的, 会很快分裂形成两个氦原子核. 所以氦是催化剂, 氢到氦的转化提供了恒星发光所需的能量. 如果在分裂发生前再加入一个质子, 铍的分裂就可以避免, 因而就可能形成更重的元素. 这两位物理学家认识到他们的理论基于一些脆弱的假设, 并且它不能解释很多异常现象, 但是他们觉得这是朝正确的方向迈出的一步.

---

①爱丁顿的估计基于他预期恒星是由重元素组成的, 这导致温度高了一个 ~ 2 的因子.

　　然而这个方法很快就遇到了困难. 豪特曼斯自己注意到, 他们假设的反应链中的中间产物 —— 同位素 ^{5}Li 和 ^{5}He 在地球上不存在, 说明显然是不稳定的. 这威胁到了他们描述的过程的正确性. 如胡佛鲍尔所指出的, 他们的工作也碰到了另外两个障碍.[16] 首先, 天体物理学家对核物理的理论工具太不熟悉; 其次, 米尔恩研究了爱丁顿的恒星结构理论, 指出恒星中心的温度应该在十亿开尔文之内, 隧穿过程在这个温度不适用.[17]

　　然而, 阿特金森继续研究这个理论. 1929 年末, 他已经被任命为新泽西的罗格斯大学的助理教授. 靠近普林斯顿使得他可以在亨利·诺里斯·罗素 1930 年回来后的一年的假期内接触到他并得到其鼓励. 然而, 1931 年阿特金森已经到了他的方法所能推进到的地方. 他把注意力转向其他问题.

　　其他人接替了阿特金森的一般性研究. 实验核物理中的进展不断改变着细节. 最值得注意的是, 需要考虑哈罗德·尤里在费迪南德·G.布里克韦德和乔治·M.墨菲帮助下于 1931 年发现了氘, 正如詹姆斯·查德威克在 1932 年发现了中子.[18-21] 然而, 到 1935 年, 很多顶尖天体物理学家, 包括爱丁顿, 相信阿特金森的工作至少是处于正确的轨道上.[22]

乔治·伽莫夫对致密核的研究

　　然而仍然缺乏对恒星结构理论和核物理的融合. 乔治·伽莫夫尽管是阿特金森和豪特曼斯工作强有力的早期支持者, 但迟至 1935 年他仍然抱有非常不同的想法. 沿着他从列宁格勒学生时代起的朋友列夫·朗道在三年前提出的, 恒星中心存在坍缩核的想法, 伽莫夫使恒星收缩理论焕发了新的活力.[23] 朗道提出恒星可能含有一个致密的坍缩核, 这可以让恒星发光的时间远长于不太致密的恒星收缩所允许的发光时间. 外壳层中的物质落到核上, 可以释放出巨大能量. 伽莫夫推测, 如果恒星核的表面偶尔爆发并将核物质抛入恒星表面层, 那么通过这些物质的裂变就可以得到自然中发现的重元素.

　　基于这个模型, 伽莫夫在《俄亥俄科学杂志》(*Ohio Journal of Science*) 上发表了一篇文章.[24] 为什么他选择了这份不起眼的杂志 (在这上面他的工作不大可能被发现) 原因不明. 但是无论他的理由为何, 他此时的主要兴趣是勾勒出一幅粗线条图案, 不仅说明物质落到致密恒星核如何能提供足够的能量使恒星发光, 而且具体的核反应也可以解释恒星中重元素的产生.

　　伽莫夫提到了卢瑟福的工作(展示了氢元素如何能通过阿尔法粒子轰击转化为重元素) 和罗马的恩里克·费米研究组的工作(发现用中子轰击重元素可以将它们转化为较重的同位素). 这些重元素随后可以贝塔衰变产生比初始元素质量更大和电荷更多的原子核.[25] 作为一个特殊的例子, 伽莫夫引用了碘转化为氙, 放出一个电子 e$^-$ 和一个能量为 $h\nu$ 的光子的两步反应:

$$^{127}\text{I} + \text{n} \longrightarrow {}^{128}\text{I} + h\nu, \quad {}^{128}\text{I} \rightarrow {}^{128}\text{Xe} + e^-. \tag{6.2}$$

魏茨泽克有影响力的文章

25 岁的德国天体物理学家卡尔·弗里德里希·冯·魏茨泽克那时在进行类似的研究. 按照罗伯特·阿特金森 1929 年提出的指导意见, 他也相信解决恒星中的能量产生问题也可以解释各种化学元素丰度. 到 1937 年他已经证认出若干可能的过程, 通过这些过程太阳可以产生足够的能量大致维持当前的辐射率至少 2×10^9 年, 这是地质数据所要求的时间长度.[26]

据说魏茨泽克也在写第二篇关于核嬗变的文章, 这篇文章预期在几个月内向一份杂志投稿. 在两年前 23 岁时发表的一篇文章中, 他已经展示了原子核和它们的同位素的质量和质量亏损如何能通过量子力学计算得到改进的估计. [27] 此时, 他在研究核嬗变, 也试图理解化学元素的相对丰度. [28]

在这种情况下可以最好地理解他的两篇文章. 它们读起来像是关于使恒星发光同时产生重元素的核反应的教程.

魏茨泽克的第一篇文章《恒星内部的元素嬗变》(*Über Elementumwandlungen im Innern der Sterne. I.*) 以标题为"组装假设"(Die Aufbauhypothese) 的一节反映了魏茨泽克通过组装形成化学元素的偏见. 但是进一步的考虑让他得出了这个假设更具体的表达式, 即恒星内部的温度会自身调整使得通过氢的反应形成最轻的元素的核嬗变成为可能. 恒星将这个嬗变中产生的能量辐射掉, 速率正好可以保持恒星温度不变. 于是魏茨泽克谨慎地说, 恒星可能是"通过释放核能自动维持它运行所需条件的机器. "他补充说:"它也可能是这类机器中唯一的可能, "考虑到他将很快从事的作为"二战"中德国军事工程的一部分核反应堆的工作, 这是一个有趣的评论①

这篇文章分为八节, 在第三节中, 魏茨泽克考虑了可以产生 ^4He 的反应链. 但是因为他专注于重元素的形成, 所以他集中于释放形成这些元素所需的中子的过程上.

第四节简单描述了恒星的热力学结构, 得到了奇怪的错误结论 —— 恒星中心的高辐射压"使得恒星中心的密度异常得小, 在中心为零. "②魏茨泽克看起来对核过程比对恒星结构熟悉.

在第五节中, 魏茨泽克转向了通过吸收中子形成相继的重元素. 一个特别重要和新颖的见解是, 要形成最重的元素, 需要在不超过一分钟内极快地吸收中子, 以

---

①Wenn diese Vorstellung richtig ist, so ist der Stern eine Maschine, welche mit Hilfe der freigemachten Kernenergien die zu ihrer Freimachung notwendingen äusseren Bedingugnen automatisch gleichförmig aufrechterhält.[29]

②Erstens wird infolge des hohen Strahlungsdruckes die Materiedichte in der Umgebung des Sternmittelpunktes ausserordentlich klein; sie verschwindet im Mittelpunkt selbst.

克服形成最重的元素钍或铀的序列中的一些中间原子核寿命较短的问题.

到 1938 年, 魏茨泽克发表了他的第二篇文章, 他敏锐地意识到第一篇文章中的错误, 写道: "进一步研究表明, 那里的假设不能成立. " [30] 他认识到, 产生能量的氢嬗变不能导致重元素的形成. 他此时相信, 重元素形成在恒星形成之前一个本质上不同于今天的宇宙时期是完全可能的.①

在这篇文章的第六节, 魏茨泽克最终明确了恒星中产生能量的反应. 他提到了形成氘的质子–质子反应和 CNO 循环, 二者显然都是他独自考虑的. 但他在每一个这些反应的单独脚注中承认, 他从最近和伽莫夫在康奈尔大学的交谈中获悉汉斯 · 贝特那时已经定量研究了这两个反应.

尽管魏茨泽克的两篇文章无疑在当时是有影响力的, 提醒了天文学家有无数反应可能在天文上是有趣的, 可以理解恒星和早期宇宙中的核过程, 但是如我们将看到的, 它们缺乏贝特在两篇关于恒星能量产生的文章中提供的明确性.

独立于魏茨泽克, 那时在爱沙尼亚塔尔图的多尔帕特天文台工作的恩斯特 · 约皮克已经有类似的想法. 在一篇 1938 年发表在《塔尔图大学天文台台刊》(*Publications of the Astronomical Observatory of the University of Tartu*)上的 115 页长的文章《恒星的结构、能源和演化》(*Stellar Structure, Source of Energy, and Evolution*)中, 他写道: "原子合成的初始反应可能是尚未观察到的由质子直接合成氘 (释放正电子)" 以及 "观测到的合成反应 $^{12}C+^1H$ 以及太阳中观测到的碳的量足以在 [中心温度]$T_c \sim 2 \times 10^7$ 让太阳辐射 5 亿年. " 约皮克没有预料到贝特会在次年提出碳循环, 但是他对恒星结构的考虑在很多方面使得他的工作比同时期魏茨泽克发表的文章更令人印象深刻. [31] 然而, 约皮克的工作仍然几乎无人问津, 因为几乎没有天体物理学家阅读约皮克发表其大部分工作的《塔尔图大学天文台台刊》.

***

根据 20 世纪 20 年代末对我们所能观测的膨胀宇宙的最远处的关键性测量, 天文学家得出结论, 宇宙已经膨胀了数十亿年. 膨胀会冷却任何封闭系统, 而压缩会加热这个系统. 如果宇宙开始时处于比今天更致密的状态, 那么原始的气体和辐射在宇宙充分膨胀和冷却形成恒星的很长时间之前可能是异常炽热的.

在他第二篇文章的第三部分中, 魏茨泽克相应地研究了自然中的化学元素是否在炽热的早期宇宙中形成的问题. [32] 他注意到, 将萨哈方程应用于与较大质量的原子核热平衡的中子可以正确地预测每种元素的同位素的相对丰度, 只要知道它们的质量亏损.

在萨哈原始的方程中, 束缚在原子核上的电子数定义了原子不同的电离度, 并将这些电离度和温度相联系. 在魏茨泽克的新应用中, 萨哈方程将温度和定义了元

---

①Es ist durchaus möglich, dass die Bildung der Elemente vor der Entstehung der Sterne, in einem vom heutigen wesentich verschiedenen Zustand des Kosmos stattgefunden hat.

素不同同位素的原子核中的中子数相联系. 但是因为只知道一些较轻的元素的质量亏损, 所以这个方法在那时没有得到所预期的那么多信息.

魏茨泽克也知道, 最重的元素只能在极端高的温度和压强下形成. 他得出结论, 可能需要两个核合成阶段以产生今天观测到的元素分布. 开始的炽热高密阶段可能产生了最重的元素, 而后来温度较低较稀薄的膨胀阶段可能导致了更丰富的类似于氧的较轻的元素的产生. 但他意识到手头的数据不足以进行进一步的这种计算.

伽莫夫、特勒和 1938 年的华盛顿会议

1934 年, 30 岁的伽莫夫已经被任命为华盛顿特区的乔治·华盛顿大学的物理学教授. 伽莫夫来到乔治·华盛顿大学的两个条件之一是可以让他找另外一位物理学家来这所大学. 伽莫夫选择了在匈牙利出生的理论家爱德华·特勒. 已经同意的另一个条件是批准经费支持每年一次的华盛顿理论物理会议.

1934 年, 恩里克·费米发展了一个 β 衰变的新理论. [33] 在更深入地研究了这个理论后, 伽莫夫和特勒意识到费米的理论过于简化了. 它未能注意到应该考虑参与反应粒子的自旋以得到 β 衰变的截面.[34] 他们修改了这个理论, 改正这个错误, 他们的结果和已有的实验证据符合得更好.

到 1938 年初, 在伽莫夫筹备他的第四次理论物理会议时, 他知道德国的魏茨泽克正在集中精力于理解恒星中的核过程. 这一点加上伽莫夫和特勒自己的工作告诉他, 核物理看起来已经足够解决太阳中能量产生的问题了. 他选择 "核过程作为恒星能源" 为那一年的主题. 会议将于 3 月 21~23 日在华盛顿的卡耐基研究所的大地电磁部举行.

在伽莫夫看来, 那时毋庸置疑的理论核物理专家是出生在德国的 31 岁的汉斯·贝特 (图 6.2). 贝特那时已经是康奈尔大学的教授了. 尽管年轻, 但他已经通过一系列计算和发表在有影响力的杂志《现代物理评论》(*Reviews of Modern Physics*)上的三篇文章证明了自己是核理论大师. [35-37]这三篇占据了杂志 447 页的文章很快被命名为贝特的圣经(Bethe's Bible), 作为贝特对核物理掌握程度的评价.

伽莫夫觉得贝特出席这次会议是必要的.①

贝特不愿意参加这第四届那时已经形成传统的系列年度华盛顿会议. 他是前三届会议的热情参与者, 这些会议提供了和志趣相投的其他理论物理学家交换想法的机会, 但是他在恒星中的能量产生上没有兴趣, 想投身于更令他着迷的纯核物理的很多基本问题中.

然而, 伽莫夫感觉会议没有贝特的参与不行, 于是叫贝特的好友特勒去说服他参加. 在他坚持邀请贝特时, 伽莫夫可能已经认识到自己不想卷入凌乱的细节问题

①卡尔·霍夫鲍尔写了深刻的一章, 描写汉斯·贝特在 1938 年春天的几周时间里发展了惊人的完整和有说服力的恒星中能量产生的理论. 在此, 我仅详细讲述贝特的见解和计算的显著特征.

中. 他在自传《我的世界线》(*My World Line*) 中写到了他 1928 年最初决定将量子理论应用于核问题而不是原子或分子问题, 他回忆了哥廷根盛行的气氛,[39] 那里,

> 会议室和咖啡馆挤满了物理学家, 年老的和年轻的, 争论量子理论 (中的新进展) 对我们对原子核分子结构的认识会产生什么影响. 但不知为什么我没有陷入这狂热的旋涡中. 一个原因是 …… 我总是喜欢在不太拥挤的领域中工作. 另外一个原因是, 任何新的理论最初几乎都是以非常简单的形式表达的, 在短短几年内它通常变成极端复杂的数学结构 …… 当然我知道, 这对于求解复杂的科学和工程问题绝对是必要的, 但是我就是不喜欢.

图 6.2　1938 年的汉斯·贝特, 那一年他发展了关于为主序星提供能量的核过程的见解 (汉斯·贝特文件#14-22-976, 康纳尔大学图书馆善本收藏库)

到 1938 年, 伽莫夫可能已经认识到解决恒星能量问题会变得复杂, 他自己的性格不适合研究这个复杂问题, 应该让汉斯·贝特这样的专家来解决它.

恒星能量问题的解决

30 岁的本特·斯特龙根和 28 岁的萨婆罗门扬·钱德拉塞卡也受到华盛顿会议的邀请, 两位都在最近被引进到芝加哥大学. 斯特龙根刚刚写了一篇关于恒星内部和恒星演化理论的一篇全面的综述《恒星内部和恒星演化理论》(*Die Theorie des Sterninnern und die Entwicklung der Sterne*). 钱德拉塞卡正在完成权威的著作《恒星结构研究引论》(*An Introduction to the Study of Stellar Structure*), 他将在那年晚些时候发给出版商.[40,41] 这两位全职天体物理学家参与这次会议让参会的理论物

理学家得以透视有关天文观测的问题, 合理理解天体物理理论以及仍然很大程度上是推测的想法.

斯特龙根报告中特别重要的是他指出了, 天文学家赞同氢是恒星的主要成分, 根据那时的估计在重量上占大约 35%. 而且, 太阳中心的温度可能为一千九百万开尔文的量级, 密度可达 76 g/cm³. 这个新的温度估计显著低于爱丁顿早先估计的四千万开尔文.

在随后的讨论中, 贝特提出, 鉴于恒星中高的氢丰度, 质子和另外的质子反应可能正好提供了所需要的恒星能量. 此时, 伽莫夫和特勒觉得必须告诉贝特 —— 特勒的一个研究生, 查尔斯·L. 克里奇菲尔德已经在说服他们让他研究这个过程. 贝特总是公正的, 他建议他和克里奇菲尔德尝试仔细研究这个过程, 看看他们的计算会得到什么. 于是很快产生了一篇共同投往《物理评论》的文章, 仅仅在三个月后的 1938 年 6 月 23 日.

这篇文章只有七页, 分别关注了两个计算. 第一个是两个氢原子核 H 相互作用形成氘原子核 D 加上一个正电子 e+

$$H + H \longrightarrow D + e^+ \tag{6.3}$$

的可能性或截面. 贝特和克里奇菲尔德对此进行了量子力学计算, 考虑了氢原子核和氘的相对自旋. [42] 其中他们使用了伽莫夫和特勒推广的费米理论.[43,44]

估计这个过程的可能性是他们的考虑中最困难的部分, 主要是因为在一个核反应中产生一个正电子涉及弱核力, 这在产生伽马光子 (高能电磁辐射) 的反应中产生的可能性比通常情况要低得多. 但是一旦形成了一个氘原子, 它会很快和质子反应形成氦的同位素 ³He, 放出一个光子 γ,

$$D + H \longrightarrow {}^3He + \gamma. \tag{6.4}$$

贝特和克里奇菲尔德估计这个过程比氘产生快 10¹⁸ 倍, 所以恒星中的氢应该大约比氘丰富 10¹⁸ 倍.

还需要另一个过程形成丰富、稳定的氦同位素 ⁴He, 无论是直接还是间接地通过向氦同位素 ³He 添加一个质子. 贝特和克里奇菲尔德提出了两条不同的路径, 难以在它们之间进行选择

$$^3He + {}^4He \longrightarrow {}^7Be + \gamma, \quad {}^7Be \longrightarrow {}^7Li + e^+, \quad {}^7Li + H \longrightarrow 2{}^4He, \tag{6.5}$$

或者

$$^3He + e^- \longrightarrow {}^3H, \quad {}^3H + H \longrightarrow {}^4He + \gamma. \tag{6.6}$$

事实证明, 还有他们没有考虑的第三个反应, 现在知道这是主导的反应

$$2{}^3He \longrightarrow {}^4He + 2H. \tag{6.7}$$

如他们的文章明确指出的, 净效应是把四个氢原子核加上两个电子转化为一个 ^{4}He 原子核. 所消耗的粒子的质量和形成的氦原子核的质量差大致取为 $\Delta m = 0.0286$ 氢原子质量, 每形成一个氦原子核会产生 $c^2 \Delta m = 4.3 \times 10^{-5}$ erg 的能量.

他们设想的反应概率也依赖于恒星中心电离气体的温度和密度. 这两个量决定了两个质子能多么频繁地以足够高的能量碰撞以克服它们的正电荷之间的排斥形成一个氘原子. 这是量子统计中相对简单的一个问题. 跟随斯特龙根, 贝特和克里奇菲尔德假设太阳的中心温度为两千万开尔文, 密度为 80 g/cm^3, 氢丰度 35%. 太阳的能量产出可以达到大约每克太阳物质每秒 2.2 erg.

他们得出结论 "质子–质子结合给出了太阳的能量演化的正确量级." [45] 这和斯特龙根对整个太阳的估计毫不逊色, 但是如这两位天文学家强调的, 太阳中的密度和温度从中心向外快速减小, 可能使平均能量产生低一个量级. 他们又加了一段: "看起来必然存在另外一个过程对太阳中的能量演化贡献更多. 这个过程可能是碳原子俘获质子. " 这里他们提到了一篇即将发表的贝特一个人写的论文.

***

转向这第二个过程或许应该有两条评论.

第一条是, 尽管质子–质子反应看起来满足光度显著比太阳小的恒星中的能量产生, 但是它不能解释那些亮十万倍的恒星. 这是因为质子–质子反应率仅随温度的 3.5 次方增长, 也就是说正比于 $T^{3.5}$, 标准的流体静力学和热力学计算显示, 即使质量最大的恒星中心的温度也不足以让质子–质子反应产生观测到的能量产生率, 也就是说, 这些恒星极端高的光度.

第二条是, 在贝特和克里奇菲尔德的文章投稿时, 贝特已经意识到另外一个以质子被碳原子核俘获开始的过程比质子–质子反应重要得多. 这是一个复杂得多的过程, 也是克里奇菲尔德没有预料到的反应. 所以贝特 (进行了相当多的思考) 和克里奇菲尔德商定, 这篇文章由贝特写出并独自发表. 这个安排不是没有道理的, 因为贝特和克里奇菲尔德的文章的风格强烈表明大部分新见解和基于其他人工作的指导信息都是贝特贡献的.

贝特 1939 年的文章

贝特 1939 年文章最重要的观点从它的摘要就可以看出, 这段摘要强调 [46]:

> 普通恒星中最重要的能源是碳和氮与质子的反应. 这些反应形成了一个循环, 其中最初的原子核会再生 …… 于是碳和氮只是起到四个质子 (和两个电子) 结合为一个阿尔法粒子的催化剂的作用.

楷体是贝特的话.

这段摘要也指出了这种碳–氮循环的唯一性. 这篇文章花了很大篇幅证明不存

在其他反应, 或者说即使存在也不重要. 文章接着讨论了观测对天文数据的拟合, 发现碳–氮反应与观测数据的符合对于所有主序亮星都极好, 但对红巨星不好.

另外的科学家可能被解释红巨星能量消耗的理论困难所困扰. 贝特想到此为止, 对于他来说, 他能解释主序中的恒星如何发光就足够了. 红巨星是另一回事. 尽管红巨星 “五车二” 密度和温度比太阳低得多, 但是它要亮得多. 他觉得这不可能用和解释主序星光度同样的机理解释. 贝特否定了一些在他看来不太可能的核过程 (在今天可以直接否定) 并认为唯一已知的另外一个能量来源是引力, 这需要巨星有一个恒星核. 两处脚注分别提到列夫 · 朗道的文章《恒星能量的来源》(Origin of Stellar Energy) 和伽莫夫给贝特的建议, 或许是沿着伽莫夫 1935 年在《俄亥俄科学杂志》(Ohio Journal of Science) 上文章的思路. [47] 这两种另外的可能性都处理了恒星外区物质落向一个大质量中子核, 这个核自身质量增大并随着下落物质对其加热而释放大量能量.

朗道的文章提出, 这个过程在太阳中也存在, 这个观点贝特此时可能倾向于否定, 因为他发现主序星和他提出的两个能量产生过程符合得很好. 但是对于红巨星, 中子核模型看起来是可信的, 尽管贝特说: “任何恒星核模型看起来都给出小的而不是大的恒星半径. ”①

贝特的摘要也指出, 他提出的主序星中的能量产生机制也会得出关于这些恒星的半径–光度关系, 它们对温度变化的稳定性以及它们的演化的结论. 这篇文章对这些话题的每一个都用了单独的一节.

对于质量–光度关系, 贝特回到斯特龙根 1937 年的文章, 使用流体静力学平衡方程、气体压、辐射压平衡和斯特龙根从量子力学推导出的不透明度的数值结果证明光度 L 可以表示为 [50]

$$L \sim M\rho z T^{\gamma}, \tag{6.8}$$

其中 M 是恒星质量, ρ 是密度, z 是氢和氮的浓度之积, T 是恒星的中心温度, γ 是一个量级为 18 的幂指数, 表示光度强烈依赖于温度, 这个特征是质子–质子反应中所缺少的, 贝特和克里奇菲尔德估计 $\gamma \sim 3.5$. 贝特重新计算了 γ 可以达到的最小值. 对于比太阳暗一百倍的恒星, 质子–质子反应可能是主导的, 他发现 γ 可以在中心温度大约为一千一百万开尔文时降至 ~ 4.5, 但是在更低和更高的温度都会上升.

将恒星中心温度和密度用质量 M 表示, 贝特可以证明, 在碳–氮循环主导的范围, 光度可能比恒星质量四次方增长得稍快一些 —— 比通常引用的值 5.5 小得多, 但是和观测符合更好. 通过将质子–质子反应和碳–氮循环融合起来, 他进一步展示了能量产生, 即恒星光度会如何依赖于中心温度, 从质子–质子反应到碳–氮循环, 中

---

①然而, 这一点仍然有争议. 迟至 1975 年, 基普 ·S. 索恩和安娜 ·N. 扎特科夫使一篇关于 *Red Giants and Supergiants with Degenerate Neutron Cores* 的文章中的观点复活了. [48] 他们的模型至少到 1992 年还在被进一步详细阐述, 甚至或许今天仍然有研究. [49]

心温度跨越了大约一千五百万开尔文.

在接下来的一节中, 贝特讨论了英国天体物理学家托马斯·乔治·考林提出的一个问题, 即恒星是否会稳定或变得不稳定并开始振荡. 当辐射压可忽略时, 恒星应该是高度稳定的. 但当辐射压变强时, 如在质量非常大的恒星中那样, 那么就应该产生振荡. 然而贝特证明了, 对于正比于 T^{17} 的能量产生, 辐射压和气体压的比例仍然相当小. 然而一个进一步的考虑来自于变化的碳和氮之比, 它在恒星中可以随中心温度变化. 这里, 贝特也能证明, 所涉及的核反应可以使恒星保持在合理的稳定束缚态.

在最后一节中, 贝特仍然考虑了演化的问题. 他发现, 对于类似太阳的恒星, 演化年龄比宇宙年龄还长. 当时估计宇宙年龄只有 2×10^9 年, 而他估计的太阳总的寿命为 12×10^9 年的量级. 但他预料到当恒星中所有的氢消耗完后只能通过收缩保持发光. 对于小质量恒星, 他推测这将持续到恒星达到白矮星阶段, 如已经从拉尔夫·福勒、斯通纳和钱德拉塞卡的工作中所知. 对于大质量恒星, 最终的结果更可能是形成一个中子核.

在这些考虑之后, 他停了下来. 他已经覆盖了一个惊人范围的天体物理课题!

***

到 1938 年初, 贝特的文章《恒星中的能量产生》(*Energy Production in Stars*) 已经准备投往《物理评论》. 9 月 7 日文章接收. 最初, 编辑约翰·托伦斯·塔特建议《现代物理评论》应该是更适合发表这篇基础广泛的文章的杂志. [51] 或许塔特把贝特文章的宽广视野误认为了综述. 但贝特认为文章的原创性保证了它应该在《物理评论》上发表. 他也要求延迟发表. 贝特的一位研究生, 罗伯特·马沙克 (后来成为罗切斯特大学的一位顶尖的核物理学家) 曾提醒贝特注意纽约科学院提供的给关于恒星中能量产生的最佳原创论文的 500 美元奖金. 科学院规定论文之前没有发表过.

在《物理评论》上延迟发表让贝特可以首先把他的文章提交到比赛, 他赢得了比赛. 当他的文章最终出现在 1939 年 3 月 1 日那期《物理评论》上时, 第一页的一个脚注中骄傲地宣布这篇文章赢得了 1938 年纽约科学院的 A. 克雷西·莫里森奖.

除了胜者的骄傲, 还有更重要的事. 贝特后来回忆, 从他获得的 500 美元奖金中, "我给了马沙克 50 美元作为'介绍费'. 他之所以知道这个比赛是因为他自己在那时也很贫困, 他很欢迎这些介绍费. 另外 250 美元用作给德国政府的'捐赠'以确保释放我母亲的财物, 因为她最终决定移民. "这是贝特的艰难时期. 贝特此时是一个担忧其母亲不愿离开故土 —— 德国的美国新移民. 500 美元在这些大萧条的日子中是一大笔钱.

***

贝特的解释, 不光对恒星中的能量产生机理, 还对很多潜在相关的恒星问题立

刻产生了影响. 如大卫·德沃金所记述的 [53]:

> [1939 年冬天], 贝特来到普林斯顿, 和罗素就他的工作进行了广泛讨论, 并给罗素留下了一份他的手稿 …… 罗素被贝特的论证 (以及最重要的), 他在处理核物理和天体物理证据中的专业性说服了 …… 罗素成为皈依者 …… 当贝特的原创论文出现在《物理评论》上时, 罗素宣称这是 "过去十五年理论天体物理学最显著的成就." [54]

有了罗素的高度赞赏, 贝特对主序星中能量产生的描述基本上马上就被接受了. 贝特为天体物理学家提供的这个新的理论工具让他们可以进一步研究这个课题.①

绝技(tour de force) 这个词被广泛地滥用, 但是贝特的文章用任何别的词都不能准确描述. 他和克里奇菲尔德在 1938 年写的文章以及他自己在 1939 年写的更全面的第二篇文章基本上就是今天教科书教给我们的学生的内容. 在第二篇文章中, 他甚至考虑了氢转化为氦产生的一部分能量被从恒星逃逸的中微子带走, 从而对观测到的星光没有贡献. 就其特点而言, 贝特和贝特/克里奇菲尔德的文章是独立而完整的, 这些年来, 仅出现了与他们起初的理论的小差异.

巴德、兹维基和超新星爆发中产生的能量

当然, 并非所有的恒星都是主序星, 而且它们也不一定是红巨星或振荡变星. 20 世纪 30 年代早期, 加州理工学院威尔逊山天文台的沃尔特·巴德和弗里茨·兹维基注意到一类爆发性的喷发星 ——新星, 所有这些星都有大致相同的光度. 在我们最近邻的大星系 —— 仙女座星云中, 每年能观测到 20 或 30 颗新星. 所有这些新星的视星等都达到大约 17 等. 考虑这个星云的巨大距离, 这表明它们比太阳亮十万倍.

1885 年在仙女座星云中甚至观测到了一次比新星亮一万倍的巨大爆发. 巴德和兹维基把这称为超-新星(super-nova), 今天缩写为超新星(supernova). 他们注意到 1572 年第谷·布拉赫 (Tycho Brahe) 已经在我们自己的星系中观测到了一次类似的强大爆发. 他们写道: "近些年对河外系统的广泛研究已经揭示了引人注目的事实, 存在两类明确的新恒星或新星, 可以区分为正常新星(common novae) 和超-新星(super-novae). 还没有观测到介于中间的天体." [57]

假设这些爆发代表了不大于 50 倍太阳质量的单星的增亮过程, 他们计算了爆发中以光和抛出恒星表面层的动能的形式释放的总能量. 这些表面层必须快速膨

---

①贝特后来回忆了物理学家约翰·哈斯布鲁克·范·弗莱克邀请他在哈佛物理研讨会上做报告, 贝特写道: "我愉快地接受了. 在研讨会上, 前排坐着著名的美国天体物理学领军人物, 普林斯顿的亨利·诺里斯·罗素. 在我做完报告后, 他问了几个探索性问题. 他被说服了, 成为我最高效的宣传员." [55] 卡尔·霍夫鲍尔善意地向我指出, 贝特在 65 年后的这些回忆一定是错的. 霍夫鲍尔的研究表明, 贝特确实在 1938 年 5 月在哈佛做了一个研讨会报告, 但是, 如大卫·德沃金记述的, 贝特和罗素直到 1939 年 2 月初才见面. [56]

胀以使恒星突然变亮到观测到的程度. 他们估计爆发可能将 0.1%~5% 的太阳质量能 $M_\odot c^2$ 转化为爆发中释放的能量. 这远大于恒星在整个主序阶段将质量转化为能量的比例.

然而, 对于 20 世纪 30 年代的天文学家而言, 超新星产生了进一步的能量难题. 人们不再只需要解释恒星稳定发光的能量消耗. 超新星提出了类似的能量供应的问题.

伽莫夫、勋伯格和超新星爆发

早在 1941 年, 伽莫夫和巴西理论物理学家马里奥 · 勋伯格 (那时是乔治 · 华盛顿大学的访问学者) 就已经在研究超新星的能量可能会如何产生的问题了. [58]

他们首先考虑了恒星的坍缩会如何发生. 他们假设坍缩一定会产生极高的温度, 在这种温度下电子会穿透原子核, 降低核带电量, 导致反中微子 $\bar{\nu}$ 发射. 另外, 一个含有 N 个核子与电荷 z 的原子核可以发射一个电子和一个中微子 ν,

$$^z N + e^- \longrightarrow {}^{(z-1)} N + \bar{\nu}, \quad ^z N \longrightarrow {}^{z+1} N + e^- + \nu. \tag{6.9}$$

无论哪种途径, 由于普通核物质对中微子透明, 中微子和反中微子都会离开恒星. 这可能导致快速冷却, 因为中微子和反中微子带走了大部分引力坍缩的能量. 然而同时, 坍缩中的辐射和原子会变得非常热, 辐射压可能爆炸性地加速恒星外层, 以每秒数百千米的速度将它们抛向空间中. 这些物质层的快速膨胀会导致观测到的恒星光度的急速增长.

伽莫夫和勋伯格假设通过这种方式释放的能量可以由通过中微子发射冷却的一团大质量中心物质的快速引力坍缩提供. 参考钱德拉塞卡极限质量, 他们写道: "质量大于临界质量的恒星将经历范围广阔得多的坍缩, 它们不断增长的辐射会从它们的表面驱动越来越多的物质. 这个过程在抛出物质使得剩下的恒星质量小于临界值之前可能不会停止. 这个过程或许可以和超新星爆发相比, 在那种情况下被抛出的气体形成了延展的星云状天体, [比如] 蟹状星云. " [59]

尽管他们对他们计算的中微子发射率有信心, 但这两位作者也意识到坍缩动力学的复杂性, 他们知道这代表了 "非常严重的数学困难. "①

伽莫夫和勋伯格将他们的中微子过程称为尤卡过程(urca process). 伽莫夫在他的自传中解释: "我们称其为尤卡过程, 部分是为了纪念我们第一次会面的赌场, 部分是因为尤卡过程导致恒星内部的热能快速消失, 和 [里约热内卢的] 尤卡赌场的赌徒口袋中的钱快速消失类似. " [60]

尽管方程 (6.9) 显示了重元素在超新星坍缩中如何转化为其他重元素, 但这没有解决重元素起源的问题. 即使在那里, 仍需要首先克服质量数 5~8 的壁垒. 这个

---

①目前的理论认为, 中微子在坍缩中发挥了根本性的作用, 但是完全解释坍缩和爆发的复杂动力学仍存在困难.

问题尚无解.

* * *

随着贝特成功解决了恒星能量的问题, 变得很清楚的是, 仍然缺少关于重元素起源的见解. 和早先阿特金森和伽莫夫的预期相反, 恒星能量和元素丰度的问题没有被同时解决. 贝特明确指出, 尽管氢转化为氦解释了主序星中的能量产生, 但是比氢重的元素的形成面临超越核质量数 5 和 8 的问题, 二者都是不稳定的. 他没有给出这个难题的答案.

魏茨泽克的两篇文章继续被引用了一段时间, 但它们持续的贡献更多的是对元素产生的理解, 而不是对恒星中能量产生的理解. 他对产生恒星中最重的元素需要极快的中子吸收的认识, 以及他对最重的元素丰度的相对水平要求它们在非常大质量的即将爆发的大质量恒星中才能找到的极端高温下形成的认识, 到今天仍然被大家接受.

尽管化学元素的起源仍然未知, 但出现了一组对成功建立的理论的明确要求, 前景看起来令人畏惧!

比解决恒星能量问题更重要的可能是需要收集巨大数量的所有能想到的天体物理环境中的核反应截面. 这些将被用于详细计算可能的过程, 以确定它们是否有可能成功解释观测到的丰度. 如魏茨泽克已经注意到的, 对于最重的元素的形成, 必须找到时标为仅仅几分钟的天体物理过程并和相容的核反应进行匹配. 解决这些问题可能需要理论天体物理学家、实验核物理学家以及大规模计算专家之间的密切合作.

注释和参考文献

[1] Astronomers take up the stellar energy problem, 1917—1920, Karl Hufbauer, *Historical Studies in the Physical Sciences*, 11: part 2, 277-303, 1981.

[2] Stellar Structure and Evolution, 1924—1939, Karl Hufbauer, *Journal for the History of Astronomy*, 37, 203-27, 2006.

[3] A Physicist's Solution to the Stellar-Energy Problem, 1928—1935, Karl Hufbauer, unpublished manuscript. I thank Karl Hufbauer for making this available to me.

[4] Hans Bethe's breakthrough on the stellar-energy problem, Karl Hufbauer, unpublished manuscript dated 1997. I thank Karl Hufbauer for making this available to me.

[5] Transmutation of the Lighter Elements in Stars, R. d'E. Atkinson & F. G. Houtermans, Nature, 123, 567-68, 1929.

[6] Zur Frage der Aufbaumöglichkeit der Elemente in Sternen, R d'E. Atkinson & F. G. Houtermans, *Zeitschrift für Physik*, 54, 656-65, 1929.

[7] *My World Line*, George Gamow. New York: Viking Press, 1970, p. 59.

[8] Structure of the Radioactive Atom and Origin of the α-Rays, Ernest Rutherford, *Philosophical Magazine*, Series 7, 4, 580-605, 1927.

[9] Ibid., *My World Line*, Gamow, pp. 59ff.

[10] Zur Quantentheorie des Atomkerns (On the Quantum Theory of the Atomic Nucleus) G. Gamow, *Zeitschrift für Physik*, 51, 204-12, 1928.

[11] Zur Quantentheorie des radioaktiven Kerns. (On the Quantum Theory of the Radioactive Nucleus), G. Gamow & F. G. Houtermans, *Zeitschrift für Physik*, 52, 496-509, 1928.

[12] Ibid., *My World Line*, Gamow, p. 61.

[13] Ibid., *My World Line*, Gamow, p. 64.

[14] Ibid., *My World Line*, Gamow, pp. 64 ff.

[15] *The internal constitution of the stars*, Arthur S. Eddington. Cambridge University Press, 1926, p. 151.

[16] Ibid., A Physicist's Solution, Hufbauer.

[17] The Analysis of Stellar Structure, E. A. Milne, *Monthly Notices of the Royal Astronomical Society*, 91, 4-55, 1930.

[18] Harold Urey and the discovery of deuterium, F. G. Brickwedde, *Physics Today*, 35, 34-39, September 1982.

[19] A Hydrogen Isotope of Mass 2, Harold C. Urey, F. G. Brickwedde & G. M. Murphy, *Physical Review*, 39, 164-65, 1932.

[20] A Hydrogen Isotope of Mass 2 and its Concentration, Harold C. Urey, F. G. Brickwedde & G. M. Murphy, Physical Review, 40, 1-15, 1932.

[21] Possible Existence of a Neutron, J. Chadwick, *Nature*, 129, 312, 1932.

[22] Ibid., A Physicist's Solution . . . , Hufbauer.

[23] On the Theory of Stars, L. Landau, *Physikalische Zeitschrift der Sowjetunion*, 1, 285-88, 1932.

[24] Nuclear Transformations and the Origin of the Chemical Elements, G. Gamow, *Ohio Journal of Science*, 35, 406-13, 1935.

[25] Artificial Radioactivity produced by Neutron Bombardment, E. Fermi, et al., *Proceedings of the Royal Society of London A*, 146, 483-500, 1934.

[26] Über Elementumwandlungen im Innern der Sterne. I. (On Transmutation of Elements in Stars. I.), C. F. v. Weizsäcker, *Physikalische Zeitschrift*, 38, 176-91, 1937.

[27] Zur Theorie der Kernmassen, C. F. v. Weizsäcker, *Zeitschrift für Physik*, 96, 431-58, 1935.

[28] Über Elementumwandlungen im Innern der Sterne. II. C. F. v. Weizsäcker *Physikalische Zeitschrift*, 39, 633-46, 1938.

[29] Ibid., Über Elementumwandlungen I., Weizsäcker, 1937, p. 178.

[30] Ibid., Über Elementumwandlungen II., Weizsäcker, 1938.

[31] Stellar Structure, Source of Energy, and Evolution, Ernst Öpik, *Publications de L'Obervatoire Astronomique de L'Université de Tartu, xxx*, (3), 1-115, 1938.

[32] Ibid., Über Elémentumwandlungen II., Weizsäcker, 1938.

[33] Versuch einer Theorie der β-Strahlen. I., E. Fermi, *Zeitschrift für Physik*, 88, 161-77, 1934.

[34] Selection Rules for the β-Disintegration, G. Gamow & E. Teller, *Physical Review*, 49, 895-99, 1936.

[35] Nuclear Physics A. Stationary States of Nuclei, H. A. Bethe & R. F. Bacher, *Reviews of Modern Physics*, 8, 82-229, 1936.

[36] Nuclear Physics B. Nuclear Dynamics, Theoretical, H. A. Bethe, *Reviews of Modern Physics*, 9, 69-224, 1937.

[37] Nuclear Physics C. Nuclear Dynamics, Experimental, M. Stanley Livingston & H. A. Bethe, *Reviews of Modern Physics*, 9, 245-390, 1937.

[38] Ibid., Hans Bethe's Breakthrough Solution, Hufbauer.

[39] Ibid., *My World Line*, Gamow, p. 58.

[40] Die Theorie des Sterninnern und die Entwicklung der Sterne B. Strömgren, *Ergebnisse der Exakten Naturwissenschaften*, 16, 465-534, 1937.

[41] *An Introduction to the Study of Stellar Structure*, S. Chandrasekhar, University of Chicago Press, 1939; Dover edition, 1961.

[42] The Formation of Deuterons by Proton Combination, H. A. Bethe and C. L. Critchfield, *Physical Review*, 54, 248-54, 1938.

[43] Ibid. Versuch einer Theorie . . . Fermi, 1934.

[44] Ibid., Selection Rules, G. Gamow & E. Teller.

[45] Ibid. The Formation of Deuterons . . . Bethe and Critchfield, 1938, p. 254.

[46] Energy Production in Stars, H. A. Bethe, *Physical Review*, 55, 434-56, 1939.

[47] Origin of Stellar Energy, L. Landau, *Nature*, 141, 333-34, 1938.

[48] Red Giants and Supergiants with Degenerate Neutron Cores, Kip S. Thorne and Anna. N. Żytkow, *Astrophysical Journal*, 199, L19-24, 1975.

[49] R. C. Cannon, et al., "The Structure and Evolution of Thorne-Żytkow Objects," *Astrophysical Journal*, 386, 206-14, 1992.

[50] Ibid., Theorie des Sterninnern, Strömgren, 1937.

[51] Ibid., Hans Bethe's Breakthrough, Hufbauer.

[52] My Life in Astrophysics, Hans A. Bethe, *Annual Reviews of Astronomy and Astrophysics*, 41, 1-14, 2003.

[53] *Henry Norris Russell - Dean of American Astronomers*, David H. DeVorkin, Princeton University Press, 2000 pp. 254-55.

[54] What Keeps the Stars Shining?, Henry Norris Russell, *Scientific American*, 161, 18-19, July 1939.

[55]　Ibid., My Life in Astrophysics, Bethe.

[56]　Karl Hufbauer email to the author, September 8, 2012.

[57]　On Super-novae, W. Baade & F. Zwicky, *Proceedings of the National Academy of Sciences of the USA*, 20, 254-59, 1934.

[58]　Neutrino Theory of Stellar Collapse, G. Gamow and M. Schoenberg, *Physical Review*, 59, 539-47, 1941.

[59]　Ibid., Neutrino Theory of Stellar Collapse, Gamow and Schoenberg, pp. 546-47.

[60]　Ibid., *My World Line*, Gamow, p. 137.

第二部分

塑造我们所感知的
宇宙的国家计划

第7章　新秩序和它产生的新宇宙

1945 年 7 月 5 日标志着美国在战后时期对科学和技术发展方式的突破. 政府在这个转变中发挥了领导作用. 未来属于那些团队工作的科学家和工程师. 这些团队部分从事基础研究, 但更重要的是为国家的利益、其安全需求、其养活自己的人民的能力以及孩子的健康而工作. 本章详述了这个新的计划, 以及为何能被启动并被采用.①

在这个新的规划中, 根本没有提到天体物理学的未来, 但是时间将会证明, 天文学对巡天和监测的强调和军方的优先事项是最接近一致的. 不到三十年就证明了军方和天文学家的联盟导致了天文学家没有预料到的巨大进步. 很快其他国家就开始效仿美国, 天文学开始以令人目眩的速度前进.

这和 "二战" 前的天文学形成了天壤之别.

战前对基础研究的支持

尼尔斯·玻尔在 1928 年夏末为年轻的乔治·伽莫夫临时访问期间提供了从第二天开始为期一年的丹麦皇家研究基金会的嘉士伯奖金时, 没有资深物理学家会感到惊讶. 当玻尔和欧内斯特·卢瑟福在随后一年请求洛克菲勒基金会为伽莫夫提供奖金以使他能在剑桥大学和卢瑟福一起工作时, 这也是预料之中的. 物理和天文学界很小, 顶尖的科学家私下互相认识并且通过少数支持基础研究的组织紧密联系. 在美国, 洛克菲勒基金会和约翰·西蒙·古根海姆基金会是支持有前途的年轻学者的两个主要机构.

在美国, 天文学的结构可能比物理学组织更紧密. 从 19 世纪末开始, 公益事业在主要的美国天文台的建设中就发挥了不可替代的作用. 芝加哥大学的叶凯士 (Yerkes) 天文台是芝加哥实业家查尔斯·T. 叶凯士资助的, 在 1897 年建成. [5] 威尔逊山太阳观测站于 1904 年在受公益资助的华盛顿卡耐基基金会的主持下建成, 其 1919 年增添的 100 英寸望远镜是通过洛杉矶的约翰·D. 胡克的公益捐助支付的, 这台望远镜以其名字命名. [6] 1928 年, 洛克菲勒基金会承诺资助加州理工学院六百万美元在帕洛马山上建造 200 英寸望远镜. 这项复杂的任务直到 1949 年才完成. [7] 所有三个天文台都是乔治·埃勒里·海尔, 一位才华横溢的天文学家/企业家的想法. 在威斯康星的威廉湾建造叶凯士望远镜的梦想于 1892 年他 24 岁时吸

---

① 想进一步研究战后美国科学发展的更大背景的读者会发现丹尼尔·J. 凯维勒斯、G. 帕斯卡·扎卡里和大卫·迪克森的研究提供了很多课题的信息. [1-3]

引了他. 到半个世纪后 200 英寸望远镜建成时, 他已经去世多年了.

尽管洛克菲勒学者和古根海姆学者都是通过美国科学院的国家研究理事会 (National Research Council, NRC) 遴选, 但这个华盛顿的组织照顾所有科学领域的利益, 缺乏联邦授权, 政府也不愿让 NRC 提供联邦政府资助的奖金. "一战"末期, 军队大幅削减了所有研究领域, 也减少了和 NRC 的交流互动. 科学史家丹尼尔·凯威勒斯把这种资助基础研究的不插手的做法归结为"一方面, 民用科学家要求的自由和另一方面军方坚持控制他们的研究之间的脱节"以及军事上"保密的必要性". [8]

在美国, 20 世纪 20 年代和 30 年代的科学研究行为经历了一个果断务实的转变. 20 世纪 20 年代见证了工业界开办自己的研究实验室, 此时工业界对研究的投入是联邦政府的两倍. 政府的研究主要是为了促进军事和工业的需求. 物理学和天文学中的基础研究主要通过私人途径支持.

一些顶尖的美国大学, 包括加州理工学院、芝加哥大学、康奈尔大学、哈佛大学、普林斯顿大学、罗切斯特大学、斯坦福大学和范德比尔特大学, 专门从事国际水平的基础研究, 有可能受到洛克菲勒基金会、卡耐基学院或类似乔治·伊士曼或 T. 科尔曼·杜邦这样富有的实业家资助. 顶尖的州立大学, 如威斯康星大学、密歇根大学和伯克利从它们的州议会得到研究资助. 威斯康星大学得到了威斯康星校友研究基金会支持, 部分地得到基于这所大学的研究者发现过程的专利资助. [9]

战前的基础研究是政府和工业界都不愿意从事的冒险, 尽管从事科学的每个人都知道其潜力.

一个国家级研究项目

1945 年 7 月的一天提交给哈里·S. 杜鲁门总统的计划《科学 —— 无尽的前线》是范内瓦·布什 (有远见的麻省理工学院前副校长和工程系主任) 的作品. 作为战时负责动员民间科学机构的*科学研究与发展局*(Office of Scientific Research and Development, OSRD) 主任, 布什在指定建造原子弹的曼哈顿计划、组织在麻省理工学院辐射实验室改进军用雷达以及监督杀虫剂 DDT、青霉素、磺胺类药物和更好的疫苗生产中发挥了作用. 这些工作大大降低了"二战"中军队的死亡率.

随着这些大规模科学和工程项目的成功, 布什预见了一种从事战后科学的新方法. 它需要共同努力, 这将使美国成为世界的领导者. 科学界和工程师与军方携手工作会使美国成为超级军事强国, 大学中进行的基础研究将教育一代一流的年轻科学家和工程师, 医学研究人员将需求提高到健康水平和增长寿命, 农业研究将保证这个国家能自给自足.

"二战"后四分之一世纪中军方对基础研究和应用研究的资助极大地促进了美国科学产出的增长. 特别是天文学获得了投入, 开启了射电、红外、X 射线和伽马射线观测. 这个新秩序的一个副作用是外界因素对天文学的影响增强, 有的是有益的, 有的是令人讨厌的. "二战"前天文学或天体物理学中不存在类似的激励和干涉. 转变一开始是渐进的. 但是随着冷战的逐渐升级, 每个政府对天体物理学的资助快速增长, 使得天文学成为迅速发展的国家研究计划的一部分.

范内瓦 · 布什, 新秩序的缔造者

范内瓦 · 布什 (图 7.1) 于 1890 年出生在马萨诸塞州的埃弗雷特, 1913 年从塔夫茨学院毕业.[①]1916 年, 他获得了麻省理工学院和哈佛大学的联合工程学博士学位, 然后回到了塔夫茨大学成为助理教授.

图 7.1　"二战"前刚到达华盛顿时的范内瓦 · 布什. 作为科学研究和发展办公室 (OSRD) 主任, 布什成为美国战时科学发展的主要组织者. 在战争结束时, 他构思了一份有远见的文件《科学 —— 无尽的前线》, 支配了美国 20 世纪后半叶科学发展的蓝图. 它预见了一个松散的联盟, 其中基础科学随时准备好应对不断变化的国家优先事项 (鸣谢卡耐基科学研究所)

1919 年, 布什成为麻省理工学院的教员, 在那里他最大的成就之一是建造了一台微分分析器(differential analyzer), 一种复杂的轴和齿轮阵列, 设计用于求解微分方程. 他在 1932 年成为工程系主任, 帮助麻省理工学院转型为不仅致力于先进的

---

① 范内瓦 (Vannevar) 这个名字和单词海狸(beaver) 押韵.

工程, 也致力于基础科学研究的机构. 他在 1938 年离开这所学院去往华盛顿的卡耐基研究院, 在当时这是美国支持科学研究最大的基金会之一.

一来到华盛顿, 布什就寻找途径向总统富兰克林 · D. 罗斯福提交一份改进美国科学研究的计划. 如少数人一样, 布什意识到, 这个国家的大学在涉及军事科学问题的研究中有强大的领导能力, 别的研究团体无法轻易复制. 在一个只持续了 10~15 分钟的会议中, 他向罗斯福提交了一份一页的备忘录, 提议建立一个新的研究机构, 在全球紧张局势升级的时期为了国家利益来管理这个智力资源. 罗斯福马上批准了这份文件, 说道: "这很好, 在上面写上 'OK, FDR'①. " [10]

改变华盛顿的机构的工作方式从来都不容易, 即使有总统的支持. 在军事研究和全球战略形成的问题上, 布什此时不得不努力将他新形成的国防研究委员会及其后继者 —— 科学研究与发展局 (OSRD) 和美国陆军及海军放在同样的地位上.

由于天生直率, 布什很快就发现他需要集中精力与罗斯福、总统信任的顾问哈里 · 霍普金斯、华盛顿普遍存在的低层领导保持良好关系, 最终也要和罗斯福的继任者 —— 哈里 · S. 杜鲁门总统搞好关系. [11]

1944 年年末, 当战争接近尾声时, 布什越来越多地开始计划未来. 他感觉到, 美国只有像战争中所做的那样才能作为世界科学和技术的领导者以在和平时期保持上升势头.

尽管没有正式的头衔, 但是布什实际上已经成为第一位美国总统科学顾问. 他再一次向罗斯福寻求支持. [12]

1944 年 11 月 17 日, 在罗斯福去世的前几个月, 罗斯福指示布什准备了一份报告, 回答美国科学在帮助赢得战争过程中所取得的巨大成功所提出的四个国家优先问题.

　　　(1) 在符合军事安全的前提下得到军事当局的事先批准, 为了尽快让世界知道我们在战争中对科学知识的贡献, 可以做些什么?

　　　(2) 特别地, 在科学对抗疾病的战争中, 为组织一个计划以在未来继续医学和相关科学中的工作, 现在可以做些什么?

　　　(3) 为辅助公共和私人组织的研究活动, 政府在现在和未来可以做些什么?

　　　(4) 能否提出一份有效的计划以发现和培养美国年轻人中的科学人才, 以确保这个国家未来的科学研究能保持在与战争时期相当的水平?

但是, 似乎是要强调第四个问题, 罗斯福的信 (布什曾帮助起草) 开始说道:

　　　你作为其主任的科学研究与发展局代表了, 在组织科学研究和将已有的科学知识应用到解决战争中的技术问题时, 团队工作和合作的一个独特实验. 其工作是在绝密情况

---

① 译者注: 即 '同意, 罗斯福', FDR 是罗斯福名字的首字母缩写.

下进行的, 公众完全不知道, 但其有形成果可以在战争期间来自前线的公报中找到. 总有一天可以讲述其成就的完整故事.

这个实验中学到的经验没有理由不能有益地用于和平时期. 科学研究与发展局以及大学和私营企业中的数千名科学家发展的信息、技术和研究经验应该在和平时期用于改善国家的健康、创造新的行业以带来新的就业机会, 以及改善国家的生活水平.

正是因为这个目标, 我想听听你的建议 ⋯⋯

或许这些介绍性的论述最好地囊括了战前和战后天文学之间的差异. 其重要性怎么强调都不过分.

***

作为对总统的指示的回复, 布什于 1945 年 7 月 5 日提交了一份报告. 美国一些最优秀的科学、技术和法律人才在冬天和春天都在为这份报告工作. 它的标题是《科学 —— 无尽的前线》. [13]

这份报告仅用七个月就完成了, 那时罗斯福已经去世了, 布什把这份文件提交给了杜鲁门总统. 这份报告的总结是一份有远见的声明, 主要由布什本人完成. 报告指出, 国家的未来依赖于广泛领域中持续的技术进步, 包括医学、农业、工程和这些技术可能依赖的基础科学. 就物理科学而言, 部分开场白如下:

科学进步是必不可少的

⋯⋯ 新的产品、新的工业和更多的就业计划需要对自然规律知识的持续增长以及将那些知识应用于实际中. 类似地, 我们抵抗侵略的国防也需要新的知识, 以使我们可以发展新的和改进的武器. 这些必要的新知识只能通过基础科学研究获得.

只有作为团队的一员, 科学才能对国民的福利起作用, 无论是和平还是战争时期. 但是, 如果没有科学进步, 其他方向上的成就再怎么多也不能保证我们作为一个现代世界中的国家的健康、繁荣和安全.

随后的论述表明, 布什将科学看作继续改善国家福利和安全的关键因素:

和平时期必须有更多更充分的军事研究. 至关重要的是, 民用科学家在和平时期能继续对国家安全做出贡献. 他们在战争期间做出了非常高效的贡献. 这最好能通过与陆军和海军有紧密联系的民用组织实施 ⋯⋯

基础科学研究是科学的资本 ⋯⋯ 为使科学成为我们国家繁荣的一个强大因素, 政府和产业界中的应用研究都必须蓬勃发展 ⋯⋯

科学家的训练是一个漫长而昂贵的过程. 研究明确指出, 每个人群中都有充满才华的个体, 但也有少数例外, 那些无法获得高等教育的人群选择不接受高等教育. 如果是能力而不是家庭财产状况决定谁能接受科学高等教育, 那么我们就可以保证不断提高不同级别的科学活动的质量. 政府应该提供合理数量的本科奖学金和研究生奖学金以 ⋯⋯联系国家的其他需求, 仅将适合于科学的需求的那部分年轻人才吸引到科学中以获得更

多能力 ⋯⋯

高效履行这些新职责将需要某些致力于这个目的的一些统管机构的充分注意 ⋯⋯ 这样的机构应该由具有广泛兴趣和经验的人组成, 他们应该理解科学研究和科学教育的特殊性. 它应该有稳定的资助, 以便可以开展长期的项目. 应该承认, 必须保留调查的自由并且应该将对政策、人员和研究方法和研究范围的内部控制权交给开展研究的机构. 针对其项目, 这些机构应该完全对总统以及通过总统对国会负责.

我国的未来很大程度上依赖于我们在战争中将科学用于对抗疾病、创造新的产业以及增强我们军队实力的那种智慧.

这样广泛地引用这些段落是因为它们展示了布什如何深深相信国家的军事需求以及健康、福利和人民的幸福依赖于整体的技术、科学和科学教育的国家资助项目. 本章大部分将展示, 很大程度上受到美国利用科学和技术结束 "二战" 所激发的这一愿景在 20 世纪后半叶对美国科学的影响.

***

国会的行动鲜有迅速的. 国会 1950 年 3 月通过一项法案, 建立国家自然科学基金会 (National Science Foundation, NSF) 作为布什设想实施他的建议的机构. 时间已经过去五年. 布什在报告中请求的所有事情并非都得到了批准, 但《科学 —— 无尽的前线》的大部分关键建议都毫发无损地通过了.

大卫·德沃金描写了或许可以预见的美国天文界对这项新政策最初的冷淡态度:

他们都担心自主权、失去控制以及失去传统形式的支持. 在看到类似天文学的科学可以吸引外来的资助后, 国内机构可能会减少他们的支持. 而且, 如斯特鲁韦和沙普利以及其他天文台台长所知, 任何形式的政府资助, 如果不是通过传统的渠道, 那么也有可能造成层级模式的改变. 对于天文学来说, 这有可能意味着天文台台长的自主权、权力和权威的丧失 ⋯⋯ 斯特鲁韦和沙普利这样的人不会允许他们作为台长的自主权被削弱到他们不能控制研究的进程 ⋯⋯[他们] 以今天可能难以赞赏的方式主导了大部分美国天文学.①

相反, 年轻的天文学家很快抓住了条件改变提供的新机会.

***

1990 年, 科学史家丹尼尔·J. 凯威勒斯写了一本全面的《布什报告评估》(Appreciation of the Bush report) 伴随《科学 —— 无尽的前线》在提交 45 周年以及国家自然科学基金会创立 40 周年时再版. [15]

据凯威勒斯回忆, 在建立国家自然科学基金会所花的五年时间里, 新生的冷战已经将研发 (R&D) 聚焦在国家安全上. 1949 年到 1950 年, 联邦研发预算大约是

---

① 奥托·斯特鲁韦和哈罗·沙普利分别是两个最大的天文台 (位于威斯康星州威廉湾的芝加哥大学叶凯士天文台和哈佛学院天文台) 强有力的台长.

10 亿美元, 其 90% 由美国国防部 (DoD) 和美国原子能委员会 (AEC) 共享, 大部分与核武器有关. 大部分应用研究是由工业界开展的. 更基础的技术研究经常被分配给大学. 通过海军研究办公室 (Office of Naval Research, ONR), 军方也是学术机构中基础科学研究的主要资助者, 这是同意成立和运行国家自然科学基金会的五年中海军承担的一个责任. 凯威勒斯引用的图片表明, 在朝鲜战争期间的 1953 年, 军方研发得到了 31 亿美元的资助, 而国会只为国家自然科学基金会提供了 475 万美元, 显然其信念是, 基础研究在战争期间是奢侈品.

1957 年苏联人造卫星 Sputnik[①] 的发射震惊了不知所措的美国, 使得美国对研究加大投入. 美国在德怀特 · D. 艾森豪威尔总统时期, 成立美国宇航局 (NASA) 以实施民用空间计划, 独立于军方的空间计划. 国家自然科学基金会预算也增加了. 凯威勒斯提供的图显示, 到 1967 年, 联邦预算已经增加到接近 150 亿美元, 仅有一半和国防有关. 那一年国家自然科学基金会预算接近 5 亿美元, 这些预算的一部分使得国家自然科学基金会能为学术研究提供超过 13% 的联邦支持. 国防部提供 19%, 美国宇航局提供大约 8%, 原子能委员会提供大约 6%.[②]那一年美国大学授予了大约 13000 个科学和工程博士学位, 超过 1960 年授予数量的两倍. [17]

按照《科学 —— 无尽的前线》的建议, 军事和民用机构都尊重知识分子的自主权, 并且在如何根据科学家的专业判断使用研究基金上给予了他们更大的自由.

这就是 20 世纪 60 年代在美国从事天文学和空间科学的氛围. 1957 年苏联发射 Sputnik 卫星给国家安全带来的震动完全改变了天文学. 很多天体物理学家认为这些年是黄金时期, 基金申请书和报告都容易写, 研究者可以集中精力做他们最擅长的事.

研究基金充足, 有能力的科学家和工程师通常都有自由决定他们要研究什么, 以及他们发表什么和在什么地方发表. 天文中已经有针对研究生和博士后的奖学金和研究助理职位, 特别是在 20 世纪 60 年代, 因为太空竞赛变得激烈起来.

评论一下这些变化, 英国射电天文学先驱, 伯纳德 · 洛维尔爵士注意到, 1957 年只有 168 名天文学研究生进入了 28 所美国大学, 九年以后有 793 名 —— 差不多是五倍. 这个年增长率 19% 是相关科学的增长率的两倍. [18]

“二战”前和“二战”后的英国天文学

在英国, “二战”前和“二战”后天文学领域的差别也是惊人的. 战后三十年, 那时已经因为在战后的天文学贡献封爵的洛维尔提供了一份内部材料, 他称其为《国防科学对天文学发展的影响》(*The Effects of Defence Science on the Advance in*

---

① 译者注: 俄文спутник, 意思是"卫星".
② 剩下 54% 凯威勒斯没有提到的预算主要来源于卫生和公共服务部、农业部以及其他美国资助机构, 所以和物理科学不直接相关. 1967 年对学术机构的研发的总的联邦投入大约是 14.5 亿美元.

Astronomy) [19]. 他文章的观点总结在其最开始的几行中:

> 1935 年至 1957 年的 22 年必将成为历史中一个国防科学不仅影响而且实际上革新了观测天文学的时期. 这个时期的中间是"二战", 但是在这个较长的时期中有三个相当短期的独立事件, 现在可以看作决定了当今天文学研究性质的关键因素. 这三个事件是, 雷达的发展、Sputnik 1 号的发射以及"二战"中同盟国科学的成功激发了科学从业人员的增长……

洛维尔关于从业人员的论述需要一个附加评论. 他指的不仅仅是纯粹的数字. 他们本身是引人注目的, 战后英国在科学上的支出也快速增长, 从战后五年的平均 77.8 万英镑增加到 1954 年的 668 万英镑, 使得科学和产业研究部能够将研究基金数量增加到原来的 38 倍, 资助的学生数量增加到差不多 10 倍. [20]

> 1939 年, 当年轻的大学研究人员被纳入这个体系时, 他们发现了完全不同的技术水平. 在战争结束时, 他们熟悉了当时最复杂最先进的技术. 他们学会了如何与广泛的科学和非科学领域进行合作, 他们学会了委员会的做事方法以及如何使用政府机构. 在……战后的关键十年中, 年轻的一代科学家是由视野完全不同于战前环境视野的人教导的. 大量参与实际操作使得他们的思考和行为方式或许会震惊战前大学管理人员. 所有这些因素在天文学的大规模发展中都是关键的.

这段话代表了战前和战后天文学的关键差异. 洛维尔在他所熟悉的英国的背景下很好地阐明了这一点. 同样的话也可以从离开美国大学的职位, 加入洛斯阿拉莫斯或麻省理工学院辐射实验室战争期间的工作并在战后回归学术的年轻科学家那里听到.

"二战"前的天文学

1939 年"二战"爆发前的科普书用宏伟的术语描绘了宇宙. 由宁静闪耀的星光显现的宇宙于万古之中无情地膨胀. 一些以极高的精度发出脉冲的星体使它们成为广阔空间中闪耀的灯塔. 偶尔的新星或能量高得多的超新星爆发就像远方随机绽放的烟花, 但总体的印象是无限的宁静.

因为一些这种类型的书是顶尖的天文学家和天体物理学家写的, 比如詹姆斯·金斯爵士, 我们可以推测, 它们在很大程度上反映了专业天文学家的观点.

"二战"和随后的冷战用它们引入天文学中的新工具改变了这一切. 这些工具揭示了一个完全不同的视野, 迫使我们改变感知宇宙的方法.

广泛的政府支持也改变了天文学和天体物理学的社会结构. 这至少部分地在《科学 —— 无尽的前线》中得到了预言, 但不曾预期整个领域通过之前秘密的军事技术解密发生转变. 天文学中的主要变化通常是在使用军事设备揭示了天上某种意料之外的奇怪现象时偶然发生的. 一次又一次, 意料之外的发现开启了新的研究方向, 将天文学的注意力吸引到之前没有想象过的方向. 到 20 世纪 60 年代, 一系列这种用传统的战前方法导致的突破改变了这个领域.

新的天文社会学

科学史家记录了这些变化, 但民族志学者、人种学者和科学社会学者最明确地将对于宇宙的了解和通过引入军事技术改变天文学组织、资助和革新方式这件事联系起来.

可以想到三本特别有深度的著作.

第一本是以前为射电天文学家后来转做社会学家的大卫 · O. 艾奇和专业社会学家迈克尔 · J. 马尔凯合著的书《转变的天文学 —— 射电天文学在英国的产生》(*Astronomy Transformed—The Emergence of Radio Astronomy in Britain*). [21] 它描述了 "二战" 中雷达带来的射电技术如何改变了天文学. 射电天文学这个新领域中大部分从业者是熟悉射电技术并渴望将其用于新的科学研究的物理学家或工程师. 如艾奇所指出的, 大多数光学天文学家欢迎这些外来者的涌入.

第二本是记述 X 射线天文学的诞生和成长最早期的历史学/社会学著作, 理查德 · E. 赫什写的《不可见宇宙一瞥 —— X 射线天文学的诞生》(*Glimpsing an Invisible Universe—The Emergence of X-Ray Astronomy*). 军事和天文兴趣之间相似的关系找到了契合点. [23]

第三本是斯特藩 · D. 普莱斯写的长如一本书的关于《红外巡天》(*Infrared Sky Survey*) 的综述. 他作为美国空军研究员工作了几十年. [24] 普莱斯记录了空军在冷战期间进行红外巡天的理由.

军方关心快速探测到地方弹道导弹的发射以及在太空部署地球轨道军事卫星. 来自卫星、火箭、火箭喷出物以及飞行器和它们引擎喷出物的热辐射容易用灵敏的红外技术探测, 但也可以是来自天体源的红外辐射, 这在很大程度上是未知的.

军方需要天空的红外成图以判断基于红外探测的防御系统工作得有多好或有多坏. 为了这个目的, 美国空军开始实施自己的巡天, 普莱斯和他在空军剑桥研究实验室的同事以及做过他主管的罗素 · G. 沃克尔发挥了领导作用. 然而, 空军同时开始资助产业和学术工程师和物理学家的研究, 他们专注于红外光学并愿意用灵敏的红外探测器进行天文学研究.

战后时代, 军队的监视能力快速增长, 如果武装部队不再需要一项技术、一种能力或一个设备, 军事机构就会把它交给天文学家. 除了射电技术, X 射线、伽马射线和红外设备引领了全新天文现象的发现 —— 在射电或 X 射线波段能量超过其他波段总和的恒星以及星系. 同样重要的是观测富尘埃的恒星形成区, 它们主要在热尘埃颗粒发射最强的红外波段发光.

新的热情和使命感席卷了天文学, 导致了对宇宙起源和演化、星系形成以及恒星的诞生和死亡的革命性新观点.

军方赠予的做出发现的仪器的共同特质是能通过全新的观察能力观测宇宙. 尽管看不见可见光, 但是这些仪器能感受到天文学家之前从未利用过的辐射.

接下来几节总结了这些新技术带来的一些最惊人的发现. 在回顾这些发现时, 我将避免重复强调这每一个发现是如何通过军事工业复合体继承下来的设备实现的, 但读者应该记住, "二战"和冷战中发展的低噪声电子元件和电路、在众多波段敏感的接收机和探测器以及无处不在的技术工艺知识始终发挥着核心作用. 使用这些神奇的设备变成了自然的事, 天文学家甚至不会再注意到. 只有过了将近半个世纪, 在参与大型国际项目成为优先事项时, 美国天文学家才开始知道他们已经何等依赖于军事技术. 在本章末, 我们回到这个主题, 看看这是怎么被意识到的.

射电天文学的诞生

回想起来, 在"二战"前称雄的宁静的天文学景观甚至在战前就开始出现异常迹象了 —— 尽管很少有人注意到. 第一个迹象来自卡尔·央斯基在 1932 年试图追踪影响无线电话传输的杂散噪声时发现的银河系中心发出的射电噪声. 当时他是位于新泽西州霍姆戴尔的贝尔电话实验室的无线电工程师. [25] 那时, 天文学界对这个信息不知所措, 通常忽略之. 唯一的例外是哈佛大学的弗雷德·L.惠普尔和耶西·G.格林斯坦的一篇文章, 他们尝试解释这个辐射但没有成功. [26]

"二战"引入了强大的雷达系统跟踪敌机. 雷达在战争开始前刚刚发明, 在战争中继续发展, 它使得英国情报部门在德国飞机跨过英吉利海峡之前很长时间就能看到它们的靠近. 战斗机可以及时升空将迫近的飞机击落. 后来, 盟军轰炸机配备了雷达, 这样机组成员就可以透过云层看到他们的目标并以更高的精度投掷炸弹.

战时的雷达工作在无线电波段. 最灵敏的雷达接收机成为最早的射电天文望远镜, 尽管它们不是为此目的设计的. 我们发现的第一个发射射电波的天体是太阳, 来自太阳表面的射电爆发最初是由英国的詹姆斯·斯坦利·海伊注意到的.

尽管海伊令人惊讶的发现可以追溯到 1942 年初, 但军事保密的要求使他的数据发表推迟到战后. 在 1946 年《自然》(Nature) 杂志的一篇快报中, 海伊说道 [27]:

> 现在可以透露, 在战争期间的某一次, 陆军设备观测到了预期功率 [十万] 倍的太阳辐射 …… 这种异常高强度的太阳辐射发生在 1942 年 2 月 27 日和 28 日 …… 这种干扰由来自太阳的电磁辐射导致的主要证据是由广泛分布在英国 (如赫尔、布里斯托尔、南安普顿、雅茅斯) 的 [4~6 m i 波段雷达] 接收系统测量到的方位和高程得到的 ……

在进行这些观测时, 在墨冬 (Meudon) 的法国天文台观测到了强的太阳耀斑, 并且很快就弄清楚了, 太阳射电辐射在太阳活跃时增强. 独立于海伊, 格洛特·雷伯 (一位电子工程师, 他在位于伊利诺伊州惠顿 (Wheaton) 的后院中建造了一台射电望远镜) 和 G.C. 索斯沃斯 (贝尔电话公司实验室的一名研究工程师) 也在战争期间探测到了来自太阳的射电发射. 索斯沃斯的观测是在更短的波段进行的, 在 1~10 cm 范围, 并提供了他最初相信为太阳宁静态在这些波段热辐射的测量. [28] 雷伯的观测也是在 1.83~1.92 m 波段进行的, 在看起来不闪耀的时候有时会探测到来自太阳的微弱发射. [29]

戦后不久, 马丁 · 赖尔开始使用英国军方废弃的雷达在剑桥开展了一项射电天文计划. 他的研究组后来获得了突破性的射电天文发现. A.C. 伯纳德 · 洛维尔在曼彻斯特建立了一个类似的研究组, 在荷兰, 扬 · 奥特使用之前德国的雷达设备开始了一项荷兰射电天文项目. 一个活跃的射电天文项目也在澳大利亚生根发芽. [30]

这些研究组开创了射电天文学.

关于一些最重要的发现如何获得的梗概证实了新设备发挥的核心作用.

射电星系

戦后不久, 海伊和他的合作者就发现了一个来自天鹅座天区的时变的强射电信号, 现在知道这是天空中可观测到的最强的射电源, 一个被称为天鹅座 A (Cygnus A) 的星系. [31] 时变后来被归结为辐射穿过了星际空间或地球磁层的湍流区域.

到 1954 年, 沃尔特 · 巴德 (他在帕洛马山 200 英寸望远镜和他的同事拉尔夫 · 闵可夫斯基一起工作) 已经成功进行了光学证认. 那时, 这是简单的. 剑桥的弗朗西斯 · 格拉汉姆 · 史密斯之前已经用一台射电干涉仪将 (天鹅座 A) 的射电位置确定到大约一角分. [32] 200 英寸望远镜一指向这个区域就看到了一个奇怪的天体. 如巴德和闵可夫斯基指出的, 这个天体看起来是 "少见的两个星系真实碰撞的例子". [33] 随着射电频率角分辨率的改善, 一系列强的河外射电源被证认出来.

类星体

20 世纪 50 年代末, 曼彻斯特的射电天文学家西里尔 · 哈泽德开始测量马丁 · 赖尔的剑桥射电天文研究组编撰的第三个星表中列出的射电源的角直径. 这些源中的一个 —— 3C 273 看起来是高度致密的. 已有的射电干涉仪没有足够的空间分辨能力来测量这个或其他看起来像恒星状(意思是它们看起来像点源) 的表观直径. 这些源被命名为类星天体(QSOs), 这个名字很快被缩写为类星体.

3C 273 位于一个月球偶尔会通过的天区. 一个致密源在月球边缘从它前方通过时会快速变暗. 在月球继续移动, 被遮挡的射电源重新出现时会发生类似的快速变亮. 精确计量这两个事件的时间可以提供这个源更准确的位置以及对角直径更好的估计. [34] 于是哈泽德和他的团队用月球遮挡研究了 3C 273. 位置精度足够高, 大约 1 角秒, 可以确定光学证认的目标.

加州理工学院的光学天文学家马腾 · 施密特使用帕洛马山 200 英寸望远镜

获得了这个天区的照相底片以及一条看起来非常不寻常的光学光谱. 很快他就意识到, 这条光谱表明存在 47400 km/s 的红移, 说明这个源位于宇宙中巨大的距离处, 如果红移是由宇宙膨胀造成的, 那么这个源就具有惊人的高光度! [35]《自然》中报道了西里尔·哈泽德和他的同事发现的一篇文章之后就是马腾·施密特的文章 —— 这是射电天文学家和光学天文学家之间合作的一个例子.

微波背景辐射

1964 年春末, 阿诺·A. 彭齐亚斯和罗伯特·W. 威尔森在贝尔电话实验室位于新泽西霍姆德尔的克劳福德山实验场校准 20 英尺角状反射天线上的 7.3 cm 波长系统的射电噪声温度. 该天线最初设计用于探测通信卫星信号. 尽管他们处处小心, 但彭齐亚斯和威尔森还是发现在天顶有一个多出来的噪声, 大约为 3.5 K. 考虑了大气效应和天线特征以及适量来自地面的后瓣信号的衍射之后, 这个多出来的噪声是一个出乎预料的信号. [36]

他们观测到多出来的信号在它们可达到的极限之内是各向同性、无偏振并且不受 1964 年 7 月到 1965 年 4 月之间季节变化影响的. 他们对这个信号感到困惑, 直到听说附近位于新泽西的普林斯顿大学的罗伯·H. 迪克和三个年轻的同事刚刚预言可能存在宇宙热背景信号 —— 在宇宙高度致密和高温的早期充满宇宙的辐射的遗迹. [37]

然而, 同样的预言已经由年轻的理论家拉尔夫·A. 阿尔弗和罗伯特·C. 赫尔曼在 17 年前做出了, 他们估计辐射温度应该在 1~5 K 范围内, 非常接近彭齐亚斯和威尔森确定的温度. [38,39]

这可能是 20 世纪后半叶最重要的天体物理预言和发现. 它清楚地表明宇宙曾经是极端炽热的!

宇宙脉泽

脉泽(maser) 是激光 (laser) 的前身, 但是工作在微波波段, 由查尔斯·汤斯和他在哥伦比亚大学的同事在 1954 年发现. 1964 年, 宇宙微波被偶然发现, 但揭示它们真正的本质花了几年. 直到 1967 年它们才得到正确的认识和理解. [40-42]

脉冲星

之前我已经提到乔斯林·贝尔发现了脉冲星. 20 世纪 60 年代末她是剑桥大学穆拉得射电天文台在安东尼·休伊什指导下的研究生. [43]

引力辐射

脉冲星脉冲速率的精确性和稳定性后来使得很多重要的天体物理计时研究成为可能. 这些研究中最重要的一项为广义相对论提供了新的见解, 确定一对密近的

脉冲星 ①发射出了引力辐射, 随着脉冲星缓慢地彼此靠近, 轨道周期逐渐减小. [44,45] 在脉冲星中, 自然留给了我们一套高度可靠的天文钟.

视超光速射电源

1966 年, 剑桥大学一位 24 岁的研究生马丁 · 瑞斯指出, 类星体中的光变可能是由爆发导致的, 团块以极高的速度飞离彼此, 看起来互相之间的退行速度超过了光速 c, 尽管它们实际的相互退行速度仍然小于 c. 这种不协调的表现是由于辐射在各自不同的时间从退行和接近的团块发出. 从较近的团块接收到的辐射是来自较远团块的辐射之后一段时间发出的.

几年后, 1970 年, 麻省理工学院的物理学家埃尔文 · 夏皮罗领导的一个研究组使用从加利福尼亚州到马萨诸塞州一台 3900 km 基线、工作在 3.8 cm 的射电干涉仪观测到了类星体 3C 279, 角分辨率达到了大约 10^{-3} 角秒. 在四个月中, 他们发现两个离开这个类星体的团块之间的间隔增加了 10%. 这个类星体红移较高因而距离较远, 这表明这些团块之间具有视超光速的相对速度 —— 相互之间的退行速度看起来比光速快, 故而违反了狭义相对论. [46] 此时夏皮罗知道了瑞斯的文章, 意识到虽然情况更复杂, 但对于视超光速已经有了一个现成的解释. [47]

星际磁场

1949 年物理学家恩里克 · 费米提出, 从太阳系外到达我们这里的宇宙线粒子可能是通过在运动的星际气体云磁场中的一系列反射加速到它们那么高的能量的. 费米计算得到所需云中磁场强度应该为大约 5 µGs (5×10^{-6} Gs), 大约比地球表面磁场弱十万倍. [48]

这么弱的磁场难以测量. 但是费米提出预言, 二十年后, 两次完全不同的射电天文测量得到了和费米预言的量级相同的星际磁场, 一次是 1969 年格利特 · L. 费斯丘尔完成的, 另一次是三年以后 1972 年理查德 · 曼彻斯特完成的. 两次观测都是在西弗吉尼亚州格林邦克的国立射电天文台进行的. [49,50]

强大火箭的引入

天文学家和军方在监视技术上有共同兴趣, 这些技术通常可以用于任意一方. 甚至观测到的天文源也对双方都有重要性, 尽管对于军方而言, 天文源可能只是对探测敌方太空活动的干扰.

获得天空最清晰的图像需要将望远镜发射到太空中以避免通过大气进行观测的限制. 在此, 军方同样铺就了道路.

在 20 世纪 30 年代开始的 12 年间, 沃纳 · 冯 · 布劳恩和一对德国技术专家煞费苦心地研究了如何制造强大的军用 V-2 火箭, 希特勒后来希望靠这种火箭扭转

---

① 译者注: 实际上不是一对脉冲星, 而是一对中子星, 其中一颗是脉冲星, 另一颗不是.

战局. 这些导弹可以制导到合理的精度, 到达伦敦或安特卫普这样的目标.

战后, 冯·布劳恩和他的一队专家以及缴获的 V-2 火箭被带到了美国. 缴获的火箭被测试以帮助美国设计自己的导弹, 作为测试的一部分, 科学家有机会制造有效载荷发射到大气之上.

大气之上的 X 射线观测

1948 年, 一组美国海军研究实验室 (NRL) 的研究者开始将紫外和 X 射线探测器放到缴获的火箭上. 他们想探测的紫外和 X 射线被大气强烈吸收, 只能用高海拔的望远镜观测. 在最早的飞行中, 物理学家 T.R. 布恩耐特使用了简单的由覆盖了薄金属板的感光膜组成的探测器. 使用 1948 年 8 月 5 日在新墨西哥州的白沙基地 (White Sands) 发射的一枚火箭, 他观测到了太阳的 X 射线, 这些 X 射线可以穿透四分之三毫米厚的铍板. [51]

这次飞行提供了出乎预料的强度的 X 射线辐射证据. 几个月后, 布恩耐特的同事 —— 理查德·图西、J.D. 珀塞尔和 K. 渡边 (Watanabe) 证实了这些观测. [52] 1949 年 9 月 29 日, 同样来自美国海军研究实验室的赫伯特·弗里德曼、S.W. 里希特曼和 E.T. 拜拉姆发射了一个含有现代光子计数器的 V-2 火箭的有效载荷, 迎来了一个全新的 X 射线天文学的时代. [53]

X 射线星

依靠美国空军的支持和一个至少部分设计用于搜寻来自太阳的高能辐射在月球表面产生的 X 射线的有效载荷, 美国科学与工程公司的里卡多·贾科尼、赫伯特·古尔斯基、弗兰克·保利尼和布鲁诺·罗西在 1962 年 6 月探测到了第一个来自太阳系外的 X 射线源的信号! [54]

很快, 赫伯特·弗里德曼领导的美国海军研究实验室的研究组精确确定了这个源在天蝎座中的位置, [55] 并且在一年之内, 加利福尼亚州利弗莫尔的劳伦斯辐射实验室的一个研究组就在原子能委员会资助的工作中获得了这个天蝎座源的第一条粗略能谱. 其能谱表明, 其发出的 X 射线比太阳发出的能量高. [56]

一些恒星 X 射线源看起来特别有趣. 它们会是自 20 世纪 30 年代末以来理论家长期假设的中子星甚或黑洞么? 如果这种致密天体是双星系统成员, 其中伴星是一颗红巨星, 那么潮汐剥离的伴星外层撞击致密星表面就可以解释 X 射线辐射. 这些是诱人的假设, 但需要时间来确定它们正确与否.

X 射线星系

在随后几年中, X 射线天文学中的进一步发现快速增加. 它们越来越依赖于复杂的 X 射线传感器, 最终揭示了各种 X 射线星、星系和一个看起来均匀的 X 射线背景. 这些发现中最惊人的可能是美国海军实验室研究组证认了一个 X 射线波段比其他波段加起来还明亮的星系. 这就是天鹅座 A, 同样是这个星系, 海伊在 20 年之前发现它在射电波段强烈发射. 不过天鹅座 A 不是唯一的这种源. 星系梅西叶 87, 也是一个著名的射电源, 在 X 射线波段也是高度明亮的. [57]

红外天空

自 20 世纪 30 年代早期以来, 柏林大学物理系的埃德加 · W. 库茨施纳发展和评估了一系列红外探测器. 这些探测器看起来对于很多军事目的很有前途, 包括夜间探测海上的船只. 1933 年左右, 库茨施纳的研究获得了来自德国军方的资助, 这支持了他完善硫化铅 (PbS) 红外探测器的研究. [58]

对红外监视的高度期望让德国、英国和美国在"二战"期间集中精力快速发展红外敏感的硫化铅探测器. 来自同一个国家的研究者通常也不知道这项保密的研究.

1945 年秋天, 在荷兰出生的美国天文学家杰拉德 · P. 柯伊伯通过他与德国科学家的访谈 (作为美国战后对德国技术的评估的一部分) 了解到了德国的研究. 他随后发现美国在同一时期也已经在进行类似的研究了. 在 1941 年末, 科学研究与发展局给了伊利诺伊州西北大学的罗伯特 · J. 卡什曼一份发展红外传感器的合同. 在了解到卡什曼的研究后, 柯伊伯提出在得克萨斯的麦克唐纳天文台联合开展一个恒星和行星的天文观测项目. [59-61]

英国战时也开展了硫化铅探测器的研究工作. [62] 皮特 · 费尔格, 进行这项研究的团队中的一个初级成员, 1951 年在剑桥大学完成他的理论博士研究, 论文是用硫化铅探测器得到了 51 颗恒星的近红外星等 —— 这是系统性地研究来自恒星的红外辐射的最初尝试. [63]

20 世纪 50 年代到 60 年代早期之间, 一些美国天文学家也开始探索近红外和中红外天空. 他们通常只用为军方开发的红外探测器. 到 20 世纪 60 年代中期, 这些研究已经揭示了极端明亮的红外星和星系. [64-66] 气球、飞机和火箭观测很快也开始在波长更长的红外波段探索红外天空, 这只能在非常高海拔或在地球的吸收性大气之外进行研究.

红外探测技术带来的两个特别惊人的进展发生在 1965 年和 1970 年.

红外星

这些进展中的第一个由加州理工学院的杰拉德 · 诺伊格鲍尔、道尔 · E. 马茨和罗伯特 · B. 莱顿在 1965 年发表, 源自用灵敏的硫化铅 (PbS) 探测器进行的一个巡天, 这导致发现了很多在 2.0~2.4 μm 波段高度明亮的恒星. 这些恒星大多数在可见波段用最大的望远镜也探测不到或者难以探测到. 从它们的红外颜色判断, 这些恒星的表面温度低达 1000 K, 这个温度是太阳表面温度的六分之一. 这些恒星如果要明亮到被观测到, 它们的半径应该比太阳大一个量级. 这是一类新的恒星 ——

一些只在红外发光的恒星! [67]

红外星系

第二个惊人的进展是在 25 μm 附近发现的中红外波段异常明亮的星系, 这个波长是红外星明亮的波长的 10 倍. 弗兰克 · J. 劳和他在莱斯大学的学生道格拉斯 · E. 克莱茵曼在 2~25 μm 进行了测量, 得到了一个最惊人的结果 [68]:

> 观测支持这样的观点, 所有星系通过同样的物理过程从它们的核心发出远红外辐射. 最暗弱的源和最明亮的源相差 10^7 倍, 有五个星系, 其辐射为通常整个旋涡星系辐射的大约 1000 倍.

这些更长的波长 (这些星系在这些波长被发现) 是用高度敏感的量热计探测的. 这些量热计是弗兰克 · J. 劳在一些年前作为研究物理学家在德州仪器公司工作时发展的. [69]

两年之前的 1972 年, 劳和他在亚利桑那大学的同事乔治 · H. 雷基发表了进一步对河外源的中红外观测. 这些研究部分得到美国空军剑桥研究实验室 (Air Force Cambridge Research Laboratory) 的支持. 空军那时正在开始对中红外天空成图的计划, 目标是发展可以在自然天体背景上辨认出苏联弹道导弹或地球轨道人造卫星的技术. 为此目的, 必须改进对中红外天文源的认识. 如果没有好的红外天空成图, 就不可能快速辨认出敌方的弹道导弹、地球轨道人造卫星甚或发出红外辐射的飞机.

雷基和劳的观测表明, 临近的类星体 3C 273 的波长在 25 μm 的红外光度大约是 4×10^{39} W. 这超过了这个类星体在所有其他波段光度的 10 倍. 他们估计这超过了我们自己的银河系可见光辐射的 1000 倍. [70]

现在知道这种高度明亮的源是高度明亮的年轻恒星在其中以可怕的速率形成的星系. 其他的这种星系是强烈辐射的类星体. 驱动了类星体的巨型黑洞产生了大量能量, 被周围气体和尘埃吸收, 在红外波段再发射. 大质量恒星形成和黑洞活动之间的关系仍然没有令人满意的答案.

伽马射线天文学

美国不是德国火箭技术的唯一受益者. 在战争结束时, 苏联已经集结了一些德国专家, 类似地开始发展强大的火箭工业. 他们用 1957 年第一颗地球轨道人造卫星 Sputnik 的发射展示了他们在战后十二年间获得的令人印象深刻的火箭和制导技术. 苏联将人造卫星送入地球轨道的精度表明他们的火箭此时可以以极高的精度或许带着强大的核弹头到达地球上任何地方. 此外, 太空的高度给予了他们监视地球上任何地方军事设施的终极方法.

为抵消这一优势, 美国创立了一个应急项目发展更强大的火箭和更敏锐的空间监视技术. 20 世纪 60 年代的太空竞赛开始了! 它在 1969 年登月时达到顶峰, 然后稳定下来.

冷战中将人类送上月球的努力尽管在公众心目中是美国和苏联之间比拼谁先到达月球, 但实际情况要令人绝望得多. 他们必须竭尽全力通过精确发射和操控通常质量较大的有效载荷来获得空间军事优势. 或许这场竞争揭示的最显著的天文发现出现在 1969 年. 这个发现和其他发现过于机密, 它们一直保密到 1973 年.

在一个国家之间互不信任的时代, 人们采取极端措施追踪其他国家进行的武器试验. 在肯尼迪/赫鲁晓夫时代的 1963 年签署的《有限禁止核试验条约》禁止在大气、外层空间和水下进行核武器试验, 并指示各国在地下进行试验. 美国担心苏联可能违反这个协议, 不在地下, 而在空间深处爆炸试验装置. 如果苏联军方这么做, 那么就有可能探测到这种高能爆发发出的伽马射线爆发. 为探测这些潜在的爆发, 美国设计了船帆座 (Vela) 计划, 将一系列伽马射线探测卫星放入环绕地球的轨道. 它们的布置方式使得无论核爆发生在空间中任何地方都至少有一颗卫星能探测到.

同时, 这些卫星中的两颗对伽马射线爆发的精确计时观测可以提供爆发发生方向的部分信息. 如果三颗船帆座计划卫星同时观测了这个源, 那么它一定位于垂直于三颗卫星所处平面的两个方向之一. 这个轨道定位至少提供了一个伽马射线爆发发生位置的部分信息. 渐渐地, 事情变得清晰, 观测到的爆发并非来自太阳系. [71]

伽马射线暴 (GRB)

1973 年中期, 位于新墨西哥州的洛斯阿拉莫斯科学实验室的瑞 · W. 克莱贝萨德尔、伊安 · B. 斯特朗和 R.A. 奥尔森宣布, 自 1969 年以来, 若干航天器观测到了偶然发生的持续数秒的伽马射线短爆发, 这些爆发看起来来自太阳系外迥然不同的天区, 发生间隔为几个月, 这让世界各地的天文学家感到吃惊. [72]

在某种程度上理解这些爆发又花了二十年. 在此期间, 美国宇航局向太空发射了更强大的伽马射线卫星. 这些卫星到 1991 年已经积累了足够系统的信息, 这导致普林斯顿大学的伯旦 · 帕金斯基推测伽马射线暴可能是河外爆发. [73] 最终, 发射到太空的望远镜在 X 射线和伽马射线波段以及特别建造的能在爆发的可见光显著衰减之前快速进行后续观测的地基光学望远镜的同时观测揭示了这些爆发的精确位置, 使得系统地研究它们的余辉成为可能. 很多伽马射线暴现在被证认为在可达红移 $z \sim 8$ 的极远距离处爆发的骇新星(hypernovae) —— 一类极端强大的超新星. 其他伽马射线暴出现在两颗中子星并合之时, 这也可以导致超新星爆发.

军方对理论工作的贡献

天文学家在保密的帷幕两边工作时并不孤独, 这块帷幕很大程度上将学术世界和军事技术世界分开, 但在冷战期间偶尔是足够开放的, 交给学术研究者一种新的工具，让他们进入一个新的研究领域．理论家可能已经参与了这种精神分裂的研究活动．

一位杰出的当代美国理论家基普·索恩在他的书《黑洞和时间弯曲——爱因斯坦的惊人遗产》[1]（*Black Holes & Time Warps—Einstein's Outrageous Legacy*）中回忆了他和其他美国天体物理学家在冷战鼎盛期偶尔与苏联顶尖同行的谈话．[74]双方的大部分顶尖天体物理学家都参与了原子弹和氢弹的研制．故而在某些阶段，某个复杂的天体物理问题的讨论会陷于尴尬的停顿，因为双方都意识到他们令人不安地接近泄露军事机密了，尽管每一方可能已经和另一方知道的一样多．核弹的物理学和超新星爆发的物理学紧密相连，但天文学家的爆发比军方的爆炸强大很多．

跨界学术和军方工作的天体物理学家名单读起来就像著名理论家的名人录：1939 年，后来领导了曼哈顿计划发展原子弹的 J. 罗伯特·奥本海默已经在中子星和黑洞方面做出了开创性工作．汉斯·贝特在同年解释了恒星如何通过将氢转化为氦而发光．在战争期间，他成为曼哈顿计划的首席理论家．在晚年，贝特回归天体物理，从事超新星爆发物理的工作．冷战期间的美国氢弹之父爱德华·特勒类似地在"二战"前和"二战"后对天体物理学做出了贡献．黑洞理论和广义相对论研究先驱之一约翰·阿奇博尔德·惠勒也在"二战"和冷战期间参与了原子弹计划．

在德国，年轻的天体物理学家卡尔·弗里德里希·冯·魏茨泽克在量子理论创立者沃纳·海森伯领导的、中途停止了的德国"二战"原子弹计划中工作．战后，魏茨泽克转向哲学，成为著名的世界和平倡导者．

在苏联，战后时代最聪明的理论天体物理学家之一雅科夫·鲍里索维奇·泽尔多维奇深入参与了苏联原子弹和氢弹的设计．而后来因为在建立世界和平中的努力而闻名于世的苏联氢弹之父安德烈·德米特里耶维奇·萨哈罗夫也在宇宙学和我们对宇宙起源的认识上做出了基础性的贡献．

伴随这些科学巨人还有一些不太著名的理论家，他们工作在伽马射线暴、超新星和天文学家感兴趣的其他爆发现象方面，同时也为军方工作．这些细分的领域资助了一大部分基础理论以及确定计算恒星不透明度和恒星中的核反应速率所需的核反应截面的试验，这些参数对核武器的设计也很重要．

计算机

军方为理论家对复杂模拟不断增长的需求提供了很多设备．在"二战"期间，计算机被设计用于越来越复杂的弹道计算、飞机设计中空气动力学的优化和原子弹的建造和优化．[75] 用于原子弹设计的计算很快在模拟恒星中的核反应序列以及更一般的恒星演化研究中找到了应用．对于用铅笔和纸来说过于复杂的计算被越来越先进的机器进行的计算和模拟所替代．在洛斯阿拉莫斯，超新星爆发中的核反

---

① 出版的中文版译为《黑洞和时间弯曲——爱因斯坦的幽灵》．

应链的计算模拟持续了整个冷战期间, 并且到今天仍在进行. 这种类型的模拟对武器设计和天体物理都是至关重要的.

随着 "二战" 变成冷战, 军方发展了快速、轻便的计算机来精确控制火箭的飞行以及为导弹飞向最终目标制导. 对于空间监视, 计算机必须将有效载荷精确放置到预定轨道. 同时, 工业界很快发现超级计算机和小的便携或桌面计算机的市场. 这些在 20 世纪 70 年代中期和 20 世纪 80 年代初发展的较小的个人计算机也快速进入科学应用, 随着它们能力的提升和价格的降低, 它们变成世界范围内所有领域 (包括天文学和天体物理学) 科学家所使用的不可缺少的工具.

现在计算机的应用已经变得十分普遍, 很难区分军方在什么方面刺激了新的发展和进步以及产业界在什么方面快速意识到并抓住了新的机会. 也难以描述计算机改变生活和习惯的速度, 不仅是科学家的生活和习惯, 甚至包括幼儿园儿童的生活和习惯. 对于科学家而言, 依靠世界范围的同行网络共同研究一个大问题而无须离开他们自己的研究所的这种便利和快速, 也导致了在复杂问题上的全球合作.

即使是范内瓦·布什也会对这种交互的范围和速度印象深刻.

回望

从 "二战" 末到 20 世纪 70 年代早期, 天文学因为以下对 14 个重要现象出乎预料的新发现而得到充实. 这些发现中只有两个来源于光学观测. 这两个发现都是用 "二战" 以前就有的仪器或者进行了少量改进的技术做出的. 这两个发现是: *磁变星*, 1947 年; *耀发星*, 1949 年.

但是 12 项其他发现只有使用在 "二战" 或冷战期间最初为军事目的设计的技术和设备才成为可能. 这些发现包括:

射电星系, 1946~1954 年;

X 射线星, 1962 年;

类星体, 1963 年;

宇宙微波背景, 1965 年;

红外星, 1965 年;

X 射线星系, 1966 年;

宇宙脉泽, 1967 年;

脉冲星, 1967 年;

视超光速射电源, 1971 年;

红外星系, 1970~1972 年;

星际磁场, 1972 年;

伽马射线暴, 1973 年.

相比本章, 我已经在其他地方详细地描述了这些发现. 那里很大程度上在讲述由军方以及偶尔由产业界传给天文学的技术. [76] 我在那里也讲述了做出这些发现的人的专业背景. 发现者大部分是物理学家, 有时得到天文学家和电子工程师的帮助. [77]

科学社会学家大卫·O. 艾奇简要总结了射电天文学的贡献. 引自他的文章《现代天文学中创新的社会学》(*The Sociology of Innovation in Modern Astronomy*) 的段落或许也反映了"二战"后或冷战期间的设备获得的主要天文发现 [78]:

> 创新包括对一些观测技术的系统性、前沿性的探索. 通过这些技术, 受众 (audience) 的背景和训练让他们具有了必要的技能和竞争力, 以得到很多没有这些技术就无法得到的结果.

由这篇文章的上下文, 艾奇用受众(audience) 一词表示传统的光学天文学家群体. 然而他也很快指出, 这个群体很大程度上赞赏和欢迎射电天文中的快速发展 —— 光学天文学家随后也欢迎红外、X 射线和伽马射线设备做出的发现.

到 20 世纪 70 年代末, "二战"后仅四分之一世纪, 天空已经变得认不出来了!

战前顶尖的天文学家, 比如亚瑟·斯坦利·爱丁顿、詹姆斯·金斯或亨利·诺里斯·罗素会发现他们的世界观远远过时了. 到 20 世纪 70 年代和 80 年代, 我们需要一个新的坚实的宇宙观.

曼斯菲尔德修正案

在美国, "二战"后的二十年获得军用设备用于天文的便利性随着 1970 财年军事采购授权法案的曼斯菲尔德修正案的通过而部分减少了.

四十多年前, 参议员迈克尔·约瑟夫·(麦克) 曼斯菲尔德所反对的越南战争激战正酣. 这位美国参议院多数党 —— 民主党领导人是一个有远见而睿智的人, 是战后时期美国参议院最受信任的领导之一, 他对军方没有任何审批地与美国科学界合作的前景感到震惊. 《科学 —— 无尽的前线》所倡导的政策和国会通过的法案一贯明确预期国家自然科学基金会将设定美国的基础科学研究方向.

1969 年末, 曼斯菲尔德在 1970 财年的军事采购授权法案、公法 91-121 中添加了现在通常称为曼斯菲尔德修正案的第 203 节, 完成了这件事. [79] 这项修正案禁止国防部使用拨出的基金"实施任何研究项目或研究, 除非 [它] 和特定军事功能有直接而明显的关系. " [80]

在一封 1969 年 12 月 5 日写给美国自然科学基金会主任威廉·麦克尔罗伊的信中, 曼斯菲尔德阐明了他的意图. [81] "本质上, 它 [这个修正案] 强调了民间机构在长期的基础研究中的责任. 它将国防部资助的研究限制到和国防需求明显而直接相关的研究和项目上. "

曼斯菲尔德修正案的实施可能是笨拙的：军方发现难以放弃新规定禁止的活动, 大概是因为在这些年中, 基础研究和应用研究已经非常彻底地交织在一起. 并且, 由于越南战争的巨大开销, 美国自然科学基金会和其他民间组织无法得到足够的资助来支持此时应该由他们而不是军方管理的研究. 没有一个人是高兴的.

这个修正案在依赖于军方资助的民间研究团体中拉响了警报, 它在随后一年的军事授权法案中被去除, 但在实践中, 军方将此作为一个更为永久性的限制. [82] 此外, 在 20 世纪 60 年代末, 很多美国大学在抗议越南战争的学生暴动后开始禁止使用他们的建筑进行保密研究.

将军用和民用研究分开的想法听起来可能有道理, 但它阻碍了军方和民间研究人员的交流, 导致了保密壁垒两边基础研究的减少, 但军事研究减少可能更是如此.

到 20 世纪 70 年代末, 军方认为其基础研究落后于苏联. 在吉米·卡特总统和他的国防部长哈罗德·布朗 (在成为加州理工学院校长前曾经是林登·B. 约翰逊总统时期的空军秘书长) 的领导下, 基础研究经费开始大幅增长. 流入大学的研究经费再次增长. 仅从国防的角度看, 这些投资有很大的意义. 美国陆军规模和苏联相比总是小的. 为应对这些情况, 美国必须保持明显的技术优势. [83]

巡天时代

20 世纪 70 年代末引入了新的、更集中、更系统的方法进行搜索和发现. 在 "二战" 前天文学家无法使用的那些波长进行的大型巡天成为这项研究的重要组成部分. 其他巡天涉及新的光谱和精确计时的功能, 这些功能设计用于寻找之前可能被忽略的特征. 光学天文学家更多地介入这些巡天, 经常使用新的光电设备, 逐渐替代感光板.

这些巡天很多是盲巡, 意指不清楚它们会揭示什么. 但是之前的二十年已经展示了用新设备进行搜寻经常能得到意想不到的发现. 于是, 20 世纪 70 年代的十年专注于计划未来的巡天, 这些巡天可能系统性地导致进一步发现之前错过了的现象, 同时也阐明近期发现的现象有多罕见或多常见, 或者它们如何能融入盛行的理论可以解释的演化图景中.

毫无疑问, 这些研究中的一些会比之前的任何预期昂贵许多, 并且可能涉及比之前任何时候都更大的天文学家群体. 用发射到太空的望远镜进行的巡天会特别昂贵, 只有天文学界大部分人认同它们的重要性才有意义. 因为, 分配给天文学的总的经费肯定是有限的, 而资助一项昂贵的巡天将不可避免地要求削减大量的小规模研究.

大部分天文学家 1975~2010 年的惊人发现列表可能包含下列 19 个发现中的很大一部分. 这些发现的时间是粗略的, 因为很多需要时间仔细探究确定：

星系际介质, 1971~1980 年；

微类星体, 恒星质量黑洞, 1978～1979 年;

引力透镜, 1979 年;

充满星系但时至今日只能用引力探测的暗物质, 1979～1980 年;

一个脉冲双星系统发出的引力辐射, 间接地通过观测轨道能量损失探测, 1982 年;

演化过程中的星系并合, 1984～1986 年;

原恒星天体和拱星盘 (circumstellar disk), 1984～1999 年;

来自大麦哲伦云中的 1987 年超新星爆发的反中微子和中微子, 1987 年;

河外丝状结构 (filament)、片状结构和空洞, 1989 年;

围绕其他恒星的行星, 1992～1995 年;

太阳中微子和不同代中微子之间的振荡, 1994 年;

褐矮星, 1995～1998 年;

宇宙化学元素丰度演化, 1996～2005 年;

能量最高的宇宙线, 1997～2005 年;

充满整个空间并主导宇宙质量的暗能量, 1998 年;

宇宙再电离, 2001 年;

超大质量黑洞, 2004 年;

大尺度宇宙流动, 2008 年;

微波背景起伏, 早期宇宙结构的遗迹, 2011 年.

直接或间接, 所有这些发现都来自专门的巡天, 这些巡天用于进行更深入探测以找到理解宇宙更有意义的方式.

暗物质和暗能量的发现给人们留下了特别深刻的印象. 这两种成分加起来占宇宙质量-能量的大约 96%. 然而除此之外我们对它们一无所知. 它们是什么? 它们从哪里来? 它们总的质量-能量远远超过所有星系、恒星、行星和充满它们的气体的总质量-能量 (加起来只占总的质量-能量的 4%). 整个天文学研究的历史都只是集中于研究这种由原子、电子和原子核组成的重子成分. 然而我们忽然面临如此普遍的成分, 对此却几乎什么都不知道!

持续的军事存在

大多数天文学家仍然不知道军用工具已经在何种程度被纳入他们的工作. 特别是欧洲人倾向于有这样的印象, 军方的影响很大程度上是美国的现象. 但是欧洲空间局 1995 年发射的非常成功的红外天文项目, 红外空间天文台 (ISO) 显然是一个反例. 上面搭载的主要由法国建造的红外相机有一个法国国防部特别为这个项目制造的探测器阵列. 短波光谱仪主要在荷兰建造, 使用了和美国空军的共同研发项目提供的此前保密的红外探测器. 然而使用这些设备进行观测的数百位天文学家中的大部分不知道这些贡献, 或许会否认这个空间项目和军方有联系. 美国红外天

文项目斯皮策 (Spitzer) 望远镜具有比 ISO 高得多的灵敏度和无比巨大的探测器阵列 —— 所有都是军方的成品设备.①

军事限制的程度

在本章开头, 我大量引述了《科学 —— 无尽的前线》总结中的段落, 以显示范内瓦·布什如何强烈地感觉到需要无缝地将基础科学和国家未来的每个方面连接起来.

在 "二战" 后的几十年, 军事和科学优先权的整合变得一致到一定程度, 军方的影响遍及天文学之彻底, 连天文学家自己都不再注意到. 他们中的大多数可能会大力反驳说, 他们工作中没有任何东西受到军方的影响, 然而他们做的几乎所有事都以这种或那种方式依赖于军方的贡献.

它们太常见, 它们变得不可见!

在后来一些年, 即布什提出战后政策半个世纪后往往才变得明显. 随后, 随着国际合作变得越来越重要 (因为很多大项目的花费不再能由一个国家独立承担), 之前未被注意到的一些美国出口法规以越来越高的频率露面. 这些法规禁止了潜在的共享 —— 引进和输出, 很多类和国防相关的美国弹药清单上的信息、物品和服务.

忽然之间, 天文学家就面临美国国务院一系列痛苦的国际**武器贸易条例**(ITAR), 这些条例严格限制了武器装备和知识的输出. 这意味着军事上敏感的技术信息或设备不能轻易和国际合作伙伴分享, 禁止了看起来最无辜的相互受益的科学合作 —— 所有各方都能受益的项目.

国际武器贸易条例从 20 世纪 70 年代末就开始生效了. 但是因为大型空间项目的国际合作在 20 世纪 80 年代和 20 世纪 90 年代才变得普遍, 所以大多数天文学家之前不知道有这些条例. 直到那时美国天文学家才开始意识到他们已经在何种程度上习惯了接受军方的支持, 包括极端灵敏的探测器和其他强大的硬件和软件. 直到那时才变得明显的是, 布什所倡导的军民研究的融合所达到的程度具有消极的一面, 需要在全球范围进行科学研究的背景下重新审视和修正.

有时可以找到办法进行合理的安排以满足科学研究和军事保密及武器控制的目的. 但是通常履行所有必要的行政程序所花费的漫长时间阻碍了国际合作; 所以国际天文项目可能会采用一些不太发达的观测技术, 即使实际上存在有可能极大增强此项目观测能力的更强大但是保密的技术.

---

①因为完整的图像仍然难以捉摸, 所以难以充分记录战后苏联科学和军方的联系. 然而, 所有可以掌握的证据都表明苏联物理科学完全被政府和军事优先权主导, 军事工业的秘密性质笼罩了每个项目. 在 20 世纪 70 年代早期到 20 世纪 80 年代末期担任苏联空间研究所 IKI 所长超过 15 年的罗纳德·萨格捷耶夫提供了在他那个时代苏联实施空间科学的具有启示性的图景. 它描绘了和军事优先紧密联系并受其支持、但也被保密和狂热的政治和军事工业内讧所严重阻碍的一个科学项目的图景. [84]

如果范内瓦·布什和伯纳德·洛维尔主要关心的是效率, 那么他们无疑是对的. 分享学术研究的科学见解加快战时新武器的发明和完善成为赢得"二战"的一个关键因素. 快速变化的军事和工业项目所要求的组织结构教会了一代青年科学家, 通过团队合作可以取得比个别研究者或小团体相互竞争得到新结果并首先发表这种模式多得多的成果.

这是很清楚的.

不那么容易处理的是两个相互关联的问题: ① 当科学强烈依赖于军事的资助时它的发展有多好? ② 这种资助形式是否扭曲了我们的观点?

这些问题中的第一个需要一些解释: 使军用设备可以用于天文学, 有意或无意地导致了战后的天文学革命根本不符合《科学 —— 无尽的前线》的预期. 战时对雷达和原子弹的研究表明基础研究可以产生强大的新的防御或进攻性武器. 范内瓦·布什此时想表明, 美国可以受益于类似的和平时期的联邦政府资助的基础研究项目, 其发现可以很快被吸收用于解决军事问题.

虽然《科学 —— 无尽的前线》的措辞对军方毕恭毕敬, 但布什自始至终都预期, 在战后一些年, 军事研究会由类似战时的科学研究发展办公室的后续机构监督. 在这种安排下的信息流将从基础研究流向军事发展. 基础研究应该很少是机密的.

与此相反, 战后天文学中, 信息流反过来从军事发展流向基础科学. 尽管保留了布什所鼓励的信息的无缝分享, 但信息的流动发生了翻天覆地的变化. 天文设备和天文方法现在成了机密.

布什的另一个期望也破灭了. 战争结束, 军方坚决抵制任何民用机构的控制. 不会有任何监督军事研究的民用机构. 布什不是一个容易被劝阻的人, 他继续为他对控制的远见而战斗. 他使用了他在战时的成功所赢得的华盛顿的支持. 但最终他不得不向很少联合起来的美国陆军和海军认输, 辞去公共职务, 退休到私人生活中, 深感失望. [86]

军方和基础研究的广泛互动

获得军方对天文事业的支持可能是令人兴奋的. 但所有国家的军事预算仍然远大于任何纯天文的预算.

军费开支的准确数值难以获得. 但在获准公开发行的 1995 年的一个报告和关于《弹道导弹防御和红外技术》(Ballistic Missile Defense and Infrared Technology) 的文章中, 军事红外技术发展的一位领导者, 约翰·A. 贾米森提供了一份对罗纳德·里根总统的战略防御计划 (SDI) 的详细综述. [87] 这一计划的主旨是为美国提供一把防止苏联弹道导弹袭击的保护伞.

在完整讲述了战略防御计划的所有活动之后, 贾米森提供了这个项目从 1985 年到 1992 年间的花费. 他写道, 整个战略防御计划的国防发展"在七年间每年只有大约 34 亿美元. 和红外相关的部分少于 75 亿美元. (可能其中 15 亿美元花在光学红外技术、焦面制冷机、信号处理和研究分析 ……)".

到 1992 年仅仅花在这个国防项目上的这 15 亿美元极有可能超过了过去整个历史上世界范围内在红外天文上所有的花费. 此外, 军方在红外器件上的支出及其对红外天文的支持不仅仅是从战略防御计划项目开始的. 军方对红外传感的兴趣从 "二战" 结束就一直没有间断. 这说明, 很多红外探测器和光学系统由军方无偿提供给天文界, 对美国红外天文学的快速发展做出了贡献.

虽然这么强调军方对天文仪器的贡献, 但我并不希望以任何方式弱化在接受和改造从军方传过来的技术时, 天文学家自己取得的在仪器上令人印象深刻的进展. 由于资助水平比军方技术发展的资助水平低一个量级, 所以到目前为止, 推进他们的科学的最有效的方法还是充分利用军方可以提供的灵敏的设备. 对其重新配置以产生新的天文观测能力差不多让他们重塑了一个新波段中的研究领域, 揭示了比之前所能想象的宇宙丰富得多的宇宙.

天文学是一门观测科学. 进展来源于通常在数年、数十年有时甚至数个世纪间进行的细致观测. 军事监视也有类似特点. 天文学家也对爆炸有着深刻而持久的兴趣, 就像军方那样. 这些原理的基础是普适的, 这就是为什么相当一部分超新星研究和超新星爆发建模是在类似洛斯阿拉莫斯这样的武器实验室工作的科学家完成的. 这里也存在相互依赖关系. 尽管军方技术很好地服务了天文学, 但却产生了一个严重的问题:

当天文学变得依赖于军事的赠予时会发生什么? 这种依赖是否只是在零星地增加我们能观测、计算和建模的东西? 还是它已经广泛渗透到这个领域, 使得我们通过扭曲了我们所构建的宇宙学的视角有选择地认识宇宙?

我们对宇宙的认识在多大程度上依赖于可用的技术

布什和洛维尔都没有讨论思想的交流、设备和技术的流动以及军方、工业界和学术研究所的组织结构可以在多大程度上改变科学家认识自然的方式!

看起来似乎明显的是, 一个为军事目的优化的灵敏的探测系统可以用于推进天文学研究, 只要它不威胁国家或全球安全. 事实上, 如本章试图展示的, 很多最引人注目的战后天文学进展正是这样产生的. 但是尽管采用新的军事技术推动天文发现可能是迅速有效的, 但是我们需要记住, 这些技术以及它们所能得到的发现也不可避免地控制了这个学科的未来. 它们带来了新的世界观, 提出了新的问题, 这些新问题要求沿着这些新技术开辟的道路进一步探索.

"二战" 以及之后冷战军事应急计划产生的技术已经导致了不断扩大的天文研究项目, 很大程度上受到少数种类的研究工具的驱动. 大多数天文学家会争辩说, 这些工具没有影响我们学界现在如何描绘宇宙的起源、结构和演化. 然而, 如果问他们做什么, 同样这些人可能会将自己归为光学天文学家、X 射线天文学家、射电天文学家或红外天文学家 —— 不提这些区分是如何产生的或者这些从军方继承的工具可能如何影响他们对宇宙的见解.

一定有些东西出错了: 如果我们对宇宙的了解如此明显地依赖于研究者如何组织他们自己、他们如何受到资助以及他们可能从资金富足的军事或工业机构获得的工具, 我们如何能相信我们对宇宙的了解. 是否存在一种宇宙学 (对宇宙的理解) 不依赖于科学家如何受到资助、如何进行他们每天的工作、如何组织他们自己、如何获得工具以及如何发展一个包含了他们的发现的理论框架 (或许包括描绘甚至规定了他们如何了解他们的工作和写出他们思想的职业道德 (work ethic))?

很难想象我们对宇宙的理解不是由我们使用的工具驱动的. 我们知道这一点, 因为我们曾经经历过一次!

在 "二战" 前的年代, 天文学只由一种工具推动, 就是光学天文的那些工具. 那时所看到的宇宙和我们今天所描绘的宇宙非常不同. 然而, 我们现在的理解来源于将较新的工具带给我们的观测结果整合起来, 就像战前的天文学家对宇宙的描述基于将他们的工具告诉他们的信息整合起来并试图理解. 而且, 不容置疑的是, 这些战前的宇宙概念和我们今天所持的观点非常不同!

可以肯定的是, 得益于我们更强大的观测工具提供的大量数据以及到目前为止得到的碎片化的中微子观测, 我们今天确实比七十年前 "二战" 爆发前知道的多很多.

尽管如此, 我们仍然应该深刻认识到, 当前宇宙能量成分仅有大约 4% 由重子、轻子和电磁辐射组成, 这些粒子和辐射是我们今天能直接观测的所有成分. 其他 96% 的能量由暗物质和暗能量主导, 除了它们产生的引力影响, 我们一无所知.

如果战后时代军事或工业研究集中于探索暗物质和暗能量而不是电磁辐射, 并带给天体物理学家进行这些研究的工具, 我们对宇宙的见解会有多大不同? 难以相信那种情况下我们对宇宙的观点会是我们今天认为理所当然的那样.

注释和参考文献

[1] *The Physicists—The History of a Scientific Community in Modern America*, Daniel J. Kevles. Cambridge, MA: Harvard University Press, 1987.

[2] *Endless Frontier—Vannevar Bush, Engineer of the American Century*, G. Pascal Zachary. New York: The Free Press, 1997.

[3] *The New Politics of Science*, David Dickson. New York: Pantheon Books, 1984.

[4] Ibid., *The Physicists*, Kevles, pp. 191-198.

[5] http://astro.uchicago.edu/yerkes/index.html.

[6]　A 100-Inch Mirror for the Solar Observatory, George E. Hale, *Astrophysical Journal*, 24, 214-18, 1906.

[7]　Ibid., *The Physicists*, Kevles, p. 285.

[8]　Ibid., *The Physicists*, Kevles, p. 148.

[9]　Ibid., *The Physicists*, pp. 190-99 and 268.

[10]　Ibid., *The Physicists*, Kevles p. 297.

[11]　The General of Physics, Peter Dizikes, (*MIT*) *Technology Review*, May/June 2011, M20-M23.

[12]　*Science—The Endless Frontier*, Vannevar Bush. Reprinted by the National Science Foundation on its 40th Anniversary 1950-1990, National Science Foundation, 1990.

[13]　Ibid., *Science—The Endless Frontier*, Bush, 1990 reprint.

[14]　The Post-War Society: Responding to New Patterns of Patronage, David H. DeVorkin, in *The American Astronomical Society's First Century*, ed. David H. DeVorkin, American Astronomical Society and American Institute of Physics, 1999, pp. 109 & 111.

[15]　Ibid., *Science—The Endless Frontier*, Daniel J. Kevles, 1990 reprint, pp. ix-xxxiii.

[16]　Science Indicators 1982, National Science Board, 1983, Figure 2-14, *Federal R & D budget authority for national defense*, p. 52; and Appendix Table 5-13: Federal obligations for R & D to university and college performers for selected agencies: 1967-83, p. 308.

[17]　Ibid., *Science—The Endless Frontier*, Kevles, pp. xvii-xix.

[18]　The Effects of Defence Science on the Advance of Astronomy, Sir Bernard Lovell, *Journal for the History of Astronomy*, 8, p. 168, 1977.

[19]　Ibid., The Effects of Defence Science, Lovell, pp. 151-73.

[20]　Ibid., The Effects of Defence Science, Lovell p. 167.

[21]　*Astronomy Transformed—The Emergence of Radio Astronomy in Britain*, David O. Edge & Michael J. Mulkay. New York: John Wiley & Sons, 1976.

[22]　The Sociology of Innovation in Modern Astronomy, David Edge, *Quarterly Journal of the Royal Astronomical Society*, 18, pp. 334-35, 1977.

[23]　*Glimpsing an Invisible Universe—The Emergence of X-Ray Astronomy*, Richard E. Hirsh. Cambridge University Press, 1983.

[24]　Infrared Sky Surveys, Stephan D. Price, *Space Science Reviews*, 142, 233-321, 2009.

[25]　Electrical Disturbances Apparently of Extraterrestrial Origin, Karl G. Jansky, *Proceedings of the Institute of Radio Engineers*, 21, 1387-98, 1933.

[26]　On the Origin of Interstellar Radio Disturbances, F. L. Whipple & J. L. Greenstein, *Publications of the National Academy of Sciences*, 23, 177-81, 1937.

[27]　Solar Radiations in the 4-6 Meter Radio Wavelength Band, J. S. Hey, *Nature*, 157, 47-48, 1946.

[28] Microwave Radiation from the Sun, G. C. Southworth, *Journal of the Franklin Institute*, 239, 285-97, 1945.

[29] Cosmic Static, Grote Reber, *Astrophysical Journal*, 100, 279-87, 1944.

[30] Ibid., *Astronomy Transformed*, Edge & Mulkay.

[31] Fluctuations in Cosmic Radiation at Radio Frequencies, J. S. Hey, S. J. Parsons, & J. W. Phillips, *Nature*, 158, 234, 1946.

[32] An Accurate Determination of the Positions of Four Radio Stars, F. G. Smith, *Nature*, 168, 555, 1951.

[33] Identification of Radio Sources in Cassiopeia, Cygnus A, and Puppis A, W. Baade & R. Minkowski, *Astrophysical Journal*, 119, 206-14, 1954.

[34] Investigations of the Radio Source 3C 273 by the Method of Lunar Occultations, C. Hazard, M. B. Mackey, & A. J. Shimmins, *Nature*, 197, 1037-39, 1963.

[35] 3C 273: A Star-like Object with Large Red-Shift, M. Schmidt, *Nature*, 197, 1040, 1963.

[36] A Measurement of Excess Antenna Temperature at 4080 Mc/s, A. A. Penzias & R. W. Wilson, *Astrophysical Journal*, 75, 419-21, 1965.

[37] Cosmic Black-body Radiation, R. H. Dicke, P. J. E. Peebles, P. G. Roll, & D. T. Wilkinson, *Astrophysical Journal*, 142, 414-19, 1965.

[38] Evolution of the Universe, Ralph A. Alpher & Robert Herman, *Nature*, 162, 774-75, 1948.

[39] Remarks on the Evolution of the Expanding Universe, Ralph A. Alpher & Robert C. Herman, *Physical Review*, 75, 1089-1095, 1949, specifically see p. 1093.

[40] Observations of a Strong Unidentified Microwave Line and of Emission from the OH Molecule, H. Weaver, D. R. W. Williams, N. H. Dieter, and W. T. Lum, *Nature*, 208, 29-31, 1965.

[41] Observations of Polarized OH Emission, S. Weinreb, et al., *Nature*, 208, 440-41, 1965.

[42] Measurements of OH Emission Sources with an Interferometer of High Resolution, R. D. Davies, et al., *Nature*, 213, 1109-10, 1967.

[43] Observations of a Rapidly Pulsating Radio Source, A. Hewish, et al., *Nature*, 217, 709-13, 1968.

[44] Discovery of a Pulsar in a Binary System, R. A. Hulse & J. H. Taylor, *Astrophysical Journal*, 195, L51-L53, 1975.

[45] Observations of Post-Newtonian Timing Effects in the Binary Pulsar PSR 1913+16, J. M. Weisberg & J. H. Taylor, *Physical Review Letters*, 15, 1348-1350, 1948.

[46] Quasars: Millisecond-of-Arc Structure Revealed by Very-Long-Baseline Interferometry, C. A. Knight, et al., *Science*, 172, 52-54, 1971.

[47] A telephone conversation between Irwin Shapiro and Martin Harwit, July 19, 1979.

[48] On the Origin of the Cosmic Radiation, Enrico Fermi, *Physical Review*, 75, 1169-74, 1949.

[49] Further Measurements of Magnetic Fields in Interstellar Clouds of Neutral Hydrogen, G. L. Verschuur, *Nature*, 223, 140-42, 1969.

[50] Pulsar Rotation and Dispersion Measures and the Galactic Magnetic Field, R. N. Manchester, *Astrophysical Journal*, 172, 43-52, 1972.

[51] Soft X-Radiation in the Upper Atmosphere, T. R. Burnight, *Physical Review*, 76, 165, 1949.

[52] Observations at High Altitudes of Extreme Ultraviolet and X-Rays from the Sun, J. D. Purcell, R. Tousey, & K. Watanabe, *Physical Review*, 76, 165-66, 1949.

[53] Photon Counter Measurements of Solar X-Rays and Extreme Ultraviolet Light, H. Friedman, S. W. Lichtman & E. T. Byram, *Physical Review*, 83, 1025-30, 1951.

[54] Evidence for X-Rays from Sources Outside the Solar System, R. Giacconi, H. Gursky, F. Paolini, & B. Rossi, Physical Review Letters, 9, 439-43, 1962.

[55] X-Ray Sources in the Galaxy, S. Bowyer, E. Byram, T. Chubb & H. Friedman, *Nature*, 201, 1307-08, 1964.

[56] X-ray Spectra from Scorpius (SCO-XR-1) and the Sun, Observed from Above the Atmosphere, G. Chodil, et al., *Physical Review Letters*, 15, 605-07, 1965.

[57] Cosmic X-ray Sources, Galactic and Extragalactic, E. T. Byram, T. A. Chubb, & H. Friedman, *Science*, 152, 66-71, 1966.

[58] The Development of Lead Salt Detectors, D. J. Lovell, *American Journal of Physics*, 37, 467-78, 1969.

[59] Ibid., The Effects of Defence Science, Lovell.

[60] Infrared Sky Surveys, Stefan D. Price, *Space Science Reviews*, 142, 233-321, 2009.

[61] An Infrared Stellar Spectrometer, G. P. Kuiper, W. Wilson, & R. J. Cashman, *Astrophysical Journal*, 106, 243-51, 1947.

[62] Use of Lead Sulphide Cells in Infra-red Spectroscopy, G. B. B. M. Sutherland, D. E. Blackwell, & P. B. Fellgett, *Nature*, 158, 873-74, 1946.

[63] An Exploration of Infra-Red Stellar Magnitudes Using the Photo-Conductivity of Lead Sulphide, P. B. Fellgett, *Monthly Notices of the Royal Astronomical Society*, 111, 537-59, 1951.

[64] Infrared Photometry of Galaxies, Harold L. Johnson, *Astrophysical Journal*, 143, 187-91, 1966.

[65] Two-Micron Sky Survey, G. Neugebauer & R. B. Leighton, National Aeronautics and Space Administration, NASA SP-3047, Washington, DC, 1969.

[66] Observations of Infrared Galaxies, D. E. Kleinmann & F. J. Low, *Astrophysical Journal*, 159, L165-L72, 1970.

[67] Observations of Extremely Cool Stars, G. Neugebauer, D. E. Martz, & R. B. Leighton, *Astrophysical Journal*, 142, L399-L401, 1965.

[68] Ibid., Observations of Infrared Galaxies, Kleinmann & Low.

[69] Low-Temperature Germanium Bolometer, Frank J. Low, *Journal of the Optical Society of America*, 51, 1300-04, 1961.

[70] Infrared Photometry of Extragalactic Sources, G. H. Rieke & F. J. Low, *Astrophysical Journal*, 176, L95-L100, 1972.

[71] Letter from Ray W. Klebesadel to Martin Harwit, October 24, 1978. A large portion of this letter is reproduced in *Cosmic Discovery—The Search, Scope & Heritage of Astronomy*, Martin Harwit, Basic Books, New York, 1981.

[72] Observations of Gamma-Ray Bursts of Cosmic Origin, Ray W. Klebesadel, Ian B. Strong, & Roy A. Olson, *Astrophysical Journal*, 182, L85-L88, 1973.

[73] Cosmological Gamma-Ray Bursts, Bohdan Paczyński, *Acta Astronomica*, 41, 257-67, 1991.

[74] Black Holes & Time Warps-Einstein's Outrageous Legacy, Kip Thorne,. New York: W. W. Norton, 1994.

[75] *Landmarks in Digital Computing*, Washington, DC: Peggy A. Kidwell & Paul E. Ceruzzi, Smithsonian Institution Press, 1994.

[76] *Cosmic Discovery—The Search, Scope & Heritage of Astronomy*, Martin Harwit. New York: Basic Books, 1981, chapter 2.

[77] Ibid., *Cosmic Discovery*, Harwit, pp. 234-39.

[78] Ibid., The Sociology of Innovation, Edge, pp. 326-39.

[79] Military Procurement Authorization Act for FY 1970, Public Law 91-121, Section 203.

[80] http://www.nsf.gov/nsb/documents/2000/nsb00215/nsb50/1970/mansfield.html.

[81] Renewing U. S. Mathematics Critical Resource for the Future, http://www.archive.org/stream/ Renewing_US_Mathematics_Critical_Resource_For_The_Future/TXT/00000-128/txt._p._112.

[82] Ibid., *Science—The Endless Frontier*, Kevles, 1990 reprint, p. xxii.

[83] Ibid., *The New Politics of Science*, Dickson, p. 125 ff.

[84] *The Making of a Soviet Scientist-My Adventures in Nuclear Fusion and Space from Stalin to Star Wars*, Roald Z. Sagdeev. New York: John Wiley & Sons, 1994.

[85] Ibid., *The New Politics of Science*, Dickson, pp. 143-53.

[86] Ibid., *Endless Frontier*, Zachary, 1997.

[87] Ballistic Missile defense and Infrared Technology, John A. Jamieson, *Proceedings of the Infrared Instrumentation Society IRIS*, 40 No. 1, 1995, pp.13-39.

第8章 化学元素从何而来？

直接受益于《科学 —— 无尽的前线》，将基础研究和符合国家利益的应用研究紧密结合的战后新政策，天体物理学家研究了化学元素的起源. 特别地，宇宙学经历了意义深远的复苏. 一个之前局限于探索晦涩数学模型的领域忽然发现自己根植于现实世界的核物理. 对核相互作用越来越详细的研究也开始为年老恒星中的核过程提供线索. 一种重燃的兴奋席卷了这个领域! [①]

钱德拉塞卡早期的宇宙学研究

1942 年，钱德拉塞卡和他在芝加哥大学的博士生路易斯·R. 亨里奇曾推测，宇宙在某个时期可能是极端致密的，温度高达数十亿开尔文. 他们计算了不同温度下预期的核素热平衡分布，并寻找一个温度范围，在此范围之内重元素的化学丰度和自然中观测到的丰度接近. 他们估计，实现这一点的条件是 8×10^9 K 的温度和 $\rho = 10^7$ g/cm^3 的密度. [1] 尽管他们的工作是一次勇敢的尝试，但他们得出结论，他们的文章"应该被视为纯粹的探索，得到这样的'符合'不应该被过分强调."

四年后，1946 年，伽莫夫指出，在钱德拉塞卡和亨里奇假设的那种高密度下，广义相对论预言的膨胀太快，他们所假设的温度只能持续几秒钟. 尽管他也相信"各种元素的相对丰度是由宇宙膨胀早期的物理条件决定的，那时的温度和压强足够高，可以保证轻原子核和重原子核都有可观的反应率"，但他认为，只有最早期物质的主要形式为中子才有可能产生观测的元素丰度.

因为宇宙膨胀速率大，所以大部分中子没有时间衰变为质子. 随着宇宙冷却，它们可能通过一种不明的过程凝聚成"越来越大的中性复合体，随后通过 β-发射过程变为各种原子" [2] 正如伽莫夫可能意识到的，这个不明确的想法不是特别有信息量.

到 1948 年初，他准备再投一篇文章到《物理评论》的快报，这次是和他在乔治·华盛顿大学的博士生拉尔夫·阿尔弗共同完成的. 尽管汉斯·贝特没有参与阿尔弗和伽莫夫的研究，但是伽莫夫邀请他作为这篇文章的共同作者，这样，作者列表就是阿尔弗 (Alpher)、贝特 (Bethe)、伽莫夫 (Gamow) —— 读起来很像希腊字母的前三个. [3] 由于这点小把戏，这篇快报声名远播.

[①] 在本章中，我开始更广泛使用厘米–克–秒单位制. 密度以克每立方厘米 (g/cm^3) 度量，秒写为 sec. 温度用开尔文表示，写为 K. 关于单位的更多信息可以在本书前言的"使用说明"里找到，在附录中进一步阐述了符号、词汇和单位.

阿尔弗、贝特、伽莫夫的方法的新颖之处在于使用了曼哈顿计划参与者 —— 核物理学家唐纳德·休斯提供的新的中子俘获截面.[①]数据显示, 在 ~ 1 MeV 的低能处, 中子俘获截面随原子序数指数增加到元素周期表的一半, 然后对更重的元素保持不变. 计算表明, 为了最好地拟合已知重元素的丰度, 要求中子质量密度为 $\rho \sim (10^6/t^2)$ g/(cm³·sec²) 的量级. 其对时间的依赖 $1/t^2$ 是由宇宙的广义相对论膨胀速率决定的.

阿尔弗、贝特、伽莫夫假设元素分布是通过休斯提供的反应截面所给出的速率不断地俘获中子建立起来的. 在他们所假设的那个密度, 元素从宇宙诞生后二十秒就开始产生了 —— 那时的密度已经降低到 $\rho \sim 2.5 \times 10^3$ g/cm³, 结果与已有最好的元素丰度曲线符合得很好. 他们寻求拟合的重元素丰度是挪威地球化学家维克多·莫里茨·戈德施密特战前在《自然》中收集发表的. [4] 这些富含中子的元素一旦形成就会通过贝塔衰变转变为当前宇宙中的原子核.

伽莫夫的宇宙学

阿尔弗、贝特、伽莫夫的快报文章在 1948 年 2 月 18 日投稿. 同年的 6 月 21 日, 伽莫夫又投了一篇快报文章, 长度比杂志的一页长不了多少. 但是, 不管他是否意识到, 这篇短文章奠定了现代宇宙学的基础! [5]

他最重要的发现是, 重元素的产生只能通过合成氘而进行, 有可能是通过贝特在 1939 年就已经指出的途径. 此时他研究了这种可能如何发生. 伽莫夫在他之前的两篇宇宙学文章中可能就已经注意到的第二个因素是, 在早期, 辐射密度可能远超物质密度, 可能主导了宇宙的膨胀速率:

> [元素]积累的过程必然是以氘从原初的中子和质子形成而开始的, 这些质子是这些中子的一部分衰变形成的 …… 那时的温度一定处于 $T_0 \sim 10^9$ K 的量级 (这对应于氘原子核的离解能量), 故辐射密度 $\sigma T^4/c^2$ 是水密度的量级.

这里, $\sigma = 7.6 \times 10^{-15}$ erg/(cm³·K⁴) 是 cgs 单位制的辐射密度常数, $c = 3.0 \times 10^{10}$ cm/sec 是光速, 由此得到 $\sigma T^4/c^2 = 8.4$ g/cm³, 即如伽莫夫得出的结论, 比水的密度高, 但是处于同一量级.

使用广义相对论方程在此密度给出的膨胀速率, 伽莫夫确定了, 氘或更重的元素形成这个时期持续不会超过大约 100 sec. 如果他假设大约一半的原初粒子在这一时期结合产生了氘或更重的粒子, 那么他可以计算这一短暂时期中普遍的粒子密度. 这只依赖于 10^9 K 时的粒子热运动速度, 即 $v \sim 5 \times 10^8$ cm/sec 和氢的中子俘获截面 $\sim 10^{-29}$ cm², 得到原子物质密度 10^{-6} g/cm³. 这个密度比四个月之前阿

---

① 原子弹设计所需的核反应截面可能在停战之后就已经提供给阿尔弗和伽莫夫了. 这可能表明战争刚刚结束不久, 国防相关的研究者和基础研究者之间交换这些信息是很容易的.

尔弗、贝特和伽莫夫估算的小两亿五千万倍.

但还有更重要的结论: 随着宇宙膨胀, 非相对论粒子的质量密度的降低反比于①ℓ^3, 其中 ℓ 代表到某一时刻宇宙膨胀程度的一个任意的尺度. 而辐射的质量密度的降低反比于②ℓ^4 —— 这个更快的降低代表光子能量随宇宙膨胀和冷却而降低. 故伽莫夫可以计算物质质量密度和辐射质量密度相等的近似时刻, 此后物质质量密度永远超过辐射质量密度. 他估计这次密度相等发生在宇宙年龄 $\tau \sim 10^7$ 年之时, 温度为 $\sim 10^3$ K, 密度为 10^{-24} g/cm^3.③

伽莫夫随后指出, 这个密度相等的时刻很重要, 因为它可以引起英国天体物理学家詹姆斯 · 金斯预言的引力不稳定性, 使宇宙中均匀分布的物质开始成团形成尺度为 10^3 光年量级的云. 因为此时的云的密度为今天银河系中密度的量级, 他认为这些云应该是今天星系的前身. 他提出, 更重的化学元素可能形成分子和尘埃, 导致恒星形成.

尽管细节不正确, 但伽莫夫在杂志中一页多一点中描绘和半定量地论证的宇宙及其演化, 其大胆和远见是令人惊叹的.

之后不久, 伽莫夫在《自然》杂志上写了一篇长一些的文章. 这篇文章仍然不超过三页, 但反映了他和阿尔弗得到的很多进展. 这篇文章的题目是《宇宙的演化》. [6] 这篇文章发表在 1948 年 10 月 30 日的《自然》杂志上, 总结了他之前三篇快报文章的很多工作, 得到的对类似星系的凝聚体 (condensation) 尺寸的估计大了 10 倍. 他指出这个值仍然小于很多星系, 但考虑到他在计算中的简化, 这个值小得不多.

两周后, 11 月 13 日, 拉尔夫 · 阿尔弗和他在约翰 · 霍普金斯大学应用物理实验室的同事罗伯特 · 赫尔曼在《自然》杂志上发表了一篇短的快报文章, 在文章中他们感谢了伽莫夫 "在排查错误过程中一贯的鼓励", 但指出了伽莫夫的《自然》杂志上发表的文章中的三个相当基本的错误. [7]

伽莫夫的结论中所需的大部分修改相对较小, 但这篇短的快报文章的一句话比较突出. 这句话是 "我们发现当前宇宙的温度大约为 5 K." 这是对今天宇宙辐射温度的第一个预言! 这在 17 年后宇宙微波背景辐射被偶然发现时引起了相当大的争议, 那时阿尔弗和赫尔曼的短文章早已被忘记了. 他们的大胆预测很少被承认. 当他们确实得到相关荣誉时, 人们是不太情愿的.

伽莫夫在 1949 年还发表了一篇综述文章《相对论宇宙学》(*On Relativistic Cosmology*). [8] 在这篇文章中, 他①意识到必须考虑早期宇宙中自由中子的衰变, ②认

---

① 原文为正比于.

② 原文为正比于.

③ 基于伽莫夫当时所掌握的信息, 这是非常接近的. 现在对密度相等时刻的年龄和温度最好的估计是 $\tau \sim 70000$ 年和 $T \sim 8000$ K.

识到早期宇宙的质量密度完全由热光子主导,③报告了芝加哥大学的恩里克·费米和安东尼·图尔科维奇已经研究了重原子核形成的潜在途径,但没有找到形成较重的已知元素的方法,因为不存在质量数为 5 的稳定同位素 —— 回顾贝特 1939 年在恒星重元素形成中已经得到的类似结论,但是④提出"为了将 [原初] 物质的一半转化为氘和更重的原子核,剩下一半为纯氢的形式,必须假设 [年龄为 400 秒时的物质密度]$\rho_0 = 5 \times 10^{-4}$ g/cm^3."总结起来, 这些论述给出了一幅和今天所想象的非常类似的图景, 除了伽莫夫仍然坚信所有重元素可能是原初形成的, 而下面介绍的后来的工作表明, 只有少数氢之后的较轻的元素可能是原初形成的.

伽莫夫觉得他还有一个困难需要克服. 在外推到较早的时期时, 1949 年左右的哈勃常数 ~ 540 km/(sec·Mpc) 得到了宇宙年龄大约为 1.8×10^9 年, 比地球年龄短得多. 为了克服这个困难, 伽莫夫在他的相对论方程中引入了一个宇宙学常数. 这个常数没有改变他对早期宇宙的结论. 这个常数也足够小, 可以避免通过其对太阳系天体的动力学影响而被探测到. 但这个常数在晚些时候使宇宙加速膨胀, 使得宇宙年龄看起来比实际年龄短. 若干年后, 对实际膨胀速率的重新估计表明, 宇宙实际上看起来更老, 这个修正是不必要的.

***

伽莫夫的方法对于天体物理学尽管影响很大、产出很多, 但和钱德拉塞卡的方法几乎完全对立. 钱德拉塞卡探寻数学的严格和优美, 而伽莫夫对宏伟的见解更感兴趣. 他更倾向于将现代物理学中大部分天文学家不太可能知道的新的内容引入天文学, 因而开启了新的研究方向, 他的贡献在这些方向上可以产生开创性的影响. 他的文章通常很短, 有时比杂志的一页长不了多少, 但是足以明确引入一种新的思想或方法 —— 一个包容性的观点.

伽莫夫偏爱简洁. 他意识到, 完整的分析可能最终需要复杂的数学处理, 包含大量有微小贡献的因素. 他知道这些计算是必要的, 但是他认识到, 这不是他擅长的那种工作.

不容置疑的是, 伽莫夫深刻的物理直觉让他可以切入天体物理问题的核心, 尽管他厌恶细节, 这是他做出主要贡献的方法.

如伽莫夫 20 世纪 40 年代末的博士生, 拉尔夫·阿尔弗后来回忆, [9]

> 乔治在做细节计算时真的是糟糕. 他知道这一点并陶醉于此 …… 他的热情在于想法, 在于简单计算, 这些计算中含有某些人不会接受的一些因素, 他觉得有趣 …… 我无法想象汉斯·贝特进行计算, 除非这个计算是对的, 这么说没有问题 …… 但是对于乔治 …… 非常清楚的是, 他 [是] 一个拥有奇妙想法的人, 他的物理几乎总是对的. 但是到进行实际计算时, 那就不是他的事了 …… 我认为有些时候存在一些错误, 如分子和分母约去, 但有趣的是遇到这些但发现答案是对的或者近似是对的, 其中有错误互相消去了 …… 他真的不在意是否有一个 2 的平方根在前面或者 2 的 5/3 次方 ……

特勒总是抱怨, 因为他们会讨论某个问题, 伽莫夫可能有些想法, 然后他们会做些初步计算, 然后特勒最终可能需要进行详细的计算, …… 确保结果不受批评.

回到他关于宇宙演化的这篇文章, 在文章中他写下了这个宏伟的表达式 …… 用氘的结合能表达星系的直径或质量.[①] 我认为他可能是把这看作一件可以做的宏伟的事.

阿尔弗和赫尔曼以及宇宙微波背景辐射

大约在伽莫夫得到其宇宙学结论的 1949 年, 阿尔弗和赫尔曼进行了类似的更多细节的计算 —— 伽莫夫从来也不喜欢细节.

在阿尔弗和赫尔曼的这个工作中, 他们做了很多明确的假设.[10] ①形成元素的原初成分由高密高温的中子组成. ②质子由中子衰变形成, 后续的中子俘获导致了元素的形成. ③膨胀的宇宙充满了各向同性的辐射和物质的混合物, 假设互不转化, 也就是说, 宇宙没有偏好的方向, 辐射和物质演化中不转化为对方. ④宇宙学常数 $\Lambda = 0$ 的广义相对论方程应用于整个宇宙膨胀过程; 在此, 他们偏离了伽莫夫关于微小但是有限的宇宙学常数的假设. ⑤和伽莫夫一样, 他们假设宇宙膨胀是绝热的, 也就是说, 在膨胀中, 没有能量被注入物质或辐射, 也没有能量从物质或辐射中提取. 这得出整个宇宙膨胀中的一个比值

$$\rho_{\mathrm{m}}^4 / \rho_{\mathrm{r}}^3 = 常数. \tag{8.1}$$

这里 ρ_{m} 和 ρ_{r} 分别是任意宇宙年龄 t 的物质质量密度和辐射质量密度. 在这些假设下, 阿尔弗和赫尔曼指出, 温度 T 必然反比于宇宙尺度 ℓ, 而且 "如果假设宇宙含有黑体辐射, 那么 $\rho_{\mathrm{r}} \ell^4 = B = 常数.$"

基于这些假设, 他们考虑了两个宇宙学模型. 在两个模型中, 他们都在宇宙年龄为几百秒时将辐射密度取为 $\rho_{\mathrm{r}}' \sim 1 \ \mathrm{g/cm^3}$; 但在一个模型中, 他们假设这个时候的物质密度为 $\rho_{\mathrm{m}}' \sim 10^{-4} \ \mathrm{g/cm^3}$, 而在另一个模型中, 如图 8.1 所示, $\rho_{\mathrm{m}}' \sim 10^{-6} \ \mathrm{g/cm^3}$. 这两个模型分别导出今天的辐射温度大约为 5 K 和 1 K, "解释为仅由宇宙膨胀导致的背景温度. " 如图 8.1 这样富含信息的图后来成为展示在宇宙初始成分的不同假设下宇宙膨胀、辐射温度以及物质和辐射的质量密度对时间的依赖的经典图示 —— 单张图包含了宇宙从早期以来的基本历史.

最后, 阿尔弗和赫尔曼回到了物质密度超过辐射密度时的星系形成的问题. 遵循伽莫夫对詹姆斯·金斯的不稳定性判据的应用, 他们随后发现凝聚体的质量和大小对元素产生时初始的质量密度极度敏感. 他们觉得这令人非常不满意, 但是指出, 凝聚体形成的金斯判据应该在非膨胀的空间中成立, 一个令人满意的理论应该考虑 "宇宙膨胀、辐射、相对论和低物质密度" . 他们注意到苏联理论物理学家叶

---

① 在此, 阿尔弗指的是伽莫夫 1948 年在《自然》上的文章, 在文章中, 他把原初氘的产生所需的物质密度和宇宙最终可能产生的星系的大小联系起来了.

甫盖尼 · M. 栗夫希茨在 1946 年已经发表了一篇文章, 他在其中证明了小的密度涨落在广义相对论性膨胀宇宙中不会增长. 这样一个宇宙学模型看起来是稳定的, 不能通过大质量延展区域的坍缩形成星系. [11]

栗夫希茨的结果似乎是不可撼动的, 又困扰了理论家几十年!

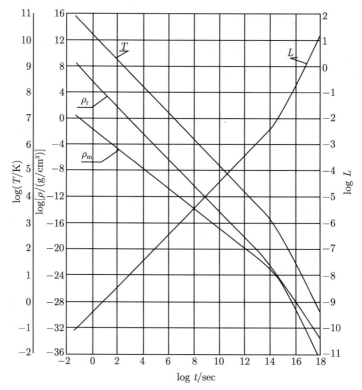

图 8.1　阿尔弗和赫尔曼考虑的一个宇宙学模型中的温度 T、物质密度 ρ_m、辐射密度 ρ_r 和宇宙尺度因子 L. 在这个模型中, 今天的宇宙物质和辐射密度分别取为 $\rho''_m \sim 10^{-30}$ g/cm^3 和 $\rho''_r \sim 10^{-32}$ g/cm^3. 在氘和氦形成的时期, 相应的密度假设为 $\rho'_m \sim 10^{-6}$ g/cm^3 和 $\rho'_r \sim$ 1 g/cm^3. 现在对今天的质量密度最好的估计对于辐射是 $\rho^*_r \sim 4.6 \times 10^{-34}$ g/cm^3, 对于重子物质是 $\rho^*_m \sim 0.4 \times 10^{-30}$ g/cm^3 (重印的图得到Ralph A. Alpher and Robert C. Herman, *Physical Review*, 75, 1092, 1949, ©1949 by the American Physical Society授权)

埃德温 · 萨尔皮特、恩斯特 · 约皮克和三阿尔法过程

事后看来, 贝特关于恒星中能量产生的文章只有一个方面可以质疑. 他得出结论, 能量产生的问题完全脱离了重元素的形成 —— 在很大程度上是这样的. 但是这个分离不像贝特在他 1939 年文章的摘要中所坚持的那么绝对, 在那篇文章的摘要中说道 (保留他的括号和楷体):

　　······ 没有重于He^{4}的元素能在普通恒星中积累. 这是因为这样的事实 ······ 所有硼之前的元素被质子轰击瓦解 (α 辐射) 而不是积累 (通过辐射俘获). Be^8 的不稳定性进一步降低了重元素的形成. 恒星中中子的产生也类似可以忽略. 故而恒星中发现的更重的元素在恒星形成时必然已经存在.

　　如果贝特说的主序星指的是"普通恒星", 那么他是对的. 但是, 一旦这些恒星用完了它们生存所需的氢, 它们便开始了一段新的更短的生命, 此时它们依靠氦维持能量产生, 这也促使了重元素的产生.

　　这个途径是 27 岁的物理学家埃德温 · E. 萨尔皮特阐明的 (图 8.2). 他在 1949 年到康奈尔大学做博士后, 和汉斯 · 贝特一起工作. 两年之内, 他已经成为物理系的成员, 在剩下的职业生涯中他一直待在那里.

图 8.2　年轻的埃德温 · E. 萨尔皮特. 在 27 岁, 他证明了巨型恒星中心的高温导致氢原子核聚变形成碳以及之后更重的氧和氖 (美国物理联合会(AIP)埃米利奥 · 塞格雷视觉档案库, 今日物理收藏)

　　在 1951 年夏天, 萨尔皮特接受了加州理工学院的实验核物理学家威廉 · A. (威利) 福勒 (他正在测量在天体物理过程中或许很重要的核过程的反应截面) 的邀请.

尽管目标是学术的, 但是福勒的研究组很大程度上是作为《科学 —— 无尽的前线》中设想的应用和基础科学融合的一部分而受到美国原子能委员会 (AEC) 和美国海军研究办公室 (ONR) 资助的.

福勒意识到了有年轻理论家在身边的价值, 他们可以研究他和同事正在研究的反应速率的天体物理意义. 萨尔皮特在那些年的夏天成为常规的访问学者, 尽管他在学年期间继续待在康奈尔. [12]

1951 年在加州理工的第一个夏天, 萨尔皮特开始写一篇短文章, 这篇文章被证明是解决红巨星中的能量产生问题和恒星中重元素产生的关键一步. 威利 · 福勒和他的研究组大约在那时候证明, 尽管铍同位素 ^{8}Be 是不稳定的, 但是它确实有一个可以通过两个能量低至 ~ 95 keV(对应温度 $T \sim 10^9$ K) 的 α 粒子并合而共振激发的亚稳基态. 对于耗尽了所有氢然后引力收缩的恒星, 这看起来是一个非常可能的中心温度.

萨尔皮特估计, 这样温度下的 ^{8}Be 相对 ^{4}He 的平衡丰度可能达到 $1/10^{10}$, 这个浓度足够进一步和周围的 ^{4}He 原子核碰撞. [13] 这会形成一个 ^{12}C 原子核, 释放一个能量 7.4 MeV 的 γ 光子. 一旦这些能量被辐射出去, 就没有回头路了. 碳原子应该是稳定的. 这是一条单向的路径, 在恒星耗尽氢之后, 依赖在主序阶段氢形成的氦的时候, 为其提供了保持发光的能量.

一旦形成了 ^{12}C, 高的 ^{4}He 丰度也可以保证通过逐次增加 ^{4}He 原子核形成氧同位素 ^{16}O, 然后形成 ^{20}Ne. 这些反应中的每一个都释放若干 MeV 的能量, 保证这些相继形成的原子核都不会瓦解. 重元素的形成过程得到保证, 最终通过一系列反应形成同位素镁 (^{24}Mg)、硅 (^{28}Si)、硫 (^{32}S)、氩 (^{36}Ar) 和钙 (^{40}Ca), 这些反应开始阶段如下:

$$^4\text{He} + {}^4\text{He} + 95 \text{ keV} \longrightarrow {}^8\text{Be} + \gamma, \tag{8.2}$$

$$^4\text{He} + {}^8\text{Be} \longrightarrow {}^{12}\text{C} + \gamma + 7.4 \text{ MeV}, \tag{8.3}$$

$$^4\text{He} + {}^{12}\text{C} \longrightarrow {}^{16}\text{O} + \gamma + 7.1 \text{ MeV}, \tag{8.4}$$

$$^4\text{He} + {}^{16}\text{O} \longrightarrow {}^{20}\text{Ne} + \gamma + 4.7 \text{ MeV}, \tag{8.5}$$

萨尔皮特指出, 由于更重且带正电更多的原子核的静电排斥增加, 对于越来越重的原子核, 反应速率会降低, 尽管产能速率以及重元素的产生随温度 T 的 18 次方, 即 T^{18} 增加.

主要结论是 (楷体为萨尔皮特原文): "所有质量为 $5M_\odot$ 或更大的可见恒星中的百分之几在将氦转化为更重的原子核时, 中心温度可能比同样质量的主序恒星高十倍(半径小十倍). " 他希望 "一方面能发现经历这种过程的恒星之间的某种联系, 另一方面, 发现富碳和高温恒星 (Wolf-Rayet 星, 行星状星云的核) 和其他恒星 (以及甚至某些变星和新星) 的某种联系. "

在随后一年, 即 1952 年的另一篇文章中, 萨尔皮特也推测了氢耗尽之后会发生什么. [14] 进一步的收缩会再次升高温度. 两个 ^{12}C 原子核随后可以结合形成更重的元素, 而且在稍高一些的温度, ^{16}O 和 ^{20}Ne 可能经历类似的相互作用. 在更高的温度可能发生更复杂的过程, 这可能在进一步坍缩之前最终形成和铀一样重的元素, 坍缩之后的超新星爆发可能将这些重元素完全抛到恒星周围. 萨尔皮特谨慎地指出, 和添加 α 粒子的过程不同, 这些恒星历史中的后续阶段是 "非常试探性和猜测性的".

在这只比两页长一点的第二篇文章中, 萨尔皮特奠定了两个主要课题的基础. 第一个是关于耗尽了氢的恒星的能量产生, 特别是大质量主序星和红巨星; 第二个是处理重元素合成, 尽管知道它们在地球上的丰度, 但之前没有得到解释.

萨尔皮特和几乎所有人都不知道的是, 那时在爱尔兰的阿玛天文台 (Armagh Observatory) 工作的爱沙尼亚天文学家恩斯特·约皮克已经在 1951 年独立提出了相同的形成 ^{12}C 的过程. 但是约皮克不知道铍共振, 在没有铍共振的情况下, 预测的碳形成速率要低得多. [15]

弗雷德·霍伊尔、威廉·福勒和重元素丰度

然而, 萨尔皮特给出的 ^{12}C 产率也太低了, 尽管没有约皮克的那么低. 半个世纪后回看, 萨尔皮特遗憾地谈到这个缺憾. 他回顾了汉斯·贝特在他第一次到康奈尔时给他的建议, 然后他决定从高能物理理论转向天体物理. 贝特给出了三方面行动的建议 "①准备好转换研究领域; ②只用最少的必要的数学技术; ③面对不确定时, 准备着进行推测、走捷径以及冒风险. " 但是, 萨尔皮特遗憾地回忆道: "我学到了①和②, 但还没学到③ ······ 我就是没有勇气思考还没有被发现的共振能级! 不久之后, 弗雷德·霍伊尔展示了任性和洞察力, 他使用已知的 ^{12}C、^{16}O 和 ^{20}Ne 丰度比证明**必须**①存在一个合适的 ^{12}C 共振能级, 而且他能预言其能量". [16]

***

弗雷德·霍伊尔 (图 8.3), 剑桥大学的一位非常有创造性的理论天体物理学家很赞赏萨尔皮特的三阿尔法过程, 但是发现其碳产率必须要提高才能符合观测到的碳、氧和氖同位素 ^{12}C、^{16}O 和 ^{20}Ne 的丰度比 1/3:1:1. 他引用的氖丰度几乎比现在接受的值高了一个量级, 但是这没有改变他的核心预言, 碳的产率中必然存在一个共振, 能量位于 ^{12}C 基态之上大约 7.7 MeV. 这个增加的共振加上 ^{8}Be 的共振会让添加第三个阿尔法粒子更为可能. [17]

如威廉·A. 福勒 (图 8.4) 后来回忆, [18]

---

① **必须**为 "JUST HAD", 全为大写字母, 是萨尔皮特的原文.

霍伊尔在 1953 年来到加州理工, 走进我们的一个凯洛格 (Kellogg) 员工会议, 宣布必然存在一个 7.70 MeV ^{12}C 的激发态. 他需要这个激发态作为 ^{8}Be$(\alpha, \gamma)^{12}$C[一个 α 粒子和铍原子核碰撞形成碳, 发射一个高能光子] 的共振态, 阈值能量为 7.367 MeV. 反过来, 他需要这个共振态以在马丁 · 史瓦西和阿兰 · 桑德奇计算的密度和温度条件下的红巨星中获得实质性的氦向碳的转化.

图 8.3　研究重元素产生时期的弗雷德 · 霍伊尔 (剑桥大学圣约翰学院主管和董事授权)

威廉 · 福勒和他在加州理工学院的同事嘲笑霍伊尔的鲁莽. 没有人曾经仅仅基于天体物理就预言一个核共振态. "但福勒在我组织的 1987 年 4 月在华盛顿举行的一次美国物理学会研讨会上报告的一篇未发表的文章中", 解释说, 并且随后写道 [19]:

劳瑞岑斯一家 [查理和汤米] 和我没有被打动, 告诉霍伊尔: 走开, 别烦我们了. 但沃德 · 威灵把他的研究生和研究人员召集起来, 去实验室, 用 ^{14}N$(d, \alpha)^{12}$C 反应证明 ^{12}C 在 (7.653 ± 0.008) MeV 确实有一个激发态, 非常接近霍伊尔的预言.

查尔斯 · 库克和劳瑞岑斯一家以及我在 ^{12}B^{12}C 的衰变中产生了霍伊尔的共振态, 并证明它分裂为 3 个阿尔法粒子. 于是由于时间反演不变性, 它可以由 3 个阿尔法粒子形成. 那让我变成了一个信徒, 1954 年秋天, 我去剑桥做富布莱特 (Fulbright) 学者, 和霍伊尔一起工作.

图 8.4　实验测量核过程时期的威廉 (威利)· A. 福勒, 这些核过程是他预期在恒星中形成重
元素的过程 (美国物理联合会埃米利奥 · 塞格雷视觉档案库, 今日物理收藏)

霍伊尔的文章在 1953 年 12 月投稿, 和福勒的解释有些不同, 可能霍伊尔花了
些时间写这篇长文. 那时, 加州理工学院的测量已经发表了, 霍伊尔用这些结果支
持了他的论文. 加州理工的论文没有怀疑霍伊尔的预见. 他们的短文开头说道:

萨尔皮特和 [原文如此] 约皮克指出了在很大程度上耗尽了中心的氢的热恒星中 ^{8}Be
(α, γ) ^{12}C 反应的重要性. 霍伊尔用这个过程解释了重于氦的元素的原初形成并由观测
到的 ^{16}O:^{12}C:^{4}He 的宇宙丰度比得出结论, 这个反应应该有一个 ^{12}C 在 0.31 MeV 或
7.68 MeV 的共振态.

他们得出结论:"我们感激霍伊尔教授指出这个能级在天体物理学中的重
要性. "[20]

我详细研究了这个解释, 因为霍伊尔的大胆预测已经成为天体物理传说中的一
部分.

在刚才引用的 20 世纪 50 年代早期的那些事件之后, 霍伊尔和福勒加入了, 和
年轻的英国夫妇杰弗里和玛格利特 · 博比奇一起工作, 开始合作进行一项在 1957

年发表的重要工作. 这篇文章可能是 20 世纪后半叶最重要的天体物理论文, 通常由其作者的首字母 B²FH 代指. 这篇文章详细描述了恒星中重元素的积累.

后面我会回到这篇文章, 但首先要回顾 1950 年左右的工作以确定氢之后的元素是否可以在伽莫夫的宇宙早期产生.

林忠、阿尔弗、弗林、赫尔曼和原初元素的形成

林忠四郎 (Chushiro Hayashi), 一位在日本浪速大学 (Naniwa University) 工作的 29 岁的核物理学家在 1949 年阿尔弗和赫尔曼在《物理评论》上的文章发表后不久就读到了这篇文章. 他看到了阿尔弗和赫尔曼以及伽莫夫都没有注意到的重要缺陷. [22,23] 在早期宇宙的高温下, 中子 n 和质子 p 会很快和电子 e^-、正电子 e^+、中微子 ν 和反中微子 $\bar{\nu}$ 通过类似

$$n + e^+ \rightleftharpoons p + \bar{\nu}; \quad n + \nu \rightleftharpoons p + e^-; \quad n \rightleftharpoons p + e^- + \bar{\nu} \tag{8.6}$$

的过程到达热平衡. 这些过程在粒子能量 kT 超过电子静止能量 $m_e c^2$ 的温度 (也就是电子、正电子、中微子和反中微子大约和质子一样丰度的温度) 下会进行得很快. 这里 k 是玻尔兹曼常量, m_e 是电子质量. 在超过 μ 介子的温度和能量中, 中子–质子转化速率可能更高. 因此, 假设早期宇宙主要含有中子是没什么道理的. 在高于 $\sim 2 \times 10^{10}$ K 的温度, 中子和质子必然处于热平衡. 在这些温度下, β 反应 (8.6) 进行得比宇宙膨胀导致的温度降低得快很多.

然而, 随着宇宙膨胀的进行, 粒子之间的距离会增加, β 过程会变得不那么频繁, 温度会大幅降低. 林忠四郎的计算表明中子/质子比会冻结在大约 1:4 的比例. 他证明, 如果宇宙的初始温度曾经高到建立了热平衡, 那么这是不可避免的. 冻结后, n/p 比会进一步降低, 但是只是通过相对慢的中子到质子的放射性衰变.

假定这个 n/p 冻结比例并认识到氢 ^{4}He 之外的原子核不太可能在原初时期大量形成, 林忠四郎计算了这些早期的氢原子核和氦原子核的比例. 氦的产生要求两个中子和两个质子聚合. 因此, 对于每 2 个初始的中子和相应的 8 个初始质子, 每产生一个 ^{4}He 原子核会剩下 6 个质子. 林忠四郎指出, 这个 6:1 的比例接近那时得到的恒星大气和陨石中的 H:^{4}He 比 5:1 和 10:1.①

林忠四郎的详细计算和他得到的结论是一项了不起的成就: 它们给出了第一个定量标志, 至少氢的形成发生在宇宙原初时期, 宇宙的温度在某个时刻必然为 $\geqslant 10^{10}$ K 的量级. [24]

林忠四郎的计算假设了对宇宙质量/能量密度的主要贡献是辐射. 尽管对于那个时期和温度 (在此温度质子和中子结合形成氘, 它们可以进一步转化为 α 粒子,

---

① 今天对冻结比的最佳估计是 ~1:6, 太阳系中氢和氦的比例是 ~10:1 —— 仍然和林忠四郎的计算符合得很好.

即 ^{4}He 原子核) 确实如此, 但在更高的温度这个假设就不对了. 在高于 10^{10} K 的温度, 质子之间的碰撞产生电子–正电子对, 其进一步碰撞产生中微子–反中微子对. 这四种粒子的质量密度加起来就超过了辐射的质量密度.

阿尔弗和赫尔曼接下来考虑了将辐射和物质的相互转化包括进来的问题, 他们在约翰 · 霍普金斯大学应用物理实验室的同事詹姆斯 · W. 弗林也加入进来. [25] 他们部分基于林忠四郎工作的详细计算得出小的但是显著的 n/p 比的变化, 在 1:4.5 到 1:6.0 范围, 和观测到的氢氦丰度比符合得更好. 尽管他们的文章没有重复今天宇宙中预期的质子温度, 但是他们确实预测了, 今天的中微子温度 T_ν 和光子温度 T_γ 的比应该为 $T_\gamma/T_\nu \sim 1.401$. 鉴于光子温度为 2.73 K, 中微子温度应该为 ~ 1.95 K. 他们的预言假设了中微子静止质量为零.①

和林忠四郎的文章一样, 阿尔弗、弗林和赫尔曼的文章限于轻元素形成刚刚开始的时期. 它不再推测重元素的形成. 或许这是因为早期宇宙中重元素产生的前景变得暗淡.

在阿尔弗和赫尔曼在 1953 年发表的一篇综述文章中, 他们写道 "[重元素的产生中] 仍然存在的主要困难是和 $A = 5$ 和 8 处的鸿沟有关的那些 …… 虽然理论目前处于非常近似的状态, 但人们希望包含越来越多关于原子核性质和核反应的知识将令人满意地解释丰度数据的细节特征, 当然, 如果能进行极端困难的详细计算的话. " [26]

伽莫夫、阿尔弗和赫尔曼完全集中于具有一个适定初始条件的宇宙的演化模型. 但 20 世纪 50 年代也考虑了另外一种模型, 即设想了一个一直存在并将永远存在的宇宙.

邦迪、戈德和霍伊尔的稳态理论

为理解为什么会考虑一个无限古老的宇宙的可能性, 必须回顾 20 世纪 40 年代晚期勒梅特的相对论性膨胀宇宙的年龄. 根据当时最佳的宇宙膨胀率, 也就是对哈勃常数的测量, 宇宙看起来不比 $\sim 2 \times 10^9$ —— 二十亿年老. 这是令人困惑的, 因为地球岩石中元素的反射性衰变表明地球年龄超过 3×10^9 年, 球状星团中大质量恒星的年龄似乎为 5×10^9 年量级. 20 世纪 40 年代已经可以估计这些恒星的年龄, 那时已经知道恒星主要由氢组成, 大质量恒星比质量较小的恒星明亮. 明亮的恒星快速将氢转化为氦, 耗尽其中心的氢, 离开赫罗图上的主序, 进入红巨星分支.

于是球状星团 (假设其所有恒星是共同演化的) 中仍然在主序上的最大质量的恒星是即将离开主序的恒星. 这使得可以确定它们在耗尽核心的所有氢之前维持

---

① 直到今天, 中微子背景仍然无法观测. 微不足道的中微子质量现在只能粗略估计, 但是阿尔弗、弗林和赫尔曼的计算也可以表述为等价的数密度, 这些量某一天可能是可以测量的, 为轻元素形成时期提供额外的信息.

能量辐射速率的时间长度.

恒星可能比宇宙年老这件事给我们出了一个难题. 当然, 地球和恒星不能比宇宙年老么? 如何调和宇宙膨胀指示的相对年龄和地球年龄?

两个独立版本的宇宙的稳态理论于 1948 年在讨论中引入了一种新的见解. 一个版本是由年轻的研究者赫尔曼·邦迪和托马斯·戈德提出的, 两位都是在奥地利出生的, 他们在被征召为 "二战" 英国雷达工作时成为好朋友. [27] 另一个版本是他们更资深的同事, 剑桥大学天体物理学家弗雷德·霍伊尔发表的, 他们也是在霍伊尔被征召进行战时工作时碰到的. [28]

尽管沿着不同的路径, 但两个版本的理论都推测宇宙持续从无到有地创造新的物质, 速率就是使物质密度永远保持不变, 也就是说单位体积的原子、恒星和星系数量保持不变. 这意味着宇宙看起来一直是相同的. 它从来没有比今天更致密. 年轻恒星和年老恒星的比例会永远保持相同. 即使单颗恒星会演化, 它们的相对数量也会保持不变. 邦迪、戈德和霍伊尔称这是宇宙的稳态理论, 因为所有东西都永远保持稳定. 随着星系以相同的膨胀速率相互退行, 新的星系会形成以填补膨胀产生的额外的空间. 这是一个想象的新宇宙模型!

邦迪和戈德提出了一个新的原理, 他们称为完美宇宙学原理. 这是当时的宇宙学家广泛接受的一个原理 —— 宇宙学原理的拓展. 那个原理推测宇宙对所有天文学家展示了基本相同的样貌, 不仅对我们星系中的天文学家, 对从宇宙中其他地方进行观测的天文学家也是如此.

完美宇宙学原理更严格, 要求宇宙的样貌对于所有时期的所有天文学家都基本相同. 尽管从一个地方到另一个地方, 从一个时期到另一个时期细节会有变化, 但我们今天看到的宇宙在统计上看起来应该和数十亿年前的观测者看到的一样, 而且会永远保持这个样子. 邦迪和戈德论证说, 只有通过这种方式才能理解宇宙演化.

他们提到了马赫原理, 这个原理认为一个物体的惯性是通过某种不明的方式由宇宙的大尺度结构确定的. [29] 他们提出自然常数, 即光速、电子的质量和电荷或者普朗克常量可能是类似地由宇宙的大尺度结构确定的. 他们写道:

> 现在的观测表明宇宙正在膨胀. 这表明过去的平均密度比现在要大. 如果我们现在做出任何关于这样一个更致密的宇宙的行为及其达到现在状态的方式的任何论断, 我们都必须知道适用于更致密宇宙中的物理定律和物理常数, 但我们无法确定这些. 一个通常的假设是在实验室中观察者所能推断出的物理定律是不会改变的 ⋯⋯ [但是如果] 我们采用马赫原理 ⋯⋯ 我们就无法拥有任何局域基础去选择物理定律和物理常数并将它们用于一个不依赖于宇宙结构的客体.

霍伊尔在这些论证中加入了稳态宇宙的思想, 这些思想 "看起来很吸引人, 特别是结合美学对遥远宇宙创生的反对. 因为它违背了科学研究的精神, 将可观测效应看作来源于'科学未知的原因',并且在原则上这是过去创生导致的.”[30]

霍伊尔修改了爱因斯坦场方程以容纳物质的创生. 最重要的一步是引入一个创生张量 $C_{\mu\nu}$ 指定物质在宇宙中被连续创生的速率. 这巧妙地取代了宇宙学项, 爱因斯坦最初在他的广义相对论方程引入这一项以得到他在 1917 年的静态宇宙学.

霍伊尔的创生张量得到了和三十年前德·西特 (de Sitter) 模型类似的宇宙膨胀速率, 但宇宙的原子物质密度不再为零, 而是对应于观测到的密度 (如果合适地选择 $C_{\mu\nu}$ 值的话).

霍伊尔、福勒和博比奇以及恒星中的重元素形成

我们现在需要回到之前提到的埃莉诺·玛格丽特·博比奇, 她的丈夫杰弗里·罗纳德·博比奇、威廉·A. 福勒和弗雷德·霍伊尔的文章.[31]

1957 年, 在霍伊尔、福勒和博比奇夫妇撰写文章时, 尚不清楚宇宙是否曾有一个起点或它是否是无限年老的. 如果如伽莫夫、阿尔弗和赫尔曼假设的那样宇宙有一个起点, 那么至少有一些元素在早期宇宙非常热的时候就已经形成了. 如果宇宙是无限年老的, 那么唯一足够热到可以成功解释比氢重的元素的合成地方是恒星内部.

博比奇夫妇、福勒和霍伊尔 (B²FH) 并没有讨论 "是否所有重于氢的原子都是在恒星中产生, 无须宇宙原初爆炸阶段的元素合成.” 相反, 他们希望他们的文章限于恒星中的元素合成并 "为未来的实验、观测和理论工作奠定基础", 这些工作可能最终提供恒星中元素起源的结论性证据.[32] 他们指出, 仅从核物理就可以弄清楚, 他们的结论对原初核合成同样正确, 在原初核合成中, 温度和密度起初和后来的演化条件和恒星内部相似.

这篇文章考虑了八种不同的核反应, 包括恒星中所有主要因素, 可以解释更丰富的同位素. 这篇文章长度超过一百页, 提出了一个理论, 其要点仍然反映了我们今天的认识, 尽管很多细节已经有所变化.

当然, 自 1957 年这篇文章发表以来已经发生了很多事. 现在我们知道, 稳态理论已不再有竞争力. 我们看到宇宙在早期、远距离处看起来和今天, 我们的附近, 非常不同, 它一定在演化.

现在得到的共识是, 如林忠四郎在 20 世纪 40 年代末所阐明的, 今天宇宙中观测到的大部分氦是在宇宙的最初几分钟原初地产生的. 至少一些观测到的氘、锂和铍看起来可以追溯到那些时期. 更重的元素都是在更近的时期在恒星内部形成的, 或许正如 B²FH 预言的那样.

***

即使在这篇深奥的天体物理学中的里程碑文章中, B²FH 的致谢也写了 "部分得到美国海军研究办公室和美国原子能委员会联合项目的资助.” 它再一次说明,

在战后不久国防相关的信息和基础科学信息在科学家之间分享是多么容易. 在冲突期间很多人进行了保密的研究. 在敌对停止后, 他们发现了继续研究有趣的问题而又不威胁国家安全的办法.

注释和参考文献

[1] An Attempt to Interpret the Relative Abundances of the Elements and their Isotopes, S. Chandrasekhar & Louis R. Henrich, *Astrophysical Journal*, 95, 288-98, 1942.

[2] Expanding Universe and the Origin of the Elements, G. Gamow, *Physical Review*, 70, 572-73, 1946; erratum: 71, 273, 1947.

[3] The Origin of the Chemical Elements, R. A. Alpher, H. Bethe, & G. Gamow, *Physical Review*, 73, 803-04, 1948.

[4] *Geochemische Verteilungsgesetze der Elemente. IX. Die Mengenverhältnisse der Elemente und der Atom-Arten*, V. M. Goldschmidt, *Shrifter utgitt av Det Norske Videnskaps-Akademi i Oslo I. Mat.-Naturv. Klasse.*, 1937. No. 4, Oslo, i Kommisjon Hos Jacob Dybwad, 1938.

[5] The Origin of Elements and the Separation of Galaxies, G. Gamow, *Physical Review*, 74, 505-6, 1948.

[6] The Evolution of the Universe, G. Gamow, *Nature*, 162, 680-82, 1948.

[7] Evolution of the Universe, Ralph A. Alpher & Robert Herman, *Nature*, 162, 774-75, 1948.

[8] On Relativistic Cosmology, G. Gamow, *Reviews of Modern Physics*, 21, 367-73, 1949.

[9] Ralph Alpher and Robert Herman, transcript of an interview taken on a tape recorder, by Martin Harwit on August 12, 1983, archived in the American Institute of Physics Center for History of Physics, pp. 13-15.

[10] Remarks on the Evolution of the Expanding Universe, Ralph A. Alpher & Robert C. Herman, *Physical Review*, 75, 1089-95, 1949.

[11] On the Gravitational Stability of the Expanding Universe, E. M. Lifshitz, *Journal of Physics of the USSR*, 10, 116-29, 1946.

[12] A Generalist Looks Back, Edwin E. Salpeter, *Annual Reviews of Astronomy and Astrophysics*, 40, 1-25, 2002.

[13] Nuclear Reactions in Stars without Hydrogen, E. E. Salpeter, *Astrophysical Journal*, 115, 326-28, 1952.

[14] Energy Production in Stars, E. E. Salpeter, *Annual Review of Nuclear Science*, 2, 41-62, 1953.

[15] Stellar Models with Variable Composition. II. Sequences of Models with Energy Generation Proportional to the Fifteenth Power of Temperature, E. J. Öpik, *Proceedings of the Royal Irish Academy*, 54, Section A, 49-77, 1951.

[16] Ibid., A Generalist Looks Back, Salpeter pp. 8-9.

[17] On Nuclear Reactions Occurring in Very Hot Stars I. The Synthesis of Elements from Carbon to Nickel, F. Hoyle, *Astrophysical Journal Supplement Series*, 1, 121-46, 1954.

[18] Recollections of Early Work on the Synthesis of the Chemical Elements in Stars, William A. Fowler, from an unpublished talk at an American Physical Society meeting, Crystal City, VA, on April 22, 1987. Fowler sent a copy of this talk to Martin Harwit, the session's organizer, on April 27, 1987, adding, "If the question of publication arises I would like to be consulted first." Regrettably, this is no longer possible.

[19] Ibid., Recollections, W. Fowler, 1987.

[20] The 7.68-MeV State in C^{12}, D. N. F. Dunbar, et al., *Physical Review*, 92, 649-50, 1953.

[21] Synthesis of the Elements in Stars, E. Margaret Burbidge, G. R. Burbidge, William A. Fowler, & F. Hoyle, *Reviews of Modern Physics*, 29, 547-650, plus 4 plates, 1957.

[22] Ibid., Remarks on the Evolution, Alpher & Herman.

[23] Proton-Neutron Concentration Ratio in the Expanding Universe at the Stages preceding the Formation of the Elements, Chushiro Hayashi, *Progress of Theoretical Physics*, 5, 224-35, 1950.

[24] Ibid., Proton-Neutron Concentration, Hayashi.

[25] Physical Conditions in the Initial Stages of the Expanding Universe, Ralph A. Alpher, James W. Follin, Jr., & Robert C. Herman, *Physical Review*, 92, 1347-61, 1953.

[26] The Origin and Abundance Distribution of the Elements, Ralph A. Alpher & Robert C. Herman, *Annual Review of Nuclear Science*, 2, 1-40, 1953.

[27] The Steady State Theory of the Expanding Universe, H. Bondi & T. Gold, *Monthly Notices of the Royal Astronomical Society*, 108, 252-70, 1948.

[28] A New Model for the Expanding Universe, F. Hoyle, *Monthly Notices of the Royal Astronomical Society*, 108, 372-82, 1948.

[29] *Die Mechanik in ihrer Entwickelung-Historisch-Kritisch dargestgellt*, Ernst Mach, F. S. Brockhaus, Leipzig, 1883, p. 207ff.

[30] Ibid., A new Model, F. Hoyle, p. 372.

[31] Ibid., Synthesis of the Elements, Burbidge, Burbidge, Fowler & Hoyle.

[32] Ibid., Synthesis of the Elements, Burbidge, Burbidge, Fowler & Hoyle, p. 550.

第 9 章　景　　观

科学结构由不同层次的领域 (科学活动的景观 (landscape)) 组成, 其大部分对专注于通过理性的方法解决问题的天文学家仍然不可见. 但这些领域外的活动对天文学的影响是深远的. "二战" 后美国和其他国家给予科学的高度优先权导致了科学研究活动的扩张. 天文学家此时将他们自己组织成研究组, 组员合作更高效地完成共同感兴趣的国家支持的项目. 联系起来的天文学家的网络如雨后春笋般出现, 和其他科学领域的网络进行互动. 和政府网络的连接也出现了.

科学活动的景观

如图 9.1 所示, 天体物理学家的景观代表了对宇宙的观点. 这反映了恒星与其周围的相互作用、星系团中星系的相互作用以及我们从宇宙演化早期阶段继承下来的遗产, 我们今天看到的周围较轻的一些化学元素最初是在数十亿开尔文的温度下产生的.

图 9.1　天体物理景观的示意

天体物理学家每天的工作是收集更多信息, 得到符合这个景观的新的观测和理论证据, 确保没有遗漏任何东西, 尽可能确保一切都是整洁和得到解释的. 这可能是一个艰难的过程. 每一点新收集到的证据都需要景观中的一个位置, 但往往不匹配. 为了容纳它, 景观的其他部分必须移动, 故景观在不断变化.

尽管天体物理学家经常认为其景观是完全孤立的, 但其实不是. 明显无关的活动中的演化通常不影响这个景观, 如图 9.2 所示. 但是当这些活动增长到超过一个临界点, 如图 9.3 所示, 它们可能突然强行进入景观, 影响其外观和后续的演化. 随后, 如图 9.3 下半部分所示, 天体物理学处于暂时的混乱. 由于产生了不可辨认的变化, 此景观急需重建.

在 "二战" 后, 如我们在第 7 章所述, 天文发现是在新的波长范围进行观测得到的, 多次震动了这个领域, 重组了景观. 通常天文界收拾碎片并重新组装, 还来不及喘息, 下一个发现又扰乱了这些努力. 每个重大发现都是一个惊喜, 因为以前组装的景观都经过了精心尝试以得到连贯性和一致性, 几乎没有给意料之外的外界影响留下空间. 直到"二战", 我们的天体物理理论都太狭窄, 是由几乎完全在可见光波段的观测确定的. 现在, 在其他领域发展的新仪器开始介入.

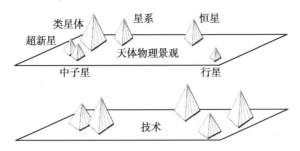

图 9.2 天体物理景观通常被认为是描绘宇宙与生俱来的特征的, 很大程度上不依赖于满足工业和政府需要的技术景观中的日常发展

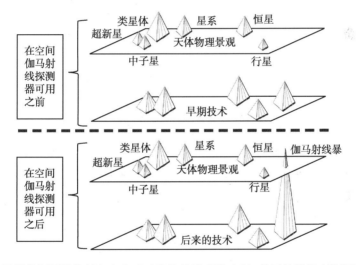

图 9.3 伽马射线探测器发射入太空对天体物理景观的改变. 美国的船帆座核测试探测卫星 (vela nuclear test detection satellite, NTDS) 系统是通过 1963 年到 1970 年间的一系列发射在太空中建立的, 用于在外太空探测潜在的苏联核弹试验. 这将伽马射线探测设备引入了太空, 如底图中标有后来的技术(later technology) 的带所示. 在建立 NTDS 系统前, 如上图中的天体物理景观所示, 人们对可能存在的天体物理伽马射线源一无所知. 一旦建立了 NTDS, 如下面的天体物理景观所示, 变得明显的是伽马射线暴零星地从不可预测的方向来源于空间中遥远的地方. 它们不可能是秘密的核弹试验. 但它们是什么, 没人知道

战争引入了新技术, 新技术发现了到那时还没有可见光迹象的现象. 孤立地看, 这些技术构成了一个完全不同、之前很大程度上被忽略的领域 —— 它们自身的景观, 从此一次又一次改变了天体物理的景观. 这些技术能提供的工具已经, 甚至到

今天在天体物理景观 (也就是我们对我们生活的世界的观点) 中还没有指定的位置. 它们仅被看作一个收集数据的方法, 而天文学的景观是这些数据 (这些数据组合起来代表了我们居住的世界) 的最终产物. 一旦新数据符合景观, 如何得到它们的痕迹就被抹去了, 它们看起来不再重要.

但是, 如果你认识到技术的景观, 一个和天体物理景观同样真实或许同样复杂的景观, 你就拥有了所有可以想到的可能最终研究宇宙的方法的信息, 拥有了一幅地图, 告诉你观测天文学到目前为止在何处还未能站稳脚跟. 这是新的观测最有可能产生新见解的地方. 宇宙太复杂, 理论预言通常无法从已知的观测外插到仍然缺乏观测的地方.[1]

***

如图 9.4 所示, 新技术不是塑造天体物理景观的唯一外部影响. 基础的宇宙拓扑和几何的数学模型和计算复杂相互作用或分析大量数据的能力也导致了新的世界观. 新的物理或化学过程的发现, 或矿物学的进展同样可以为天文学过程提供新的信息. 当然, 基于国家当前的经济或社会优先事项的政府法令往往可以指挥新的研究方向.

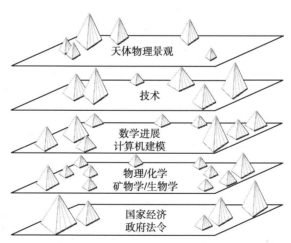

图 9.4 天体物理的演化不仅回应其自身景观内部的变化或新引入的仪器, 它也受到其他层面活动的影响, 这些活动分别反映了理论物理中新工具的发展、可视化和吸收信息的新方法、其他科学的发展、预算限制或政治决策

我们的研究方向至少部分受到社会力量的影响. 对经费的控制引导了科学项目. 前景看好的研究由于缺少经费而被抛弃; 新的项目由于可以受到资助而开始. 科学家很少逆着预算流方向选择研究课题. 大多数天文学家追随经费.

任何这些外部影响都可以一夜之间让整理天体物理景观中的一个领域的工作停止, 而其他更偏远、欠发展的、在之前的外部影响下太难以研究的领域将变得可以触及.

在 20 世纪前半叶, 天文学主要受到由数学家和理论物理学家发展的理论工具和通常由物理学家、化学家或工程师发展的观测工具的影响. 但是这些影响的程度远比我们在这个世纪的后半叶看到的要小. 那时, 将基础和应用研究更紧密地融合起来的加强的政府资助和有意识的努力, 导致了更紧密的联系. 正如伽马射线暴的发现, 图 9.3 中的例子展示了国家优先资助天文学造成的影响正是 "二战" 后以及冷战开始后天体物理学的研究如何变化的一个标志.

公共网络

很大程度上, 我描述的不同景观反映了不同专业共同体 (community) 的工作, 这些工作中的一些可能专攻天文学、天体物理学或宇宙学中的不同领域, 而其他涉及科学、工业或政府的不同领域. 三位研究社会网络的先驱, 马克·纽曼、斯蒂芬·斯托加茨和邓肯·沃茨揭示了这些共同体之间纵横交错的联系.

两类活动倾向于为天文学家提供建立尊重、信任以及相互影响的机会. 第一类活动通过合作研究, 如合作发表文章. 第二类通过共同为专业董事会或委员会服务, 或通过其他密切联系. [2]

这些联系可以用两种方法表示. 一种表示所设计的具体活动. 图 9.5 上半部分显示了五种活动, 例如, 标号为 1~5 的五个科学监督或咨询委员会的工作, 从 A 到 K 的十一个专业人士以小组为单位从事这些工作. 专业人士 D 和 A、B、C、E、F

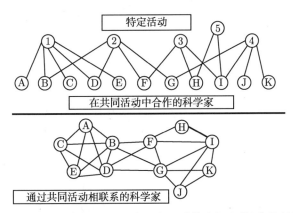

图 9.5 通过共同活动相联系的科学家. 图中用字母或数字标注的圆圈区域称为网络的结点. 它们之间的联系称为边. 在上半图中, 科学家 A~K 通过活动 1~5 松散地联系, 他们中的一些人是一起从事这些活动的. 下半图展示了这些科学家是如何直接或间接联系的, 但是忽略了联系他们的活动. 注意 B 和 D 之间以及 H 和 I 之间较强的联系. 和其他对科学家仅由一个共同活动联系不同, 这两对科学家是通过两个共同活动联系的 (基于 M. E. J. Newman, S. H. Strogatz, & D. J. Watts, *Physical Review E*, 64, 026118-2, 2001 中的一幅图画)

和 G 共同在一个董事会中, 故而和它们有直接联系. H 只与 I 和 F 直接联系, 并通过 F 与 D 有二级联系. 这幅图的下半部分去掉了联系活动的所有引用, 只显示了哪些科学家互相联系, 使得他们之间的联系更清楚.

　　在任何一个职业群体中, 他们可能是天体物理学家、仪器建造者、理论物理学家或政府官员, 成员之间的相互作用可能很密切, 因为他们共同进行某些形式的活动. 跨学科或跨专业的联系往往相对较少, 但可能是最有影响力的, 如图 9.6 所示.

　　•　和1到3个其他结点相连的结点
　　●　和大于5个其他结点相连的结点

图 9.6　网络中科学家作为结点. 注意这个网络有两个人数众多的区域只有一个连接. 这表明
　　　　在各自区域内的天文学家几乎没有共同点, 工作在不同子学科中

　　尽管只有少数天体物理学家和政府官员有紧密联系, 或许他们中更多人和仪器建造者或理论化学家有紧密联系, 但不同行业的成员间的这些少数连接足以让所有不同的共同体建立高效的工作联系. 在整个科学家群体中, 天文学家的网络仅仅是一个更大的复合体的一部分, 见图 9.7.

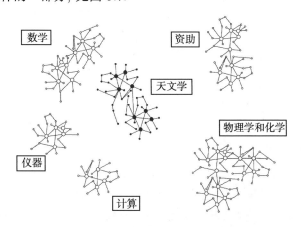

图 9.7　天文学家作为更大的网络的一部分, 这个网络包含天文学家及与其交换信息的科学家和数学家以及程序员; 与其一起设计、建造及维护仪器和天文台的工程师; 通过其获得资助的机构或捐助者. 在这幅图中, 这些不同共同体之间的联系没有明确显示, 部分是因为这些联系可以通过不同的相互作用产生. 我们在图 9.12 回到一种交叉联系的形式

密歇根大学安娜堡分校的马克·纽曼通过追踪 1995~1999 年五年间, 在大家广泛使用的预印本网站 arXiv astro-ph 上列出的研究文章中的天文学家之间的合作, 分析了这些网络中的一些. [3,4] 令人信服地论证说, 两个完成了一篇合作文章的天文学家必然彼此非常了解, 如果他们是仅有的两个作者或者共同作者数量不多. 故研究合作方式变成了一种评估跨职业联系程度的方法.

纽曼的研究出现了三个有趣的特点.

第一, 如图 9.8 右图所示, 形成由大约 90% 通过共同发表文章紧密联系的天文学家组成的共同体的一个巨型集团, 平均来说只需要 4 或 5 步, 或者说 3 或 4 个中间人. 这个共同体的任何一个成员都可以通过联合作者与他或他可能不认识的任何人联系, 他们可以通过一个短的共同发表过文章的中间人建立可靠的联系.

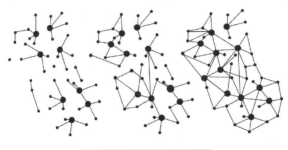

● ≤3的顶点　● ≥4的顶点

图 9.8　形成巨型连接集团的相变. 左边, 个人或小团体通过彼此不受阻碍. 在中间, 一些个人形成较大的、半永久的团体, 直到他们胶结成巨型集团 (右边), 很少有人不加入. 这个相变类似于分子气体首先冷却形成液体, 仍然允许分子集团容易地通过彼此, 直到液体冻结形成和少数气体分子保持平衡的固体 (右边). 注意右上的小集团一直保持独立

在纽曼的研究中, 两个距离最远的天文学家 (二者都是通过共同发表文章连接的巨型集团的成员) 之间最大的距离是 14 个这种连接, 或者说所谓的网络中的测量步(geodesic step), 如图 9.9 最后一行所示. 对于其他学科, 纽曼发现了类似的特征. 在图 9.10 中, 左边的标尺给出了科学家之间的平均距离, 对于不同学科, 范围从 5 到 7.

第二, 纽曼发现, 这个巨型集团连接了总共大约 16700 位天文学家中的大约 14850 位. [5] 所有天文学家中只有大约 10% 发表了和这个巨型集团或群体没有交叉连接的工作. 第二大集团中最多只有 19 位相互联系的作者 —— 这个集团差不多比那个巨型集团规模小一千倍. 故而有数千位天文学家自己工作或以小团体进行工作, 他们的工作很大程度上可能和大多数天文学家的兴趣没有联系, 可能完全被大多数天文学家忽略. 很多天文学家可能通过信任的、有紧密联系的同事口头传述有趣的新结果.

文章总数	22029	篇文章
作者总数	16706	位作者
每个作者的平均文章数	4.8	篇文章
每篇文章的平均作者数	3.35	位作者
每个作者的平均合作者数	15.1	位合作者
巨型集团的大小	14849	位作者
第二大集团	19	位作者
巨型集团成员之间的平均间距	4.66	步
巨型集团成员之间的最大间距	14	步

图 9.9　1995~1999 年共同发表科学文章的天文学家的网络. 文章数、每篇文章平均的作者
数、天文界通过共同发表文章互相连接的程度和巨型集团 (g.c.) 的特征都反映在这个从
arXiv astro-ph 天文预印本数据库中得到的 1995~1999 年五年间的样本中 (摘自 M. E. J.
Newman, *Proceedings of the National Academy of Sciences of the USA*, 98, 404, 2001)

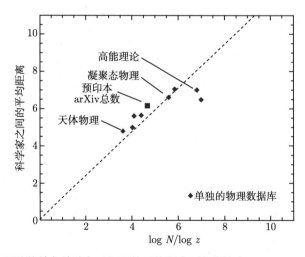

图 9.10　各种物理子学科中科学家对相隔的平均距离. 这些是在 1995~1999 年从 arXiv 预印
本网站得到的数据导出的. N 是发表了数据库中所列文章的作者的数量, z 是每篇文章平均
的合作者数量. arXiv 物理数据库收集了不同子学科的数据, 一些子学科是在此用所有物理数
据库和整个 arXiv 加起来的数据证认的. 虚线给出了随机网络 (其中 N 个点的连接使得每个
点随机连接到 z 个其他点) 在这幅图上预期的斜率; 这幅图受到限制, 需要通过原点. M.E.J.
纽曼收集了这些数据, 他注意到将一个科学领域的成员隔开的少量步骤, 猜测这是运行中的科
学共同体的关键特征 (根据 M. E. J. Newman, *Proceedings of the National Academy of
Sciences*, 98, 408, 2001)

　　纽曼的第三个发现是, 拥有一大批共同作者的那些天文学家的数量的快速减
少, 这使得非常少的一些有很多共同作者的个体处于连接该领域中其他成员的最短

路径的关键中间人的位置, 这让这些受到高度重视的作者的联系最紧密、消息最灵通, 成为该领域中最有影响力的成员.

这个影响不小. 纽曼发现, 这个领域中凭借共同作者联系最多的个体比排名第二的成员的联系数量要多得多, 而排名第二的成员比排名第三的成员的联系数量要多得多.

但是不仅仅是这些个体的共同作者数量在起作用. 实验高能物理学合作通常有数百个合作者, 大部分不认识彼此. 20 世纪最后几年, 天文学家合作的规模, 特别是用最大型的地基望远镜或空间望远镜进行的观测, 开始接近类似的规模. 纽曼建立了一个判据, 他称其为合作强度; 如果个体和相对较少的合作者发表很多文章, 它将使其排名靠前. 和每个共同作者的连接强度的权重反比于一篇文章的共同作者数量.

一个联系很多的中间人所处的地位具有这样的潜力, 使个体对筛选和传播新思想有影响. 纽曼指出, 这些领先的个体对时髦的观点做好了准备, 判定什么是合理的, 什么是不合理的, 哪些思想会被接受, 哪些不会被接受, 天文学中哪些领域值得进一步研究和资助, 哪些不值得. 知识就是力量. 在另外一个极端, 共同体中的大约 10% 和巨型集团没有联系, 对该领域的发展几乎没有影响.

然而, 共同发表文章不是建立天文学家之间牢固联系的唯一途径. 咨询委员会、视察委员会和规划委员会的联合服务提供了类似的机会以建立尊重、信任和对天文学发展方向的共识. 那些广泛地共同发表文章的天文学家也被要求为有影响力的委员会工作.

纽曼研究了《财富》1000 强公司的董事会 (图 9.11), 这是美国最大的 1000 家公司, 发现只出现在一个董事会中的董事在统计上可能与其他也只出现在一个董事会中的董事类似, 而出现在很多董事会中的那些董事的同行也类似地出现在很多董事会中, 见图 9.11. 这些人都是最有影响力的个体. 他们通过所在的互相连锁的董事会传播他们的公共影响力.

天文董事会 (board) 和委员会 (committe) 有类似的构成. 大部分进行 2010 年的天文学和天体物理学十年规划 (对美国天文学界在 2010~2020 年十年间应该优先研究的项目的评估) 的调查委员会成员也在其他很多咨询委员会中. 通过这些联系, 他们可以影响对新的研究方向、新设备的建造、预算分配和观测时间分配的决策, 简单说就是影响天文学和天体物理学如何被看待、研究以及如何发展.

也有人推荐年轻有为的同事升职; 为著名奖项、顶尖期刊的编辑职位、天文台台长职位提名著名科学家; 指导研究院院刊; 撰写当前感兴趣的课题的综述文章; 以及一般性地监督科学的行为符合最高标准. 当然, 所有这些是任何共同体中公共服务和领导的一切.

但在科学中这一切有不好的一面. 它的特点是弗莱克的思想集体 (thought collective) 不好的方面, 它们建立、连锁并保持了跨领域的共识、一套思考的惯例、一个共同的观念在其上找到根源的平台, 尽管有真诚的信仰: 科学真理仅仅基于冷静的观察.

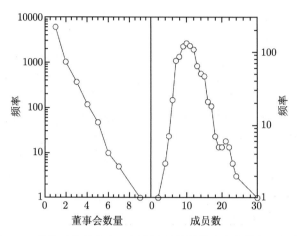

图 9.11　《财富》1000 强公司的董事会: 左边展示的是董事会的数量, 右边展示的是不同公司的董事会成员的数量 (重印授权自M. E. J. Newman, S. H. Strogatz, & D. J. Watts, *Physical Review E* 64 026118-13, 2001, ⓒ2001 by the American Physical Society)

随机网络

刚刚描述的网络结构显示了对新思想和思维方式的接受是如何实现的.

20 世纪 90 年代中期, 那时康奈尔的研究生邓肯 · 沃茨和他的论文导师斯蒂芬 · 斯托加茨开始描绘建立在从大的人群中随机选择的特定个体之间的交往方式, 以及随后思想如何传播.[6] 有趣的是, 他们确定了思想的传播非常像传染病的传播.

一个流感病例可能首先出现在某个国家的一个村庄中并引起轻度的警报, 因为起初它局限在少数邻近地区. 随后一个受感染的个体坐飞机去了另一个国家. 飞机上的人来自各大洲, 一些人最终回到他们的国家. 这些人中的一些通过飞机上的近距离接触被感染. 因为传染是由分散的乘客导致的, 所以这种疾病随后可能出现并在东亚、欧洲或北美洲传播. 很快, 这种疾病就开始大流行.

疾病和思想的传播或者小工具和技术的传播可以建模为一张纸上任意点之间建立的随机连接. 这种连接在距离短的临近点之间比距离远的点之间更容易出现. 随后我们谈论概率分布, 近邻个体之间接触的概率高, 相隔远的个体之间接触的概率低. 但是一旦粗略确定了这些概率, 我们就可以展示, 随着时间的推移, 这些不同个体之间的连接是如何出现并增长直到最终几乎任何个体都和其他个体有连续的连接, 通过一系列中间人, 这些中间人在一个巨型集团中相互连接, 中间没有断裂.

因为这种建立连接的方法仅指定了任意两个相隔给定距离的个体可能连接起来的概率, 不考虑这些个体是谁, 所以我们称其为随机过程. 这样建立的网络故而称为随机网络.

沃茨和斯托加茨的一个发现是, 整个地球上的人口数量的随机网络中, 任意两个随机选择的个体之间的联系可以仅通过六个连接建立起来. 这是对之前的一个发现——美国那么多甚至整个地球那么多的人口中的任意两个人都只由大约六个这样连接分隔, 通常称为六度分隔的一个数学解释. [7]

沃茨和斯托加茨将他们的理论称为小世界理论. 置身很多其他预言之中, 这个理论似乎提供了一个如何可以推翻旧思想的方案, 提供了接受类似天文学这样的科学领域中的新方向的途径. 它做到这一点不是通过叙述在发挥作用的逻辑因素, 而是将其作为涉及领域中研究人员之间连接的一种模式, 纯粹依靠受信任的同事, 这些同事影响了对新思想、新理论或思维习惯的接受. [8]

这就是通过共同发表研究结果将天文学家和天体物理学家链接起来的网络发挥的最重要的作用. 特别重要的是纽曼提出的个体之间的合作强度. [9]

小世界理论也描绘了遥远的研究领域如何影响天文学中的发展. 就像传染病的传播一样, 一些距离大的罕见链接可能比量大得多的较小尺度链接更有效. 在天体物理中, 数学家、化学家、矿物学家或工程师贡献的一个新的见解、工具或方法的影响可能远比大体上思想相似的天体物理学家之间频繁的互动要大.

外部影响

这个网络描述和我们之前的发现一致, 除了在这个领域内影响天文学的进程外, 我们也见证了强大的外部影响, 见图 9.12. 我之前描绘的景观对应不同的人类活动领域、不同的科学或技术领域或资助结构.

一个领域的工作者通常通过传播新的工具对另外一个领域的发展施加影响. 科学家和工程师 (例如, 维克多 · 赫斯, 发现了宇宙线; 卡尔 · 央斯基, 首先观测到了来自银河系中心的射电辐射; 或者首先测量了来自太阳的 X 射线的美国海军研究实验室的科学家) 通过他们为天文学家提供新观测工具, 做出了重要贡献. 如果说他们成为天文学界的成员, 那也是在他们对这个领域做出了贡献之后而不是之前.

对于为天文学和宇宙学做出基础性贡献的顶尖理论物理学家也是如此. 这些人包括阿尔伯特 · 爱因斯坦, 他提出了第一个现代引力和宇宙学理论 (第 3 章); 尼尔斯 · 玻尔和梅格纳德 · 萨哈, 他们的原子和离子模型促成了对恒星大气中温度和元素丰度的清晰理解 (第 4 章); J. 罗伯特 · 奥本海默, 他首先解出了产生中子星和恒星质量黑洞的途径 (第 5 章); 汉斯 · 贝特, 他提出了两种让太阳发光的主要核反应过程 (第 6 章). 这些人当然认为他们自己主要是提供解决天文学问题的有用的新工具的理论物理学家. 发表他们的发现的杂志全都是由物理学会而不是天文学会发行的.

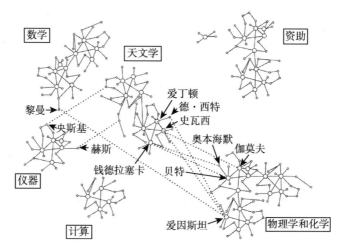

图 9.12　科学家主要通过自己领域中的合作进行互动, 但偶尔也和其他领域建立联系. 点线连接表示对其他领域的个人贡献. 一个领域中的科学家通过实线网络连接起来. 箭头指向那些名字对应的科学家做出最持久贡献的领域. 连接不同领域的点线是想展示主要工作在其他领域的科学家或数学家对天体物理知识的直接或间接的贡献. 注意连接数学家伯恩哈特·黎曼和爱因斯坦的从数学到物理学再到天文学的间接连接. 爱因斯坦使用黎曼的微分几何构建了他的广义相对论, 这又导致了天体物理和宇宙学中的进展

理论工具的手艺人

在此我想回顾我们对宇宙的理解在 20 世纪前半叶是如何变化的, 以指出新的理论工具在天体物理理论发展中所起的作用, 并展示那些创造了这些工具的人如何使用它们逐渐揭示了我们今天看到的宇宙.

他们带来的新工具和新成果包括相对论, 其对恒星中的能量产生、白矮星极限质量和宇宙的结构和演化有重要影响; 旧量子理论, 其对原子和离子光谱的见解使我们第一次了解了恒星大气以及或许恒星内部的化学组成; 量子力学及其对核理论的影响, 导致我们理解了什么使得恒星发光以及它们已经存在了多长时间; 量子统计阐明了恒星内部深处的过程以及大质量恒星的最终命运.

理论工具和其他工具一样有不同的形态和形式, 而且正如别的工具一样, 形态和形式很少作为实用性的衡量标准. 一种新的物理原理或见解、一种给出新的线索的数学形式、一种对复杂情况有用的近似都可以在推动天文学发展中起到核心作用.

应该记住两点. 第一点容易承认, 本章致力于记录这一点: 物理学家或数学家创造并贡献给天体物理学的发展的理论工具的类型反映了工具制造者的个性和喜欢的风格.

第二点更难接受一些, 故而需要强调:

我们能获得的理论工具塑造了我们构思和感知世界的方式!

爱因斯坦没能找到一种方法将引力纳入他的相对论, 直到马塞尔·格罗斯曼告诉他黎曼几何可以提供必要的数学工具. 类似地, 爱丁顿困惑于这个明显的悖论, 白矮星在电子和原子核复合形成原子的温度之下可能无法冷却. 拉尔夫·福勒在那时帮助了爱丁顿. 福勒熟悉量子统计, 快速切入这个悖论, 得到了对白矮星结构的清晰认识.

理论天体物理学中的气质和风格

20 世纪天体物理学家所采用的大部分理论工具都是从物理学引入的. 那些创造了这些工具的人往往对它们在天文学中的应用有贡献, 简单地说, 在他们回到纯物理中研究其他问题之前展示了这些工具的使用方法. 这些人中有贝特、爱因斯坦、拉尔夫·福勒、亚历山大·弗里德曼、奥本海默和萨哈, 他们不喜欢应用他们的理论, 而更喜欢将他们理论的应用交给更传统的天文学家. 钱德拉塞卡、伽莫夫、霍伊尔和萨尔皮特是重要的例外. 四个人都继续发展了天体物理学思想, 产生了深远的影响, 尽管伽莫夫后来转向了遗传学的理论工作.

我试图展示不同理论家的贡献以及他们贡献给天文学的工具的类型如何依赖于个性. 对于非科学家, 这种说法看起来似乎很奇怪, 因为他们倾向于把科学发现看作是自然的产物, 而不是用于发现的工具或者科学家的个性. 天文学家所使用的工具以及他或她从无形的大量数据中雕琢出一个新发现的想象力往往被忽视.

早些时候我展示了爱因斯坦如何集中精力发现自然的结构和支配所有物理学的主要原理. 钱德拉塞卡在某种程度上沿不同的途径试图解释自然内在的数学之美. 爱因斯坦根据指导原则看待宇宙, 钱德拉塞卡根据数学结构看待宇宙. 艾米·诺特可能已经指出了, 与她同名的定理表明这两种方法只是一枚硬币的两面.

伽莫夫的关注点完全不同. 他最喜欢的方式是提出惊人的新见解. 他最大的贡献可能是敏锐地发现核粒子可以通过量子力学隧穿进入或离开原子核, 这个过程在经典物理学中是能量禁戒的. 对这个新特征的理解是揭示维持恒星能量输出以及自然中重元素产生的核过程的基础.

伽莫夫意识到他不擅长于复杂的计算, 他缺乏这种气质. 他可能感觉到只有汉斯·贝特才具有的那种理解力才能从所有不同的方案中选择自然本身会选择的用于恒星能源生产的方案. 贝特是百科全书式的大师级计算者, 其敏锐的洞察力帮助他像外科手术一样切入核过程的迷雾, 揭示了让主序星发光的两个主要核反应链.

埃德温·萨尔皮特, 某种程度上很像他早期的导师贝特, 可以处理各种各样不同的问题. 和爱因斯坦不同, 他对职业生涯没有大的路线图. 在晚年的自传中, 他写道:"我属于少数'乒乓球运动员'型的科学家, 即在很短的时间内对来自其他人的影响做出反应而没有太多系统性规划⋯⋯'乒乓球运动员'对其他运动员做出反应, 但必须决定对哪些可能的影响做出反应, 所以决策很重要."

弗雷德·霍伊尔和萨尔皮特一样也研究广泛的问题. 他完全无畏地专注于任何吸引他的可能进展 —— 稳态宇宙学、恒星中重元素的产生、大胆预测实验物理学家还没有发现的碳原子核的一个共振态. 他不像别人那样担心他的结论是对还是错, 只要他研究的问题让他着迷. 最终, 对错会见分晓, 但至少要开始研究. 他写了精彩的科幻小说故事, 如他的《十月一日太迟》(*October the First is Too Late*) 或《黑云》(*The Black Cloud*), 看起来完全基于可信的概念, 严格的天文杂志审稿人可能会因为太天马行空而拒稿, 但读者可能会喜欢不太拘谨的科幻小说.

这些伟大的理论家所走的舞台即使不比任何伟大演员的舞台更宽也应该同样宽. 他们对工作投入了同样的力量和激情 —— 他们的表演后世会心怀敬畏地重演, 或许不是靠老电影剪辑的帮助, 而是通过熟读几十年前写就的期刊文章.

理论天体物理学家最高产的年龄

我在之前章节中引用的主要理论进展都是在研究者相对年轻的时候贡献的. 可以由表 9.1 最好地总结这一点. 表的第一列是对理论进展作出贡献的科学家 (们); 第二列是这些理论的名称; 第三列是这些人的出生日期; 第四列给出了这些理论出现的年份; 最后一列给出了科学家们作出这些贡献时的年龄. 我把氢是恒星大气中最丰富的元素这个发现包括进来, 因为这涉及非常多的理论解释.

表 9.1　理论天体物理学家作出他们的重要贡献的年龄

理论提出者	理论名称	出生年份	提出理论的时间	年龄
贝特	恒星能源	1906	1938~1939	31
玻尔	原子结构	1885	1913	28
斯通纳、钱德拉塞卡	白矮星质量极限	1899, 1910	1930, 1935	31, 25
爱丁顿	恒星中的辐射转移	1882	1916	34
爱因斯坦	质能等价	1879	1905	26
爱因斯坦	相对论宇宙学	1879	1917	38
福勒	白矮星简并	1889	1926	37
弗里德曼	相对论性演化的宇宙	1888	1922	34
伽莫夫	核隧穿截面	1904	1928	24
伽莫夫	宇宙学	1904	1948	44
勒梅特	宇宙膨胀	1894	1927	33
佩恩、罗素	氢主导的恒星	1900, 1877	1925, 1929	25, 52
奥本海默	中子星和黑洞	1904	1938~1939	35
萨哈	电离气体光谱	1893	1920	27
萨尔皮特、霍伊尔	重元素的产生	1924, 1915	1951, 1953	26, 38
史瓦西	宇宙奇点	1873	1916	43
魏茨泽克	能量和元素	1912	1938	26

只有六个理论是理论家在 37~52 岁时提出的. 其他 14 个从 24 岁到 35 岁不等.

或许可以构建一个更短但同样有指示性的表格, 列出这些理论家中的一些以及其他人直接反对这些新理论时的年龄.

1925 年, 当亨利·诺里斯·罗素强烈敦促塞西莉亚·佩恩将她得出的高氢丰度的结论从她的论文中删去时, 他 48 岁, 他继续否认这个高的丰度持续了四年, 直到证据再也无法抗拒. 他后来在 1939 年 62 岁时自我救赎, 变成了贝特的恒星能量产生理论的强力倡导者.

爱因斯坦在 1931 年 52 岁时终于愿意接受膨胀宇宙, 那时证据已经是压倒性的了. 他从 1922 年弗里德曼的文章首次出现时的 43 岁以来就一直抗拒这个概念. 另一方面, 尽管祝贺了卡尔·史瓦西最初的关于点质量的广义相对论论文, 但是爱因斯坦后来觉得这样的质量不可能是物理现实. 在 1939 年他 60 岁时写的文章中, 他解释了为什么.

爱丁顿也不愿意接受恒星中高的氢丰度, 至少在 1926 年他 43 岁, 在他写他的书《恒星的内部组成》时是这样的. [10] 他最直言不讳地反对大质量白矮星坍缩是在 1935 年他 52 岁时.

或许这些在年龄大时的错误看起来显著只是因为这些犯错误的人在早先做出了非常重要的贡献, 并且他们后来的观点分量很重.

爱因斯坦常开玩笑说, 命运对他早期蔑视权威的惩罚是让他在生命后期成为权威. [11]

弗莱克的思想集合体

路德维克·弗莱克的思想集合体根植于对老天体物理学家的尊敬, 他们的创造力曾经领导了新的方向. 年长的天体物理学家可能会对进展反对一段时间, 因为该创新 "感觉不对"; 它们并非基于让这些有创造力的个体在年轻时取得最伟大成功的相同方法, 这些人现在是权威了.

为什么不是基于相同方法? 这是因为这些工具很快变得流行, 成为学术界工具的一部分, 现在已经耗尽了它们所能提供的推动领域发展的一切. 但主要的问题仍然有待解决, 最有可能的是, 所有可用的工具都被尝试了, 学界需要等待一种全新的方法, 一种没有人想到过的新工具. 这不一定必须发现一种新现象, 而是要意识到存在一个没有根据的假设, 一个没人认识到但现在必须抛弃的偏见.

这种对偏见的抛弃导致李政道和杨振宁 1956 年相悖于所有之前的预期, 提出自然或许可以区分左旋和右旋系统, 至少在涉及弱核力的相互作用时如此. 为此, 他们提出如何能从实验室观察对这些预期的违反. [12] 实验随后表明中微子总是具有现在所称的左旋自旋, 而反中微子具有右旋自旋.

令人震惊的是, 宇宙区分左旋和右旋粒子自旋! 马赫原理如何解释这一点? 或许这个原理根本不符合自然.

通常年长的有创造性的人可能会认识到需要新的方法来产生下一个重要进展, 并且自己研究一种方法. 但对他们所追寻问题的研究可能不起作用. 爱因斯坦晚年专注于将引力和电磁力统一起来创造一个新的统一理论. 这可能是没有希望的, 因为那时还不知道弱核力和强核力. 爱丁顿致力于他的"基本理论", 也无疾而终. 同时, 他们都没有充分认识到相对论量子力学和量子统计对推进物理学和天体物理学的影响.

天体物理学在 20 世纪前半叶发展迅速, 并持续加速, 可能是因为有大量科学家活跃在此领域. 当然, 现在科学比弗莱克的时代发展得快. 越来越快的脚步往往迫使那些权威和不愿意接受改变的人最终承认新的进展是真实的. 这些迟到的认可或许教给学界不要那么认真地对待权威 —— 这种态度只会对科学有益.

工具和新思想

历史学家经常强调新思想对科学发展的影响. 在此, 我想强调理论工具和它们的影响.

在我早先的书《宇宙的发现》(*Cosmic Discovery*) 中, 我试图令人信服地展示, 最重要的观测天文学发现 (特别是在 20 世纪) 紧随新观测工具的引入. 这些新工具通常是对天文学陌生的人所引入的, 主要是物理学家和工程师, 他们中的大部分对当时的天文学思想的前沿问题并不熟悉. [13]

同样的情况似乎也导致了理论天体物理中的新方向. 狭义相对论和广义相对论的创立对天体物理思想有巨大影响, 就像量子力学、量子统计以及原子和原子核理论的创立一样. 将这些理论工具应用到宇宙学、恒星结构和演化理论以及最终应用于化学元素的起源, 完全改变了我们对周围世界的观念.

新思想似乎只起到了次要作用. 思想通常"不接地气"; 它们可能会被同事简单讨论但不会更进一步. 它们往往只是推测, 需要从很多其他同样有趣的猜测中淘汰, 这些猜测哪个也不比其他的更好. 谁最先表述了一个想法的优先权之争一直都在. 他们认为很多人脑子里出现的想法是"廉价的", 很多这些想法几乎不需要洞察力, 但需要进一步努力才能实现, 很少有人准备投入这些努力, 因为手头没有正确的工具来方便地研究这些想法.

在科学中, 人们需要一些工具来筛选出可以用于描述自然的好想法, 同时抛弃其他失败的想法. 能够发展这些工具并预言新事实的科学家是贡献最大的人. 牛顿对数学工具的发展 (这使他能够证明引力的平方反比律可以解释伽利略对落体的测量、行星围绕太阳运动的开普勒定律、彗星轨道和月球对地球的潮汐力) 是伟大的成就, 引起了无数对自然的进一步研究.

如果没有天体物理学的观测和理论工具来区分适用和不适用的想法,那么想法本身也几乎没什么影响.

我们看到约翰·米歇尔如何在 1783 年想到,可能存在大质量恒星,其引力场强到光都无法逃离. 但是经历两个世纪,即使是拉普拉斯这样伟大的科学家对这个想法的研究也没有什么结果,直到广义相对论提供了可以研究这个想法的工具. 史瓦西的想法并不比米歇尔或拉普拉斯的新,但爱因斯坦提供给他的工具使他的工作是有用的.

当圣彼得堡的亚历山大·弗里德曼在爱因斯坦的广义相对论中看到用于描述膨胀、收缩或振荡的宇宙模型的数学工具时,没有人相信我们所居的宇宙会显示出这种行为. 当然,爱因斯坦也不相信. 他仍然坚定地执着于静态宇宙的思想.

一旦发现一个工具在一个问题中有用,它就很可能被用于其他问题. 萨哈方程在被证明处理恒星大气和恒星内部的原子电离有用之后,也被用于在魏茨泽克以及钱德拉塞卡和亨里奇对重元素产生的研究中处理中子和原子核的平衡.

你也可以通过比较和对比新工具的应用来筛选不同的想法. 斯通纳、朗道、钱德拉塞卡和奥本海默及他的学生们都使用同一套量子理论工具和相对论工具,但是斯通纳、钱德拉塞卡和奥本海默将它们用于天体物理学的想法,而朗道的想法,至少至今还一无所获.

历年来,那些将新工具引入天文学和天体物理学的人为这个领域提供了很好的服务. 他们的工具通常可以用于各种各样的问题.

对新方法、新理论和新时尚的接受

天体物理学的任何领域中,新的研究方法往往由共同寻求新的研究方向的研究组牵头. 这种合作方式在大多数科学领域都很常见,如弗莱克首先强调的那样. 使用一种给定方法的研究组倾向于强烈抵制使用任何其他方法进行他们的研究,通常令拥有同样正确或更有趣的研究方法的其他人,以及不能理解这个狭隘领域的其他人感到困惑和惊愕的是,顶尖研究组的成员对此近乎狂热.

尽管人们可能认为共同体实施研究的方式是有害的,但是大多数科学家只是遵循其他人的观点 —— 形成一个行为一致的共同体,故而对宇宙的描绘适应彼此的口味,科学中流行的内容确实有明显优势. 通过接受一个当前流行的内容,科学家们一致认为一个问题值得研究. 如果这个群体中的一个成员发现了一种能取得进展的有用的方法,就会有很多同样思考过这个问题并且能评判这个新方法的同事对其进行改进,并和同样消息灵通的同事讨论其优缺点,以得到进一步的见解. 于是正在研究的这个问题会更快地解决,或者更快地碰到不可逾越的障碍并走进死胡同.

如果这种方法不起作用,那么这个群体会转向更富有成效的方法并重新开始. 很快,一个新的想法浮出水面,一个新的领导群体出现了,有时具有相同的成员或稍有变化, 很少会出现新的一批成员. 快速而专注的追寻再次开始. 忠于流行趋势的一个主要优点是有现成的熟悉问题细节的消息灵通群体.

什么决定了对这些新时尚的接受? 手头对发生改变的方向的判据有多可靠? 新的团体能多快地吸纳成员? 每项研究在稳步前进之前要持续多长时间?

这些就是社会级联效应(social cascade) 所阐明的问题, 首先由邓肯·瓦茨在 2002 年建模.[14]

在描述级联如何出现之前, 我想转向两个其他主题. 第一个是第 10 章的主题, 进一步探讨代表了 20 世纪后半叶的理论进展. 第二个主题是在第 11 章中讨论的, 涉及天文学界计划未来的方式. 随后我会在第 12 章中回到对社会级联效应的讨论.

注释和参考文献

[1] *Cosmic Discovery—The Search, Scope and Heritage of Astronomy*, Martin Harwit. New York: Basic Books, 1981.

[2] Scientists Linked Through Joint Activities, M. E. J. Newman, S. H. Strogatz, & D. J. Watts, *Physical Review E*, 64, 026118, 2001.

[3] Entries for these papers can be found distributed over the range. http://arxiv.org/list/astro-ph/9501 to http://arxiv.org/list/astro-ph/9912.

[4] The structure of scientific collaboration networks, M. E. J. Newman, *Proceedings of the National Academy of Sciences of the USA*, 98, 404-09, 2001.

[5] Scientific Collaboration Networks-Network Construction and Fundamental Results, M. J. E. Newman, *Physical Review E*, 64, 016131, 2001.

[6] *Six Degrees—The Science of a Connected Age*, Duncan J. Watts. New York: W. W. Norton, 2003.

[7] Ibid., *Six Degrees*, Watts.

[8] *Small Worlds—The Dynamics of Networks between Order and Randomness*, Duncan J. Watts, Princeton University Press, 1999.

[9] Ibid., The structure of scientific collaboration networks, Newman.

[10] *The internal constitution of the stars*, Arthur S. Eddington, Cambridge University Press, 1926.

[11] *Albert Einstein: Einstein sagt-Zitate, Einfälle, Gedanken*, Alice Calaprice. Munich: Piper Verlag 1997, p. 51.

[12] Question of Parity Conservation in Weak Interactions, T. D. Lee & C. N. Yang, *Physical Review*, 104, 254-58, 1956.

[13] Ibid., *Cosmic Discovery*, Harwit.

[14] A simple model of global cascades on random networks, Duncan J. Watts, *Proceedings of the National Academy of Sciences of the USA*, 99, 5766-71, 2002.

第10章　1960年之后天体物理理论的演化

战后时期, 两个主要创新占用了理论家的精力: 第一个开始于 20 世纪 60 年代, 涉及黑洞的研究. 第二个开始于 1980 年前后, 为了更好地理解宇宙的起源. 这不是仅有的理论进展, 还有很多其他工作让理论家忙碌, 仅列出最引人注目的. X 射线、红外和射电星系、类星体、脉冲星、宇宙脉泽和伽马射线暴这些新现象都需要定量模型来解释. 但大部分令人满意地符合观测的理论模型涉及已知的概念方法, 虽然用在了新场合. 在托马斯·库恩于 20 世纪 60 年代早期在《科学革命的结构》中建立的词汇表中, 它们属于问题的解决(problem solving). 它们不需要新的范式(paradigm) 和构思自然的全新方法. [1]

在某种程度上, 黑洞的理论研究和对宇宙演化最早期的研究是重叠的. 二者都试图通过对广义相对论和 (某种程度上人们会猜测的) 量子引力更清晰的见解来改进我们对时空的理解. 知道了高度致密的物质可能会坍缩, 人们必然会问, 为什么早期宇宙没有在自引力吸引下立即坍缩形成一个黑洞, 而是如现在观察到的那样膨胀呢?

***

在 1988 年 1 月的一次访谈中, 战后最有天赋的物理学家之一, 同时对复杂的仪器和有想象力的理论方法都很熟悉的罗伯特·H. 迪克回顾了 "二战" 前大部分物理学家的看法. "除了少数地方 …… 相对论和宇宙学根本不被看作物理学中正统的部分 …… 我有一次问维克多·韦斯科普夫 —— 在我研究生期间他是罗切斯特的教授, 一名研究生不应该注意一下相对论么? 他和我解释说, 那真的和物理无关. 相对论是一门数学学科. " [2] 战后, 著名的理论物理学家韦斯科普夫成为麻省理工学院的物理教员. 和当时大多数其他美国物理系一样, 麻省理工学院在 20 世纪 50 年代仍然没有广义相对论课程.

所有这一切就要改变, 尤其是 1957 年到 1963 年间. 在普林斯顿, 罗伯特·迪克和约翰·阿奇博尔德·惠勒 (二人都是范内瓦·布什领导的科学研究与发展局建立的项目中的老兵) 以他们和他们的物理学家同事研究战时雷达系统建造和制造原子弹所凭借的力量和自信转向广义相对论和宇宙学研究. 类似地, 在莫斯科, 爆炸专家和冷战时期苏联核弹研究领导者, 雅科夫·鲍里索维奇·泽尔多维奇也转向广义相对论和宇宙学研究. 如伯纳德·洛维尔所指出的, 这些进行大规模战时研究的同僚知道怎么组建和引导同事 —— 在战后的一些年主要是学生和博士后, 研究重大的理论问题.

在剑桥, 更年轻的丹尼斯·席埃玛对天分和前景有很强的鉴别能力, 他开始吸引有天赋的学生进入相对论天体物理学和宇宙学, 其中包括罗杰·彭罗斯、斯蒂芬·霍金和马丁·瑞斯. 另外, 1963 年, 得克萨斯大学奥斯汀分校的一组数学家和理论物理学家启动了一系列很有影响力的 "得克萨斯相对论天体物理讨论会", 随后每两年在世界不同的地方举行.

普林斯顿、莫斯科、剑桥和奥斯汀在接下来二十年仍然是现代广义相对论和宇宙学研究网络的四个主要结点. 惠勒原来的博士生和后来的合作者基普·索恩很快在加州理工学院增加了第五个影响力日渐增加的结点.

本章和接下来几章描述了相对论天体物理学和宇宙学中的进展, 它们在 20 世纪 60 年代开始蓬勃发展, 但随后在 20 世纪 80 年代早期突然让位给了专注于粒子物理学的宇宙学. 通常和主要粒子加速器相关联的其他机构和研究中心脱颖而出, 成为宇宙学研究网络的主要结点.

然而, 在这几十年中, 量子引力理论迟迟未能建立. 广义相对论和粒子物理学还没有适当地结合. 我们仍然缺乏一个要素.

黑洞的研究

虽然在 "二战" 前后大部分理论家都在研究核物理, 但 20 世纪 50 年代末一些量子物理学家开始觉得广义相对论的一个领域值得研究, 即黑洞 —— 在这个名字被创造出来之前, 人们一直不确定这些坍缩的物质聚集是否能真实存在. 尽管奥本海默和斯奈德已经在 1939 年证明, 致密恒星中心的灾难性坍缩应该是不可避免的, 但是人们一直怀疑高度压缩的核物质的状态方程, 也就是说处于最高密度的核物质或许能成功抵抗进一步压缩. 在 20 世纪 50 年代, 原子弹研究已经导致了对高压下核过程更好的理解.

很少有物理学家像普林斯顿的物理学教授约翰·阿奇博尔德·惠勒一样熟悉这项冷战研究. 惠勒对黑洞感兴趣, 部分是因为它们可能会产生关于量子物理和广义相对论的相互作用的理论见解. 在坍缩恒星内部深处, 两个理论都应该是有关的, 并可能为一个引力、电磁和核物质的统一理论的结构提供线索.

基普·索恩 (那时是惠勒的研究生) 回忆, 惠勒 1958 年的信念是, 自然中不会出现黑洞. 惠勒认为奥本海默和斯奈德 1939 年的理论文章假设了非常理想的初始条件 —— 其中包括无转动坍缩恒星中的完美球对称性, 他们预言的不可避免的坍缩可能只是一个幻想. [3]

惠勒觉得, 自然远远太凌乱, 无法产生这些假设的条件. 他在 1958 年六月在布鲁塞尔举行的主题为 "宇宙的结构和演化" 的索尔维会议上表达了这些观点. 在惠勒报告的末尾, 奥本海默重申了他的信心, 他和斯奈德在二十年之前使用的方法仍

然是对的.[4]

惠勒可能已经从弗雷德 · 霍伊尔那里寻求到了支持, 霍伊尔在 1946 年一篇大质量恒星坍缩中重元素形成的文章中表达了类似的观点. 在那篇文章中, 霍伊尔得出结论, 如果一颗恒星的质量超过钱德拉塞卡极限, 它会一直坍缩直到角动量守恒将其自转加速到撕裂的状态. 霍伊尔认为, 这可能在超新星爆发中抛出恒星的外层并减小剩余的恒星核的质量直到小于钱德拉塞卡极限, 它可能冷却形成一颗冷的、稳定的白矮星.[5]

迟至 1958 年, 黑洞潜在的存在性问题似乎仍然没有解决.

黑洞的不对称性

同年, 1958 年, 大卫 · 芬克尔斯坦 (那时是新泽西霍布肯的斯蒂文斯理工学院的一名 29 岁的物理学博士后) 在《物理评论》上发表了一篇短而重要的文章. 他研究了广义相对论定义的大质量点源周围的空无一物的空间的时空对称性, 注意到了史瓦西方程 (5.1) 显然是时间对称的. 如果一个粒子可以落入一个黑洞, 那么它应该也能重新沿着其脚步从黑洞中以下落速度重新出现, 但这是没有道理的. 在一个远距离处的观者看来, 一个计划在某一天正午落入黑洞的航天员似乎永远不会消失, 看起来会越来越慢地接近史瓦西半径处的面. 而落入黑洞的航天员在穿过这个面时可能会看一下表, 他会看到正好是正午.

正如一个遥远观者将不得不等待无限长的时间才能看到下落的航天员真正进入黑洞, 此观者也需要无限长的时间才能看到一个航天员逃离此黑洞. 结果, 一个远处观者可能看到任意数量的物质落向史瓦西表面, 但是不会看到任何东西从其中出来.

这造成了一个悖论, 它也提出了第二个问题. 如果下落物质接近史瓦西表面的流量足够高, 那么在遥远观者看来, 这个表面的半径会增加. 下落的航天员看起来将近似于停止在增大的径向距离上. 如果没有看到物质穿过史瓦西表面, 足够的物质如何能在有限时间内聚集起来创造一个史瓦西表面?

芬克尔斯坦简洁地进行了解释[6]:

> 对称的原因如何能产生不对称的结果? …… 必然有一个理论过程 …… 比如, 慢速吸积或压缩过程 …… 产生了初始的弱引力源接近并最终度过源的史瓦西半径和源的大小相等的阶段.

他提出, 时空可能会弯曲(buckle) 使得辐射和物质不再沿时间对称的轨迹运动.

在一些重要方面, 芬克尔斯坦的提议超越了黎曼在一个世纪之前在他 1853 年的 "任教资格演讲" (Habilitationsvortrag) 中提出的观点. 在那里他假设空间的一个主要特征是其拓扑结构. 一旦知道了这一点, 人们就可以寻求定义点之间距离的度规并确定空间的曲率.[7] 现在来看, 当空间曲率超过某个最大值之后, 拓扑结构甚至也可以改变. 空间的微分几何甚至其拓扑结构必然在某种程度上是密不可分的, 并且在我们的宇宙中是依赖于时间的; 拓扑结构不再被认为是一成不变的.

之前对中心质量周围引力场的那些研究工作将这个场描绘为在任意一点、任意时刻都是静态的. 芬克尔斯坦展示了思考这个场的不同方法有可能提供新的见解, 其中一个特别容易想象. 从一开始, 爱因斯坦就提出, 自由落向中心质量的人感受不到力. 狭义相对论对这个旅行者应该成立, 他将看到光以固定速度 c 传播.

我们可以想象一颗大质量恒星周围的空间中的一个球面. 自由下落的航天员分布在这个面上. 随着这个始终保持球形的表面收缩, 在他们一致下落过程中, 没有人会感受到引力. 我们还可以考虑很多这样的同心表面, 每一个上都有航天员自由落入恒星.

即使没有航天员在上面, 这些同心球面也仍然会向中心质量坍缩. 这么看, 一个致密的大质量天体周围的空间是充满了以此天体为球心、不断向内坍缩的表面的. 在距离恒星无穷远处, 下落速度无穷小. 随着逐渐靠近, 速度单调增加.

如果中心质量太小或不够致密以形成史瓦西表面, 球形的空间表面以及上面的任何航天员会坍缩通过中心点, 然后重新膨胀到无穷远. 但对于一个质量足够大且足够致密、存在史瓦西表面的中心天体, 下落的表面会被困住, 坍缩到史瓦西表面内. 它们无法重新出现, 故而存在基本的不对称性.

芬克尔斯坦证明, 存在满足广义相对论的第二个数学解. 在史瓦西表面之外, 史瓦西最初得到的解仍然是正确的. 但是第二个解表明, 一旦处于史瓦西表面之内, 逃出这个表面就是不可能的. 物质和辐射只能汇聚到中心质点上.

芬克尔斯坦发现, 史瓦西最初的解只包含一半的事实, 还存在另一个解, 两个解合在一起, 定义了一个时空流形, 史瓦西只知道其中有限的部分.

我用了这么长的篇幅阐述芬克尔斯坦的这个见解, 是因为它消除了让很多专家无法确定自然中是否存在黑洞的一个概念性障碍. 加州理工学院 (Caltech) 的基普·索恩回忆, 芬克尔斯坦的文章对莫斯科的列夫·朗道和朗道的亲密合作者叶甫盖尼·栗夫希茨以及刚 27 岁的罗杰·彭罗斯产生了巨大影响. 彭罗斯那时刚刚在剑桥大学完成了数学博士论文, 参加了芬克尔斯坦在伦敦的一个报告会.

芬克尔斯坦展示了史瓦西表面上时间反演对称性失效, 这个工作所清除的思想障碍是重拾信心严肃对待黑洞的一个关键. 最终约翰·惠勒也被说服, 并成为黑洞存在的主要支持者.[8]

旋转黑洞和类星体

20 世纪 60 年代早期, 广义相对论的复兴全面展开. 才华横溢的年轻数学家和物理学家形成了充满热情的新群体: 美国的大学物理系为相对论敞开大门. 最初由得克萨斯大学奥斯汀分校组织的得克萨斯相对论天体物理讨论会此时每两年在世界不同地方举行, 为天文学家、物理学家、宇宙学家和数学家提供了一个交流思想的论坛.

在 1963 年 12 月举行的第一次讨论会上, 在得克萨斯大学奥斯汀分校工作的 29 岁的新西兰人罗伊·帕特里克·克尔报告了第一篇关于旋转黑洞的数学见解的文章, 它的出现恰逢其时. 马腾·施密特在《自然》上发表的一篇文章表明类星体 3C 273 具有较高红移. [9] 如果此红移意味着巨大的距离, 那么这颗类星体一定非常明亮, 很可能是质量巨大的. 因为其点状的形态, 它也必然是高度致密的. 另外一个可能性是, 这颗类星体没那么遥远, 其红移部分是引力红移. 不管哪一种可能性, 看起来都可能涉及一个大质量黑洞.

自然不大可能产生无旋转黑洞. 任何落入有引力吸引的天体中的物质多半是离轴碰撞的, 产生角动量, 导致黑洞旋转. 克尔刚刚推导了定义旋转黑洞的度规 —— 现在通常被称为克尔黑洞. 1963 年对相对论天体物理学来说是个好年份, 第一届得克萨斯讨论会取得了巨大成功.

那一年, 克尔论述他的结果的简短总结提交到《物理评论快报》, 他的文章在 9 月 1 日发表. [10] 这篇文章短于两页, 只给出了克尔的最终结果.①

在克尔的发现之后不到一年, 34 岁的埃兹拉·T. 纽曼和他在匹兹堡大学的五位共同作者证明了, 旋转黑洞也可以携带电荷. 他们的文章也非常短, 长度短于一页半. [12] 这些作者一开始认为他们的数学表达式定义了一个质量环以及绕它的对称轴转动的电荷的性质; 但是在一个脚注里, 他们的文章引用了罗伊·克尔的文章, 指出了这种解释的一个困难. 相反, 这个度规提供了对带电的旋转黑洞的最一般性描述. 这样的黑洞现在通常称为克尔–纽曼黑洞.

又过了将近十年人们才意识到, 一旦给定质量 M、角动量 J 和电荷 Q, 一个黑洞就完全确定了. 在黑洞形成过程中其他所有信息都被抹去了. 两个具有相同参数 M、J、Q 的黑洞具有不可区分的物理性质. 纽曼和他的合作者给出的度规包含了所有三个参数, 故而给出了进一步研究任何黑洞的基础, 无论这三个参数取什么值.

研究黑洞的拓扑方法

尽管到 1964 年已经知道了相当多关于各种可能类型的黑洞的信息, 但仍然不清楚黑洞是否能真正形成. 早些年芬克尔斯坦的工作已经让黑洞形成更为可能, 但仍然存在一些过程介入阻止黑洞形成.

***

① 很长一段时间, 这个度规的推导以及促使克尔得到这个度规的基本原理都不为人知. 45 年后直到 2008 年, 克尔才发表了他的回忆录, 关于他在近半个世纪后对这些早期事件的看法, 并展示了引领他得到这个度规的推理过程. [11]

1964 年秋日的一天, 那时在伦敦伯克贝克 (Birkbeck) 学院的罗杰·彭罗斯正在走回自己的办公室, 他沉浸在与同事艾弗·罗宾逊的交谈中, 那时罗宾逊正在说话. 在脑海里, 彭罗斯在为一个他一直试图解决的问题而焦虑.

之前两年见证了类星体的发现. 天体物理学家在推测这些极端明亮的天体可能是什么. 他们有可能通过物质坍缩进入黑洞产生其巨大的能量输出么? 如果是这样, 黑洞是怎么形成的?

彭罗斯想弄明白, 偏离完美球对称性的真实恒星如何能坍缩形成黑洞. 奥本海默和斯奈德在他们 1939 年的文章中给出的广义相对论描述假设了完美的球对称性. 当然, 这是一种理想化. 如果坍缩天体不是完全球形的会怎么样? 或者, 如果它在旋转, 它在坍缩时会破裂成更小的天体么? 可以想象碎块随后在下落过程中再次旋转飞出, 而不是继续坍缩形成奇点.

彭罗斯思考了一段时间, 是否可能在数学上证明坍缩要多么接近完美球形, 或者在达到无法返回的临界点之前要走多远才能不可避免地使其坍缩到奇点. 怎么才能找到这样的证明?

当彭罗斯和罗宾逊穿过一条街时, 他们的交谈停顿了一会儿, 在街的另一边继续进行. 但在过街时彭罗斯冒出一个想法, 但随着他们的谈话而消失了.

这天晚些时候, 在罗宾逊离开后, 彭罗斯回到他的办公室, 他感到无以言表的兴奋. 他想起了或许白天发生的事能解释这一点, 他最终想起来, 在他过街时, 他想到或许可以用拓扑学方法研究非完美天体坍缩形成完美球形黑洞的问题.

拓扑学研究可以变形、挤压或以任意方式延展但仍然是某个可识别集合的元素的物体. 在拓扑学中, 一个立方体和一个球属于同一个集合, 但面包圈不是. 受到挤压以及无撕裂的变形, 面包圈仍然保留其中心的洞, 无法变形为球. 它属于不同的集合.

彭罗斯一开始考虑完美球对称分布的物质. 在图 10.1 中, 这些物质坍缩到一个史瓦西黑洞中之后, 史瓦西半径 ($r = 2\,m$) 处会有一个没有物质的球形面. 在此表面上, 两组类光测地线 (null-geodesics, 即光束所走的路径) 在其未来方向汇聚. 从黑洞外来的光会内落, 从黑洞内来的光无法发出, 也会内落. 彭罗斯称这个表面为俘获面. 与形状无关, 质量足够大的致密天体会坍缩为几何点!

彭罗斯认为, 无论落入黑洞的物质是否有明确边界, 无论它是不是精确的球形, 这些俘获面都会存在. 类似情形对克尔黑洞也成立. 唯一重要的特征是, 流形 $\mathcal{M}$ 必然包含两个部分(completion), 都是芬克尔斯坦给出的解. [13]

构思这样的拓扑结构并论证它们的意义构成了一种研究相对论问题的新方法. 拓扑学成为用于进一步探索的数学工具.

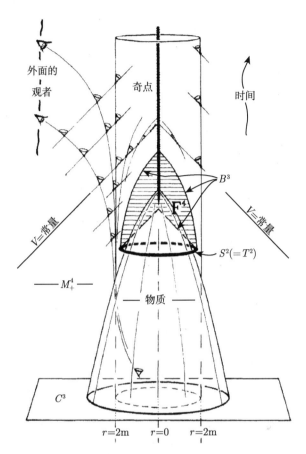

图 10.1　彭罗斯设想的黑洞周围的球对称坍缩. 图中展示了几个相继时刻从一个坍缩球面发出的四束光. 足够早地从该表面坍缩中发出的两束光能逃离并到达无穷远处的观者. 在该表面位于史瓦西半径之外, 观者总能看见从该表面发出的辐射, 在它通过这个半径坍缩向奇点时, 就看不到了. 从刚好位于史瓦西半径上的球面向外发射的辐射会永远待在那里. 在此半径之内任何地方发出的辐射, 无论方向为何, 将最终落入中心质量 (central mass) (再版图许可: Roger Penrose, *Physical Review Letters*, 14, 58, 1965, ⓒ1965 by the American Physical Society)

一个富有想象力的想法

在其拓扑学见解之后一些年, 彭罗斯有了另一个有趣的想法. 1971 年, 他和伦敦伯贝克学院的数学家 R.M. 弗洛伊德发表了一个从旋转黑洞提取能量的全新想法. [14] 意识到自己的想法比较大胆, 他们写道:

我们现在将要描述的黑洞角动量和外部角动量的耦合依赖于某种程度上人为的过程, 但一旦确认这个过程在理论上是可能的, 那么就可以合理地追问这类一般性过程是否可能偶尔自然地发生 …… 我们的过程依赖于被称为静界和 (绝对) 事件视界的两个面之间存在一个区域. 静界是一个在其上粒子要以局域光速运动才能在无穷远观者看起来为静止的一个表面; 在此之内没有 [这样的] 粒子 …… 能在无穷远看来是保持静止的. 事件视界是黑洞的一个有效边界, 在其内没有信息可以逃出到外面的世界. 静界位于事件视界之外 ……

我们的过程依赖于被称为静界和 (绝对) 事件视界的两个面之间的一个区域. 静界是一个面, 粒子在其上必须以局域光速运动才能在无穷远处看来是静止的; 而在此之内没有 [这样的] 粒子 …… 可以在无穷远处看起来保持静止. 事件视界是黑洞的一个有效边界, 在其内没有信息可以逃到外面的世界. 静界位于事件视界之外 ……

简单地说, 旋转黑洞迫使周围的空间随它转动. 空间的几何坐标以及旋转黑洞视界之上的空间内的粒子和辐射的位置被拖着随黑洞转动. 这个效应被称为坐标系拖曳; 旋转黑洞附近的整个坐标系被拖着随黑洞转动. 为了看起来保持静止, 粒子需要沿相反的方向运动以抵消此受迫运动. 但是存在一个区域, 其外半径定义为静界, 在那里粒子甚至光看来都不能保持静止. 任何客体, 包括光, 都被拖曳.

彭罗斯和弗洛伊德设想将一个粒子放入这个静界之内但仍在事件视界 (在此之内没有任何客体可以返回) 之外的区域. 他们想象粒子在那里分裂, 以通常的方式保持能量守恒. 从无穷远处看, 一个碎片可以具有负质量-能量, 而另一个碎片必然具有正的质量-能量, 使其可以逃到无穷远处. 具有负能量的碎片会落入黑洞, 使黑洞的质量-能量减小, 而具有正能量的碎片会带走黑洞的部分转动能.

这看起来是一个巧妙的从旋转黑洞提取能量的概念性方法. 但是是否有什么实际的后果呢?

五年后, 似乎有实际后果了. 但是要看出这是怎么来的, 我们必须首先看一下关于黑洞, 热力学能告诉我们什么.

早年间, 当第一次追寻物理研究所揭示了一些最令人费解的现象时, 爱因斯坦通常使用热力学原理指导他的思考. 七十年后, 这个方法将再次被证明是有用的.

黑洞热力学

1972 年, 在墨西哥城出生、在美国接受本科教育的 25 岁的雅各布·贝肯斯坦正在努力解决一个博士课题, 几乎所有相对论专家都认为这个课题判断是错误的. 贝肯斯坦在普林斯顿的论文导师是约翰·惠勒, 他认为贝肯斯坦的想法足够疯狂, 值得研究. 他鼓励他的学生进一步挖掘, 看看是否能使他的想法更令人信服.

一些相对论专家已经注意到, 无论黑洞经历什么转变, 其表面积通常是增加的; 如果不增加, 那么这个面积可能保持不变, 但它从不减小. 对于一个无转动、电中性黑洞容易看到这一点; 史瓦西半径正比于黑洞质量; 任何东西都不可能逃离, 所以黑洞的质量以及史瓦西半径处球面的面积只会增加.

贝肯斯坦坚信黑洞面积的这个性质明显类似于一个系统的熵. 熵是一个系统的热力学性质, 用于度量系统的随机程度. 如果我们完全混合盐罐和胡椒罐中的物质, 我们会得到一些有斑点的混合物. 把这些棕色颗粒和白色颗粒的混合物分离为纯的盐和胡椒需要做功. 此混合物的熵可以看作将此混合物分离为原始成分所需要做的功的一种度量. 混合系统的熵比分离状态下盐和胡椒的熵之和要大.

热力学上, 任何时候混合两种物质, 使两种成分的位置随机化, 熵都会增加. 更一般地, 热力学第二定律告诉我们, 一个封闭系统的熵 S 从来不会减少, 无论这个系统经历怎样的过程. 因为进入黑洞的物质被禁锢在那里, 也因为任何质量–能量的增加总是增大表面积 A, 所以贝肯斯坦提出, A 是黑洞熵的一个真实度量.

贝肯斯坦受到的质疑可以理解. 到 1972 年, 大部分相对论专家确信黑洞的性质是约翰 · 惠勒开玩笑地用六个词所总结的, "黑洞无毛"①. "无毛定理" 如其名称, 假设黑洞可以通过给定其质量 M、电荷 Q 和角动量 J 进行完整表征. 我们无法知道关于它的更多东西. 无论两个黑洞如何形成, 是通过将斯坦威钢琴扔到黑洞中直到其质量变为 M, 还是打开橡胶软管用水将其填充到质量 M, 这两个黑洞都将完全不可分辨, 只要它们的电荷和角动量是相同的. 它们的成分的历史会彻底被抹去. 黑洞不会显示毛发 —— 钢琴的任何一条腿都无法暗示黑洞是如何形成的.

大多数相对论专家因而认为, 黑洞是可以想到的最简单的客体. 描述它们只需要三个参数, M、Q、J. 所以它们没有熵所能描述的随机性. 他们觉得贝肯斯坦对熵的见解是没有道理的. 然而, 贝肯斯坦坚持自己的观点, 到 1972 年末, 他提交了一篇高度原创性的文章支持自己的观点. [15]

当时, 信息论是通信工程师广泛使用的一个众所周知的学科. 这个学科最初由克劳德 · E. 香农在电话公司工作时创立. 他的著作《通信的数学理论》(*On the Mathematical Theory of Communication*) 出现在 1948 年发表在《贝尔系统技术杂志》(*Bell System Technical Journal*) 的两篇开创性论文中. [16]

在他文章的引言中, 32 岁的香农澄清了两件事: 如他所定义的, 信息(information) 和意义(meaning) 没有关系. 它可以量化, 信息的度量应该是对数的. 他写道:

> 通信的基本问题是在某一点精确或近似地复制在另一点选取的一条信息. 通常这些信息有意义; 也就是说它们指的是某些物理或概念实体的系统, 或者根据这个系统它们是相互关联的. 通信的这些语义学方面内容和工程问题无关. 重要的是, 实际的消息是从一组可能的消息中选出的. …… 如果一个集合中消息的数量是有限的, 那么这个数或这个数的任何单调函数可以看作当一条信息从集合中选出 (所有选择有相同的可能性) 时

---

① 原文: A black hole has no hair.

信息的度量. ⋯⋯ [我们] 将在所有情形使用基本对数度量. ⋯⋯ 这在实际中会更有用 ⋯⋯ 这相比通常的度量更接近我们的直觉. ⋯⋯ 这在数学上更合适.

香农将一条信息是否已通过一条嘈杂的信道正确传递的不确定度定义为这个系统的熵. 就像黑洞表面积和热力学熵在形式上类似, 信息熵形式上也和热力学熵类似.

贝肯斯坦指出, 香农的熵 S 与其热力学对应有所不同. 在热力学中, 熵 S 和温度 T 的乘积组成了一个具有能量的单位的物理量. 然而, 信息熵是一个纯数. 因为贝肯斯坦想将黑洞的熵和香农的熵认同, 他需要将黑洞温度 T 替换为乘积 kT, 其中 k 是玻尔兹曼常量. 于是 kT 变成了用能量单位度量的黑洞温度, 黑洞的熵 S 变为一个无量纲数, 就像香农的熵一样.

但是香农熵和黑洞面积之间的类比是否可以更进一步? 贝肯斯坦断言可以. 关于黑洞的三个特性 M、J 和 Q, 他指出具有相同质量、角动量和电荷的不同黑洞有可能有非常不同的内部位形, 这取决于它们是通过正常恒星坍缩还是中子星坍缩形成的. 任意这样大量的位形都能给出相同的 M、J 和 Q 值. 为强调这种差异, 贝肯斯坦引入了黑洞熵的概念. 这是关于外部观者无法探及的任意特定黑洞内部位形的信息的度量.

注意到对于很多其他人已经研究过的过程, 黑洞表面积 A 单调增加, 贝肯斯坦寻求能对应于质量增加所要求的信息丢失和熵 S 增加的某个函数 $f(A)$. 如果他假设熵 $S \equiv f(A)$ 直接正比于 $A^{1/2}$, 这也会使其正比于总质量 M, 他发现这不行. 两个质量 M_1 和 M_2, 表面积分别为 A_1 和 A_2 的无转动黑洞合并只能得到一个质量 $M_3 \leqslant (M_1 + M_2)$ 的无转动黑洞, 因为在合并过程中有一些质量可能被辐射掉. 但是因为信息在两个黑洞合并过程中可能丢失, 这意味着熵会增加, 而总质量只能减少, 正比于质量 $M \propto A^{1/2}$ 的熵行不通.

直接正比于黑洞面积的熵 $S = \gamma A$ 就不会有这种问题, 其中常数 γ 需要有反比于面积的量纲, 因为香农熵是无量纲的. 贝肯斯坦认为, 自然界中仅有的符合这些要求的 "真正的普适常数" 是比值 $c^3/G\hbar$, 其中 c 是光速, G 是引力常数, $\hbar$ 是普朗克常量除以 2π. 这表明正比常数 γ 应该是 $c^3/G\hbar$ 的若干倍.

贝肯斯坦试图估计这个倍数是多少. 他选择的方法是考虑一个质量 $\mu \ll M$ 半径为 b 的球形粒子从远处缓慢下降并在黑洞表面 (即半径 R) 上方一个小的高度 b 停住. 简单地说, 他的方法允许 μ 从那里落入黑洞. 他指出这会使黑洞的表面积增加一个小量 $2\mu b$. 然而, 可以发现所允许的最小乘积 μb 对应质量 μ, 其半径由海森伯不确定性原理量子地确定, 由黑洞半径的要求经典地确定. 贝肯斯坦从而发现面积的最小增量是 $2(\hbar G/c^3)$. 他令其与香农理论所允许的最小熵增加 $\ln 2$ (2 的自然对数, 对应损失 1 比特信息) 相等. 这给出比例常数 $\gamma = (1/2)(\ln 2)(c^3/\hbar G)$, 其中

$\ln 2 \sim 0.693$.

对于面积为 A 的黑洞, 最终允许他写出香农熵

$$S = \frac{\ln 2}{8\pi} \frac{c^3}{\hbar G} A. \tag{10.1}$$

如果贝肯斯坦将它乘以玻尔兹曼常量 k 得到热力学熵, 和普通恒星的熵比较, 他发现一个太阳质量黑洞的熵会达到 10^{60} erg/K 的量级. 相比之下, 太阳的熵只有 10^{42} erg/K. 这个差别达到了 10^{18} 倍, 非常戏剧性地描述了黑洞形成高度不可逆的特征 —— 黑洞形成时巨大数量的信息丢失.

类比通常的热力学, 贝肯斯坦将黑洞温度也定义为 $T = [\delta S / \delta (Mc^2)]^{-1}$, 其中偏导数要求电荷和角动量不变.

贝肯斯坦的热力学方法首次发表后三年, 剑桥大学的理论家斯蒂芬·霍金发现, 贝肯斯坦熵中的数值系数 $(\ln 2)/8\pi$ 应该换成 $1/4$, 得到

$$S = c^3 A / (4\hbar G), \tag{10.2}$$

大概大了九倍; 除此之外, 贝肯斯坦从信息论 (一个工程学科) 引入并修改的见解是非常正确的. [17] 由此, 黑洞温度变为 $T = \hbar c^3 / (8\pi k M G)$. 霍金如何得到这个结果这件事是引人注目的.

辐射的黑洞

贝肯斯坦的文章发表后一年, 大部分相对论专家仍然高度怀疑. 斯蒂芬·霍金对贝肯斯坦的方法尤其恼火, 他觉得这误用了"我对视界面积增加的发现."[18] 但是霍金的看法马上就要改变了.

1973 年 9 月, 他访问了莫斯科, 在那里, 雅科夫·鲍里索维奇·泽尔多维奇和他的研究生阿列克谢·斯塔罗宾斯基告诉霍金, 他们认为旋转黑洞周围真空中的量子力学涨落会逐渐将黑洞的转动能量辐射掉. 回去后, 霍金试图看看这些想法在定量上是否可行. 和彭罗斯和弗洛伊德早些年一样, 他起初考虑分裂为两块的客体. 只不过他考虑的客体是真空涨落而不是传统的粒子.

海森伯的不确定性原理告诉我们在较短的时间范围内, 系统的精确能量只能近似地确定. 在这么短的时间内, 甚至虚空 (empty space) 的能量也是不确定的. 真空可以短暂地产生粒子–反粒子对, 它们很快湮灭消失, 不违反海森伯不确定性原理, 也不违反长期的能量守恒. 尽管广义相对论禁止任何辐射离开黑洞, 但是量子力学似乎可以提供让黑洞辐射能量的方法.

考虑真空涨落刚好在黑洞事件视界之外产生了一个粒子–反粒子对. 如果和彭罗斯/弗洛伊德过程一样, 负能量的粒子落入黑洞, 而正能量的粒子传向无穷远, 那么初始的观者会得出结论, 接收到的能量是黑洞损失的. 这就与泽尔多维奇和斯塔

洛宾斯基的想法一致. 但是, 令霍金惊愕的是, 他发现有可能以几乎相同的方式从静止黑洞中提取能量. 他担忧这一点主要是因为, 如他所写, "我害怕如果贝肯斯坦发现这一点, 他会进一步将其当作论据支持他关于黑洞熵的想法, 这是我那时还不喜欢的. " [19]

随着霍金重复检查他自己的计算, 一切变得有序. 辐射的能量不是从黑洞中而是从它的表面上方 (尽管非常靠近) 产生的. 在那里, 短暂形成的粒子–反粒子对或光子对中可能一个有正能量, 另外一个有负能量, 而总的净能量为零. 在黑洞表面附近的强引力场中, 具有负能量的粒子会落入黑洞, 而具有正能量的粒子会逃到无穷远. 于是黑洞会损失能量, 其表面积会减小, 其温度升高. 最令霍金震惊的不只是发射粒子的辐射谱正是辐射的热物体发出的谱, 还有发射粒子的数量和热力学相符. "它们都证实了黑洞应该发射粒子和辐射, 如果它是一个热物体, 温度依赖于黑洞质量: 质量越大, 温度越低. " [20]

在一篇投到《自然》杂志的快报中, 霍金提出, [21]

量子引力效应通常在黑洞的形成和演化的计算中忽略 …… 然而 [它们] 可能仍然会叠加起来产生显著的效应 …… 看起来任意黑洞都会产生并发射粒子, 如中微子和光子, 速率正好是将黑洞看作温度为 $\sim 10^{-6}(M_\odot/M)$ K 的物体所预期的速率. 随着黑洞发射这种热辐射, 可以预期它应该损失质量. 这反过来会增加表面重力, 故而增加辐射率. 黑洞可能因此具有 $10^{71}(M_\odot/M)^{-3}$ 秒量级的有限寿命. 对于一个有太阳质量的黑洞, 这比宇宙年龄长很多. 然而有可能有通过早期宇宙中的涨落形成的小得多的黑洞. 任何质量小于 10^{15} g 的黑洞到现在应该都已经蒸发了. 在生命的末期, 辐射率可能非常高, 10^{30} erg 能量可能在最后 0.1 秒释放. 以天文的标准, 这是相当小的爆炸, 但这相当于一百万颗 [2500 万顿级] 氢弹.

霍金 1974 年的发现令人震惊! 因为完整的量子引力理论并不存在, 他必须至少阐明大家所接受的量子理论的相关部分如何能在强烈弯曲的空间中与广义相对论融合, 产生可信的热力学结果. 在 1975 年和 1976 年, 霍金在接下来两篇文章中给出了更多量子理论计算的细节来支持他最初的发现. [22,23]

有了霍金的结果, 现在我们能看到为什么爱因斯坦在 1939 年得出结论 —— 黑洞不可能形成. 爱因斯坦确信, 如果黑洞可以形成, 它可能是逐渐从一团互相吸引、辐射能量的粒子形成的. 但是, 如霍金所示, 黑洞的形成必须非常迅速. 因为质量 $M \sim 10^3$ t 的小黑洞会在 0.1 秒内辐射 10^{30} erg —— 它所有的质量. 任何长久存在的黑洞都必须在它一开始形成时以高于每秒 10^4 t 的速率积累质量. 于是, 长久存在的黑洞必须通过灾变性的快速坍缩达到阈值质量而形成. 在此阈值质量, 它们辐射较慢, 质量可以逐渐增加, 进而降低辐射率.

我一直在思考黑洞的这些基本问题不是因为通过这些方法从黑洞提取能量意

义重大. 迄今, 还没有发现其意义重大. 但是阐明它们使得黑洞通过灾变过程形成变得更明朗. 黑洞实际上如何产生强大的外流是另外一个问题了.

布兰德福特-兹纳耶克 (Blandford-Znajek) 效应

黑洞辐射不是黑洞辐射能量的主要方式.

美国的埃德温 · E. 萨尔皮特和苏联的雅科夫 · 鲍里索维奇 · 泽尔多维奇几乎同时首先独立地尝试解释类星体如何能如此明亮, 有时比普通星系亮数个量级. [24,25]

它们将类星体解释为超大质量黑洞. 向此黑洞坠落的延展气体云会被引力聚集在其尾迹中, 产生激波, 聚集的气体在那里碰撞. 如果气体速度低, 那么膨胀最剧烈的区域应该靠近这个大质量黑洞. 大部分气体最终会螺旋流入黑洞, 在初始的激波中辐射热量, 并在向黑洞吸积的过程中升高温度.

在这些最初的想法提出后五年, 唐纳德 · 林登-贝尔, 英格兰皇家格林尼治天文台的一位 34 岁的天文学家考虑了嵌在黑洞周围螺旋内落气体中磁场的效应, 这些气体形成了一个盘. 1969 年, 他提出宇宙线在磁化等离子体中产生, 它们穿过磁场时发出射电波. [26]

然而, 所有这三个效应都考虑了落向黑洞的气体发出的辐射.

预期黑洞有很高的角动量, 因为落入黑洞的物质不太可能精确地沿径向轨道运动, 任何对径向的小偏离都会向黑洞传递角动量.

研究通过自然方法从黑洞提取能量的第一次重要尝试是 1976 年由 27 岁的罗杰 · D. 布兰德福特 (刚刚完成在剑桥大学天文研究所的博士工作) 和他的博士同学罗曼 · 兹纳耶克 (仍然在完成他的论文) 开始的. 他们关于 "克尔黑洞能量的电磁提取" 的工作将磁流体动力学方法应用到旋转黑洞的研究中. 这个工作惊人得完整并有说服力 —— 尽管非常复杂. [27]

基本的论点是, 盘赤道面中的电流产生的磁力线会交织成一个旋转的磁场. 这个位形会建立足够强的磁场破坏真空, 产生电子-正电子对级联和周围的静态轴对称磁层. 级联的产生被加速到高能的电子增多. 这些反过来会散射周围的光子产生伽马射线. 两束伽马射线的碰撞随后会产生进一步的电子-正电子对, 故而维持级联.

布兰德福德和兹纳耶克随后将活动星系核看作一个磁化吸积盘围绕的旋转黑洞. 如果他们假设经过黑洞的磁力线具有近似抛物线的位形, 那么所提取的能量将会聚集到从星系核发出的两个反向的喷流中, 如很多射电星系中所观测到的那样, 见图 10.2.

黑洞的转动能由两部分组成, 和黑洞的熵相关的不可约的一部分以及至少在理论上可以提取的可约的一部分. 布兰德福德和兹纳耶克估计了效率, 即实际提取的能量除以最大可提取能量. 在他们考虑的一种合理可信的磁场位形中效率 ϵ 可高

达 ~ 38%. 和核过程中质量能转化为可用的能量的效率 (效率最高的过程是氢转化为氦, 效率 $\epsilon \sim 0.7\%$) 相比, 这是非常高的.

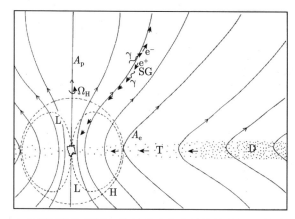

图 10.2　罗杰 · D. 布兰德福特和罗曼 · 兹纳耶克想象的旋转黑洞及其磁层的剖面示意图. 旋转对称轴和极向磁场的中心轴记作 A_{p}, 而更多赤道磁面记作 A_{e}. 旋转方向用 Ω_{H} 表示. 克尔黑洞的事件视界用标有 H 的虚线圈表示. 视界右上是一个磁球放电间隙 SG, 从真空中产生电子–正电子对 e^+, e^-. 这些粒子被加速并和周围的光子相互作用产生伽马光子, 其相互碰撞可以进一步产生电子–正电子对, 从而产生级联. 正电子流入黑洞而电子向外运动. 粒子沿 A = 常数所表示的曲面运动, 只要这些曲面和类空曲面正交. 在 L 处, 这个条件失效. 吸积盘 D 位于克尔黑洞的对称平面上, 用浓密的点绘表示. 这个吸积盘没有一直延伸到黑洞, 而是在某个转换区域 T 截止, 在这个区域内物质从吸积盘落入黑洞. 这用比较稀疏的点绘表示 (取自 R. D. Blandford and R. L. Znajek, *Electromagnetic extraction of energy from Kerr black holes, Monthly Notices of the Royal Astronomical Society*, 179, 1977, 图1, 445页)

对于星系核, 所涉及的相互作用的复杂性使得难以预测这种能量的多大部分会以非热辐射而不是热辐射的形式放出. 非热辐射更有可能产生强外流、宇宙线粒子, 在星系的情况下, 其他形式的能量难以解释. 总的来说, 布兰德福特和兹纳耶克用下面的总结作为他们文章的结论:

> [我们]讨论了从克尔黑洞提取转动能量的一种机制. 角动量、磁场和大质量黑洞这三种主要成分在星系核内似乎都应该存在. 看起来这可能是一种将引力能转化为非热辐射的有效途径.

***

恒星质量黑洞

到 20 世纪 70 年代末, 黑洞研究领域正在变得活跃. 不仅是形成星系核的超大质量黑洞, 恒星质量黑洞也被探测和证认为 X 射线双星, 通常由一颗白矮星、中子星或黑洞紧密围绕一颗较大半径且相应地低表面重力的主序后星(evolved star) 形成的恒星对.

在这种环境中, 致密星的强烈引力潮汐将物质从其大的伴星剥离. 如果这些物质具有过大的角动量, 它们就不能直接落到致密星上, 而是进入围绕致密星的吸积盘(accretion disk). 黏滞摩擦将角动量从转动较快的盘内区转移到其外围. 角动量减小, 内区变得更接近致密星表面, 最终达到"最内稳定圆轨道", 随后螺旋坠入致密星.

区分 X 射线双星中大质量的伴星是中子星、白矮星还是黑洞通常仅当致密星质量能确定时是可能的. 这涉及确定双星的轨道, 这是某种程度上比较复杂的方法, 因为致密星只能在 X 射线探测, 而主序后星只能在可见光波段探测. 如果克服了这个观测上的困难, 发现发射 X 射线的伴星的质量超过 $3M_\odot$, 那么就可以预期这是一个黑洞, 因为已知最重的中子星质量 $\lesssim 2M_\odot$. [28] 但这也不一定可靠. 还需要排除单颗大质量星不是别的什么天体 —— 比如密近的中子星双星.

随着 20 世纪 70 年代末出现的黑洞受到重视, 黑洞在高度致密的膨胀宇宙的早期阶段所发挥的作用也被列入考虑. 大家在争论关于强引力场中量子效应及其对宇宙学影响的复杂问题. 进一步考虑需要更深入地了解真空, 空的或者看起来是空的空间的本质及其在宇宙演化中的作用.

西德尼·科尔曼的真真空态和假真空态

西德尼·理查德·科尔曼于 1937 年出生在芝加哥, 1962 年在加州理工学院完成理论物理博士的工作后就来到了哈佛. 在哈佛他很快成为物理学教授, 一直待到 2007 年去世. 1972 年, 他和那时在哈佛的博士生埃里克·温伯格发表了一篇关于辐射自发对称性破缺的文章.

对称性破缺一般依赖于起初在描述物理系统中看起来不重要的一些小的效应. 如果我们将一支铅笔尖端向下立在一张完全水平的桌子上, 对称性论证表明铅笔应该保持直立. 重力本身不会使其倒向一边而不是另一边. 但是我们知道铅笔不会保持直立. 它们会很快倒向某个不可预知的方向. 任意小的扰动会导致铅笔倒下, 躺在桌子上. 这是势能更低的状态.

我们可以稍微削掉铅笔尖端使其变平, 阻止它倒下. 这支铅笔会立于其变平的顶端上. 垂直位置此时是稳定的. 相比附近的姿态, 这是一个势能的极小位置, 意思是说, 如果铅笔稍微倾斜到一侧, 它会恢复到静止于其变平的顶端上, 这是局部势能极小的姿态. 然而, 如果倾斜铅笔超过这个非常小的量就会导致其倒下, 因为有势能更低的状态, 就是铅笔平躺在桌子上.

因此我们可以讨论两个极小势能状态, 一个浅的极小和一个深的极小. 非常小的扰动可以使对称性破缺, 即克服使铅笔立于其变平的顶端的势垒, 使其落入更深的势能极小, 那时它平躺在桌子上.

科尔曼和温伯格的文章预言了类似的成对的势能极小, 一个浅, 另一个深, 这会产生高能物理中相当不同的粒子和场的位形之间的转换. 这里, 使原始对称性破缺的扰动是小的辐射效应.

在最初的探索后四年, 西德尼·科尔曼使用一个类似的观点证明即使真空也会具有相似的能量极小对, 如图 10.3 所示, 一个极小的能量比另一个低. 在这个从一个能量极小转变到另一个的过程中, 真空会经历一个相变, 和液态水在高温时变为蒸汽的相变类似. [30]

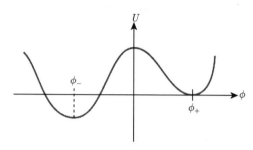

图 10.3 科尔曼的草图, 一个系统的能量 U 有两个相对能量极小, 位于某个表征参数 ϕ 轴的 ϕ_+ 和 ϕ_- 处, 其中只有位于 ϕ_- 的较低的极小是绝对的极小. 在科尔曼的理论中, ϕ_- 位置对应于真正的真空态, 而起初可能是稳定的 ϕ_+ 位置, 会很快受到量子效应的扰动, 产生不稳定性, 导致系统进入 ϕ_- 态. 科尔曼称 ϕ_+ 处的态为假真空(false vacuum), 称 ϕ_- 处的态为真真空(true vacuum) (获得授权, 重绘自Sidney Coleman, *Physical Review D*, 15, 2929, 1977. ©1977 American Physical Society)

科尔曼用锅中的水沸腾的概念解释这个相变. 如果锅的内壁是光滑的, 水会过热, 也就是在大气泡爆炸性地迸发之前被加热到超过沸点. 可能成核 (nucleate) 的小气泡没有足够的能量克服水的表面张力, 几乎会在形成的同时消失. 正如过热的水可以是液态或气态, 依赖于相对微小的控制因素, 科尔曼考虑真空可能会类似地从某个特定的相转换为另一个相. 他称处于较高能态的真空为"假真空", 将假真空可以转换过去的一个较低能态称为"真真空".

科尔曼指出, 无限古老的宇宙必然处于真真空态, 无论假真空衰变得多么缓慢. 然而, 在宇宙最早的瞬间, 单位体积的能量可能非常高, 宇宙的状态可能和任何真空态都大不相同, 无论是真真空还是假真空. 随着宇宙膨胀和冷却, 它可能在转变为真真空态之前首先进入假真空态. 如果是这样, 他希望这已经发生过了.

暴胀宇宙

1947 年出生于新泽西的布朗斯维克的阿兰·古斯成为麻省理工学院的本科生, 在那里待到 1971 年, 并获得了理论物理博士. 他随后在普林斯顿做了三年物理讲师, 之后接连在哥伦比亚大学、康奈尔大学和斯坦福直线加速器 (SLAC) 做博士后. 到 20 世纪 70 年代末, 在他三十岁出头, 他开始担心他可能永远不能找到一个合适的固定职位了. [31]

差不多在古斯来到康奈尔大学时, 粒子理论家开始对大统一理论非常感兴趣. 1979 年末, 古斯和他在康奈尔大学的博士后亨利 · 泰伊开始研究这些理论的一个方面. 如他们在《物理评论快报》上的一篇共同署名文章中所解释的, [32]

> 电磁相互作用、弱相互作用和强相互作用的大统一理论加上经典引力, 试图描述在小于普朗克质量 1.2×10^{19} GeV 的能标发生的所有物理过程. 在普朗克能量, 引力相互作用会变强. 原则上可以将宇宙历史外推回 $T = 10^{17}$ GeV 的温度 (宇宙年龄 $t \sim 10^{-41}$ 秒). 这些外推还算成功, 已经被用于得到净的宇宙重子数密度的粗略理论估计. 这些模型包含质量 M_m(典型地, 尽管不一定, 为 10^{16} GeV) 的磁单极子……

> 最近, 泽尔多维奇和赫罗波夫以及普莱斯基尔已经尝试估计非常早期的宇宙中产生的现存的磁单极子的丰度. 两项研究都得出结论, 磁单极子的数量会不可接受得大.

这些磁单极子从何而来? 从来没有观测到! 为什么古斯和泰伊要关心它们?

磁单极子

磁单极子的量子理论历史开始于 1931 年, 那时保罗 · 狄拉克注意到麦克斯韦电磁理论中电场和磁场之间著名的对称性, 但进一步强调了它的一个不对称性, 表观上与电子和质子的孤立电荷类似的孤立磁荷的缺失. 实验已经坚实地证明了磁场总是涉及磁偶极子, 而不是磁单极子 (也就是磁荷). 此时狄拉克提出, 理论并不禁止磁单极子存在. [33] 量子力学的考虑让他相信磁单极子应该存在, 一个磁单极子的磁荷 μ 应该是量子化的, 单位是 $\mu = \hbar c/2e$. 狄拉克认为, 从来没有看到磁单极子是因为 "两个符号相反的磁单极子之间的吸引力是电子和质子之间吸引力的 $(137/2)^2 = 4692.25$ 倍. 这是非常大的力, 或许可以解释为什么两个符号相反的磁单极子从未被分开. "

在 1981 年写的一篇文章中, 赫尔奇 · 克拉夫回忆了这些粒子 50 年的历史. [34] 狄拉克的想法在 1931 年紧接下来的一些年中很大程度上被忽略了, 但 1960 年左右逐渐增长的兴趣使得数百篇文章引用了狄拉克的文章, 在 1977 年以将近每年 50 次达到顶峰, 在 1978 年到 1980 年间略有下降.

1974 年两篇有影响力的文章出现后不久, 发表的文章数量加速增加. 第一篇是那时在欧洲核子研究中心 (CERN) 工作的 28 岁的盖尔哈德 · 特 · 胡夫特写的关于统一规范理论中的磁单极子的文章. [35] 第二篇是莫斯科的朗道理论物理研究所的 A.M. 波利亚科夫独立做出的, 在特 · 胡夫特的文章之后投稿, 题目是《量子场论中的粒子谱》(*Particle Spectrum in Quantum Field Theory*). [36] 两篇文章的结论都是在某些情况下磁单极子应该存在. 这些粒子的质量还不能确定, 但可能远远超过狄拉克设想的那些值. 在一些理论中, 它们可能是普朗克质量的量级, $\sim 2 \times 10^{-5}$ g.

其他人很快也开始对磁单极子感兴趣, 包括雅科夫·鲍里索维奇·泽尔多维奇, 苏联宇宙学、相对论天体物理和现代物理几乎其他所有领域的巨人.

泽尔多维奇 1914 年出生在白俄罗斯首都明斯克, 那时是俄罗斯帝国的一部分. 他们家在几个月后搬到了圣彼得堡, 他在那里长大. 17 岁时他成为苏联科学院化学物理研究所的实验室助理, 他和这个研究所保持联系直到晚年. 1941 年德国入侵苏联时, 这个研究所首先从圣彼得堡 (那时改名为列宁格勒) 搬到了喀山, 然后又搬到了莫斯科. 这位年轻的科学家的博士工作是处理化学过程, 他花了大约十年时间研究燃烧、爆轰和链式反应的问题. 1946 年他开始进行核武器的工作, 领导核裂变炸弹和核聚变炸弹的理论工作. 他继续研究核武器直到 1963 年. 同时, 在 20 年代 50 年代早期, 他也开始研究基本粒子的相互作用和转化. 直到 1963 年才开始研究天体物理学和宇宙学, 但很快就成为这个领域的领导者.

知道了波利亚科夫和特·胡夫特的工作后, 泽尔多维奇和 27 岁的马克西姆·尤里耶维奇·赫罗波夫 (刚加入泽尔多维奇在莫斯科的苏联科学院应用数学研究所的研究组) 快速考虑了预期的宇宙磁单极子的破坏速率. 他们使用基本热力学和扩散理论方法确定了可能持续到今天的数密度, 估计了当前的数密度为 $\sim 10^{-19}$ cm^{-3}, 远超过观测给出的上限. [37] 他们得出结论: "存在自由单极子的假设看起来和热 [弗里德曼] 宇宙的现代图像相冲突 …… 自由单极子的发现或许不仅对粒子物理学最为重要, 对 …… 宇宙学也是如此, 因为它可能让我们抛弃我们对 …… 大爆炸理论的主要观点. "

次年, 哈佛的约翰·P. 普莱斯基尔得到了相似的结论. [38] 他也指出早期宇宙中可能产生了量大得不可接受的单极子和反单极子, 表明大统一理论模型和大爆炸宇宙学可能不一致.

古斯的暴胀理论

在康奈尔大学, 古斯和泰伊在研究宇宙早期预期的高温下可能发生的真空相变. 他们的计算像普莱斯基尔的计算那样是基于 $\sim 10^{16}$ GeV 量级的粒子和光子能量 (也就是 $\sim 10^{29}$ K 量级的温度) 开始起作用的大统一理论的. 他们认为这样的温度在早期是普遍的.

随着宇宙膨胀和冷却, 其早期真空相可能已经经历了科尔曼在他三年前的文章中描述的一系列转变. [39] 宇宙在到达我们今天可能正在经历的真真空之前可能已经经历了一个或更多个假真空态. 这些早期相变的一个主要结果可能是亚核粒子和光子的一种相互作用分为今天的三种非常不同的相互作用, 强相互作用、弱相互作用和电磁相互作用. [40]

在尝试找到方法避免泽尔多维奇和赫罗波夫以及普莱斯基尔发现的过多的磁单极子时, 古斯和泰伊集中于研究假真空膨胀阶段单极子的产生. 它们研究了快速膨胀的假真空中的气泡碰撞时发生的拓扑缺陷导致的单极子产生. 和类似于扭结 (knot) 那样的拓扑实体一样, 预期单极子是稳定的, 不会衰变.

那为什么没有观测到单极子?

古斯在他到斯坦福大学做一年博士后时一直在担心这个问题. 他回忆, 亨利·泰伊之前注意到他们在某种程度上任意地假设了宇宙的膨胀保持绝热, 即熵不变. 此时, 他检查了这一点, 他发现与此相反, 真空相变会产生指数加速膨胀, 其中应该应用一套不同的守恒律. 这个膨胀可能受一个量控制. 这个量类似于, 或者甚至精确地和爱因斯坦原始的宇宙学常数 Λ 导出的量相同. 指数膨胀中的行为可能和德·西特的膨胀模型 (没有物质, 但是在膨胀) 相同. 在某种程度上, 古斯面对全新的情况, 绕了一圈回到了 1917 年的宇宙学.

科尔曼的文章提出气泡以光速膨胀 (一个非膨胀空间中可能的最快膨胀). 但是当空间自身膨胀时, 膨胀速度可以更高. 就是这使得快速暴胀成为可能.

此时, 古斯也回忆了普林斯顿的物理学家罗伯特·迪克在 1978 年秋天在康奈尔举办的一个研讨会报告中提出的两个宇宙学难题. [41] 如迪克指出的, 普遍接受的宇宙模型是处于绝热膨胀的空间的模型. 这个模型的第一个困难是: 根据流行的宇宙学模型, 宇宙中方向相反的两个部分总是以超光速膨胀远离彼此 —— 这意味着它们永远不可能有物理相互作用, 它们如何能看起来大致相同?

迪克提出的另一个问题更微妙. 他注意到今天宇宙的年龄大约是 10^{10} 年, 表观质量密度能保证它缓慢地减速膨胀. 如果宇宙有任何显著的初始正曲率, 那么它就应该膨胀然后在数分之一秒之内坍缩. 如果其初始曲率为负, 它会膨胀, 使得质量密度快速变小. 两者合起来, 这意味着初始曲率必须以大约 $1/10^{55}$ 的精度微调到零. 当然没有物理系统能够这样微调而不受干扰从而失去平衡.

古斯此时认识到, 早期宇宙中指数膨胀的假真空可以解决所有三个问题, 如果它快速膨胀一个超过 3×10^{27} 的倍数 z. 单极子问题也不复存在, 因为持续膨胀使宇宙的线尺度增加了这么大一个倍数会使单位体积中单极子的数量非常稀少, 今天的可观测宇宙中即使有单极子其总数也非常少. 从来没有发现单极子也就不奇怪了!

巨大的早期膨胀也降低了宇宙的曲率, 正如任何强烈膨胀的物体的曲率都单调降低. 最终, 如古斯所设想的, 如果他放弃早期可能存在一些传统的平衡态这个假设, 均匀性问题也会消失.

古斯不确定他回答了所有可能提出的问题. 他指出了他理论中的一些弱点, 但是觉得它有足够的优点, 值得投稿发表. [42]

这个弱点很快被苏联的安德烈·林德以及美国的安德雷亚斯·C. 阿尔布雷克

特和保罗·J. 施泰因哈特相继引入的暴胀理论的一个变体解决了. 暴胀理论很快就被接受了. [43,44]

凭借这个, 古斯作为流动的博士后的生涯圆满结束, 受邀加入麻省理工学院物理系.

初始涨落

我们或许仍然好奇产生了古斯的指数膨胀区的初始涨落从何而来.

在 20 世纪 70 年代早期, 微波背景辐射发现后仅仅几年, 美国的爱德华·罗伯特·哈里森以及两年后苏联的雅科夫·鲍里索维奇·泽尔多维奇提出, 早期宇宙的密度可能是非常不均匀的. [45,46] 他们认为, 时间起始时的密度不均匀性应该是尺度不变的、标量的, 意思是说它们应该在所有尺度上都能观测到, 应该没有空间上的各向异性. 他们提出, 这些不均匀性应该最终表现为全天的微波背景辐射亮度分布以及星系团的尺度分布上的涨落.

十年后当古斯、林德以及阿尔布雷克特和施泰因哈特提出暴胀宇宙学时, 哈里森和泽尔多维奇的论证变得特别引人注目. 原则上, 它们提供了一种近乎神奇的方式来在今天检验暴胀宇宙学是否合理. 在暴胀模型中, 宇宙早期的指数膨胀会快速孤立原初涨落, 因为它们互相之间的膨胀超过了光速, 这些涨落没有机会相互作用来耗散彼此的能量, 直到宇宙膨胀速率最终降低. 故而大尺度涨落仍然会冻结下来, 仅在宇宙膨胀后期通过在全天的微波背景辐射成图和星系团分布的印迹显现出来. 这些原初涨落保存到数十亿年后的今天, 还会为我们揭示在宇宙历史最初的一瞬留下印迹的原初涨落, 这是令人兴奋的. 宇宙今天仍能向我们展示其起源 (如果我们足够仔细地观察) 的这种前景令人惊叹!

＊＊＊

然而, 在一两年内, 这些追寻暴胀模型预言的粒子物理学家就发现需要修正这个模型. 哈里森和泽尔多维奇最初假设的原初涨落太大, 会在微波背景辐射中留下比观测强的印迹. 使用 20 世纪 80 年代早期的射电接收机观测, 背景辐射看起来是没有特征的. 二十年后, 强大得多的设备会以精致的细节揭示长久依赖追寻的特征; 但是在此期间, 到 1983 年, 安德烈·林德已经引入了一种称为混沌暴胀的理论变体, 展示了一条走出这个困境的可能途径. [47]

黑洞质量正比于其半径. 其密度, 即质量除以体积, 随着质量减小而增大. 混沌暴胀假设宇宙最初是极端致密和炽热的. 在最高的密度下, 它可能充满了最小的、最轻的但是最高密度的符合广义相对论和量子理论的黑洞. 它们的质量, 以量子理论之父马克斯·普朗克命名, 被称为普朗克质量 $m_P = (\hbar c/G)^{1/2} \sim 2.2 \times 10^{-5}$ g.

这种极热的物质的能量密度对应于 $T_P \sim 10^{32}$ K $\sim 10^{19}$ GeV 的温度. 在这个温度, 粒子物理的大统一理论 (GUT) 推测, 强核力和弱核力以及电磁力应该是同样强的.

在宇宙时间 $t_P \sim 10^{-43}$ 秒之前, 一个小至普朗克质量的区域的不同部分也不知道彼此的存在, 无法互相交流以达到任何类型的平衡, 混沌态会占主导. 空间和时间的区别可能还不明显; 一个成为涨落时空泡沫的状态可能占了上风.

林德提出的混沌暴胀图景假设这个混沌态中真空的演化由大统一条件下的一个标量力场决定. 这个场由一系列质量 m 远小于普朗克质量, $m \ll m_P$, 称为暴胀子 (inflation) 的假想粒子传递. 假设这些粒子负责传递这个标量场产生的力 —— 或多或少类似光子或虚光子传递电磁场.

林德假设, 在早期的时候, 包含一个普朗克质量的区域中的大部分质量-能量会处于真空中, 而不是在暴胀子中. 但在宇宙年龄稍长一点时, 我们现在的物理学规律可能开始控制比普朗克质量对应的半径略大、能量密度比相应密度略低的区域. 内部力场会变得更均匀, 尽管初始混沌条件留下的尺度无关涨落会继续遍及各处. 由于普遍的高密度, 会同时发生快速的广义相对论膨胀.

对于能量密度为常数、均匀膨胀的真空, 密度表现为宇宙学常数 Λ, 导致指数膨胀, 就像德·西特 1917 年假定的宇宙学模型. 但是暴胀膨胀要快很多个量级, 因为能量密度要高得多. 宇宙可以在短于 10^{33} 秒的时间内膨胀 $z \sim 3 \times 10^{27}$ 倍, 甚至可能会膨胀更多倍.

基于混沌初始条件, 林德提出一倍普朗克质量对应范围内的真空可能起源于高能态, 可能会逐渐衰减到可能的最低能态. 这最终会降低指数膨胀速率, 而不会改变一个高度暴胀的宇宙这个最终结果.

如果这个标量场是所谓的希格斯场(以爱丁堡大学的皮特·希格斯命名, 他最先假设这种场存在), 它会破坏不同力之间的对称性, 赋予传递不同相互作用的粒子以不同的质量, 并引入不对称性区分弱、强和电磁相互作用. 随着真空能量骤降到接近于零, 能量守恒随后会把所有这些粒子加热到非常高的温度. 此后, 宇宙会膨胀、冷却, 像伽莫夫早些时候预见的那样.

仍然需要回答一个吸引人的问题. 如果暴胀精确地保存和放大了初始涨落, 这些涨落是否既在微波背景辐射上留下了印记, 也孕育了之后的星系形成? 林德论证说, 这个问题可以积极地回答: 如果真空表现出由暴胀质量 m 产生并正比于这个质量的能量涨落, 可以证明 $m \sim 10^{-4} m_P$ 导致了足够大的涨落, 最终导致了星系的形成, 只要宇宙充分冷却. 在这个范围的 m 之下, 星系不会形成. 在此之上, 微波背景辐射会表现出比观测值大的涨落. [48]

这一切听起来很有希望.

星系如何形成已经困扰了理论家半个世纪. 1946 年, 苏联的叶甫盖尼·M. 栗夫希茨就已经发现, 一个处于热平衡的膨胀宇宙会很快耗散掉其原初涨落, 使得它们弱到形成星系的引力收缩永远无法发生. [49] 但是如果宇宙曾经是混沌的, 那么真正的热平衡态可能就永远无法出现. 暴胀可能快速增加了独立的涨落之间的距离, 将它们彼此分开, 阻止它们相互耗散以建立热平衡. 栗夫希茨设想的宇宙的极端均匀性可能从来都不存在.

＊＊＊

在混沌暴胀图景中, 在时间起始时孤立的不同区域可以令人信服地经历完全不同的演化历史. 一些区域可能密度太高, 快速坍缩. 其他区域可能持续地指数膨胀直到永远. 还有其他区域, 类似我们的, 可能经历了相似的暴胀相, 随后转变为辐射和粒子主导的相. 然而, 并非所有这些区域都有幅度正好的涨落能形成星系、恒星和适合生命的行星.

暴胀图景的假设是, 我们所在区域可能是非常独特的. 但就是需要这么一个宇宙区域以产生生命, 甚至能研究宇宙的人类. 我们对其他平等的、非常不同的宇宙区域存在的可能性一无所知, 因为, 如果它们存在, 它们远在我们所在区域 (我们唯一有幸看到的部分宇宙) 的视界之外. 就我们所知, 这些遥远部分中的一些可能会变异, 催生出子区域并继续产生其他子区域. 通过沿着这样的路径持续再生, 可能令人信服的是, 从来没有一个时间起点, 只有一个无尽的历史, 其中存在的宇宙区域持续催生其他区域 —— 一个几乎不可分辨的稳态宇宙的不同变体, 稳定而混沌.

暴胀宇宙产生了这样一种观点, 人类存在仅仅是因为我们的宇宙区域是这样演化的. 一些天文学家已经将这个想法提升为一个原理 —— 人择原理, 说的是宇宙必须以能产生人类的方式演化. 然而, 正如我们在第 3 章中看到的, 一些原理, 如相对性原理, 有重要的结果, 而其他原理, 比如马赫原理, 就没有. 到今天为止, 人择原理对于宇宙的本质还没有产生明显的新见解. 这并不是说它永远不会产生新见解, 但是这可能确实意味着需要增加某些重要的元素以使这个原理预言新的可检验的结果.

＊＊＊

在古斯和林德开创性的文章之后几十年中, 一支名副其实的年轻高能粒子理论家大军建立了各种各样的暴胀情形的模型, 以及可以结束这些暴胀相以产生今天宇宙中观测到的粒子和辐射的机制. 这些模型中的每一个都有可能会在微波背景和今天的星系物质分布中留下不同的微小印迹. 一旦进行了必要但是也非常困难的观测, 我们就可能知道这很多不同模型中的哪个和宇宙的早期历史符合得最好.

今天, 随着一系列越来越精密、强大的观测站破译深埋在宇宙微波背景辐射中的证据, 这些问题的答案开始浮现.

唯一的问题是, 经过三十年的理论建模, 我们已经继承了这么多暴胀理论的变种, 我们可能缺乏足够强大的工具辨别哪一个唯一地符合我们现在观测到的宇宙.

我们能令人信服地追溯宇宙的历史, 发现其真正的原初起源么?

注释和参考文献

[1] *The Structure of Scientific Revolutions*, Thomas S. Kuhn, University of Chicago Press, 1962.

[2] *Origins—The Lives and Worlds of Modern Cosmologists*, Alan Lightman and Roberta Brawer. Cambridge MA: Harvard University Press, 1990, p. 204.

[3] On Continued Gravitational Collapse, J. R. Oppenheimer & H. Snyder, *Physical Review*, 56, 455-59, 1039.

[4] *Black Holes and Time Warps-Einstein's Outrageous Legacy*, Kip S. Thorne. New York: W. W. Norton Company, 1994, pp. 209-54.

[5] The Synthesis of the Elements from Hydrogen, F. Hoyle, *Monthly Notices of the Royal Astronomical Society*, 106, 343-83, 1946.

[6] Past-Future Asymmetry of the Gravitational Field of a Point Particle, David Finkelstein, *Physical Review*, 110, 965-67, 1958.

[7] Über die Hypothesen, welche der Geometrie zu Grunde Liegen, Bernhard Riemann, *Abhandlungen der Königlichen Gesellschaft der Wissenschaften zu Göttingen*, Vol. 13, where the 'Habilitationsvortrag' delivered on June 10, 1854 is reproduced.

[8] Ibid., *Black Holes and Time Warps*, Thorne, p. 244.

[9] 3C 273: A Star-like Object with Large Red-Shift, M. Schmidt, *Nature*, 197, 1040, 1963.

[10] Gravitational Field of a Spinning Mass as an Example of Algebraic Special Metrics, Roy P. Kerr, *Physical Review Letters*, 11, 237-38, 1963.

[11] Discovering the Kerr and Kerr-Schild metrics, Roy Patrick Kerr, http://arxiv.org/pdf/0706.1109v2.pdf (dated 14 January 2008).

[12] Metric of a Rotating, Charged Mass, E. T. Newman, et al., *Journal of Mathematical Physics*, 6, 918-19, 1965.

[13] Gravitational Collapse and Space-Time Singularities, Roger Penrose, *Physical Review Letters*, 14, 57-59, 1965.

[14] Extraction of Rotational Energy from a Black Hole, R. Penrose & R. M. Floyd, *Nature Physical Science*, 229, 177-79, 1971.

[15] Black Holes and Entropy, Jacob D. Bekenstein, *Physical Review D*, 7, 2333-46, 1973.

[16] *The Mathematical Theory of Communication*, Claude E. Shannon, *Bell System Technical Journal*, July and October 1948. The papers are reproduced in their entirety in *The Mathematical Theory of Communication*, Claude E. Shannon & Warren Weaver. Urbana: University of Illinois Press, 1949.

[17] Black holes and thermodynamics, S. W. Hawking, *Physical Review D*, 13, 191-97, 1976.

[18] *A Brief History of Time*, Stephen W. Hawking, Bantam Press, 1988, p. 110.

[19] Ibid., *A Brief History*, Hawking, p. 111.

[20] Ibid., *A Brief History*, Hawking, p. 111.

[21] Black Hole Explosions? S. W. Hawking, *Nature*, 248, 30-31, 1974.

[22] Particle Creation by Black Holes, S. W. Hawking, *Communications in Mathematical Physics*, 43, 199-220, 1975.

[23] Ibid. Black holes and thermodynamics, Hawking, 1976.

[24] Accretion of Interstellar Matter by Massive Objects, E. E. Salpeter, *Astrophysical Journal*, 140, 796-800, 1964.

[25] The Fate of a Star and the Evolution of Gravitational Energy upon Accretion, Ya. B. Zel'dovich, *Doklady Akademii Nauk*, 155, 67; translated and published in *Soviet Physics - Doklady*, 9, 195-97, 1964.

[26] Galactic Nuclei as Collapsed Old Quasars, D. Lynden-Bell, *Nature*, 223, 690-94, 1969.

[27] Electromagnetic extraction of energy from Kerr black holes, R. D. Blandford & R. L. Znajek, *Monthly Notices of the Royal Astronomical Society*, 179, 433-56, 1977.

[28] A two-solar-mass neutron star measured using Shapiro delay, P. B. Demorest, et al., *Nature*, 467, 1081-83, 2010.

[29] Radiative Corrections as the Origin of Spontaneous Symmetry Breaking, Sidney Coleman and Erick Weinberg, *Physical Review D*, 7, 1888-1910, 1973.

[30] Fate of the false vacuum: Semiclassical theory, Sidney Coleman, *Physical Review D*, 15, 2929-36, 1977.

[31] Ibid. Origins, Alan Lightman and Roberta Brawer, p. 476.

[32] Phase Transitions and Magnetic Monopole Production in the Very Early Universe, Alan H. Guth and S.-H. H. Tye, *Physical Review Letters*, 44, 631-35, 1980; 44, 963, 1980.

[33] Quantised Singularities in the Electromagnetic Field, P. A. M. Dirac, *Proceedings of the Royal Society of London A*, 133, 60-72, 1931.

[34] The Concept of the Monopole. A Historical and Analytical Case-Study, Helge Kragh, *Historical Studies in the Physical Sciences*, 12, 141-72, 1981.

[35] Magnetic Monopoles in Unified Gauge Theories, G. 't Hooft, *Nuclear Physics B*, 79, 276-84, 1974.

[36] Particle spectrum in quantum field theory, A. M. Polyakov, *ZhETF Pis. Red.*, 20, No. 6, 430-33, September 20, 1974; translated and published in JETP Letters, 20, 194-95, 1974.

[37] On the Concentration of Relic Magnetic Monopoles in the Universe, Ya. B. Zel'dovich & M. Yu. Khlopov, *Physics Letters B*, 79, 239-41, 1978.

[38] Cosmological Production of Superheavy Magnetic Monopoles, John P. Preskill, *Physical Review Letters*, 43, 1365-68, 1979.

[39] Ibid., Fate of the false vacuum, Coleman.

[40] Unity of All Elementary-Particle Forces, Howard Georgi & S. L. Glashow, *Physical Review Letters*, 32, 438-41, 1977.

[41] Inflationary Cosmology and the Horizon and Flatness Problems: The Mutual Constitution of Explanation and Questions, Roberta Brawer, a Master of Science in Physics thesis, Massachusetts Institute of Technology, 1996, p. 69. The thesis is publicly available at http://dspace.mit.edu/bitstream/handle/1721.1/38370/34591655.pdf?sequence=1.

[42] Inflationary universe: A possible solution to the horizon and flatness problems, Alan H. Guth, *Physical Review D*, 23, 347-56, 1981.

[43] A New Inflationary Universe Scenario: A Possible Solution of the Horizon, Flatness, Homogeneity, Isotropy and Primordial Monopole Problem, A. D. Linde, *Physics Letters B*, 108, 389-92, 1982.

[44] Cosmology for Grand Unified Theories with Radiatively Induced Symmetry Breaking, Andreas Albrecht & Paul J. Steinhardt, *Physical Review Letters*, 48, 1220-23, 1982.

[45] Fluctuations at the threshold of Classical Cosmology, E. R. Harrison, *Physical Review D*, 1, 2726-30, 1070.

[46] A Hypothesis, Unifying the Structure and the Entropy of the Universe, Ya. B. Zel'dovich. *Monthly Notices of the Royal Astronomical Society*, 1P-3P, 1972.

[47] Chaotic Inflation, A. D. Linde, *Physics Letters B*, 129, 177-81 1983.

[48] Particle physics and inflationary cosmology, Andrei Linde, *Physics Today*, 40(9), 61-68, September 1987.

[49] On the Gravitational Stability of the Expanding Universe, E. Lifshitz, *Journal of Physics of the USSR*, 10, 116-29, 1946.

第11章　领导风格的混乱

在第 7 章和第 9 章中, 我们看到, 关于宇宙结构的结论会多么强烈地受到在科学哲学中那些未经证实的干扰因素的影响. 技术创新、政府优先事项、经济因素以及科学咨询和监督委员会都在塑造天文学中发挥了作用. 天体物理学不断受到各方的压力, 破坏正在进行的工作的稳定, 使这个领域保持在偏离平衡的状态.

然而一般来说, 天体物理学会如何发展是难以掌握的. 本章试图真实地描述现代天文学研究是如何实施的, 以及一个协调良好的公共途径所能发挥的关键作用, 只要它能足够灵活, 从不可避免的挫折中恢复过来. 正如我们将要看到的, 坚定的领导风格是最终成功的必要因素.①

一个符合逻辑的方法

到 20 世纪 70 年代, 容易看到"二战"和冷战中的新探测技术的涌入如何促成了意想不到的发现. 早先的理论并没有告诉我们会有类星体、脉冲星或宇宙脉泽, 这些最早都是由射电天文学发现的. 类似的重要发现也出现在伽马射线、X 射线和红外波段.

最初为工业发展的技术被天才的仪器专家进一步发展, 增大了产生未来同等惊人发现的可能性. 关于搜索天空的新方法的建议以及为实现这些目的所用的设备设计方案涌向美国宇航局.

在美国宇航局总部负责高级天体物理项目的富兰克林·D. 马丁非常清楚这些. 1978 年 3 月, 美国宇航局的天体物理部发行了一套 24 本小册子, 每一本都总结了美国国家研究委员会空间科学委员会或者空间研究展望组 (Outlook for Space Study Group, 其组建是为了确定美国 "在 20 世纪剩下时间里空间探索民用" 的方向, 但是强调了是从 1980 年到 1990 年 [2]) 向美国宇航局局长提交的报告所推荐的一个空间项目的技术研究中的发现. 每本小册子都简短明确, 仅包含 10 页文字、图画、尺寸和成本估算. 封面从计划中的伽马射线和 X 射线探测的蓝色到远红外和亚毫米波探测的红色以及相对论和引力研究的棕色, 把这些薄册子排在书架上会展现出迷人的彩虹的颜色.

然而, 如马丁在 1979 年被任命为美国宇航局天体物理部主任时很快意识到的

---

① 对设计建造哈勃太空望远镜的更详细历史感兴趣的读者可以阅读罗伯特·W. 史密斯 (Robert W. Smith) 的书《太空望远镜: 对美国宇航局、科学、技术和政策的研究》(*The Space Telescope: A Study of NASA, Science, Technology, and Politics*), 书里资料特别翔实. [1]

那样, 项目数量的多样性带来了两个问题. 层出不穷的天体物理学家来到他的办公室, 急切地鼓吹某个项目比其他项目重要. 而国会难以理解为什么宇航局要求资助这么多不同的项目.

30 年后的 2009 年, 在历史学家、作家勒妮 · M. 罗特纳的访谈中, 马丁回忆了他每次把一个项目兜售给政客所必须面对的问题. "所有这些项目真的是昂贵. 然而这些项目的科学目标都是必要的. 但作为对纳税人的钱负责的人, 我想的是, 所有这些项目都必须有强有力的发现要素, 考虑到 …… 我们真的还没有在整个电磁波谱看过宇宙. "[3]

1976 年左右, 马丁偶然看到我在 1975 年发表的一篇标题为《A 级宇宙现象的数量》(*The Number of Class A Phenomena Characterizing the Universe*) 的文章. [4]这篇文章强调了战后新技术给天文学带来的希望, 也强调了可以通过整个电磁波谱中的联合观测更多地了解宇宙. 仅在 X 射线波段观测一个天体带给我们的信息很少, 除非我们也确定了在可见光、红外、射电和伽马射线波段对这个源的观测互相之间如何联系. 数据结合起来将阐明在起作用的物理过程. 达不到全波段覆盖的任何观测都容易引起对源中普遍存在的物理条件的误解. 在整个电磁波谱中进行的观测结合起来保证了对宇宙更好的理解. 此外, 如该文章所说, "尚未发现的现象最有可能通过使用现在还不具备的观测技术进行搜索而发现 …… "

如弗兰克 · 马丁在他与罗特纳的访谈中回忆的, "有人走到大厅里把它 (译者注: 上一段提到的文章) 交给我 …… 我读了, 我清楚该怎么做 …… 哈维特的文章真的说到我心上了 —— 这正是我们应该做的 …… 所有这些都是这个巨大拼图的碎片 …… 他把确定应该支持什么样的项目的判据说得非常清楚 …… [它们应该涉及] 电磁波谱的每个部分, "弗兰克补充道, "我们可以把所有这些以华盛顿以及宇航局那些人能够理解的方式打包在一起 …… [并且] 为科学和国家开拓这一巨大的发现空间. "

直到 30 年后, 我读到马丁的访谈时, 才意识到我写的那篇文章对他多么有用. 这可能是因为, 如弗兰克对罗特纳提到过的, "我告诉过哈维特, 他写的这篇 [文章] 可能是为了两个人或许只是一个人 —— 就是我, 美国宇航局天体物理部主任, 因为他提到的很多这些事无法在地面上做. "

1981 年我出版了一本书《宇宙的发现: 天文学的探寻、眼界和遗产》(*Cosmic Discovery, The Search, Scope and Heritage of Astronomy*), 详细阐述了在此六年之前的那篇文章. [5] 它为在整个电磁波能量范围内进行一系列全面的巡天提供了更详细的理论说明. 如果没有完整的信息, 我们就无法彻底了解宇宙.

***

查尔斯 · J. (查理)· 佩尔兰在 1983 年 38 岁时接替他的朋友 —— 之前的领导弗兰克 · 马丁, 成为美国宇航局天体物理部主任, 他同样非常理解这些因素. 马丁和佩尔兰很早就意识到美国宇航局有无与伦比的机会, 用那时只有美国和美国宇航局能提出的方法推进我们对宇宙的认识. 这将涉及向造成干扰的地球大气之外太空发射四台大型望远镜, 分别运行在伽马射线、X 射线、光学和红外波段. 可以用地面望远镜进行的射电观测可以补充这些研究, 但国家自然科学基金会主要负责这些. 美国宇航局将要建造发射入太空的天文台.

佩尔兰在 1984 年末面对的现实问题是建造覆盖所有四个能段的天文台, 使它们互相完美地同步, 使得能够同时观测整个电磁波谱. 在任何情况下这都将是一个具有挑战性的任务, 但一个新的障碍才刚刚出现. 跨过它需要齐心协力!

政府优先事项

在 1984 年 1 月 25 日的国情咨文中, 罗纳德 · 里根总统宣布: "今夜, 我命令美国宇航局在十年内开发一个长期使用的载人空间站. 这个空间站," 里根向听众保证, "将使我们对科学、通信、金属和只能在太空中制造的救命药 …… 的研究发生量子跃迁." [6] 和美国宇航局的每一个人一样, 佩尔兰知道这个指示将急迫地调整这个机构的工作. 美国宇航局向里根保证, 空间站的花费按 1984 年利率不会超过 80 亿美元. 这个国家的每个知识渊博的航天工程师都知道这是不现实的.

对于天体物理学, 鉴于总统的新指示, 一个更紧迫的问题是, 国会不会理解为什么太空中需要另外一套天文观测站. 总统的计划是设想空间站在 1991~1992 年发射, 包含两个无人、自由飞行的共轨平台, 分别用于天文和地球观测. 轨道机动飞行器 (Orbital Maneuvering Vehicle) 作为空间站附近移动有效载荷的无人太空拖船, 将允许宇航员从空间站对这些有效载荷进行检修.

面对突如其来的优先事项的变化, 佩尔兰现在需要修改他的计划以符合总统的指示. 如果他们期望实现他们的目标, 天文学家将不得不比过去更有效地阐明和鼓吹他们的需求. 佩尔兰明白, 他必须给国会和行政机构一个长期计划, 包括在所有可能的波段进行观测的一整套望远镜, 并使其符合总统的空间站计划. 这个计划将是昂贵的, 佩尔兰知道, 这需要顶尖的美国天体物理学家 (理论家以及仪器建造者) 的全力支持.

科学计划

每 10 年, 美国国家科学院会进行一次调查, 设定未来十年天文的优先项目. 20 世纪 80 年代的天文学和天体物理学十年规划是在美国科学院国家研究委员会支持下进行的, 由理论天体物理学家乔治 · 布鲁克主持. 他是位于马萨诸塞州剑桥的哈佛–史密松天体物理中心 (CfA) 的创始主任. 本次调查的建议旨在指导美国政府执行一个全国性的天文项目.

为将要到来的 20 世纪 80 年代所做的调查推荐一个长期项目, 先进 X 射线

天体物理装置 (AXAF) 作为空间天文领域接下来的最高优先级. 1984 年改名为空间红外望远镜 (Space Infrared Telescope Facility) 的航天飞机红外望远镜 (Shuttle Infrared Telescope Facility, SIRTF) —— 不再附于航天飞机上, 也获得了高分. 只有国会愿意批准美国宇航局所要求的大量经费, 才有可能同时发射这两台望远镜.

这导致了一个尖锐的问题: 到 1984 年底, 国会和白宫已经批准启动另外两项昂贵的美国宇航局项目, 伽马射线天文台 (GRO) 和哈勃太空望远镜 (HST), 二者都在 20 世纪 70 年代得到了天文界的支持. [7] 此时, 在这些更早期的请求还没被完全满足之前, 天文界中另一部分人就已经在要求另外两个项目 SIRTF 和 AXAF 了.

实际上, 在十年规划的建议公布时, 其主席的任务还没有结束. 在十年中余下来的日子里, 主席会不知疲倦地在国会大厅巡回, 提醒众议院和参议院议员们以及立法机关和白宫的工作人员, 天文界在规划中发出了同一个声音, 并且如果政府要明智地资助科学, 就需要有一定的持续性和规律性.

1984 年 3 月 8 日, 菲尔德写信给负责为美国宇航局拨款的参议院委员会的主席, 参议员杰克·加恩, 指出 1980 年的十年规划已经 "给予了先进 X 射线天体物理装置 (AXAF) 和航天飞机红外望远镜装置 (SIRTF) 高优先级". 美国宇航局适时发射两个望远镜的计划需要每一个都经历 B 阶段 (phase B) 研究, 而总统最近提出的 FY85(1985 财年) 预算是不够的.①

菲尔德写道: "我强烈要求你们委员会为美国宇航局追加大约 1000 万美元预算使这些研究成为可能. " [8]

这两台望远镜也面对着其他挑战. 没有人比佩尔兰对此理解更好. 天文界是四分五裂的. 常常是一个红外天文学家到佩尔兰的办公室催促优先支持 SIRTF, 然后一个 X 射线天文学家会打电话催促支持 AXAF.

佩尔兰回忆道: "如果 [这些] 中的一个对另一个的需求有所补充, 那么争论可能是值得的. 但是, 每个任务都增加了另外一个的必要性 …… 我需要创造一个新的、令人信服的策略, 动员两个项目背后的每个人, 包括已经开始进行的两台望远镜 [哈勃太空望远镜 (HST) 和伽马射线天文台 (GRO)]. " [9]

随着 1984 年末临近, 佩尔兰指示他的副手乔治·牛顿邀请一些天体物理学家在新年伊始参加一个为期一天的会议.

我接到组织会议的电话, 我告诉牛顿我乐意参加. 他在圣诞节前又打电话问我

---

① 一个美国宇航局的项目在发射之前会经历一系列阶段, 开始是概念研究(Conceptual Study), 随后是 A 阶段(Phase A) 初步分析. 随后可能会进入 B 阶段, 这需要明确定义一个成功的任务所必须达到的系统要求, 审查系统设计, 以及一个独立的非主张(non-advocate) 评审. 如果这些评审令人满意, 那么这个项目可能会进入 C/D 阶段(phase C/D), 涉及更多细致的设计和研发, 以及发射前的一系列严格的评审. 最终, 一旦进入太空, 实际开始运行就标志着阶段 E (phase E) 的开始 —— 设计中发射要完成的工作的启动.

是否可以主持这次会议, 我回答说 "可以". 但我挂断电话后, 有点疑惑, 通常, 美国宇航局的部门负责人会指定他熟知并且可以相信的人主持他的顾问委员会以避免使他难堪.

这次不同, 佩尔兰和我从未见过面.①

12 月 21 日一封正式的邀请信发给了同意出席的人. 信中提出, 这次会议应该 "促进对 [美国宇航局提出的每个天体物理任务] 的贡献的讨论, 并帮助说明总体方案的长处及其科学上的正当性 …… 预期这次会议的产出是 [一个] 统一的理解以及用适于向知情人士简报的一套图像材料进行描述."

启动会

1985 年 1 月 2 日下午晚些时候, 我到达了查理 · 佩尔兰位于华盛顿的美国宇航局总部的办公室. 我们用了一晚上时间计划第二天的会议, 我们谈得很好.

我事先准备了一些草图以满足查理对 "图像材料" 的要求. 它们是天体物理学家在黑板上画的用来向同事解释他们的思想的那种涂鸦: 没有方程, 没有公式, 只是线条画加上几句话. 查理表示赞同, 认为这些草图可能会开个好头.

第二天会议开始时, 我环顾了查理召集的小组. 除了他自己的五位雇员和三个处理后勤的转包商, 查理还找来了一些塑造天体物理理论以及美国的伽马射线、X射线、光学、红外以及射电天文学未来的顶尖科学家. [13] 我们当中大多数人是头天晚上飞到华盛顿的.② 当天开始时, 查理描述了他认为的主要问题, 对一个具有坚实科学依据并且可以用简单而吸引人的术语向决策者和更广泛的受众解释的连贯项目的陈述. 伽马射线天文台 (GRO) 和哈勃太空望远镜 (HST) 正在建设, 是时候集中精力在先进 X 射线天体物理装置 (AXAF) 和空间红外望远镜 (SIRTF) 上了, 特别是正在进行的对太阳的研究和地基射电天文研究的背景下.

午饭前不久, 我们讨论了查理分配给我们的首要任务 —— 绘制可视材料以帮助他解释天体物理项目. 我展示了视图样品, 即前一天晚上和查理讨论过的那些涂鸦. 然后小组分成更小的团队开始构建类似的视图展示这四个天文台将如何帮助我们了解关键的天体物理问题, 包括:

---

① 四分之一世纪后的 2009 年, 我看到了芮妮 · 罗特内对佩尔兰的采访. 10 他告诉她, 他读了《宇宙的发现》(*Cosmic Discovery*), 这本书主张探索整个电磁能段. 11 佩尔兰说: "我想, 马丁 · 哈维特写了这本书 —— 为什么我不让 [他] 来主持这次会议? 我从未见过他, 所以我打电话给戴夫 · 吉尔曼. [他说]:'他是个了不起的人.'" 若干年前, 吉尔曼是康奈尔的研究生, 他上了我的一门课. 后来, 戴夫和我经常聊天. 但回溯到 1984 年, 我还不知道佩尔兰调查了这些.

② 来自马歇尔太空飞行中心的鲍勃 · 布朗; 来自戈达德太空飞行中心的卡尔 · 菲希特尔和乔治 · 皮珀; 来自哈佛–史密松天体物理中心的乔治 · 菲尔德、乔什 · 格林德利、罗伯特 · 诺伊斯、埃尔文 · 夏皮罗和哈维 · 塔南鲍姆; 来自空间望远镜研究所的里卡多 · 贾科尼; 来自亚利桑那的比尔 · 霍夫曼和乔治 · 里克; 来自国立射电天文台 (NRAO) 的肯 · 凯勒曼; 来自普林斯顿的杰瑞 · 奥斯特里克; 来自康奈尔的艾德 · 萨尔皮特; 以及来自麻省理工的莱纳 · 韦斯.

- 宇宙和宇宙结构的起源;
- 星系和星系团的形成;
- 暗物质的大尺度运动;
- 类星体和活动星系核;
- 黑洞;
- 气体动力学;
- 恒星形成;
- 行星系统. [14]

到这天结束, 这些视图被投影到屏幕上受到了整个团队的审视. 这些草图被交给亚拉巴马州亨茨维尔的埃塞克斯 (Essex) 公司的瓦莱莉 · 尼尔, 她在那里支持我们的工作, 她的博士研究正好包含了科学史. 小组同意过两个月再会. 同时, 瓦莱莉和我将拿出一本小册子的初稿. 我们被要求制作这本小册子以更好地向政府官员解释天体物理学界的优先考虑, 以便让这些政府官员可能不得不同意它们的价值以及资助它们的必要性.

一个更为长期的小组

尽管预计小组到 3 月 26 日才会再次召集会议, 但是查理在 2 月 22 日召集了另外一次会议. 到那个时候, 瓦莱莉和我在同样来自亨茨维尔的布莱恩 · 奥布莱恩的协助下已经集结了插画的第一稿. 我们在小组中传阅然后讨论了潜在的修改. 这个小组缺少一个正式的名称, 我们开始称其为天体物理委员会. [15]

查理召集这个委员会的初衷是组建一个可以立即解决他的问题的小组, 即向他在美国宇航局的上司、向国会工作人员、向天文学界以及向公众解释天体物理部的新工作, 但 1 月 3 日会议的成果表明一个更为长期的委员会在其他方面也可以对他有用. [16] 该委员会的非正式结构给了他一个可以回旋的而不是正式选定的顶尖天体物理学家委员, 他们可以讨论并解决问题, 从而他的决定会得到学界坚定的支持. 这也有助于他在国会上推销自己的想法.

然而, 让天体物理委员会继续运行需要增加其成员以使其更能代表整个天文学界. 这也需要官方的认可.

国会明确规定了谁可以或不可以向政府机构提建议. 因此, 美国宇航局获准设立管理业务工作组, 但不能随意设立自己的顾问团. 几个月后的 1985 年 5 月, 美国宇航局的后勤管理和信息规划部最终对这个问题进行了裁定, "按照联邦咨询委员会法案 (P.L.92-463), 天体物理管理运行工作组不是个咨询委员会, 故而不受该法令约束. " 在此双重否定之下, 天体物理学委员会在一个更为官方的名字, 天体物理管理运营工作组 (AMOWG) 之下被裁定为合法. 然而, 此时习惯难以打破, 大多

数成员继续称其为天体物理委员会, 在此我将遵循这一惯例. [17]

"伟大天文台"漫画书 (The Great Observatories Comic Book) (图 11.1)

1985 年冬天, 乔治·菲尔德碰巧经过查理的办公室, 查理回忆道: "我说, '乔治, 我唯一的难题是怎么称呼这个天文台计划, 它如此伟大.' 乔治提议, '你为什么不称它为伟大天文台(the Great Observatories)?'" 于是这四个天文台的家族现在有名字了! [18]

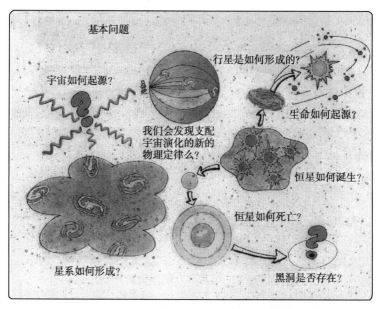

图 11.1　小册子《空间天体物理学的"伟大天文台"》中的涂鸦. 原本的画色彩鲜艳, 这里的复制品是灰色调的. 这幅图的说明指出: "我们对人类长久未来的思考涉及宇宙本性的基本问题 —— 它的过去和未来、掌控它的规律、它的剧烈爆发和它产生宜居行星系统的潜能." 它提出的主要宇宙学问题是, "宇宙如何形成以及在最初几秒钟如何演化? 我们是否可以通过其对宇宙结构的作用了解很多基本物理规律." 这两个问题仍然没有答案 (取自在美国宇航局天体物理部主任查理·J.佩尔兰主持下由马丁·哈维特和瓦莱莉·尼尔与天体物理管理运行工作组协商编写的《空间天体物理学的"伟大天文台"》. 平面设计和插图由布莱恩·奥布莱恩完成)

到 1985 年末, 那本漫画书风格的图文小册子准备好了, 查理定了 15000 的印数. 这立刻就被证明是有效的. 通过这本小册子, 委员会试图展示天文学的永恒性和天文学在公共教育中的角色. 它暗示了天文学对一些技术进步的贡献. 然而, 很多基本问题仍然是关于宇宙如何起始、恒星和星系如何形成、黑洞是否存在. 我们需要理解的过程跨越了巨大的温度范围, 要求望远镜覆盖相应的光谱范围. 这些望远镜只能在地球大气之外工作. 因为地球大气对这些望远镜要探测的辐射是不透明

的. 无力覆盖所有这些波长范围会导致我们错过重要的发现. [19]

推销"伟大天文台"

同时, 委员会成员、(位于约翰霍普金斯大学校园中的) 太空望远镜研究所所长里卡多·贾科尼 (他也是国际顶尖的 X 射线天文学家) 已经受邀参加一个白宫的小型午餐会. 与里根总统会晤的人包括爱德华·特勒 (公认的氢弹之父)、杰伊·肯沃斯 (总统科学顾问)、汤姆·佩因 (他主持了国家空间委员会)、唐纳德·里根 (总统办公室主管) 以及其他一些人 —— 一共五位科学家和五位行政人员. 里卡多简述了天体物理计划. 爱德华·特勒在 20 世纪 30 年代在天体物理中做过领先的工作, 他自发支持了里卡多对这个计划的热情. 他告诉总统, 天体物理学可能是我们这个时代最重要的科学研究方向之一. 随后, 美国宇航局局长詹姆斯·M. 贝格斯收到了白宫的指示, 要求提供进一步的"天体物理学的信息". 这次会议显然产生了积极的影响. [20,21]

根据法律, 美国宇航局雇员禁止游说国会. 查理和他的工作人员只能向公众通报伟大天文台的前景. 天体物理委员会成员不受此限制. 有能力的成员走过国会大厅, 让国会工作人员注意到伟大天文台, 并毫无保留地争取他们的支持. 没有人比哈维·塔南鲍姆更活跃了, 他那时是 AXAF 项目研发团队的领导者.

1985 年秋, 查理的天体物理部中的大卫·吉尔曼以及众议院科学委员会资深共和党人、国会议员曼纽尔·鲁汉团队中的戴安娜·霍伊特为国会工作人员安排了一系列讲座. 形式是一组六个关于"给非科学家的空间科学"的一小时报告. 这些报告大致每周一次, 在下午晚些时候举行.

10 月 30 日, 我做了这些报告中的第一个, "空间天文学 —— 历史的视角". 之后是麻省理工学院的克劳德·卡尼萨雷斯讲的"狂暴的宇宙 —— 高能天体物理学"; 来自威斯康星的布莱尔·萨维奇讲的"可见和紫外宇宙 —— 从行星到宇宙边缘"; 来自戈达德空间飞行中心的迈克尔·豪泽讲的"红外宇宙 —— 冷气体和尘埃"; 来自芝加哥的尤金·帕克讲"太阳 —— 罗塞塔石碑"以及来自哈佛的欧文·夏皮罗讲的"空间天文学的未来". [22]

副局长

3 月 26 日, 委员会第一次会议后两个月, 在我们的小册子完成之前, 委员会就邀请了查理·佩尔兰的直接上司, 空间科学和应用办公室 (OSSA) 的副局长伯顿·I. 埃德尔森博士和我们会面.

作为美国海军学院的毕业生, 埃德尔森于 20 世纪 50 年代在美国海军研究实验室 (NRL) 时就对卫星通信产生了兴趣. 1967 年从海军退役后, 他加入了通信卫星实验室, 在那里他积极地从事一个发展商用通信卫星的项目. 1972 年他成为通信卫星实验室的主任. 1982 年, 埃德尔森被任命为美国宇航局主管空间科学和应用办公室的副局长. 和前一年里根总统任命的美国宇航局局长詹姆斯·M. 贝格斯一样, 埃尔德森 1947 年毕业于海军学院. 查理解释说, 贝格斯和埃德尔森是海军学院的室友, 也是好朋友.

佩尔兰对于天体物理应该前进的方向是坚定的, 而埃德尔森似乎总是急于在为美国科学院或美国宇航局局长提供建议的各种委员会、埃德尔森自己的顾问委员会以及他的空间科学和应用办公室分别负责天体物理、地球科学和应用、太阳系探索的三个负责人之间达成共识. 他寻求共识可能是一个合理的政策, 因为埃德尔森是少数的曾经担任过负责空间科学和应用办公室 (其背景主要是技术和工业而非科学) 的美国宇航局副局长的官员之一. 他可能已经意识到在政策或优先事项上依赖他自己的判断是错误的. 这样基于有必要背景的人之间达成的共识所做的决定可能更安全.

知道了埃德尔森的偏好共识之后, 查理在 1985 年初建立了天体物理委员会, 部分为了得到专家的意见, 但也为了能听取杰出科学家尤其是诺贝尔奖得主的意见, 他们可能会迫使埃德尔森听从他们的建议. 在查理可能列作委员会成员的诺贝尔奖得主中包括斯坦福的物理学家罗伯特·霍夫斯塔德、哈佛的卡罗·鲁比亚和费米国家加速器实验室的莱昂·莱德曼. 查理不时请他们给埃德尔森或者美国宇航局局长 (起初是詹姆斯·贝格斯, 后来是詹姆斯·弗莱彻) 写信.

那天早上, 乔治·菲尔德第一个发言. 他的任务是向埃德尔森传达伟大天文台概念的重要性和我们可以期望 AXAF 和 SIRTF 取得的成就. 他敦促埃德尔森寻求在 1987 财年同时开始 AXAF 以及开展 SIRTF 的 B 阶段研究. 埃德尔森显然对这些项目的科学方面感兴趣, 问了很多问题, 显示了他个人对宇宙学和宇宙中其他地方的生命的好奇. [23]

查理的副手乔治·牛顿做了下一个报告, 他描述了空间站及其共轨平台在这个项目中可以发挥的作用. 空间站的宇航员容易到达这些平台, 为我们在上面安装的望远镜服务, 然后返回他们在空间站的住所.

在那年的天体物理委员会讨论中, 空间站是一个确定的国家优先事项. 当总统指示美国宇航局建造一个新设备时, 这个机构马上改变了工作重心. 美国宇航局做的一切都必须根据总统的新指令进行调整. 其他项目必须调整其战略以便适应, 否则他们就失败了.

大多数项目找到了适应的方法, 但是新方法变得很曲折: 在 1985 年 1 月美国天文学会的一次会议上, 查理详细讲述了到 20 世纪 90 年代中期天体物理部希望发射的主要设备. "要怎样才能做到这一点呢? (What will it take to make this happen?)" 他讲究修辞地问, 然后回答说: [24]

　　首先, 我们需要航天飞机和空间站, 它们合在一起使我们可以发射巨大、复杂的科学
载荷, 让它们保持工作更长的时间, 在 HST、AXAF 和 SIRTF 的情形是 15~20 年. 当空
间站在 1992 年左右投入使用时, 我们将有一支空间服务队伍修理之前无法修理的在轨设
备; (随着新技术为我们提供更高分辨率或更高灵敏度的探测器) 更换我们的仪器; 更换
太空飞行器上的电池和磁带记录机 (如果它们失效); 部署太阳能电池阵列或天线 (如果
需要); 并且甚至有可能在空间站的增压工作区域修理科学仪器或清理受污染的镜面. 为
了高效使用这些新的能力, 只需要让我们的系统简单易用, 通过尽可能远、尽可能快地朝
通用系统和通用备件迈进以减少备件和支持设备.

　　在 1985 年那个时候, 根据里根总统个人对空间站的专注, 查理的目光似乎对
准了目标. 更值得注意的是, 在我们与波特·埃德尔森的会面中, 他建议要谨慎. 他
列举了依赖空间站的优点也列举了缺点, 并要求我们重新考虑所有这些因素, 给他
写一封正式的信说明在当时让美国宇航局的科学和空间站紧密联系的推动力之下,
AXAF 和 SIRTF 会如何发展.

　　在 3 月 26 日会议之前我没有碰到过埃德尔森, 他显得和蔼可亲、友好. 他鼓励
我们探索不同问题的各个方面, 这一切听起来很有希望, 我们带着希望离开了. 我
们希望伯特会接受我们对四个伟大天文台的建议.

　　在他出席会议后十天的一封信中, 我回复了埃德尔森对于书面解释我们的概念
的要求. 委员会建议: "作为天体物理部最有希望承担的任务, 迅速启动与空间站的
合作. " [25,26]

　　但是随着 1985 年过去, 没有任何来自埃德尔森的支持的明显迹象, 除了一些
会议和与他的书信交流. 其他令人不安的事态也出现了. 在 9 月 20 日委员会与空
间站办公室的应用和性能需求部主任威廉·雷尼的会议上, 雷尼说他想让我们知道
服务于天文台的发射的费用会很高. 到目前为止, 空间科学和应用办公室从未考虑
这些, 但在未来可能需要为轨道运行和维护支付费用, 这些费用可能由空间科学和
应用办公室支付. 我们对此表示惊讶, 因为所宣传的空间站对于科学项目的好处之
一一直都是维修、更换和整修的潜在能力. [27]

　　乔治·菲尔德后来写信给我: "…… 关于空间站科学的讨论的基调令人不
安 …… 认为空间科学和应用办公室必须支付维护和修理费用. 如果不为了这
个, 空间站用来干什么? 这个证据表明, 对于航天飞机, 科学在工程之后 —— 本来
不应该是这样的, 我记得根据贝格斯和其他人颁布的书面文件 …… 委员会应该
继续追问, 直到从埃德尔森办公室或更高层得到满意的答案. " [28]

一个搁置的组织

　　但是美国宇航局的领导层由于局长吉姆·贝格斯在 1985 年 12 月 4 日突然辞
职而陷入混乱. 他被指控诈骗政府, 起诉多年之后才免于罪责. 最近才被任命为美

国宇航局副局长的威廉·R.格拉汉姆接替贝格斯, 在同一天被指定为代理局长. [29]

1985 年圣诞节刚过, 眼看没有进展, 我向赫伯特·弗里德曼寻求建议. 弗里德曼是 X 射线天文学先驱之一, 现在是美国科学院数学和物理科学大会主席. 从他鼓励并帮助我使用带有制冷设备的空间望远镜开始从事红外天文学以来, 我认识他有二十多年了. 这些年来, 我也尊重他周到的建议.

原来, 赫伯特·弗里德曼、伯特·埃德尔森以及他们的妻子私下也是朋友. 赫伯特于 1986 年 1 月 3 日在一个庄严的华盛顿机构, 宇宙俱乐部 (Cosmos Club) 举行了一次午餐会. 赫伯特、伯特、查理·佩尔兰的副手乔治·牛顿、来自哈佛代替乔治·菲尔德的哈维·塔南鲍姆和我都出席了. [30-32] 我们的目标是与伯特就空间站和伟大天文台之间的关系应该是什么达成某种形式的一致. 自从我们第一次与伯特在上次 3 月会晤以来, 这个问题一直没有解决.

午饭时, 伯特宣布他愿意支持伟大天文台. AXAF 和 SIRTF 将使用空间站的共轨平台. 但是埃德尔森想要一份白皮书展示这是如何运作的. 他给我们列出了我们需要完成的一系列步骤: 他想让我们确保得到天体物理委员会、埃德尔森自己的空间和地球科学顾问委员会 (SESAC)、AXAF 和 SIRTF 科学工作组和它们的委员会、空间科学委员会 (SSB)、空间天文学和天体物理学委员会 (CSAA)、由皮特·班克斯主持的空间站科学应用特别委员会 (TFSUSS) 以及马歇尔、戈达德和约翰逊太空飞行中心的支持.

我说, 我觉得我们或许可以得到所有这些支持, 特别是因为弗里德曼觉得他可以说服空间科学委员会, 这个委员会形式上是向他汇报的. 他认为他可以让空间科学委员会提供一份两页的信, 无论我们什么时候需要, 告诉他一声. 我着手负责请求来自 (天体物理) 委员会、SESAC 及 CSAA 的支持. 哈维志愿请求 X 射线天文学界的支持. 乔治·牛顿将与亚利桑那大学的比尔·霍夫曼联系关于红外天文学界的支持. 我们认为哈佛–史密松天体物理中心的吉奥瓦尼·菲佐或者加州大学圣迭戈分校的休·赫德森可以请求皮特·班克斯的委员会的支持. 美国宇航局的几个中心如何接洽还是未知数. [33,34]

1986 年 1 月 3 日星期五同一天下午 4:15, 查理·佩尔兰、伯特·埃德尔森、哈维·塔南鲍姆和我也和美国宇航局代理局长比尔·格拉汉姆碰了面. 我们向他报告了之前午餐期间进行的讨论. 在这个会议上, 埃德尔森率先发言. 如我后一周 1 月 7 日写给乔治·菲尔德的信所说, 我认为格拉汉姆看起来极其疲惫. [35]

此后一周, 形成巨大反差的是, 乔治·菲尔德、查理·佩尔兰和我与比尔·格拉汉姆碰面进行了更正式的报告. 这一次伯特·埃德尔森不能参加, 而格拉汉姆充满活力、令人鼓舞. 他敦促我们确保获得社会各阶层对伟大天文台的广泛支持, 并补充说他认为里根总统可能喜欢这个项目的简介. [35,36] 两天后, 查理给格拉汉姆写信:"如果你感兴趣, 我们很乐意准备一个简短的报告." [38]

挑战者号灾难及其尾迹

我们和格拉汉姆会面后不到两周, 所有这些都产生了争议. 1986 年 1 月 28 日的挑战者号灾难改变了一切. 挑战者号航天飞机发射后 73 秒解体, 7 名机组成员 (包括克里斯塔·麦考莉芙, 第一位太空项目教师成员, 六岁和九岁的两个孩子的母亲) 的死震惊了全国!

这次灾难后两个月, 在委员会 4 月 17 日的会议上, 查理讨论了灾难对空间科学和应用办公室的影响. 我们可以预计航天飞机有效载荷发射推迟了两到三年, 特别是军事和商业有效载荷可能会有优先权. [39]

到那年六月的委员会会议, 出现了关于从加利福尼亚州范登堡空军基地发射航天飞机的问题. 范登堡的发射对于将某些有效载荷发射入极轨是必须的. 宇宙背景探索者 (COBE), 一个小而重要的卫星需要这样一次发射. 空军正在研究能够发射 (本来计划用航天飞机发射的) 大小和重量相当的有效载荷的多级火箭. 美国宇航局目前面对的其他问题是每个月维持哈勃太空望远镜处于可以发射的状态所需的 6 百万到 7 百万美元之间的费用. 有效载荷不能简单地存储, 陀螺仪需要调整来保持状态良好. [40]

查理开始指出相对较小、较便宜的探索类项目的巨大价值. 已经发出了一个探索项目公告, 讨论在航天飞机发射停滞期间将探索项目预算加倍. 然而, 伯特·埃德尔森的职员杰弗里·罗森塔尔警告说如果探索项目得到一大笔经费, AXAF 可能会有经费压力. [41]

到 1986 年 8 月的委员会会议, 查理谈到了考虑预算发展和可能的每年航天飞机发射数量下降, 天体物理项目可能的选择. 德尔塔 (Delta) 和泰坦 (Titan) 无人火箭发射可能扮演主要角色, 但几乎没有主要的有效载荷可以用德尔塔火箭发射. 如果发射费用需要天体物理部经费支付, 那么每次德尔塔火箭发射大约需要 6 千万美元, 每次泰坦火箭发射需要大约 2 亿 5 千万美元. [42]

COBE 那时处于较成熟的发展阶段. 随着德尔塔支持系统的改进, 这个任务可以从范登堡空军基地发射进入极地轨道. 然而, 运载火箭的费用仍然有待解决. 极紫外探索者 (EUVE) 和 X 射线计时探索者 (XTE) 将是接下来的任务. [43]

与空间站联合的最终结局在 1987 年 4 月 4 日浮出水面, 《纽约时报》报道说, "曾经热心支持空间站的里根总统今天缩减了这些计划 …… 以削减快速增长的空间站预期费用, 从而减少国会中政治上的反对." [44]

哈维·塔南鲍姆的特别规划组

1986 年夏天, 哈维·塔南鲍姆已经开始建立一个伟大天文台的特别规划组. 这是一个具有广泛代表性的资源小组, 可以给国会议员写信, 可以做关于伟大天文台, 特别是 AXAF 和 SIRTF 的报告, 并广泛宣传同事和其他支持者的努力. 同年 10 月

3 日在马萨诸塞州剑桥的天体物理中心举行的一次会议讨论了 AXAF 和 SIRTF 的进展, 为规划组设定了目标, 分析不同国会委员会的活动, 为参与的科学家概述计划, 思考其他前进方向. [45,46]

　　为帮助那些希望做报告的人, 在天体物理中心工作人员的帮助下提供了一个完美的伟大天文台的 35 mm 幻灯片集, 包括 175 张幻灯片, 不仅涉及空间任务, 也涉及天文和天体物理, 以及伟大天文台如何适应这个更宏伟的计划. 这些幻灯片对任何希望做一个出色报告的特别规划组成员都很有用. 伴随这个幻灯片集在 1987 年出版的一本书《宇宙的新窗口, 美国宇航局的伟大天文台》(*New Windows on the Universe, The NASA Great Observatories*) 花了近一页的文字解释每一张幻灯片是否涉及一个伟大天文台以及它是如何运作的, 或者例如, 伽马射线暴的重要性、船底座 η、太阳黑子、暗物质, 或者射电或 X 射线喷流. [47]

美国宇航局咨询结构

　　美国宇航局正式和非正式的咨询结构的复杂性 (图 11.2) 此时正在变成一个日益严重的问题.

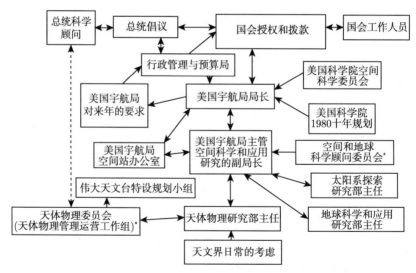

图 11.2　形成关于伟大天文台决定的各种力量: 美国宇航局的内部组织结构、它与白宫和国会交流的途径以及不同咨询机构在 20 世纪 80 年代中期所施加影响力的大小. 星号表示部分成员同时为所示的其他咨询委员会服务的那些委员会. 从天体物理委员会到总统科学顾问的虚线是非正式链接, 为天体物理学界提供了偶尔影响这个层面决策的机会. 天体物理委员会为对国会工作人员普及伟大天文台的目标知识而举办的一个系列学术报告会提供了类似的两组人之间的非正式交流途径, 这里没有明确标注这一链接

两个特别强大的委员会为伯特·埃德尔森提建议. 其中一个是托马斯·M. 多纳休 (密歇根大学大气与海洋科学系前主任) 主持的美国国家科学院的空间科学委员会 (Space Science Board, SSB). 另外一个是埃德尔森自己的空间和地球科学顾问委员会 (Space and Earth Science Advisory Committee, SESAC), 由路易斯·J. 兰泽罗蒂领导. 他是贝尔实验室在地磁、海洋学、空间等离子体以及大气和空间过程对地面科技的影响产生的工程问题方面的顶尖专家. 路易斯带来了空间科学和应用办公室内的太阳系探索部门和地球科学与应用部门所提出的任务方面的十分专业的意见.

在许多方面, 多纳休和兰泽罗蒂都体现了在 20 世纪 60 年代和 70 年代 (那时行星和地球物理研究取得了巨大进步) 获得了特殊声望的那些领域中取得的成功. 两个人可能都愿意赞同 20 世纪 80 年代空间物理学越来越好的前景, 但空间中的天体物理观测站仍然需要证明自己的全部价值, 同时, 几乎所有人都认为天体物理部及其哈勃太空望远镜占了空间科学和应用办公室预算的很大一部分.

空间与地球科学咨询委员会

早在 1985 年 3 月 6 日, 在决定将天体物理委员会转变为一个可以给他支持的永久机构后不久, 佩尔兰散布了一份可能的委员会成员名单, 他希望这些人可能会同意扮演其他角色. 其中有一个空间和地球科学顾问委员会主席路易斯·兰泽罗蒂指定的空间和地球科学顾问委员会联络人. [48] 没过多久, 我收到了一封埃德尔森写的信, 任命我到空间和地球科学顾问委员会工作. [49] 但在加入空间和地球科学顾问委员会的最初几乎没有获益. 在我看来, 路易斯是一个强势的人, 他在空间科学和应用办公室应该往什么方向发展有一定优先权, 他引导空间和地球科学顾问委员会主要在这些方向努力. 沮丧情绪变得明显起来.

1985 年的 11 月 27 日, 我给空间和地球科学顾问委员会的五位天体物理学家同事写了封信:

> 在上个月华盛顿的空间和地球科学顾问委员会会议上, 克劳德·卡尼萨雷斯和我在讨论我们六个作为一个群体代表天文界施加影响的最佳方式. AXAF、SIRTF 以及一些更小的天文卫星发射的进展可能受到威胁. 在一个三十人的委员会里, 六个人非常少, 考虑到 …… 天体物理部预计将收到空间科学和应用办公室大约 40% 的预算. 我建议我们都努力参加空间和地球科学顾问委员会会议. 因为这不总是可行的, 所以如果不能参会的人把他们在特定问题上的观点发给路易斯·兰泽罗蒂并抄送其他天体物理学家将会很有益, 这样我们就可以在会议上表达这些观点. 我们这些参加会议的人可以在前一天晚上碰面喝一杯或者一起吃晚饭, 看看我们对于会上要讨论的问题有没有一致意见, 这样我们就可以找到方法最好地表达这些观点. [50]

在 12 月 12 日的一封信中, 克劳德亲切回应了建立 (被他称为) "空间和地球科

学顾问委员会内的一个天体物理'核心小组'"的这个建议. [51]

空间科学委员会

布莱尔·萨维奇是天体物理委员会的一位精力充沛的成员. 他也是空间天文学和天体物理学委员会 (CSAA) 主席. 这个委员会对汤姆·多纳休领导的空间科学委员会 (SSB) 负责. 令人惊讶的是, 空间科学委员会似乎不支持伟大天文台. 我们的不快随着 1986 年 4 月 17 日天体物理委员会会议上宣布汤姆·多纳休前一周 1986 年 4 月 10 日的国会证词而增长. 证词中完全没有提及 AXAF, 从而看起来对地学和太阳系探索的支持超过了对天体物理学的支持. [52]

我给多纳休打电话询问此事, 他明显很吃惊. 他在打电话的过程中查看他的文件, 发现他确实在国会证词中忽略了 AXAF. 他说如果可能的话, 他会设法纠正这个疏忽. 我还提到了另一个问题, 关于在他的证词中高度赞扬地球重力势研究任务 (Geopotential Research Mission) —— 这是埃德尔森、他的部门主管和 SESAC 没有考虑在来年的新起点(new start) 任务表中推荐的一个项目.①

汤姆的回答令人不安. 他认为任何任务都应该有机会在任何一年获得新起点, 无论其他任务排了多长时间. 这一声明在面对前一年的 SESAC 决定时浮出水面, 我发现很难理解 SSB 主席如何能在没有咨询其他咨询机构的情况下单方面采取这种行动. 很显然, 汤姆在国会面前的证词没有提前与其他 SSB 成员分享. 否则, 他的委员会成员肯定会纠正汤姆对 AXAF 的疏忽, 也可能会说服他支持其他一些任务而不是地球重力势研究任务, 这个任务如果没有美国宇航局的明确支持就不会有任何进展.

最终, 书信往来以相当富有成效的方式使气氛变得明朗. 这可能没有任何深远的后果, 但至少现在已经清楚了, 最好是整合我们的意见而不是表达个人偏好, 不互相协商或考虑具体的建议可能会影响美国宇航局也有责任的其他科学领域.

与此同时, 伟大天文台开始获得来自 SESAC 的支持, 建议埃德尔森对 AXAF 任务做出一个重要承诺, 这样技术上关键的长期领先项目, 比如高分辨率镜面组 (High Resolution Mirror Assembly) 就可以不再进一步延迟建造.

总统科学顾问

比尔·格拉汉姆在 1986 年末成为总统科学顾问. 在作为美国宇航局局长的短暂任期内, 他展现出了对伟大天文台的浓厚兴趣. 1986 年 12 月 23 日, 圣诞节前的华盛顿通常是放松的时间, 哈维·塔南鲍姆和我到白宫的老行政大楼访问他. 我们希望知道如何最好地促进对 AXAF 的进一步兴趣. 但格拉汉姆说他也想讨论一下当前的天体物理学和宇宙学中的问题. 这是一个让乔治·菲尔德参加的机会. 1987

---

① 新起点传达了美国宇航局授权推进一个任务从设计阶段到 C/D 阶段 —— 建造和最终发射到太空.

年 2 月 27 日, 乔治、哈维和我再次和格拉汉姆会面, 这次还有他的工作人员理查德 · G. 约翰逊. 乔治做了一个精彩的报告, 我们都很愉快. 如我在几天后给乔治写的信中所述, "我们被回问是一个很好的进展. 迪克 · 约翰逊对此足够关心, 比邀请我们吃午餐并给我们好的建议可能意义更为重大. "[53-55]

国际合作

由于从挑战者号灾难恢复的困难, 人们也在讨论国际合作推进天体物理项目. 在 1986 年 8 月的天体物理学理事会会议上, 我被要求写信给欧洲空间局 (ESA) 的科学主任罗杰–莫里斯 · 博内博士, 看他是否愿意参加即将召开的理事会会议. 博内同意并和即将退休的伯特 · 埃德尔森一起参加了 1987 年 2 月的理事会会议. 博内强调了美国宇航局对欧洲空间局项目的取消和不确定性的强烈影响. 这是一次暗淡但具有建设性的交流. [56-60]

在 1986 年 12 月 12 日的一次会议上, 理事会成员提出了为德国领导的 ROSAT 任务寻求发射的问题. 由于无法很快发射 AXAF, 美国的 X 射线研究界迫切希望参与这项德国领导的项目. 到 1987 年年中, 查理告诉理事会正在进行谈判, 使用最近的德尔塔或者阿特拉斯/半人马座火箭发射 ROSAT. ROSAT 最终由德尔塔 II 重型火箭于 1990 年 6 月 1 日送入轨道, 并成功运行到 1999 年 2 月 12 日. 在 1987 年年中的同一次会议上, 查理也回顾了将 SIRTF 与欧洲空间局提出的红外空间天文台 (ISO) 合并的可能性, [61] 但没有任何结果. 那时欧洲空间局已经在 ISO 计划中走得很远, 美国红外天文界更愿意使用自己对 SIRTF 的任务设计.

美国宇航局气氛的变化

到 1987 年 4 月, 美国宇航局的气氛也变了. 1986 年 5 月, 美国宇航局前局长詹姆斯 · C. 弗莱彻被召回, 长期替代吉姆 · 贝格斯. 1987 年 4 月 6 日, 新罕布什尔大学地球海洋与空间研究所创始成员、理论家莱纳德 · 菲斯克接替伯特 · 埃德尔森成为空间科学和应用办公室副主任. 他的风格和埃德尔森迥然不同. 埃德尔森试图通过美国宇航局内部或者服务于美国宇航局的科学界内部难以达成的共识来做决定, 而菲斯克善于分析、果断. 他乐意考虑建议, 也以为空间科学和应用办公室应该追求的任务所构建的长期愿景为指引.

佩尔兰长期以来与弗莱彻和菲斯克的良好关系也有助于推进伟大天文台. 当天体物理理事会首次成为天体物理部的永久机构, 其成员需要增加时, 查理发出的第一批邀请信中的一封发给了吉姆 · 弗莱彻, 他作为前美国宇航局局长的价值无法估计. [62] 弗莱彻从未接受, 但这次邀请是两人关系的征兆, 这在弗莱彻早期作为美国宇航局局长时就已经建立了. 菲斯克也是个老朋友. 20 世纪 70 年代, 当莱纳德 · 菲斯克和查理两人都在戈达德太空飞行中心从事高能粒子研究时, 菲斯克是年轻

的佩尔兰热心的顾问. 那时佩尔兰在攻读博士学位, 但他是美国宇航局的全职研究人员. [63]

莱纳德·菲斯克建立了一个连贯的、长期的科学和应用项目, 包含了伟大天文台, 也包含了其他空间科学和应用办公室董事会推进的任务. 总统管理和预算办公室 (OMB) 以及国会给予了可贵的支持. 美国宇航局气氛的改变导致了对伟大天文台更有利的看法, 结果在 1987 年夏天, 美国宇航局倡导 AXAF 作为 FY89(1989 财年) 的新起点 (new start) 项目, 将列入在 1988 年初提交的总统预算中. [64]

与太阳系探索部联系

同时, 查理正在寻求与杰弗里·布里格斯领导的空间科学和应用办公室内部的太阳系探索部的紧密联系及其支持. 他让我和布朗大学的吉姆·海德一起工作, 他是我在行星领域的同行, 当时正与布里格斯一起工作. 我们将提出一个对 SIRTF 和计划中的平流层红外天文台 (SOFIA, 设计在一架波音 747 飞机上搭载一台 2.5 m 望远镜) 的共同利益建议.

1987 年 7 月 24 日, 吉姆和我共同主持了在罗德岛普罗维登斯的布朗大学举行的一次小型会议, 参会者有鲍勃·布朗、沃伦·穆斯 (两人都是天体物理理事会成员)、大卫·莫里森、布拉福德·史密斯和尤尔根·拉厄 (代表了行星科学和杰弗里·布里格斯的管理委员会). 到这天最后, 我们写了一封信给查理和杰弗里, 其中我们列举了潜在的天体物理和行星科学互相感兴趣的一些领域, 并建议成立一个可以定期会面的小组以寻求更密切的联系. [65]

退出理事会

1987 年初夏, 我得到了华盛顿特区史密松学会国际航空博物馆馆长的职位. 我感到相当抱歉, 告诉查理我决定离开理事会去接受这份需要我全部精力的新工作. [66]

我在博物馆工作半年后, 1988 年 2 月 1 日午餐时间, 电话响了, 是总统科学顾问比尔·格拉汉姆. "我想你愿意知道," 他开始说, "总统的 FY89 预算今天公布了, AXAF 获得了新起点." 太棒了! 比尔显然和我一样高兴. 我后来了解到 AXAF 的新起点在最后一刻还受到相当的质疑. [67] 或许比尔·格拉汉姆对这个任务的个人热情支配了这一天.

无论如何, AXAF 项目现在正式开始, 美国宇航局的天体物理部门和太阳系探索部门对 SIRTF 也开始感兴趣, 看起来伟大天文台的概念正在被相关官僚机构接受. 未来可能还有多年的艰苦工作, 但至少在过去三年, 人们已经接受了一种规划太空任务的新方法.①

---

① 这并不意味着混乱和分裂会突然消失. 罗伯特·W. 史密斯在他关于哈勃太空望远镜的书中已经洞悉了在这些复杂任务的详细设计和建造中这些混乱和分裂能持续多久. [68]

科学中的有效领导

从伟大天文台历史的这个特殊阶段可以得出一些结论:

- 第一, 查理 · 佩尔兰在一个团队支持下的坚定成为一个值得追求的典范. 这个团队认同遵守纪律和愿意妥协对于推进领域的共同利益是必要的.

- 第二, 如莱纳德 · 菲斯克所展示的, 政府官员需要能够基于理性的科学建议自行制定科学优先事项. 但是, 如我们将在第 15 章看到的, 伯特 · 埃德尔森对图 11.2 中所示的很多派系一致同意的追求远比当时我们大多数人所意识到的要重要得多.

- 第三, 许多现有的科学咨询机构应共同努力, 提供公正、条理清晰、连贯以及一致的长期建议. 在推进伟大天文台时, 这个要求直到 1987 年某个时候才得到满足.

- 第四, 科学顾问和管理者应该认识到过去的表现不能无误地预测未来. 在过去几十年处于一个学科前沿的领域通常需要让位给其他领域以取得实质性的进步, 正如 20 世纪 80 年代中期的天体物理学. 找到值得追求并且能替代最近流行的有希望的新领域需要洞察力、开放的头脑和大量的审查. 这可能是管理人员或科学咨询委员会成员面对的最困难的任务.

- 旨在满足其他国家优先事项的总统指令不应轻易承诺它们也将导致科学进步. 空间站可能有助于在联合的太空项目上开展国际合作, 这当然是一个重要的考虑. 它也可能推进太空工程的工作. 但当一个项目的主要动机在别处时, 必须小心不要承诺科学价值. 倡导一个项目将推进一系列科学, 当这没有发生时, 只会减少科学中的投入, 把资金导向别的地方.

当空间站最终建成, 其最后的部件升空已经是 2011 年了. 很难相信里根总统会感到高兴. 空间站的最终花费估计是 1500 亿美元, 其中美国贡献了大约 1000 亿美元, 远高于最初估计的 80 亿美元, 还不包括发射和空间站项目的附加费用. [69-71]

空间站对科学的承诺微不足道, 空间站的花费一开始上升, 空间站对天文任务的支持就被撤销了. 运送美国宇航员到空间站的航天飞机在空间站建成后也退役了. 幸运的是, 到那时一系列天文项目证明了这些任务在没有宇航员时运行得更稳定, 且由于对安全性要求较低, 成本也较低. 几乎没有科学家对航天飞机的退役感到遗憾. 对于大多数目的, 强大的无人火箭同样好用. 航天飞机停止发射之前, 在挑战者号灾难展示了航天飞机的代价多么大 (特别是人生命的损失) 之后, 各种火箭开始重新服役.

***

最后, 值得说一下天体物理委员会的表现如何.

我们当然会误判形势, 犯错误, 遭受误解. 我们感受到里根总统要求与空间站合作的政治指令的限制. 四分之一个世纪之后回望, 我们发现将伟大天文台的命运与空间站和共转平台 (伴随着空间站, 这样宇航员可以更新我们计划的天文台, 让它们在太空中永远活跃和高产) 相连是多么令人惊奇.

这些都没有发生！最终拯救我们的是两个事件和一个错误估计.

首先, 在实际预算不足时, 共转平台很快就被空间站项目抛弃了. 其次, 由于挑战者号灾难和接下来数月的发射中断, 很明显, 在可能的情况下, 最好是用无人火箭发射科学任务, 而不是用航天飞机. 尽管 HST 和 AXAF —— 后者被重新命名为"Chandra", 仍然用航天飞机发射, 航天飞机宇航员也反复服务于 HST, 但没有一个伟大天文台需要空间站. 最后, 所有这些对科学界来说都是好的结果, 但它显示了政治指令如何能导致工程解决方案在事后看来异常复杂 —— 而本来实际上更简单的技术就能实现这一点.

最后, 我们错误地估计伟大天文台应该是永久性的, 或者至少是长寿命的. 我们从未想到, 如果这些天文台的预期寿命太长, 那么这些极其强大的任务所产生的高数据率所要求的任务运行开支和大学科学团体的支持会难以承受：每两年一次的美国宇航局高级评论指出, 我们需要逐步淘汰一些天文台以支持能对它们进行补充或者提供新的更好能力的其他天文台.

然而, 一完成主要任务就关闭一个天文台可能不是最划算的选择. 在本书第 12章中, 除了其他问题, 还讨论了对那些存疑的观测进行重复观测的需求. 第 15 章处理成本问题, 我研究了不可逆地终止任务的一些替代方案 —— 或许能更好地服务于学界的运行模式.

一个特定天文台什么时候达到科学产出的峰值并且逐步淘汰是一个复杂的问题, 需要仔细研究. 一些天文台值得继续工作很长一段时间, 而其他一些会更快地被能提供迄今完全无法获得的信息的那些任务替代. 这些决定总是令人痛苦的. 但是, 回到 1985 年, 我认为我们没能 —— 即使我们大声疾呼对它们的需求, 看到伟大天文台会变得多么强大, 以及多么迅速地实现它们对产生宇宙运行规律的新见解的最初承诺.

我们中很少有人考虑到社会所能承受的科学上的开销总会有个限制. 其他社会关注点倾向于把天文台送入太空. 不管怎么样, 社会会记住这一点, 因为它为天文研究提供资助.

事后思考

在本章开头, 我提到我在 1984~1985 年没有意识到弗兰克·马丁和查理·佩尔兰已经发现我的文章《表征宇宙的 A 类现象的数量》和书《宇宙的发现》有助于找到一种实现天文界四个伟大天文台的目标的方法. [72,73] 直到 2012 年读到他们各自与勒妮·罗特纳的访谈时我才意识到这一点.

我相信我在 1985 年之前只见过弗兰克一次, 是 1979 年或者 1980 年某个时候在华盛顿的某次会议或其他活动的茶歇期间的简短会面. 我记得他走过来介绍自己并且说我写的文章一定是只给一两个人看的, 最有可能只是给他看的, 因为那篇文章提议的大部分内容都需要太空中的望远镜, 而太空是他, 美国宇航局天体物理部门主任的职责. 当时, 弗兰克的话让我吃惊. 当然, 我觉得应该不止一两个人对这篇文章感兴趣, 我很享受写这篇文章, 因为它提供了评估还有多少宇宙现象可能等待发现的一种新方法.

如果一篇文章被引用了数百次, 它通常被认为是有影响力的. 天体物理学中一些有影响力的文章的引用可能超过一千次. 2012 年, 当我读到 2009 年弗兰克与勒妮 · 罗特纳的访谈时 (他回忆说他估计这篇文章可能是写给一两个人看的), 我想我应该看看自 1975 年发表以来, 有多少人会觉得这篇文章足够有用而去引用它. 因为它似乎影响了伟大天文台的计划, 这篇文章可能会被广泛引用. 但是弗兰克是对的! 只有五次引用, 其中三篇文章的第一作者是同一人. 这篇文章如何引起了弗兰克的注意, 以及他和查理 · 佩尔兰为什么确定它对于他们在计划伟大天文台以及之后 25 年主要空间天文计划如何开展时可能有用, 仍然让我疑惑. 当世界上仅有三位天文学家觉得它值得引用时, 这篇文章如何以某种方式碰巧找到了它最善于接受的读者? 谁是美国宇航局那个被遗忘的人 (这个人 "走过大厅然后把这篇文章递给" 弗兰克, 觉得他可能会感兴趣)?

注释和参考文献

除非特别注明, 下面引用的所有文献都可以在康奈尔大学克罗赫图书馆档案库珍本和手稿收藏部 (Cornell University Kroch Library Archives, Division of Rare and Manuscript Collections) 找到: (14/7/2402 Martin Harwit Papers, Boxes 9, 10 and 11)

[1] *The Space Telescope: A Study of NASA, Science, Technology, and Politics*, Robert W. Smith, with contributions by Paul A. Hanle, Robert H. Kargon & Joseph N. Tatarewicz. Cambridge University Press, 1993.

[2] http://books.google.com/books/about/Outlook for space.html?id=yxUgAAAAIAAJ.

[3] *Making the invisible visible: A history of the Spitzer Infrared Telescope Facility (1971-2003)*, Renee M. Rottner & Christine M. Beckman, Monographs in aerospace history, NASA-SP 4547, 2012, contains an interview of Franklin D. Martin conducted by the historian Renee Rottner in 2009, from which I have quoted here. I am indebted to Frank Martin for permission to quote him.

[4] The Number of Class A Phenomena Characterizing the Universe, Martin Harwit, *Quarterly Journal of the Royal Astronomical Society*, 16, 378-409, 1975.

[5] *Cosmic Discovery, The Search, Scope and Heritage of Astronomy*, Martin Harwit. New York: Basic Books, 1981.

[6] Address Before A Joint Session of the Congress Reporting on the Sate of the Union, President Ronald W. Reagan, http://reagan2020.us/speeches/state_of_the_union_1984. asp.

[7]   For a detailed description of the turmoil surrounding the community's belated backing of the HST see Robert W. Smith's book Ibid., *The Space Telescope*, pp.138-46.

[8]   Letter from George Field to The Honorable Jake Garn, March 8, 1984.

[9]   *How NASA Builds Teams*, C. J. Pellerin. New York: John Wiley & Sons, 2009, p. 196.

[10]   Ibid. *Making the invisible visible*, Rottner & Beckman, 2012. I thank Charlie Pellerin for permission to quote him.

[11]   Ibid., *Cosmic Discovery*, Harwit.

[12]   Letter from Pellerin to Harwit, December 21, 1984.

[13]   Minutes of the Astrophysics Program Coordination Group, January 3, 1985, p. 1.

[14]   Ibid. Minutes, p. 6.

[15]   Minutes of the Astrophysics Council Meeting, February 22, 1985, p. 4.

[16]   Ibid., Minutes pp. 2-3.

[17]   Letter from Richard L. Daniels to EZ/Director, Astrophysics Division, May 9, 1985.

[18]   Ibid., *How NASA Builds Teams*, Pellerin, p. 198.

[19]   *The Great Observatories for Space Astrophysics*, prepared under the auspices of the NASA Astrophysics Division, Dr. Charles H. Pellerin Jr., Director, by Martin Harwit, Cornell University and Valerie Neal, Essex Corporation in consultation with the Astrophysics Management Operations Working Group; graphic design and illustration by Brien O'Brien.

[20]   Letter from Riccardo Giacconi to The Honorable Ronald Reagan, June 12, 1985.

[21]   Minutes of the Meeting of the AMOWG, July 22, 1985, p. 3.

[22]   Speakers, Congressional Lecture Series, Space Science for the Non-Scientist. Announcements of the individual talks are filed under October 30, November 6, 14, and 21, December 2, and December 5, 1985.

[23]   Minutes of the Meeting of the Astrophysics Council, March 25 and 26, 1985, p. 3.

[24]   *Space Astrophysics in the 1990's: The Decade of Achievement*, filed under February 12, 1985 because of the designation A. F. P. 2/12/85 at the upper right. (The initials probably refer to Adrienne Pedersen of the BDM Corporation, which supported the Astrophysics Division at the time.)

[25]   Ibid., Minutes of the Meeting of the Astrophysics Council, March 25 and 26, 1985, p. 3.

[26]   Letter from Martin Harwit to Burton Edelson, April 5, 1985.

[27]   Minutes of the Meeting of the AMOWG (Astrophysics Council), September 20, 1985, pp. 3-4.

[28]   Letter from George Field to Martin Harwit, October 15, 1985.

[29]   Minutes of the AMOWG meeting, December 6, 1985, p. 1.

[30]   Postscript (P.S.) on a typed note dated December 24, 1985 and headed "For George Field".

[31] Hand written notes some dated "3/1/85," some overwritten as "3/1/1986" (but all of them meaning January 3, 1986); see p. 5.

[32] Letter from Martin Harwit to George Field, January 7, 1986; see the attached "Enclosure."

[33] Ibid., Hand written notes some dated "3/1/85," some overwritten as "3/1/1986"; see p. 5.

[34] Letter from Harwit to George Field, January 7, 1986.

[35] Ibid., "Enclosure" attached to letter from Harwit to Field, dated January 7, 1986.

[36] Letter from Martin Harwit to William R. Graham, January 20, 1986.

[37] Letter from Martin Harwit to Burton I. Edelson, January 20, 1986.

[38] Letter from Charles J. Pellerin, Jr. to A/Dr. Graham, Jan 22, 1986.

[39] Minutes of the Astrophysics Management Operations Working Group April 17, 1986, p. 2.

[40] Minutes of AMOWG meeting held on June 3, 1986, pp. 2-3.

[41] Ibid., p. 4.

[42] Minutes of the August 15, 1986 AMOWG meeting, p. 2.

[43] Ibid., Minutes of the August 15, 1986 AMOWG meeting, p. 3.

[44] http://www.nytimes.com/1987/04/04/us/president-scales-back-plans-for-space-station-overcosts. html.

[45] Ibid., Minutes of the August 15, 1986 Meeting of the AMOWG, p. 6.

[46] Letter from Harvey Tananbaum to Martin Harwit, September 22, 1986.

[47] *New Windows on the Universe: The NASA Great Observatories*, slide set and text prepared by C. Jones, C. Stern, and W. Forman, Harvard-Smithsonian Center for Astrophysics ©1987 SAO.

[48] Astrophysics Council Membership 1985-1986 (revised 3/6/85).

[49] Letter from Edelson to Harwit, dated July 26, 1985.

[50] Memorandum from Martin Harwit to Claude Canizares, Warren Moos, Sabatino Sofia, Stephen Strom, and Michael Turner, dated November 27, 1985.

[51] Letter from Claude Canizares to Martin Harwit, December 12, 1985.

[52] Ibid., Minutes of the Astrophysics Management Operations Working Group April 17, 1986, p. 2.

[53] Letter from George Field to Dr. William Graham, 31 December, 1986.

[54] Minutes of the AMOWG Meeting of February 24, 1987, p. 2.

[55] Handwritten letter from Martin to George, dated March 1, 1987, final paragraph.

[56] Ibid., Minutes of the August 15, 1986 Meeting of the AMOWG, p. 6.

[57] Letter from Martin Harwit to Roger Bonnet, August 22, 1986.

[58] Letter from Martin Harwit to Roger Bonnet, November 26, 1986.

[59] Letter from R. M. Bonnet to Martin Harwit, December 11, 1986.

[60] Ibid., Minutes of the AMOWG Meeting of February 24, 1987, p. 4.

[61] Minutes of the June 23, 1987 AMOWG meeting, p. 3.

[62] Letter from Charles J. Pellerin, Jr. to James C. Fletcher, March 14, 1985.

[63] Conversation of Charles J. Pellerin with Martin Harwit, at Pellerin's home, Boulder, CO, May 26, 2008.

[64] Letter from James C. Fletcher to the Hon. Edward P. Boland, Chair Subcommittee on HUD-Independent Agencies, Committee on Appropriations, House of Representatives, October 14, 1987 (NASA Headquarters Archives, AXAF-1 File 5604); a copy of this letter is also in Martin Harwit's files.

[65] Letter from James W. Head III and Martin Harwit to Charles Pellerin and Geoffrey Briggs, July 24, 1987.

[66] Ibid., Minutes of the AMOWG Meeting of June 23, 1987, p. 4.

[67] *Revealing the Universe, The Making of the Chandra X-ray Observatory*, Wallace Tucker and Karen Tucker. Cambridge, MA: Harvard University Press, 2001, pp. 102-4.

[68] Ibid., The Space Telescope, Smith.

[69] WhatItCot, http://historical.whatitcosts.com/facts-space-station.htm.

[70] Space Station: U.S. Life-Cycle Funding Requirements, Testimony Before the Committee on Science, House of Representatives, June 24, 1998.

[71] Shuttle programme, Roger Pielke & Radford Byerly, *Nature*, 472, 38, April 7, 2011.

[72] Ibid., The Number of Class A Phenomena, Harwit.

[73] Ibid., *Cosmic Discovery*, Harwit.

第12章 塑造天体物理学的级联和冲击

在前面的章节中, 我提到对新的科学观点的接受通常是由一个松散的领导层决定的. 路德维克 · 弗莱克称这个领导层为社群的思想集体. 关于这种接受如何发生的更清晰的图像是通过更好地理解科学界内部影响的消长而逐渐显现的. 当不断增强的影响的分量触发级联过程时, 广泛接受就变得不可避免. 然而, 级联一旦启动就不可能控制, 错误信息可以像可靠记录的数据一样容易传播. 所以控制错误的传播需要高优先级.

改变信念

由阿兰 · 古斯设想、安德烈 · 林德最持久地发展的暴胀宇宙学理论提出, 在时间诞生的时候, 宇宙由遍布各种尺度的混沌涨落的高密度真空组成. 这个真空几乎立刻以指数增长的速率爆炸性地膨胀. 在这个可能持续不超过 10^{-33} 秒的暴胀期间, 单个涨落之间的宇宙间隔戏剧性地增长了 3×10^{27} 倍或者更多. 这使得涨落变得孤立, 得以在暴胀阶段减弱时形成辐射和物质的团块. [1,2]

这个惊人的理论几乎一经提出就被广泛接受. 它解释了宇宙的均匀各向同性; 解释了空间为什么看起来是平坦的, 这意味着光在宇宙中沿直线而不是沿弯曲路径传播; 也解释了为什么宇宙中似乎没有磁单极子.

到 1981 年末, 已经有 15 篇经过审稿的杂志文章引用了古斯 1981 年的文章; 1982 年另外 75 篇文章引用了它, 1985 年上升到 150 篇.

当我们回顾暴胀理论被快速接受的历史时, 最令人吃惊的采纳标准之一是它解释了磁单极子的缺失. 然而, 只有少数天体物理学家知道有磁单极子问题, 或者知道磁单极子是在古斯提出存在于极早的原初时期存在的极端高温下的基本粒子理论的一个组成部分.

磁单极子从未确实地在自然中观测到, 从未在最强大的粒子加速器产生的高能下探测到, 在时不时点亮地球高层大气的能量高得多的宇宙线中也没有它们的任何踪迹. [1] 所以, 即使高能粒子物理界也会惊讶于磁单极子的缺乏对于古斯创立这个理论起到的重要作用.

---

[1] 1982 年 2 月 14 日夜, 在古斯将文章投到《物理评论》后一年半, 斯坦福大学物理学家布拉斯 · 卡布雷拉进行的一个实验记录了一个事件, 似乎探测到了一个磁单极子. 之后再无类似事件发生. 卡布雷拉谨慎地报告 "在一共 151 天的运行期间探测到与一个狄拉克单位磁荷相符的一个孤立的候选事件. 这些数据给出了穿过地球表面的携带磁荷的粒子的上限是 6.1×10^{-10} cm^2/(sec · sr)" [3].

关于暴胀被人们接受的回忆

幸运的是, 关于天体物理学界接受暴胀理论的相对多的见解可以从一本出版的访谈录中找到. 这本访谈录有 400 页对 25 位顶尖天体物理学家 20 世纪 80 年代末与麻省理工学院的天体物理学家和评论家阿兰·莱特曼的对话的转录. [4]①

在谈到暴胀的话题时, 莱特曼的大部分采访以一个关于宇宙平坦性的问题开始, 这是古斯的理论所致力于解释的. 宇宙看起来是平坦的 —— 也就是说, 一般来说光沿直线传播而不是沿曲线穿过宇宙, 这是一个长久以来的问题; 但大多数接受采访的天体物理学家表示他们觉得这不是特别紧要的问题. 相反, 加州大学圣克鲁兹分校的桑德拉·费伯、哈佛大学的玛格丽特·盖勒和普林斯顿大学的耶利米·奥斯特里克都以不同的方式指出, 宇宙看起来并没有暴胀理论所要求的那么平坦. 20 世纪 80 年代最好的估计是宇宙质量-能量密度比平坦性要求的低一个量级. 如桑德拉·费伯合乎情理地评论的, 这使她"非常困扰". 这个差异不是小事. [5]②

还有另外两种想法. 回忆对暴胀的第一印象时, 的里雅斯特国际高等研究院的丹尼斯·席艾玛回忆了最初, "[它] 是如何开始的, 我看到了它潜在地有多么重要." 但后来,

> 最后我觉得它有点令人失望. 这是个绝妙的想法, 它有各种各样的困难. 它现在处于我称之为巴洛克状态的状态. 有太多变化, 没有形式, 没有合理的大统一理论和宇宙学形式给出一个真正做到它所需要的一切的图景. 这个领域中的六个人建立了自己的变种理论. 或许这就是科学研究的本质. 我不是说这个想法是错误的, 但是它目前是一团糟……[6]

牛津大学的罗杰·彭罗斯认为"粒子物理学和宇宙学的结合是一件了不起的事, 从两个方面能了解到的关于早期宇宙的信息是迷人的. 只要粒子物理学家领会广义相对论的问题就很好 …… 我们不休地争论过的 …… 试图量子化 [广义相对论] 的基本问题". 他担心粒子物理学家忽略了这些问题. [7]

剑桥大学的马丁·瑞斯认为"暴胀的想法显然提供了一个重要的新见解, 提出了一个可能的解释. 这意味着, 人们不一定要回到量子引力中去寻找 [宇宙为什么看起来接近平坦这个问题的] 答案. 在那之前, 我以一种完全不明智的方式提出这是一个只有量子引力才能回答的问题. "另一方面, 他补充说, 这个理论"在我第一次听说的时候没有对我产生很大影响 …… 但是自那以来很多年, 我开始认为在关于德·西特阶段 (de Sitter phase) 的一般想法中几乎一定有某些东西, 但不一定是相比斯塔罗宾斯基最初的理论更接近古斯的理论的东西. "这里瑞斯指的是阿列克谢·

---

① 莱特曼的采访对象也包括古斯和林德, 他们提出了最初的理论; 但是问他们的问题自然在某种程度上与问其他 25 人的问题不同.

② 直到 20 世纪 90 年代中期, 宇宙质量-能量密度才比之前估计的大差不多十倍. 这个质量-能量密度连同一个改进的哈勃常数被归结为一种新的暗能量, 以保证宇宙的广义相对论性模型更接近完全平坦.

斯塔罗宾斯基在苏联发表的两篇更早的文章, 其中一些特征已经预期了部分古斯的结果. [8-10]

阿尔伯塔大学的堂·佩奇回忆说, 他在一开始提出的时候对暴胀宇宙持怀疑态度. 他评论说, 为了有确定的时间方向, "需要特别的低熵条件才能产生暴胀 …… 我认为均匀各向同性可能是解决了热力学第二定律这个更大的问题的无论什么东西的结果." [11]

斯坦福大学的罗伯特·瓦格纳也持怀疑态度. "我仍然不相信暴胀 …… 我认为没有必要 …… 直到有了量子引力理论我们才会知道存在视界问题. 我完全愿意忍受暴胀理论. 只是我不是暴胀理论的使徒. " [12]

牛津大学的约瑟夫·西尔克认为 "为了让暴胀理论能起作用, 必须明确特定条件. 如果宇宙最初太不均匀, 那么暴胀可能就不起作用. 这是令人担忧的问题之一, 还有其他问题. 现在我们可能还没有一个令人满意的暴胀理论, 我想还需要等待. 如果如一些人所相信的, 你真的需要把暴胀推回到普朗克时期, 那么你需要同时知道量子引力理论. " 不过, 他也承认, "暴胀理论的倡导者提出了有说服力的论据. 他们在得到正确的涨落幅度上还有一些问题, 但他们得到了相当好的谱, …… 哈里森–泽尔多维奇–皮布尔斯谱, ……, 分布和尺度, 接近我们认为我们看到的. " [13]

普林斯顿大学的 P.J.E.(吉姆)·皮布尔斯回忆说, 他最初怀疑暴胀阶段如何能过渡到弗里德曼–勒梅特阶段, 使得宇宙所有部分都一致地运动. 但他在这一点上说服了自己,

> 我能看到暴胀模型多么漂亮地解决了看起来 …… 本质的难题 —— 宇宙是如何变得如此均匀的. 我 …… 仍然不相信它是宇宙起始的方式, 但我不得不同意它是一个非常优雅的想法, 所以应该更努力地推动.

在被问到暴胀理论为什么如此快速地变得流行时, 皮尔布斯说,

> 在没有任何别的想法的情况下, 一个好的想法会占据这个领域 …… 这不意味着这个想法是对的. 这意味着我们没有任何选择 …… 我们应该小心 …… 有可能我们已经步入歧途. 这在以前确实发生过. [14]

一些被莱特曼采访的人认为暴胀理论 "极其聪明, 令人吃惊, " 如普林斯顿大学的埃德温·特纳所言

> 我不可能预料到发生的事, 那就是它成了早期宇宙研究全面复兴的基础. 这是一个允许人们做很多有趣的计算的模型. 这是理论家的健身房, 这么说是因为人们可以到那里去, 有很多好问题需要解决. 对我来说, 这在这个理论最早提出时并不显然 …… 但我认为出现一些新想法使得很多问题或方面可以解决时, 这就会发生. 人们自然会这么做, 这没什么错. 但我觉得这给人这样的印象, 这个理论可能是对的, 或者这个领域比实际上

更重要. [15]

在与莱特曼的访谈中, 霍金只对暴胀理论的原始形式持保留意见, 这个原始形式预言微波背景辐射中的涨落比观测到的大. 他评论说 [16]: "林德在 1983 年提出了一个更好的模型, 被称为混沌暴胀模型 …… [它] 不依赖于一个可疑的相变, 还可以给出合理的微波背景辐射温度涨落, 与观测相符." [17] 霍金核伊安 ·G. 莫斯早在 1982 年初就对暴胀理论做出了一些理论贡献, 因此霍金对这个理论在这些年中的发展当然是完全熟悉的.

在接受莱特曼采访的 25 位资深天体物理学家中, 芝加哥大学的大卫 · 施拉姆可能是暴胀理论最积极的倡导者. 施拉姆 1980 年时只有 35 岁, 但在当时已经是芝加哥的一位顶尖天体物理学家了.

20 世纪 70 年代末, 施拉姆、俄亥俄州立大学的加里 · 斯泰格曼以及很多合作者已经写了一系列文章, 他们在这些文章中得到了宇宙中能够包含的中微子数和超弱粒子种类数的上限, 还得到了观测到的原初氦 ——^{4}He 丰度和其他轻元素的丰度. 这项工作涉及复杂的粒子理论. [18,19]

后来, 施拉姆和芝加哥大学的年轻博士后詹姆斯 · N. 弗里 1980 年写了一篇关于单极子问题的文章, 所以施拉姆也熟悉阿兰 · 古斯和亨利 · 泰伊的工作. [20] 施拉姆回忆道 [21],

> 我对 [古斯和泰伊] 正在做的工作感到十分震惊. 随后我听说了阿兰的暴胀的想法, 突然间一切都合拍了. 我立刻意识到他找到了解. 这就是解, 一切都合拍. 我想我立刻就认同了. 虽然仍有很多关于涨落的烦人的问题, 但我马上就想起来, 我曾经对此充满热情.

我从中引述意见的采访都是在 1987 年 9 月到 1989 年 8 月进行的, 古斯最初的文章发表后 6~8 年. 至此, 数百篇暴胀的文章已经提到了古斯的文章以及其他研究暴胀的人的文章. 然而, 从资深天体物理学家阿兰 · 莱特曼采访的观点 (我希望我公正地引用了足够的数量) 判断, 大多数人对这个理论的未来感到矛盾, 即使他们认为它是有希望的.

除了积极发展暴胀理论相关方面的施拉姆和霍金, 大多数接受采访的天体物理学家似乎都在观望. 对于他们来说, 似乎有暴胀图景的合理替代理论, 例如, 各种宇宙振荡模型, 其中宇宙被认为在整个历史中是循环膨胀和收缩的. 在每个相继的循环中, 在收缩过程中当温度达到很高时, 宇宙就像凤凰一样从自己的灰烬中重生, 然后再次膨胀 —— 如此这般重复地遵循同样的膨胀, 然后坍塌.

莱特曼的一个采访对象 —— 罗伯特 · 迪克长期以来是振荡宇宙的支持者. 尽管他没有详细的理论, 但他认为大量这种延伸到遥远过去的循环或许可以帮助在遥远的距离上建立均匀性. 足够大的这种宇宙也保证有足够小的曲率使其空间显得平坦. 宇宙的振荡模型对于 20 世纪 80 年代早期的天文学界就和暴胀理论一样好. 每个理论似乎都有问题, 也有优势. 亚历山大·弗里德曼最初在 1922 年提出的振荡模型在几十年前的教科书中就已经被引用了. [22]

高能理论家的介入

所以, 如果只有几位类似大卫·施拉姆和斯蒂芬·霍金这样的资深天体物理学家在高能粒子物理方面足够专业, 能够完全理解并研究这个理论, 为什么暴胀模型能如此快速而普遍地被接受, 而其他模型很快就退出了?

我相信这种迅速接受是因为一批年轻的高能粒子物理学家对这个想法着迷. 他们受到这个理论的两个特点的激励. 一个强的推动力来自哈佛的西德尼·科尔曼和他的可以存在于两种不同状态的真空 (空的空间) 的模型. 一个较高能量的真空可以跃迁到较低能态 —— 真正的真空 —— 释放能量 [23]. 其含义是, 真正的真空对应于一种不能再进一步产生能量的稳定介质.

高能理论物理学家还有另一个理由欢迎暴胀理论. 他们的标准模型到目前为止被证明是非常成功的, 但它还没有以一种统一的方法包含粒子物理的所有基本力, 强、弱核力和电磁力. 1974 年, 哈佛大学的霍华德·乔治和谢尔顿·格拉肖提出了一种技术上称为 SU(5) 的极高能 (远远超过任何已有加速器所能达到的能量) 下的对称性方案, 可以将三种力统一成一种力, 这是大统一理论 (GUT) 所预言的. [24] 大统一理论所考虑的这么高的能量只能存在于宇宙高度致密和炽热的极早期. 在大统一理论的竞赛中, 乔治–格拉肖理论特别简单因而具有内在的优雅, 对于高能物理学界有吸引力. 然而, 和其他所有大统一理论一样, 这个理论预言了宇宙中似乎并不存在的高丰度的磁单极子.

基于科尔曼的以及乔治和格拉肖的理论, 古斯的暴胀阶段使得宇宙膨胀太厉害, 任何最初存在的磁单极子都基本消失了. 没有, 或者只有少量可以存在于我们的望远镜现在巡视的整个广阔的宇宙. 这解释了为什么没有发现磁单极子, 尽管是大统一理论的必然结果.

这个解释对本来要大幅修改理论的物理学家来说是个好消息. 古斯关于早期宇宙物理条件的观点也受到欢迎. 它们为高能物理学家提供了一个用来研究比加速器所能达到的高得多的能量下物理的虚拟实验室.

暴胀也解释了观测到的宇宙的均匀性, 那时这在很大程度上还是被天文学界和物理学家忽略的. 这是有利于古斯的方法的一个额外特征.

于是暴胀理论成为高能理论家为了自己的目的而发明的一个宇宙学理论. 大部分关于暴胀的这些文章是年轻物理学家发表在专门的高能物理杂志上, 而非天体物理杂志. 后来, 当 arXiv 预印本网站在 20 世纪 90 年代变得流行时, 关于暴胀的文章被常规地放在高能物理理论的部分, arXiv hep-th, 而不是天体物理的部分, arXiv astro-ph.

起初, 暴胀似乎或多或少地被传统天文学家被动接受了. 他们质疑了一些方面, 但是大体上很高兴得到高能物理学家的帮助, 这些科学家无疑会带来新的工具研究宇宙起源以及潜在的其他问题, 包括为什么宇宙主要由物质而不是反物质组成.

几年之内, 暴胀理论成为天体物理学知识. 唯一剩下的问题是这种快速接受是如何被触发的.

横贯网络的冲击和级联

邓肯·瓦茨在第 9 章末提到的级联理论提供了一个貌似有道理的解释. [25] 当他首次提出自己的理论时, 瓦茨希望获得更寻常的问题的见解, 例如,

> 为什么一些书籍、电影和专辑从默默无闻中涌现出来, 用少量营销预算就变成热门作品, 而很多同样的努力会失败? …… 为什么股票市场会出现偶然的无法追溯到任何相应的重要信息的大波动? …… 大型的基层社会运动如何在没有集中控制或大众传播的情况下开始? 这些现象都是级联的例子.

瓦茨描绘了这种迅速达成的共识, 就如同受人尊敬的同行触发级联. 天体物理学家面临的决策过于复杂, 难以理解, 他们往往倾向于从有影响力的同事那里获取线索. 如果超过阈值的一部分人看起来支持某个特定理论, 那么即使一个额外支持这个理论的同行也可能说服某个人采取类似的行动, 从而触发所有其他举棋未定的人的级联效应.

触发级联的过程和感染的过程不同. 科学工作者可能在与任何接近的同事的交谈中被某一特定理论所打动. 但只有当达到某个阈值的那些有影响力的同事接受这个理论时, 他才会加入信徒级联的过程.

瓦茨把进行决策的同事描绘为随机网络中的结点. 连接到结点上的平均边数 —— 也就是连接同事的平均通道数和将要进行决策的同事的比例决定了启动迫使系统采取新的姿态的一个级联的概率.

对于天体物理学而言, 级联理论的关键概念是, 如果一种看待宇宙的新方式被一大部分知识渊博的同事接受, 那么它将很快触发几乎全体一致的接受. 对一个理论的接受不是因为共同体中的每个成员都理解它, 而是因为受其他人信任的一些成员明显赞同这个理论. 他们通过讲授这个主题表达他们的赞同, 或者发表文章接受新方法作为一种合理的方法.

＊＊＊

我们现在需要问, 在暴胀理论变得流行时, 是否有级联的迹象?

在发展他的理论时, 阿兰·古斯是斯坦福直线加速器中心 (SLAC) 的博士后研究人员. 一些年后接受莱特曼采访时, 他说 [26]:

　　当我第一次提出这个想法时, 我在 SLAC. 那一年, 西德尼 · 科尔曼 [通常在哈佛, 也] 在 SLAC, 伦尼 · 萨斯金德在斯坦福, 在 SLAC 待了很长时间. 在我做报告第一次谈到暴胀时, 科尔曼和萨斯金德是听众. 他们两人都变得很兴奋, 马上感到这是个好的想法. 至少最初, 他们两人对于消息的传播起到了作用. 他们两人都四处走动, 谈论了很多. 我只是一个卑微的博士后. 如果我四处谈论 (暴胀模型), 相当长一段时期没有人会听.

　　西德尼 · 科尔曼喜欢古斯的理论是可以理解的, 这有力地支持了他提出的两相真空模型; 阿兰 · 古斯令人钦佩的坦率似乎证实了, 触发邓肯 · 瓦茨的级联的主要因素是通过科尔曼和萨斯金德的积极支持, 两人都是有影响力的理论家, 他们的热情支持为古斯的理论提供了所需的信任阈值.

　　科尔曼和萨斯金德对 SLAC 的年轻理论家的影响和施拉姆在费米国家加速器实验室 (简称费米实验室) 的影响相当. 在那里, 施拉姆说服了费米实验室的主任莱昂 · 莱德曼, 建立一个天体物理学小组和费米实验室的高能物理学家以及芝加哥大学的天体物理学家一起工作, 可能会开创一条全新的研究路线. 为此, 莱德曼和施拉姆得到了美国宇航局的支持, 1982 年, "施拉姆搬到了费米实验室驻地的一所房子 (距离芝加哥大学校园一个小时车程) 开始费米实验室的天体物理活动. "如迈克尔 · S. 特纳后来回忆的 "[施拉姆的] 存在以及一系列高调的天体物理研讨会演讲者开始将这两种文化介绍给彼此. " [27]

　　施拉姆和莱德曼随后雇用了爱德华 · "巨石" · 库伯 (他曾在洛斯阿拉莫斯做奥本海默学者), 加入迈克尔 · 特纳 (他是 1980 年被施拉姆招到芝加哥大学的). 库伯和特纳共同领导了新成立的美国宇航局/费米实验室天体物理中心 (NFAC) 一组致力于粒子物理和宇宙学的年轻研究人员. 1984 年 5 月, 库伯和特纳以及这个新成立的研究组组织了一次在费米实验室举行的场面壮观的会议 "内部空间/外层空间 —— 宇宙学和粒子物理的相互作用", 来自世界各地的超过 200 名科学家参会, 天文学家、理论天体物理学家、高能实验家和理论家、低温物理学家、相对论专家和宇宙线物理学家. 围绕会议的大约 90 个报告随后发表在一本 600 页的书中. [28] 有了这项倡议, 从高能粒子物理视角对宇宙学的研究如火如荼地开展起来.

　　粒子物理学家科尔曼和萨斯金德, 写了一些早期研究暴胀的文章的斯蒂芬 · 霍金以及年轻, 精力旺盛的 (愿意把时间投入到推动高能粒子宇宙学事业的) 大卫 · 施拉姆对暴胀理论的接受似乎是至关重要的. 施拉姆对在费米实验室建立这个课题的研究中心的影响以及在 1984 年库伯和特纳主办的会议 (给了 200 名参会者交流想法的机会) 组织上的帮助, 促成了跨越式级联的开始并建立了这个新的研究方向.

***

　　类似的级联过程可以在三个其他物理和天体物理理论的快速接受过程中找到.

　　第一个是 1905 年爱因斯坦的狭义相对论被接受. 在 1905~1906 年冬季, 那时已经是顶尖理论家的马克斯·普朗克在柏林的物理讨论会上讲述了这个理论. 通过自己的研究, 普朗克建立了联系动量和能量的变换规律. 早在 1906 年, 实验家也开始通过对 β 射线 —— 高能电子的速度和能量关系的研究对质能关系感兴趣. [29]

　　到 1908 年, 马克斯·普朗克已经证明, 相对论阐明了很多之前令人困扰的热力学问题 —— 最为重要的是, 这个与其同名的普朗克常量 h 在相对论变换下不变. [30] 同年, 1908 年, 赫尔曼·闵可夫斯基宣布了他新的数学见解, 一个将之前分离的空间和时间结合为一个统一的时空中的四维世界观对于理论物理学家是一种富有成果的新数学方法. 闵可夫斯基于 1908 年末在科隆举行的第 80 届德国科学家大会上的半科普报告中将这个理论介绍给了广大科学家. [31] 这两个有影响力的人, 一个是著名的理论物理学家, 另一个是顶尖的数学家, 显然愿意投入时间使用爱因斯坦的理论从新的视角看待物理学最丰富的领域.

　　类似的级联过程促进了人们对广义相对论的接受. 1920 年, 两位顶尖英国天文学家, 亚瑟·斯坦利·爱丁顿和皇家天文学家弗兰克·沃特森·戴森宣布他们 1919 年的日食远征观测证实了爱因斯坦对经过太阳的光线弯曲的预言, 激发了对这个理论的信心. [32] 它激起了公众的热情, 随后是天文观测者进一步尝试挑战或验证爱因斯坦对光线弯曲和引力红移的预言. [33] 理论家, 特别是列宁格勒的亚历山大·弗里德曼以及后来比利时的乔治·勒梅特追随爱因斯坦的尝试以及德·西特早期对建立广义相对论宇宙学的尝试也是对理论的接受的显著迹象. [34-36]

　　最后, 如我们所见, 对汉斯·贝特的恒星中能量产生理论的快速接受是由亨利·诺里斯·罗素全心全意赞同这项工作所决定的. 罗素在他被广泛阅读的《科学美国人》三篇专栏文章中迅速介绍了贝特的理论. 这些文章既向一般读者也向美国天文学家介绍了贝特的工作. 正如贝特乐于承认的, 对于他的理论, 找不到更有力的倡导者和宣传者了. 罗素的认可引发了对贝特理论的接受的级联过程. 贝特理论的细节只有一些天文学家能够掌握, 但是罗素毫不掩饰的接受对其给予了强有力支持. [37,38]

天体物理级联和不稳定性

　　不幸的是, 如我们将要看到的, 级联不是万能的福利. 它们也会产生天体物理学中的各种不稳定性. 定义这些不稳定性以及处理它们带来的困难是我们现在要探讨的课题.

　　我们在第 9 章首次碰到的天体物理学家的景观 (Landscape) 没有记忆. 它只是记录我们现在知道的东西. 今天的景观擦除昨天的景观, 昨天的景观从记忆中消失. 擦除是有用的, 因为天文学的思想交流必须建立在相互接受的词汇、我们用词汇精确所指的事实或概念的基础上, 这要求对这些事实和概念是什么达成一致.

当它抹去最近被接受的景观时, 学界也失去了对天体物理学的稳定性或不稳定性的感觉. 如果昨天、去年或一个世纪以前宇宙对于我们是什么样的记忆一点都没有留下, 如何才能可靠地判断这个领域的稳定性或不稳定性?

大多数天文学家强烈反对天体物理学只是不断地从一个不稳定状态变换到另一个不稳定状态 (或许是一个错误接着一个错误) 的观点. 我们倾向于认为这个领域是稳步前进的、越来越强大的, 这个进展被看作一系列渐进的进步, 夹杂偶尔的飞跃.

但 20 世纪的历史证实了这个观点么?

难以控制的景观

自然灾害、金融危机、国家政策方针或者战争都能可预见性地改变科学的进程. 然而, 新的科学发现带来的内在不连续性可以产生同样的效果, 制造在天体物理中级联的冲击, 重新定义研究方向. 如果这些问题得到更好的理解, 可能会出现更仔细的探索天文学的方法.①

1917 年, 当爱因斯坦创立他的广义相对论宇宙学时, 和其他人一样, 他设想了一个静态不变的宇宙. 在现代说法中, 宇宙膨胀速率, 哈勃常数 H 为零.

到 1931 年, 爱因斯坦也被说服, 认为宇宙正在膨胀. 当时测得的哈勃常数为 $H \sim 530$ km/(sec · Mpc). [39]

二十年后, 1952 年, 那时在帕洛玛山新 200 英寸望远镜工作的沃尔特 · 巴德将这个常数修正为 ~ 250 km/(sec · Mpc). 他已经发现了两类混在一起的造父变星, 其光度被用于计算星系距离. 巴德从不急于发表, 在四年后于 1956 年对这一课题进行了更详细的阐述. [40]

同一年, 米尔顿 · L. 赫马森、尼古拉斯 · U. 梅奥尔和阿兰 · R. 桑德奇进一步把膨胀降低为 $H = 180$ km/(sec · Mpc), 部分修正了第二个早先的错误, 把电离星云误认为明亮的热恒星. [41]

两年以后, 1958 年, 对同一个错误标识更全面的研究让阿兰 · 桑德奇将这个值又减小到 $H \sim 75$ km/(sec · Mpc), 尽管可能有 2 倍的不确定性. [42]

到 20 世纪 80 年代中期, 桑德奇已经将哈勃常数减小到接近 $H \sim 50$ km/(sec · Mpc), 但今天通过各种方法得到的最佳估计集中在 70 km/(sec · Mpc) 附近. [43]

表面上看, $H = 530$ km/(sec · Mpc) 和 $H \sim 70$ km/(sec · Mpc) 的差别导致了宇宙中星系数密度下降一个正比于 H^3 的因子, 或者根据当时的标准估计大约 430 的因子. 宇宙中星系物质的质量密度会正比于 H^2 下降, 或者说 ~ 57 的因子.

---

① 这里使用的冲击 (shock) 一词取自为研究金融市场而发展的术语, 其中单个银行的失败可能触发在整个系统中级联的激波, 导致系统相当大一部分的崩溃. 用于研究金融冲击传播的数学方法同样适用于研究冲击在其他社会系统中的传播, 包括天体物理学科的网络.

这么大的因子对宇宙最基本的方面有影响, 其中包括原子物质密度. 估计原子密度的 57 倍的误差改变了原初产生的氦和氢的比例的计算. [44] 在今天恒星中观测到的这两种元素的丰度比不仅会影响我们对恒星中氢燃烧产生的额外的氦的估计, 还会影响预期的恒星寿命. 这些寿命反过来决定了宇宙重元素产生的历史, 例如, 从太阳系陨石中元素的相对丰度判断的历史. 陨石的化学丰度在太阳诞生以来被冻结了将近五十亿年. 这些丰度也构成了我们所拥有的巨行星内部深处元素相对丰度的证据.

这些相互关联的链条使天体物理学成为一门连贯的科学, 尽管该领域表面上似乎由或多或少自成一体的领域组成, 比如宇宙学、恒星能量产生、恒星形成或行星结构.

哈勃常数和其他类似测量不仅仅是类似宇宙学的某个单独学科感兴趣的测量. 当这些参数像哈勃常数在 20 世纪 30 年代和 2000 年之间那样剧烈变化时, 它们的反响在所有天体物理学中跳动, 至少暂时使其不稳定, 因为不同学科的专家争先恐后地在先前确立的参数和新观测要求的变化之间寻找一致性.

***

哈勃常数测量的历史不是 20 世纪天体物理学主要概念变化的唯一例子. 这些变化也不局限于该世纪的最初几十年.

尽管进行了很多搜索, 但其他恒星周围是否存在行星的问题到 20 世纪 90 年代才有答案. 第一个证据是亚历山大·沃尔兹森和戴尔·A. 弗雷尔提供的. 1992 年他们在波多黎各的阿雷西博射电天文台工作. 他们注意到脉冲星 PSR 1257+12, 一颗快速旋转非常规律地每 6.2 毫秒发出一个尖锐脉冲的中子星, 显示出轻微的周期异常. 他们将这归结为两颗比地球大不了多少的小的行星, 围绕并来回拉动中心脉冲星, 周期分别为 98.2 天和 66.6 天. [45] 两年以后, 1994 年, 沃尔兹森注意到围绕这颗脉冲星的第三颗行星的影响. [46]

脉冲星当然是相当特殊的, 所以这些发现并没有引起很大反响. 但是在之后一年, 1995 年, 瑞士日内瓦天文台的米歇尔·梅耶和迪戴·奎罗兹的测量显示一颗太阳类型的恒星的视向速度受到一颗推测的木星大小的伴星可测量的影响. [47] 这是一个快速增长的天文学家群体进一步大量发现行星的起始. 这些天文学家放弃了他们正在从事的工作来研究围绕其他恒星的行星. 梅耶和奎罗兹的工作触发了一个级联, 极大地改变了天文学界的结构和兴趣.

最初, 所采用的行星搜索方法表明存在和我们自己的系统非常不同的行星系统. 与木星大小类似甚至更大的行星在比木星与太阳距离近得多的轨道上被发现. 这是相当误导人的. 最初用于发现其他恒星周围行星的方法只对发现特定类型的行星系统最好.

到 2012 年, 各种其他技术的使用揭示出了丰富得多的行星系统. 在其他恒星周围发现了大约一千颗大大小小的行星. 一些行星系统和我们的行星系统非常类似. 其他行星系统则截然不同. 在 20 年的时间里, 我们已经从我们的行星系统是不是完全独特, 是不是银河系甚至整个宇宙中唯一的这种系统这个疑惑中走出, 意识到银河系中的行星数量有数千亿, 或许和恒星数量相当, 甚至超过恒星的数量!

这些发现的影响远远超出了行星研究. 它们告诉我们, 恒星的形成通常伴随着恒星周围稳定的气体盘, 行星在其中形成. 现在, 这些盘质量应该有多大需要进一步研究, 这将为我们提供关于巨分子云 (目前认为大部分恒星在其中形成) 内部结构的新信息.

如果生命在其他地方的存在取决于合适的行星生存环境的存在, 那么大量新发现的行星系统使得生命存在于其他恒星周围的可能性也变得高了很多.

一个完整的学科网络正在改变其研究方向以应对仅仅一个成员学科中取得的一个发现.

***

虽然耗尽核燃料的恒星的坍缩在 20 世纪 30 年代是一个激烈争论的概念, 但 30 年后脉冲星的发现表明, 脉冲星是快速旋转的中子星, 可能来源于这样一次坍缩. 但恒星质量黑洞是否可能存在呢? 这是一个更难回答的问题, 因为人们对于核物质能抵抗强烈的压缩到什么程度并阻止恒星进一步坍缩形成黑洞知之甚少.

到 20 世纪 60 年代中期, 各种河内 X 射线源被人们所知. 在 1964 年的一次火箭飞行中, 赫伯特 · 弗里德曼的美国海军实验室团队在天鹅座探测到了一个强大的新 X 射线源. 这个源现在被称为天鹅座 X-1. [48] 在多个波段对这个源的深入研究表明它是一个双星系统的一部分, 这个双星系统由一颗蓝超巨星和一颗不可见的伴星组成. 1971 年, 英国皇家格林尼治天文台的路易斯 · 韦伯斯特和保罗 · 木尔丁由这颗超巨星的轨道速度及其 5.6 天周期变化的多普勒频移推测了这颗伴星的质量. 他们得出结论, "这颗伴星的质量可能大于 $2M_\odot$, 不可避免地, 我们应该推测它可能是一个黑洞. " [49]

这似乎是第一个可信的观测证据表明大质量恒星可以克服中子星里核子的相互排斥, 进一步坍缩形成黑洞.

到 1972 年末, 普林斯顿的克里福德 · 罗兹和雷默 · 鲁菲尼基于最一般的理论确定, 如果质量超过 $3.2M_\odot$, 那么一颗中子星中核子之间的排斥永远不足以抵抗坍缩为黑洞.①但这并没有排除坍缩在小得多的质量发生. [50]

或许比天鹅座 X-1 更惊人的是 20 世纪 70 年代末发现的一个外观奇特的源. 它的光谱显示出一系列奇异的变化. 由于其在 C.B. 斯蒂芬森和 N. 桑杜里克编撰的星表中的位置, 这个源被称为 SS433, 它首先由英国的大卫 · 克拉克和澳大利亚的

---

① 为得到这个上限, 他们需要做的假设只是爱因斯坦的广义相对论是正确的; 流体静压强的增加总是使密度增大; 抵抗坍缩需要符合因果性, 这意味着声速 (即压强差在恒星中的传播速度) 不能超过光速.

保罗·木尔丁证认为一个特殊天体, 性质和变化的 X 射线和射电星类似, 或许和超星系遗迹有关. [51] 这个发现激起了加州大学洛杉矶分校的布鲁斯·玛贡及其同事的好奇心. 他们的光谱观测把这个源证认为一种新的源 —— 后来被命名为微类星体, 以 70000 ~ 80000 km/sec 量级的速度抛出激发态的原子氢.① 它类似于类星体, 除了它的质量只有几倍太阳质量, 而类星体质量可达十亿太阳质量. [53-55]

最近的分析表明, 这种微类星体可能是超新星遗迹包围的恒星质量黑洞. 从产生超新星爆发的大质量前身星坍缩形成的黑洞有一颗伴星, 它从那里通过潮汐剥离物质. 一个发射 X 射线的吸积盘围绕着这颗致密星. 从伴星剥离的物质落到吸积盘上, 这个吸积盘以 164 天的周期围绕这颗致密星进动. 随着进动, 从致密星发出的反向光束也会进动, 以同样的 ~164 天周期改变光束的方向. [56]

从微类星体研究中获得的见解可以使我们更准确地认识到大质量恒星如何经历坍缩产生至少某些种类的超新星, 以及这些大质量恒星的伴星如何能在这些爆发中存活下来. 微类星体也提供了增进我们了解类星体以及它们在宇宙历史早期诞生的机会.

在 20 世纪 30 年代被爱丁顿强烈拒绝的恒星坍缩的概念已经成为研究前沿的一个活跃领域!

***

从行星系统到坍缩的恒星质量黑洞, 到宇宙学, 无论是在 20 世纪初还是 20 世纪末, 反映天体物理学界基本宗旨的天体物理学景观不断受到产生了激烈概念变革的观测的冲击.

得不到回应的期望和零星的成功

新工具的出现或者相信一个新的研究方向有希望的其他原因也可以促使天文学家转向新的方向, 其中许多可能永远不能完全满足他们的期望, 尽管有一些有可能满足.

20 世纪 50 年代末有一段时间, 等离子体物理学家和工程师们很有信心, 觉得磁流体动力学控制的聚变很快就能提供无尽的能源供人类使用. 多才多艺的普林斯顿天体物理学家莱曼·斯皮策成为马特洪峰计划的主管, 这是第一次尝试建造一台聚变机器通过将氢转变为氦产生能量. 斯皮策的仿星器概念在 1958 年被美国原子能委员会解密, 这个概念使人们期望磁流体动力学也将很快解释很多天体物理过程.

1942 年, 瑞典的汉尼斯·阿尔芬预言了他最初称为电磁 —— 流体动力学波 —— 现在称为流磁体或磁流体动力学波的存在, 他认为这种波可能在太阳的表面层发现. [57] 阿尔芬的想法花了一些时间才被接受, 但是到 20 世纪 50 年代末, 人们

---

① 微类星体这个术语是菲力克斯·米拉贝尔和同事创造的, 他们在 1992 年证认了一个类似的源 1E1740.7-2942. [52]

已经相当相信它们. 斯皮策 1956 年写的一本书、英国天体物理学家托马斯·G. 考林后一年出版的另一本书以及钱德拉塞卡 1960 年出版的一本书都显示了对磁流体动力学和等离子体物理学可能很快在天体物理学中发挥的作用的浓厚兴趣. [58-60] 然而最终, 磁流体动力学理论的复杂性以及聚变机器缺少进展导致很多天体物理学家寻找更简单的方法推进他们的科学, 尽管一些人留下来继续这项工作.

***

另一股乐观主义浪潮随后出现, 认为超新星可能密切控制了恒星形成、宇宙中重元素的逐渐增丰、宇宙线的产生以及星系演化 —— 所有这些都导致了类似的在新的方向推动天体物理学的热情的爆发. 很快这也被取代了, 这一次是注意力转向超大质量黑洞, 其中一些在类星体和塞弗特星系中高度活跃. 这些天体可能是更强大的宇宙线发生器, 影响了恒星形成以及元素丰度的演化.

***

20 世纪 60 年代和 70 年代的研究生或年轻博士后现在仍然怀念黑洞物理的黄金时代, 这个理论很快产生了对旋转黑洞和带电黑洞、它们与电磁辐射和引力辐射或者入射中微子相互作用以及可能从星系核的巨大黑洞中提取的能量的见解.

这个黄金时代 (其结束与其产生一样迅速) 的一个遗产是对黑洞热力学基本定律的推导. 然后, 不可避免地, 随着学界开始处理更棘手的问题, 步伐就不再轻快了. 过了数十年, 在新千年初期才有了必要的技术, 有可能为黑洞相互作用以及它们潜在的在巨大能量爆发中的并合 (伽马射线暴或相互作用星系核心的事件) 建模.

***

从 20 世纪 90 年代开始, 出现了一种新的时尚. 它涉及模拟宇宙最初几亿年, 红移 $z \sim 20$ 处的恒星、类星体、星系的形成的大规模计算. 它试图确定宇宙中出现的最早的结构是恒星、类星体还是星系. 怎样才能确定呢? 这样的计算至少要持续到更强大的观测工具出现并显示这些计算模型能多么可靠地模拟真实事件.

超速的中微子——一个天体物理学争论

一些过去的误解, 比如在导出哈勃常数时出现的错误, 需要几十年才能辨别出来, 而且一般认为是从重大挑战中找出的. 其他错误判断可能在几个月内被发现. 在此重新叙述这些错误中的一个可能仍然是有用的, 因为被快速发现的错误有时被嘲笑为愚蠢, 但实际上它们提供了天体物理学中很多方面能有多么微妙的一个衡量标准. 我将描述的事件也显示了在物理和天体物理的很多不同领域中的专家之间有组织地分享信息如何能最终有助于面对一个重要的僵局.

2011 年 9 月 23 日, 一组在意大利戈兰萨索山深处工作的高能物理学家发布了一个公告, 他们在其中寻求科学界的建议. [61] 这个缩写名称为 OPERA 的研究组在 2009 年、2010 年和 2011 年测量了中微子的速度. 他们在过程中稳步改进了他们的测量. 令他们吃惊的是, 730 km 外瑞士日内瓦的 CERN 加速器产生的脉冲中微子束似乎比同时产生的光脉冲早到达了 60 纳秒 $\sim 60 \times 10^{-9}$ 秒.[1] 这违反了长期被接受的观点, 即没有什么东西能比光速更快 —— 这是所有现代物理学都牢固坚持的相对论的原则. 在检查了他们能想到的所有可能出错的东西之后, 这个研究组告知了科学界他们的发现, 但是注释道:

> 尽管这里报道的测量有重大意义, 分析是稳定的, 但这个结果潜在的巨大影响促使我们继续研究以探索仍然未知的那些可能解释观测到的异常现象的系统效应.

这个注释有效地邀请了同事检查他们的方法并确定是否忽略了任何没想到的因素.

这个惊人的结果以及这个超过 170 名科学家、工程师和其他专家组成的团队在戈兰萨索分析了大约 16000 个 μ 中微子中的严谨让物理学和天体物理学界自发行动起来. 在接下来六个月中, 超过 200 篇文章贴在了物理和天体物理学界的 arXiv 网站上, 在这里其他人可以阅读并且最早可以在第二天回复. 这个网站变成了虚拟的圆桌, 来自不同领域的专家围坐, 进行思想碰撞以决定如何处理这个问题. 一些人提出是因为超过 730 km 距离上全球定位系统 (GPS) 计时的错综复杂; 一些人评论了潜在的电子电路分析; 其他人则怀疑中微子是不是可能在未知的空间维度抄了近道, 或者试图看看相对论定律是否可以符合观测结果, 如果它们是对的.

从一开始, 有些东西似乎就和天文测量不符. 6×10^{-8} 秒可能不长, 但是在光速下, 730 km 的距离在 2.4 毫秒内. 这意味着中微子超过光速的比例是 2.5×10^{-5}.

大多数天体物理学家知道这是极不可能的. 二十年前, 1987 年 2 月, 天文学家观测到了距离地球大约 170000 光年的大麦哲伦云中的一次超新星爆发. 理论家曾预言, 超新星爆发前应该有一次灾难性的恒星坍缩, 终止于一个触发爆发的中微子和反中微子脉冲. 恒星炽热外层爆炸性膨胀会导致超新星快速变亮. 这样一个脉冲会先于恒星光度上升几个小时.

事实上, 在中微子和反中微子脉冲经过 170000 年的旅程到达地球后三个小时就观测到了超新星变亮. 这意味着在这么多年后, 它们的速度不可能快于光超过三小时, 也就是它们的速度超过光速的比例不能超过 2×10^{-9}, 大约比 OPERA 实验宣称的小 10000 倍. OPERA 团队很清楚这些观测并引用了它们. 然而, 他们觉得他们的实验数据可能解释了一些新的、未预料到的物理现象.

CERN 产生的 μ 中微子的能量是 ~ 17 GeV, 比观测到的来自超新星的能量最高的中微子的 35 MeV 高了大约 500 倍. 此外, OPERA 实验是用 μ 中微子进行的, 而天体物理探测只对电子中微子和反中微子敏感. 这些差异使得进行速度实验是值得的. 另一方面, 超新星中微子和反中微子的速度基本上不依赖于它们的能量.

---

[1] CERN, Centre européenne pour la recherche nucléaire, 就是欧洲核子研究组织.

在观测的 5~35 MeV 范围内, 所有中微子都在 12.5 秒时间段内到达, 意味着这个能段上它们的速度最多相差 ~ 2.5×10^{-12}. 即使中微子速度和光速的差异随能量平方增加 —— 违反所有相对论的预期, 17 GeV 的中微子也不可能超过光速 10^{-6}, 仍然比 OPERA 团队宣称的低一个量级.

尽管如此, 最终, 数百名物理学家、工程师和天体物理学家之间的深入交流的结果是证认了两个微妙的潜在误差来源, 二者都至少对测得的中微子速度产生了怀疑. 或许这之前在 2009~2011 年这么多个月的反复检查任何潜在错误之后能够建立起来的唯一途径是最好的最聪明的理论家、电子专家、加速器物理学家和工程师以及天体物理学家参与进来, 在理性分析中互相解释他们各自的发现. 到 2012 年 7 月 12 日, 最初在 arXiv 上宣布之后不到十个月, OPERA 团队不仅查明了困难的来源并修正了他们的发现, 而且还对他们的数据进行了新的分析. 现在他们测量的 μ 中微子和光到达戈兰萨索的时间差不超过 6.5 纳秒, 正好在他们的实验不确定度之内. [62]

尽管引人注意的中微子超光速现在受到了质疑, 但一个不可能存在任何不确定性的问题是, 物理学和天体物理学共同体刚刚见证了一次引发了有益的公共辩论的大规模社会级联.

***

这种新时尚造成的震撼, 日益强大的有望解决之前棘手问题的观测或计算工具, 诸如暗物质或暗能量等意味着开创全新前景的重大新发现, 微妙的在被拒绝之前需要仔细分析的彻底的错误, 或者更平淡无奇的政府研究政策和可获得的资助都在塑造天体物理学中发挥了关键作用.

天文学的工作就这样发展, 就像是持续不断地被那些破坏稳定的推力和这个领域必须回应的级联过程所驱动.

错误的内禀可能性

为什么天体物理学如此容易出错或者容易有新发现, 为什么这个领域总是从惊奇走向惊奇?

天体物理学包括了历史上出现不同学科的很多领域的研究. 在这些领域中, 物理过程可能发生在非常不同的尺度上. 天体物理学中的物理尺度从星际尘埃的微观颗粒到千米大小的小行星以及重百万倍的巨行星、恒星和星团、整个星系以及星系团, 最终到整个宇宙.

感兴趣的温度范围从微波背景辐射的 2.7 K, 到恒星表明的数千开尔文, 主序恒星中心的数亿开尔文, 爆发为超新星之前的坍缩恒星中心的数十亿开尔文, 以及早期宇宙中更高的温度.

在这些广阔的范围内, 不同的物理定律随着变化的温度、密度和尺度起作用.

　　由于这种多样性，每个学科的研究都是由它自己的专家用不同领域的专业知识和解决问题的工具包进行的. 行星天文学、恒星形成研究、恒星结构、星系及其演化和宇宙学都有自己的专家. 即使在这些学科中，天文学家也通常将自己的职业生涯专注于狭窄的子学科. 行星天文学家可能致力于太阳系行星，或者因为其 20 世纪 90 年代首次被大量发现而致力于研究围绕其他恒星的行星. 在太阳系研究学界，一些人可能将他们的事业致力于研究彗星以及它们自太阳系最初形成以来是如何演化的.

　　然而，各个学科并不完全孤立. 为了确定最大量化学元素丰度在亿万年间的上升，我们可能会发现基于多种方法寻找数据是有用的：① 计算宇宙演化早期的核合成；② 计算今天大质量恒星坍缩中起作用的核过程；③ 超新星抛出物化学组成的光谱分析；④ 宇宙比现在年轻得多的时候形成的恒星的光谱；⑤ 太阳系形成时形成的陨石的化学核同位素分析；⑥ 撞击地球的宇宙线的化学组成；⑦ 各种其他计算和观测. 这些不同的研究是由不同学科的成员、本来在几乎不相关的领域工作的专家开展的.

　　尽管各种天体物理学科是通过这些有共同兴趣的领域松散地联系在一起的，但学科的多样性和所采用的研究工具的差异导致了概念和词汇在不同学科中可能有完全不同的含义并产生误解. 学科之间的信息交换可能因为不熟悉的工具和方法 (陌生学科的数据使用这些工具和方法收集) 而进一步被曲解.

　　所有这些因素都可能在无意中导致 (新观测中出现的技术复杂性的误解、信任先前的结果的差异以及显著不同的方法相关性的潜在误解所触发的) 级联过程.

支离破碎的共同体、冲击和级联过程

　　邓肯·瓦茨在他的论文中强调的对社会网络的冲击产生的级联过程的一个特征是，这些网络可以是既健壮又脆弱的，这一发现初看可能是矛盾的. 他写道 [63]：

> 　　尽管是由非常不同的机制所产生的，但是社会和经济系统中的级联过程类似于物理的基础设施网络以及复杂组织中的级联失效，初始的失效增加了随后失效的可能性 …… 非常难以预测，即使对每个单独成分的性质都有很好的理解 …… [一个] 系统可能看起来在很长一段时间内稳定，经受很多外部冲击 [保持稳定]，然后忽然莫名其妙地产生大的级联过程 [变得脆弱].

随着天体物理学网络分裂为分立的学科，它倾向于变得不稳定. 这种不稳定性表现为间歇性的危机，一个新的发现引发从一个学科传播到另一个学科的级联过程，在整个领域中循环，带来冲击和余波，正如哈勃常数的变化不仅改变了宇宙学结论，也改变了很多看起来不相关的学科的结论.

　　这不足为奇. 现在知道，大而松散耦合的网络是天生不稳定的. 导致突然失衡的根本原因首先在生态系统中被注意到并进行分析. 但它们在社会和工业网络中同样普遍. 工业世界中广泛研究的不稳定性的实例是横跨美国的主电网的周期性断电或停电. 2008 年金融危机反映了类似的不稳定性.

瓦茨指出, 在每个工业的级联过程之后, 人们都想指责导致发生整个灾难的一些小的可识别成分. 但是, 正如他令人信服地辩解的, 这忽略了级联过程是具有各种各样成分的高度复杂的网络所特有的这一点. 如果一个特定成分没有失效, 某些其他组件不可避免地会失效, 那么问题在于网络, 不在于单个组件.

***

在天体物理网络中传播的冲击可能有两个原因. 第一个是自然的; 一个学科中的新发现影响相邻领域中的考虑. 这些领域必须重新基于修正的计算、见解和结论调整它们自己的发现并进一步通过网络将这些传达到其他依赖于它们的学科中. 这个过程是自然的, 因为这是科学前进的方式. 天体物理学不会保持静止.

然而, 有一个相应的不稳定性遵循相同的模式, 但结果没那么幸运. 它是由学科之间和它们的词汇之间以及它们所用的语言之间的差距变大造成的. 不同学科之间不再很好地相互理解. 在没有充分了解出处和局限性的情况下的数据交换可能导致误解. 基于部分信息的相互依赖和交流具有威胁, 会导致天体物理网络崩溃. 然而, 不同学科需要保持联系, 否则天体物理会分裂, 我们会失去连贯一致的宇宙学.

避免这种误解和由此产生的错误的级联的唯一途径是通过比天体物理至今已经建立的交流渠道清晰得多的学科间交流渠道. 超光速中微子所引起的问题的解决就是这样澄清的. 在最初报道的中微子测量中发现了一个微妙的误解, 这使得这个发现是无效的.

我们可能倾向于认为超光速中微子的事件是因为一些不应该发生的错误. 但这可能会忽略级联的本质特征. 事实上, 任何特定的失效的起因可能通常可以追溯到一些次要的故障部件 —— 在这种情形是 GPS 计时的方式和中微子脉冲到达的联系方式. 但实际的错误是物理学家、工程师和天体物理学家的专家网络中缺少交流, 他们本来可以更早地发现潜在的错误. 对于天体物理学网络, 一个值得学习的教训是, 完全不同的学科之间改善交流是至关重要的. 除非我们能保证在整个网络上有可靠的交流, 否则我们永远不能真正理解宇宙的运行.

然而, 任何扩大规模的系统, 无论是一个国家的电网或者一个国际科学组织, 对可靠部件的重视程度都会越来越高. 很少失效的部件对于一个小系统可能是足够的; 但是随着系统增长, 失效的概率持续增加, 直到达到一个阈值, 偶发失效变成常态. 为避免失效, 部件的质量必须显著提高, 增加的成本和威胁使得系统难以为继.

然而, 更重要的是 —— 即使单独的部件没有失效 —— 部件互相连接的方式. 将它们连接起来的通信链路的设计同样可能导致失效, 如我们后面将要看到的.

大型动力系统的行为

相互作用的共同体或机器的复杂网络的行为已经在近些年得到了深入研究, 特别是在成本高昂的银行倒闭之后. 这些研究的结果表明如何理解不同组织之间的相互作用, 其中包含各种天体物理学科的相互作用.

网络理论表明, 交换含有噪声和模糊信息的实体往往表现出随机相互作用导致的灾难性的不稳定性, 而不是部件失效. 为理解自然生态系统稳定性或评估金融市场和银行联盟稳定性而发展的模型已经表明, 由个人、共同体或组织 (在网络理论中称为组件或结点) 组成的系统在有相互作用时可以激发相互的不稳定性, 即使每个孤立结点可能是完全稳定的.

描述这样的不稳定如何产生是相对简单的, 并且可能有助于设计方法避免它们. 但是网络研究仍然很年轻, 我们还不能保证灾难性的失效总是可以被预见和避免. 人类的聪明才智、热情和狂妄自大往往能够绕过用于避免灾难的缓冲区. 一个紧密排布的网络的无意后果可能导致严重的崩溃.

对大型相互作用系统的研究可以追溯到 1970 年, 那时在厄巴那的伊利诺伊大学生物计算实验室的马克·R. 加德纳和 W. 罗斯·阿什比做出了一项开创性的计算方面的发现. [64] 他们想知道一个如图 12.1 所描绘的包含相互作用结点的系统是否会稳定? 结点的相互作用 —— 如互联的计算机系统, 是否会导致网络不稳定, 即使每个结点在与其他结点隔离时是完全稳定的?

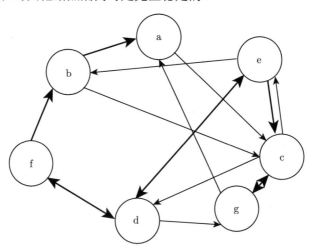

图 12.1　一个有 7 个结点的网络. 这里每个结点都代表天体物理中的一个不同学科. 结点通过具有不同耦合强度 (称为权重) 的有向链路相连接. 学科之间较强的连接用较粗的箭头表示. 在每个方向上交换对等出现的那些连接用双向箭头表示

加德纳和阿什比通过假设单个结点处于天生的稳定态来模拟这样一个系统. 一

且结点之间可以交换随机刺激, 这种初始状态将以某种方式改变. 它们的简单模型
涉及线性行为, 也就是任何结点的响应直接正比于这个结点从其他结点接收的信
号. 他们检查了只有几个结点相互连接会发生什么. 对于比例为 C 的一部分结点,
相互作用强度是在一个范围内均匀分布的随机分配的值, 这个范围通常不会直接使
一些计算机不稳定. 每个结点的自我刺激被限制为稳定反馈.

　　对于 4、7 或 10 个结点的网络组成的结点组, 计算机程序随后产生一系列这种
相互作用, 仅受到指定的**连接度C**—— 有连接的结点的百分比的限制. 对于每个模
拟的相互作用, 系统的最终状态被认为是稳定的, 当且仅当每个结点仍然在其初始
状态附近的一个特定范围内运行. 图 12.2 展示了一个声音放大系统如何能在这样
的条件下运行.

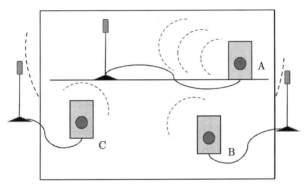

图 12.2　不稳定的网络. 过度放大声音的麦克风可以拾取扬声器发出的声音, 连续放大这些
声音, 直到响亮的哨声或者嚎叫声充满整个会堂. 为防止这种不稳定性, 麦克风放大器会排斥
来自它们自己的扬声器的反馈. 这使得顶部的系统 A 在完全和其他系统隔离时是稳定的. 但
如果远处的麦克风 B 和 C 可以拾取扬声器 A 的部分输出, 将其放大使得来自它们的扬声器
B 和 C 的声音到达麦克风 A, A 的反馈排斥就不再起作用, 使得组合网络 A、B、C 不稳定.
加德纳和阿什比考虑的计算机网络 (见正文) 类似地倾向于使它们耦合的计算机不稳定

　　图 12.3 显示了加德纳和阿什比的 n 结点系统在 $n = 4$、7 或 10 结点和连接度
C 的情况下达到稳定态的概率. 对于 10 个结点的系统, 即使在连接度低至 $C = 13\%$
时, 稳定的概率也会降到 0. 对于 7 结点系统, 高于 40% 的连接度将可预测地导致
不稳定性. [65] 图 12.1 的假想系统可能是不稳定的.

物种间相互作用

　　1972 年, 加德纳和阿什比的工作出现后两年, 生态学家罗伯特 ·M. 梅用分析的
论证将这些发现扩展到了更大的网络. [66] 尽管他的研究是数学的, 但梅的最终兴
趣在于生物学. 他询问, 如果限制在平衡点的小邻域内, n 个相互作用物种的种群
的生态有多稳定, 其中对假定的平衡位置的偏移直接正比于所施加的刺激.

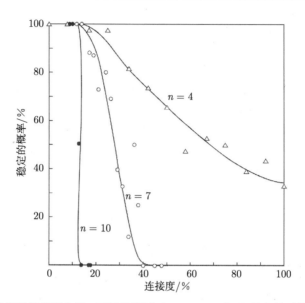

图 12.3　动态连接系统的稳定性. 不同曲线展示 $n = 4$、7 或 10 结点的系统在与其他结点连接时仍然能保持稳定的概率. 连接度C 是互相连接的结点的百分比 (复制重印得到麦克米伦出版公司批准: *Connectance of Large Dynamic (Cybernetic) Systems: Critical Values of Stability*, Mark R. Gardner & W. Ross Ashby, *Nature*, 228, 784, 1970 ©1970 Nature Publishing Group)

梅假设如果扰动偏离平衡态, 每个物种都会在某个特征时间内回到平衡态. 为简单起见, 他假定对于所有物种, 阻尼时间相同. 此后, 他遵循与加德纳和阿什比基本相同的步骤将随机值赋予所有相互作用, 仅指定平均相互作用强度 $\langle w \rangle$ 为零及其平方平均值 $\langle w^2 \rangle$ 为某个指定值 α.

同样, 稳定性的判据是结点的值必须在指定范围内保持不变. 有了这些条件, 梅能够回到数学文献中, 引用这些结果, 对于平方平均相互作用强度 $\alpha < (nC)^{-1/2}$, 系统几乎确定是稳定的, 而对于 $\alpha > (nC)^{-1/2}$, 系统几乎确定是不稳定的.

相互作用越少、越弱, 相互连接的物种数量越少, 系统就越稳定. 如果有频繁的强相互作用, 任何足够大的系统都会变得不稳定. 具有强相互作用但是低连接度的系统会和具有弱相互作用但是高连接度的系统有相同的稳定性, 只要乘积 $C\alpha^2$ 相同. 于是梅展示了他解析地得到的旨在描绘大系统稳定性的结果与加德纳和阿什比的结果的差异不超过 30%, 即使对于小到 $n = 4$ 的离散, 互联系统也是如此.

天文学科的网络

为了确定我们目前描述和理解宇宙的方式可能有多稳定, 我们可以将天文学研究建模划分为 N 个不同的学科, 记作 $j = \mathrm{a, b, c}, \cdots$, 每个是网络中的一个结点. 在

这个网络中结点可以如图 12.1 所示通过不同强度的边相互连接. 强度可以用权重 w 度量, 范围从 $w = 0$(表明没有连接) 到 $|w = w_{max}|$(表明学科之间有强的相互依赖). 相互作用的符号 + 或 − 分别表示一个结点施加的影响或对一个结点施加的影响. 相互作用的平方平均特征权重等价于梅的平方平均相互作用强度 $\langle w^2 \rangle = \alpha$. 箭头表示影响的方向.

　活跃在任意给定学科中天文学家的群体对应于梅的生态学观点中不同的物种. 我们需要思考 n 群不同种类的天文学家 —— 例如, 行星、星系或恒星内部结构专家, 每个群体和一些其他 n 个连接度为 C 的群体相互作用. 生态环境就是全部天体物理学.

　作为单独的实体, 不同天文学科通常是稳定的. 如果天体物理学是模块化的, 学科之间没有联系, 那么一个学科中的错误就不会传播到其他学科. 通常它会很快被发现和改正. 然而, 天体物理学的主要目的是统一在各个学科中获得的见解以获得关于宇宙过去以及未来如何演化的总的看法. 将各学科连接成一个更大的理解网络使得有益和有害的冲击都能以多米诺骨牌的方式从一个学科传播到下一个学科, 引发不稳定性.

　依照梅的研究, 只要 α 超过 $(nC)^{-1/2}$, 系统就是内禀不稳定的. 天体物理学的隐情是, 某种程度的不稳定性对于让一个新发现从一个学科传向一个或多个其他学科是令人满意的. 当新的观测或计算预示着重大进展时, 我们希望天体物理学发生显著改变, 但是如果传递的信息受到污染, 就需要一个检测系统在产生过度损害之前拒绝这个信息. 这是富有成效的学科不断面对的平衡措施.

　在千禧年之交, 在广泛的天体物理学科中传播的一个特别强大的冲击产生于人们接收到的遥远 Ia 型超新星的光系统性地暗于由它们的观测红移推测的值. 这表明爆发的超新星比它们的红移所指示的遥远. 一个可信的解释是宇宙的膨胀最近在加速, 只有存在一种未知的能量形式 (现在被称为暗能量, 其宇宙质量-能量密度显著超过重子物质和暗物质之和) 才有可能发生. 几十年来, 宇宙膨胀速率都被认为是在减速. 20 世纪 90 年代末, 发现了相反的加速膨胀. 这一新的解释也表明之前对宇宙重子密度估计过高, 并提出了关于真空性质的新问题. 不管怎么样, 几乎所有天体物理学学科都受到了影响, 就像物理学的基础受到影响一样, 这是由空的空间 —— 真空的真实性质的问题引起的. 我们仍在试图理解这一冲击的潜在含义. 它是否会提供关于一种新的能量形式的更深刻的见解, 或者仅仅表明我们在用错误的角度看待自然, 正如物理学家在一个世纪以前所做的那样 (那时他们在试图理解他们确信充满了空间的以太)?

冲击的传播
天体物理中的冲击的建模至少可以用简单的方法, 使用进化生物学家以及最近以来通过相互作用的金融系统的研究而发展的技术.

至今, 金融系统中的冲击已经在很多研究中进行了演示, 通常是有意用过于简化的方案. 这些简化适用于任何刚开始的研究, 因而对于初次尝试演示天体物理对冲击的脆弱性也是足够的. 这里讲述的大部分内容都是直接从金融模型中借来的.①

一个基于罗伯特 · 梅和尼玛兰 · 阿里纳明帕西提出的金融模型、特别有启发性的说明如图 12.4 所示.[71] 我们可以考虑有害冲击对一个 $N = n+1$ 个学科的网络造成的损害, 其中一个学科受到冲击, 使其传递的信息减少了一个比例 f.

为简单说明天体物理冲击的传播, 我们可以假设每个学科与其他所有学科相同, 无论是其信息总量还是检查错误和污染方面的能力. 我们明确假设, 最初传递信息的学科所遭受的冲击的幅度限制在这个学科信息总量的一个比例 $\Delta = f\theta$, 其中 θ 是这个学科的总的信息中实际被传输的比例.

我们进一步假设, 传输的冲击均匀分布在其他 n 个学科中, 因而每个其他学科接收到的错误材料只有传输的受污染数据的 $1/n$. 即使这个减小的冲击超过接收学科的错误检测和消除能力, 仍然会有一个分数比例 δ 的错误材料, 吸收的冲击会达到一个分数比例 $\delta f\theta/n$, 这可能进一步传递到第三个学科, 其中一些可能没有直接和初始学科相联系.

在图 12.4 中, 黑实线下方三角形区域 $(1, 0, f)$ 表示错误信息初始冲击的分数幅度 $S = f\theta$ 污染所有来自初始学科的信息的程度. 当 $\theta = 1$ 时, 意味着初始学科的信息整体被传输, 原始冲击的分数幅度 $S = f$.

一般来说, 如果没有能力拒绝受污染的传递, 那么 n 和相关学科中每一个吸收的冲击就位于虚线 $\Delta = f\theta/n$ 以下, 在图 12.4 中和横坐标相交于 $\Delta = f/n$. 如果有能力拒绝除了受污染物质的一个比例 δ, 那么可以期待更陡的下降与横坐标相交于 $\Delta = \delta f/n$. 对于较小部分的受污染的材料, $\theta_i < 1$, 交叉点挪到图左边, 达到一个分数 $\theta_i\Delta$.

然而, 这些估计可能低估了实际的损害. 在天体物理学中, 大多数传递的信息可能会到达和影响大多数 (如果不是全部的话) 与初始学科相连的学科. 所有这些相连的学科人们可能同样感兴趣, 并且被所有传递的信息污染 —— 这意味着 $n = 1$. 此外, 尽管有相当多的预防措施, 但常常难以检测到污染或错误信息, 所以残留的污染信息的比例 δ 可能接近于 1. 因此冲击可能广泛传播, 产生显著反响, 特别是如果接收污染信息的学科进一步传播的话.

联系金融机构和联系天文中不同学科的连接之间的相似之处表明了, 更清楚地

---

① 在银行业中, 安德鲁 · G. 霍尔丹已经描述了灾难性失效.[67] 霍尔丹和梅已经总结了失效的模型.[68] 更详细的描述银行系统受到冲击侵蚀以及不良风气在金融系统间传播的模型已经由法比奥 · 卡西奥利、马泰奥 · 马西里和皮耶尔保罗 · 维沃 [69] 以及普拉萨纳 · 盖伊和苏吉特 · 卡帕迪亚 [70] 发表.

理解天体物理可能受到和那些困扰金融市场的不稳定性类似的不稳定性影响程度的重要性.

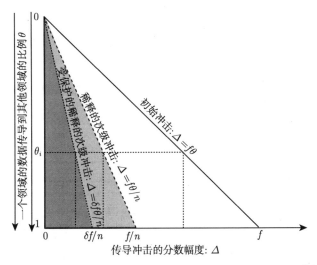

图 12.4 受到误差影响的传输信息的比例 f 导致的信息丢失的比例 Δ. 传输是从一个起始学科流向 n 个其他相关科学的. 失效 f 表征了起始学科的数据实际被传输的比例 θ. 假设 n 个相关学科中的每一个只得到 $1/n$ 的数据, 使得其受污染的比例是实际传输的 $1/n$. 如果一个学科有足够的污染保护, 那么冲击的幅度可能会进一步减少一个分数 δ, 如最低的对角线所示. 一个典型学科所吸收的污染信息由 θ 的初始值 θ_i 和带标记的对角线的交叉点表示

(见正文)

***

天文学可以从银行系统吸取的教训是 —— 强制缓冲, 特别是货币或者其他流动性形式的强制缓冲能帮助抵消冲击的影响. 如果一个学科大部分的关键根基出人意料地被怀疑并开始威胁使相关学科崩溃, 用于快速重新审视怀疑的原因或纠正任何缺陷的流动性 —— 资助或设施, 可以限制损害传播到其他天体物理学科.

这是从超速中微子的情形吸取的教训. 科学家在六个月的时间里快速检查了一项具有对很多不同学科有巨大潜在影响的发现, 尽管这项最终发现错误来源的巨大努力没有任何预算或计划的设施. 必要的流动性很大程度上是通过自愿的努力来达成的, 避免了污染性的结果进一步传播.

在天体物理学中, 流动性是一种特别稀缺的资产, 它强烈依赖于通常只能通过空间望远镜 (其运行寿命很少超过十年) 进行的观测. 如我们在第 11 章中看到的, 在太空中运行的高成本通常迫使一个任务一达到主要目标就终止. 让其运行更长时间会削减其他已经在排队的任务的经费.

- 在当前的资助水平上, 维持所有天文学科中连续和同时的空间观测是不可承受的. 然而, 可以寻求并发现一些方法使得最强大和最昂贵的天文台中的一些进入冬眠状态, 它们可以在有限的时间内被重新唤醒, 以进行其他手段无法获得的必要的观测.

一个空间任务的设计中通常不包含休眠阶段. 它被聪明地设计到某些任务中, 它可以为一个领域提供流动性和灵活性, 否则就太过僵化, 无法面对没有预料到的偶然性: 2005 年, 亚毫米波天文卫星 (SWAS) 被从退休状态唤醒以通过帮助分析彗星 9P/Tempel 1 的表面物质 (通过观测美国宇航局的高速深入撞击探测器撞入这颗彗星喷射的水汽羽流). 尽管没有针对此类突发事件的专门设计, 但是 SWAS 成功地在再次退休之前为了这项任务而苏醒. [72]

感染及其传播速度

有害冲击感染一个学科网络的容易程度依赖于逃避检测和排斥的容易程度. 一个缺乏检测错误传播或错误信息污染的学科容易受到感染, 易受传播的冲击的影响. 一个有正常工作的错误或传染检测机制的学科可以抑制冲击.

冲击可以像传染病一样传播. 这涉及两个因素. 一个是传播链路; 另一个是易受感染的结点. 与疾病一样, 冲击既可以在经常存在的短距离链路传播, 也可以在不经常存在的连接某些遥远而少有共同兴趣的学科的链路上传播. 短距离跳跃迅速地在本地传播信息. 向遥远链路的传播快速影响整个网络. 一旦冲击到达遥远结点, 它就容易感染紧密连接的相邻学科. 这就是计算机病毒和传染病在全球传播的方式. 同样的传播模式感染了相连的天体物理学科. [73]

同样复杂的是, 很多冲击实际上是有益的, 对于天体物理学的发展是必不可少的. 每个新发现都需要迅速在系统中传播. 输入的信息不能仅仅因为有可能改变现有知识就被拒绝. 一个学科必须愿意接受潜在的有益的新数据. 但是这使得它容易受到不需要的错误和误解的影响, 因此一些监测影响从一个学科到另一个学科流动的系统仍然是必不可少的.

在第 9 章中, 我们注意到存在一个巨型集团, 通过合作发表文章将大约 90% 的天体物理学界成员连接起来. 这个松散连接的合作者集合的任意一个成员和任意其他成员之间相隔不超过 14 步. 这个巨型集团的存在确定了冲击将很容易在天体物理学科的生态中传播, 因为长程和短程的路径都是丰富的.

我们需要问的问题是, 如何能最好地检测和控制潜在的有害冲击?

可以考虑两种方法. 一种基于控制传染病的模型, 另一种基于实验科学的实践.

考虑预防和控制疫情所基于的策略. 它有两个方面: 一是防止疾病携带者行进. 二是防止个体与传染病携带者的潜在接触.

在天体物理学中, 这些方法中的第一个, 局部堡垒, 已经存在于所有主要天体物理学杂志所采用的审稿系统中. 它不能阻止所有的误解, 或者检查出每一个观测或计算错误, 但它通常是有益的.

遗憾的是审稿系统都太容易规避了. 很多天体物理学家每天都下载公开的 arXiv astro-ph 网站上前一天晚上发表的未经审稿的预印本. 这提供了新发现出现在杂志上数月之前看到它们的途径. 这其中的危险是不加怀疑地采用了表面上的新发现. 在这些发现被一个知识渊博的审稿人挑错之前, 它们都可能含有不可避免的错误. 仔细的审稿是费时而吃力不讨好的任务; 大多数作者不赞赏审稿人的批评并且抱怨审稿人可能建议增加的工作. 但彻底的审稿通过识别潜在的错误, 坚持清晰性, 从而减少传播错误信息的机会, 为学界提供了宝贵的服务.

在天体物理学中, 防止错误信息传播 (等同于免疫) 的第二个方法是确保传输的信息得到适当的检查和理解. 这需要更多关注语言的隐含意义和不同学科中概念的细微差别. 清晰的词意可以防止错误信息和误解的传播以及学科之间信息交换产生的混乱. 建立清晰的词汇可以更容易地识别错误信息 —— 等同于对其传播进行免疫.

我将在第 15 章中进一步发展这一概念, 但要在我描述了不同学科的天文学家如何讨论和说服自己接受新的发现以及这个复杂的天文学界如何组织和运行之后.

注释和参考文献

[1] Inflationary universe: A possible solution to the horizon and flatness problems, Alan H. Guth, *Physical Review D*, 23, 347-56, 1981.

[2] A New Inflationary Universe Scenario: A Possible Solution of the Horizon, Flatness, Homogeneity, Isotropy and Primordial Monopole Problem, A. D. Linde, *Physics Letters B*, 108, 389-92, 1982.

[3] First Results from a Superconductive Detector for a Moving Magnetic Monopole, Blas Cabrera, *Physical Review Letters*, 48, 1378-81, 1982.

[4] *Origins - The Lives and Worlds of Modern Cosmologists*, Alan Lightman & Roberta Brawer. Cambridge MA: Harvard University Press, 1990.

[5] Ibid., *Origins*, Lightman & Brawer, pp. 273, 336, 371.

[6] Ibid. *Origins*, Lightman & Brawer p. 148.

[7] Ibid., *Origins*, Lightman & Brawer, p. 429.

[8] Spectrum of relict gravitational radiation and the early state of the universe, A. A. Starobinsky, *Soviet Physics, JETP Letters*, 30, 682, 1979.

[9] A New type of Isotropic Cosmological Models without Singularity A. A. Starobinsky, *Physics Letters B*, 91, 99-102, 1980.

[10] Ibid., *Origins*, Lightman & Brawer, pp. 154-69.

[11] Ibid., *Origins*, Lightman & Brawer, p. 411.

[12] Ibid., *Origins*, Lightman & Brawer, pp. 179-80.

[13] Ibid., *Origins*, Lightman & Brawer, pp. 193-94.

[14] Ibid., *Origins*, Lightman & Brawer, pp. 224-25.

[15] Ibid., *Origins*, Lightman & Brawer, p. 315.

[16] Supercooled Phase Transitions in the Very Early Universe, S. W. Hawking & I.G. Moss, *Physics Letters B*, 110, 35-38, 1982.

[17] Ibid., *Origins*, Lightman & Brawer, pp. 398.

[18] Constraints on Cosmology and Neutrino Physics from Big Bang Nucleosynthesis, Jongmann Yang, David N. Schramm, Gary Steigman & Robert T. Rood, *Astrophysical Journal*, 227, 697-704, 1979.

[19] Cosmological Constraints on Superweak Particles, G. Steigman, K. A. Olive & D. N. Schramm, *Physical Review Letters*, 43, 239-43, 1979.

[20] Unification, Monopoles, and Cosmology, J. N. Fry and D. N. Schramm, *Physical Review Letters*, 44, 1361-64, 1980.

[21] Ibid., *Origins*, Lightman & Brawer, pp. 444-45.

[22] Über die Krümmung des Raumes, A. Friedman, *Zeitschrift für Physik*, 10, 377-86, 1922.

[23] Fate of the false vacuum: Semiclassical theory, Sidney Coleman, *Physical Review D*, 15, 2929-36, 1977.

[24] Unity of All Elementary-Particle Forces, Howard Georgi & S. L. Glashow, *Physical Review Letters*, 32, 438-41, 1974.

[25] A simple model of global cascades on random networks, Duncan J. Watts, *Proceedings of the National Academy of Sciences*, 99, 5766-71, 2002.

[26] Ibid., *Origins*, Lightman and Brawer, p. 476.

[27] David Norman Schramm 1945—1997, A Biographical Memoir, Michael S. Turner, Biographical Memoir, National Academy of Sciences of the USA, 2009.

[28] *Inner Space / Outer Space, The Interface between Cosmology and Particle Physics*, edited by Edward W. Kolb, Michael S. Turner, David Lindley, Keith Olive, & David Seckel, University of Chicago Press, 1986.

[29] *Subtle is the Lord—The Science and the Life of Albert Einstein*, Abraham Pais, Oxford University Press, 1982, pp. 150-53.

[30] Zur Dynamik bewegter Systeme, M. Planck, *Annalen der Physik*, 26, 1-35, 1908.

[31] Raum und Zeit, H. Minkowski, *Physikalische Zeitschrift*, 10, 104-11, 1909.

[32] A Determination of the Deflection of Light by the Sun's Gravitational Field, from Observations at the Total Eclipse of May 29, 1919, F. W. Dyson, A. S. Eddington, & C. Davidson, *Philosophical Transactions of the Royal Society of London*, 220, 291-333, 1920.

[33] The Relativity Displacement of the Spectral Lines in the Companion of Sirius, Walter S. Adams, *Proceedings of the National Academy of Sciences*, 11, 382-87, 1925.

[34] Ibid., Über die Krümmung des Raumes, Friedman.

[35] Über die Möglichkeit einer Welt mit konstanter negativer Krümmung des Raumes, A. Friedmann, *Zeitschrift für Physik*, 21, 326-32, 1924.

[36] Un univers homogène de masse constante et rayon croissant, rendant compte de la vitesse radiale des nébuleuses extra-galactiques, G. Lemaître, *Annales de la Société scientifique de Bruxelles*, Série A, 47, 49-59, 1927.

[37] My Life in Astrophysics, Hans A. Bethe, *Annual Reviews of Astronomy and Astrophysics*, 41, 1-14, 2003.

[38] *Henry Norris Russell-Dean of American Astronomers*, David H. DeVorkin, Princeton University Press, 2000, pp. 254-55.

[39] A Relation between Distance and Radial Velocity among Extra-Galactic Nebulae, Edwin Hubble, *Proceedings of the National Academy of Sciences*, 15, 168-73, 1929.

[40] The Period-Luminosity Relation of the Cepheids, W. Baade, *Publications of the Astronomical Society of the Pacific*, 68, 5-16, 1956.

[41] Redshifts and Magnitudes of Extragalactic Nebulae, M. L. Humason, N. U. Mayall, & A. R. Sandage, *Astronomical Journal*, 61, 97-162, 1956.

[42] Current Problems in the Extragalactic Distance Scale, Allan Sandage, *Astrophysical Journal*, 127, 513-26, 1958.

[43] The Hubble constant as derived from 21 cm linewidths, Allan Sandage and G. A. Tammann, *Nature*, 307, 326-29, 1984.

[44] Updated Big Bang Nucleosynthesis Compared with Wilkinson Microwave Anisotropy Probe Observations and the Abundance of Light Elements, Alain Coc, et al., *Astrophysical Journal*, 600, 544-52, 2004.

[45] A planetary system around the millisecond pulsar PSR1257+12, A. Wolszczan & D. A. Frail, *Nature*, 355, 145-47, 1992.

[46] Confirmation of earth-mass planets orbiting the millisecond pulsar PSR B1257+12, A. Wolszczan, *Science*, 264, 538-42, 1994.

[47] A Jupiter-mass companion to a solar-type star, Michel Mayor & Didier Queloz, *Nature*, 378, 355-59, 1995.

[48] Cosmic X-ray Sources, S. Bowyer, E. T. Byram, T. A. Chubb & H. Friedman, *Science*, 147, 394-98, 1965.

[49] Cygnus X-1-a Spectroscopic Binary with a Heavy Companion? B. Louise Webster & Paul Murdin, *Nature*, 235, 37-38, 1971.

[50] Maximum Mass of a Neutron Star, Clifford E. Rhoades, Jr. & Remo Ruffini, *Physical Review Letters*, 32, 324-27, 1974.

[51] An unusual emission-line star/X-ray source/radio star, possibly associated with an SNR, David H. Clark & Paul Murdin, *Nature*, 276, 44-45, 1978.

[52] A double-sided radio jet from the compact Galactic Centre annihilator 1E1740.7-2942, I. F. Mirabel, et al., *Nature*, 358, 215-17, 1992.

[53] New H-alpha Emission Stars in the Milky Way, C. B. Stephenson and N. Sanduleak, Astrophysical Journal Supplement Series, 33, 459-469, 1977.

[54] The Bizarre Spectrum of SS 433, Bruce Margon, et al., *Astrophysical Journal*, 230, L41-L45, 1979.

[55] The Quest for SS433, David H. Clark, Viking, 1985.

[56] Inflow and outflow from the accretion disc of the microquasar SS 433: UKIRT spectroscopy, Sebastian Perez & Katherine Blundell, *Monthly Notices of the Royal Astronomical Society*, 397, 849-55, 2009.

[57] Existence of Electromagnetic-Hydrodynamic Waves, H. Alfvén, *Nature*, 105, 405-06, 1942.

[58] *Physics of Fully Ionized Gases*, Lyman Spitzer, Jr. New York: Interscience, 1956.

[59] *Magnetohydrodynamics*, T. G. Cowling. New York: Interscience, 1957.

[60] *Plasma Physics*, S. Chandrasekhar, University of Chicago, 1960.

[61] http://arxiv.org/pdf/1109.4897v1.pdf.

[62] http://arxiv.org/pdf/1109.4897v4.pdf.

[63] *Six Degrees—The Science of a Connected Age*, Duncan J. Watts. New York: W. W. Norton, 2003.

[64] Connectance of Large Dynamic (Cybernetic) Systems: Critical Values of Stability, Mark R. Gardner & W. Ross Ashby, *Nature*, 228, 784, 1970.

[65] Ibid., Connectance, Gardner & Ashby.

[66] Will a Large Complex System be Stable?, Robert M. May, *Nature*, 238, 413-14, 1972.

[67] Rethinking the financial network Andrew G. Haldane, http://www.bankofengland.co.uk/ publications/speeches/2009/speech386.pdf.

[68] Systemic risk in banking ecosystems, Andrew G.Haldane & Robert M. May, *Nature*, 469, 351-55, 2011.

[69] Eroding Market stability by proliferation of financial instruments, Fabio Caccioli, Matteo Marsili, and Pierpaolo Vivo (2009), *European Physics Journal B*, 71, 467-79, 2009.

[70] Contagion in financial networks, Prasanna Gai & Sujit Kapadia, *Proceedings of the Royal Society of London A*, 466, 2401-23, 2010.

[71] Systemic risk: the dynamics of model banking systems R. M. May and N. Arinaminpathy, *Journal of the Royal Society Interface*, 7, 823-38, 2010.

[72] Submillimeter Wave Astronomy Satellite observations of Comet 9P/Tempel 1 and Deep Impact, Frank Bensch, et al., *Icarus*, 184, 602-10, 2006.

[73] Ibid., *Six Degrees*, Watts, chapter 6.

第13章　天体物理学的话语与说服

鉴于前一章中描述的层出不穷的级联现象, 我们如何能确定我们的研究是否产生了一个可信的宇宙的图景? 我们应该寻找什么警示标志来确定我们的努力或许只会产生一个构建(construct), 可以解释所有已有的观测, 但这仅仅是对宇宙的描绘 —— 而非真实.

语言及其在说服中的作用

天体物理学通过说服而进步, 天文学家需要让彼此相信新发现的真实性, 无法说服同事的发现将毫无进展. 一旦新发现为天文学界所确信, 它也必须说服资助机构这个发现的重要性.

哪个步骤都不容易. 研究行星系统、恒星结构和演化、星际尘埃和气体的化学、星系形成及宇宙诞生和演化的研究人员都用细微但却显著不同的词汇进行表达. 然而不同学科成员之间的思想交流需要这些词汇有好的定义并且相互理解. 实践中这很罕见. 当一个学科中的新发现丰富了一个概念, 词语就有了新的含义. 在不同学科中使用的同一表达的含义逐渐分化, 因而容易产生误解, 对话受到影响.

关于科学语言的问题并不新鲜, 但天体物理学家在日常工作中很少讨论它们.

哈佛大学哲学家和逻辑学家威拉德·范·奥曼·奎因在他 1970 年写的书《信任之网》中提到库尔特·哥德尔的基本数学证明及其对自然语言和信息交流的启示. [1] 四十年前, 哥德尔证明了建立一个完全自我定义且完备的数学系统是不可能的. 对于奎因来说, 很明显, 如果作为所有语言中最正式的数学在这种意义上是不完备的, 那么其他每种语言都必然有同样的缺点. 这本身就是一个警告, 在科学中相互说服可能不总是那么容易的.

在奎因之后十年, 最具想象力的人工智能倡导者之一道格拉斯·R.霍夫施塔德通过比较人工和人类智能研究了同样的问题. 这是特别相关的, 因为仅当指令不模糊时, 机器人才能正确响应. 同样, 不同天文学科中的同事可以正确地交流和反应, 仅当他们能明确地将各自学科中的新发现联系起来. 这解释了对清晰性的要求必须有多么严格, 特别是当语言在应对不断变化的科学发现时是不断演化的.

霍夫施塔德明确指出, 为了使人工智能发挥作用, 机器人, 需要处理信息和进行相应的机器必须被编程以遵循特定的规则. 人工智能必须越来越复杂才能与人类智能相称. 在某种程度上, 这二者可能足够接近, 这使得机器人的语言使用与人类无法区分.

在天体物理学的背景下, 这也定义了一种语言必须达到的最低复杂程度以使任意学科中的天体物理学家能完全理解一个来自其他学科的同事在说的事情.

霍夫施塔德列出了一些机器智能体应该包括的基本能力:

灵活应对形势;
利用偶然情况;
在含糊或矛盾的信息中进行理解;
识别一个情形中不同元素的相对重要性;
排除区分不同情况的差异, 发现不同情况的相似性;
排除联系不同情况的相似性, 发现不同情况之间的差异;
通过把旧概念用新的方法综合起来, 产生新的概念;
提出新的想法. [2]

如果我们现在考虑所有这些能力如何能应用于不同研究群体之间讨论天体物理课题的语言, 这些能力中要求最高的是概念以及语言中新词的发展, "排除差异寻找不同情形之间的相似性", 同时也"排除相似性寻找不同情况之间的差异", 特别是如果我们不知道我们是否已经拥有所有必要的信息, 是否大量的事实信息仍然缺失和无法触及?

天文学家和天体物理学家无法离开不同的概念集讨论和辩论新的发现; 但是如果这些概念不完整并且经常变化, 那么它们也会导致混淆. 如果天体物理学作为一个连贯的领域不断变化 (其中可以比较不同学科中的发现以确定它们的相容程度和重要程度), 那么对语言的澄清就变得必不可少.

＊＊＊

语言的清晰程度对于天文计划也至关重要. 在第 11 章中我们看到了如何将不同天文学科的成员组织到一起就一项主要的天体物理学事业达成共识 —— 伟大天文台如何建立和实施, 它的主要目标应该是什么以及它的不同组成部分彼此应该如何联系. 最后, 很明显, 这些天文台不仅需要满足河内和河外研究者的愿望, 而且需要满足行星科学家的愿望. 这两个共同体中各个学科中的成员必须愿意共同努力, 理解彼此的需求, 达成共识.

参加研究计划和支出的十年规划的天文界成员也需要清楚地相互理解. 他们代表了广泛的研究学科, 每个学科都有自己的优先事项, 但需要通过说服所有代表学科的参与者的方式来表达自己. 于是, 跨越不同学科的桥梁语言变得至高无上.

公共戒律

然而, 语言不是协调发展的唯一障碍. 更重要的是在关键结点需要采取新的、不同的思维方式和工作方式. 路德维克·弗莱克记录了这一点. [3] 思想样式(denkstil) (我们用来表达思想或进行逻辑论证的思想惯例, 我们用来传达复杂概念的词汇) 的巨大变化构成了学界通常发现不可能跨越的障碍. 对它的接受最终取决于属于弗莱克思想集体的科学语言和词典的管理者、科学思想的界限守护者的支持.

这种领导力可能没有很好的定义: 出于某种目的, 领导者可能是科学院的当选成员, 出于其他目的它可能是决定一篇科学文章是否值得发表的审稿人. 研究资助机构的咨询委员会成员或者研究机构主任可以起到类似的作用. 一些人可能具有全部四个这些能力以及其他可能影响科学行为的能力. 这些有影响力的学界成员构成了弗莱克的思想集体.

思想集体不是某种邪恶的奥威尔式的发明. 它的成员往往是杰出的科学家 —— 称职并且真正关心他们学科的繁荣. 但是科学前沿的研究在不断变化, 即使不超过十年或二十年前建立了杰出成就的科学家也可能无法触及. 思想集体可能会成为进步的阻碍, 导致思想集体和还未受到思想惯例影响的年轻科学家 (他们从新的通常更富有成果的观点看待宇宙) 之间的紧张关系.

正如我们之前看到的, 爱丁顿和爱因斯坦在 20 世纪 30 年代可能有很好的理由反对钱德拉塞卡和奥本海默关于灾变引力坍缩的工作, 但是宇宙有自己的关于这些的推理方式, 这总是胜过我们 —— 天文学界, 所能提供的.

科学史记录了无数关于新概念的争论. 它们表明了让成熟的科学家接受一种新的思维方式、一种新的世界观、一种新的思维习惯 (其前身可能也是基于某种武断的动机, 包括外来的宗教信仰、政治约束或者预算要求以及纯粹的科学推理和偏好) 有多么困难. 说明这一点的例证比比皆是.

20 世纪上半叶, 星系的性质一得到正确的理解, 每一位天文学家就理所当然地认为星系的质量是由它们的恒星成分主导的, 加上一些星际气体的贡献. 但是在 1973 年, 普林斯顿大学的天体物理学家杰里迈亚·P. 奥斯特里克和 P.J.E.(吉姆)·皮布尔斯提出, 星系可能有不可见的大质量球形晕, 这可以解释旋涡星系中观测到的薄恒星盘的表观稳定性. 为了保持星系盘不破碎, 这些晕的质量必须和星系的恒星质量相当, 甚至超过星系的恒星质量.[4]

几年后, 华盛顿卡耐基研究所的薇拉·鲁宾和肯特·福特与美国国立射电天文台 (NRAO) 的莫顿·罗伯特通过测量星际气体 (在与星系中心的距离增大时) 围绕母星系转动的速率明确证明了这些大质量晕的存在.[5]

图 13.1, 薇拉·鲁宾自 20 世纪 60 年代中期就致力于星系旋转的研究, 那时她、E. 玛格丽特·伯比奇、杰弗里·伯比奇和哥伦比亚大学的凯文·普伦德加斯特已经获得了星系 NGC 4826 的旋转曲线和内部的质量.[6] 随着观测技术的进步, 星系微弱的靠外部分的旋转曲线也可以测量了. 如果星系的大部分质量集中在其中心核中, 那么大的径向距离处的物质的旋转速度应该减小. 如图 13.2 所示, 到 1980 年, 薇拉·鲁宾和她的同事们发现, 与此相反, 在星系中心之外, 恒星和星际气体的旋转速度几乎不依赖于径向距离, 或者可能稍微增大.[7] 如果我们的引力定律是正

确的, 这就意味着物质不仅被观测到的恒星物质束缚, 还受到更大质量的不发出可感知的辐射的物质 ——暗物质的束缚.[8]

图 13.1　薇拉·鲁宾, 1974 年在华盛顿卡耐基研究所, 记录星系中物质的径向速度 (卡耐基
科学研究所版权所有)

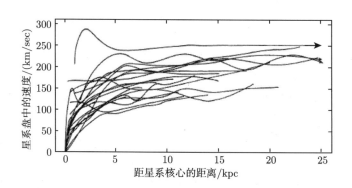

图 13.2　薇拉·C. 鲁宾、W. 肯特·福特和诺伯特·托纳尔在 1980 年得到的 21 条旋涡星系旋转曲线叠在一起. 如图所示, 电离氢区相对星系中心的速度或者逐渐变平或者继续上升到它们变得太暗无法观测的径向距离. 所示最小星系的旋转曲线只有 4 kpc 的半径. 最大的半径
是 122 kpc (复制自 *Rotational Properties of 21 Sc Galaxies with a Large Range of
Luminosities and Radii, From NGC* 4605 (*R* = 4 kpc) *to UGC* 2885 (*R* = 122 kpc),Vera C.
Rubin, W. Kent Ford, Jr. and Norbert Thonnard, *Astrophysical Journal*, 238, 480, 1980.
复制得到美国天文学会许可)

　　十六年前的 1964 年, 弗里茨 · 兹维基和米尔顿 · 赫马森在帕洛马山天文台已经类似地注意到星系在星系团中的运动速度是数百千米每秒. 以这么大的速度, 它们应该在很早以前就逃离星系团, 完全毁灭星系团. 然而星系的结构和光谱表明星系团一定非常古老. 如他们所说, 一定有一些丢失的物质似乎在提供保持星系团完整的引力. [9]

　　兹维基已经在三十年前的 1933 年在瑞士杂志 *Helvetica Physica Acta* 上预见了这些结果. 在那里, 兹维基已经将位力定理用于七个在那时有可信径向速度的后发星系团星系的退行速度的弥散 ——6600~8500 km/sec, 推断得到星系团质量远超过他估计的存在于星系团中的可见物质质量. 他总结说: "如果这被证明是真实的, 那么就可以得到令人惊奇的结果, 暗物质密度远大于可见物质密度. " ① [10] 然而, 在 1933 年哈勃常数被认为是 550 km/(sec·Mpc), 而在 1964 年, 它似乎更接近于 ~70 km/(sec·Mpc). 这会使他早先的暗物质和明亮物质的比例降低一个 7 的因子. 因此, 兹维基和赫马森 1964 年的结果要准确得多.

　　这些相互印证的结果导致对这个新概念的初步接受, 暗物质将恒星束缚于它们的星系并阻止星系逃离它们所属的星系团. 明确的观测证据不能再忽视. 很快人们就接受了, 可能存在一种没有观测到的被称为暗物质的物质.

　　我们还不知道星系和星系团的观测最终是否会被理解为某种奇异的物质形式或者可能是一种在很大距离上有不同表现的新的引力理论 —— 或者其他东西. 重要的是, 不断增加的观测上的异常在某个结点再也不能被忽视, 人们开始考虑新的实体或在所测量的几十万光年和几百万光年的尺度上掌控恒星和星系运动的规律.

　　没有形式逻辑正好定义了必须收集多少观测或实验证据才能改变其他天体物理学家的意志. 也没有逻辑考虑了潜在的不情愿接受新观点的心理. 如果有的话就是表观上无意义的新想法招致的敌意 —— 通常被作为曲解的想法被驳回, 阻碍了符合逻辑的理解. 这就是为什么获得新的理解的方式如此难以描述: 我们缺乏一个关于科学见解如何增长或关于宇宙的知识如何继续演化的预测性的理论. 没有关于知识的普遍理论能触及这个中心课题. [11]

***

　　路德维克 · 弗莱克指出, 即使我们能回顾一个成功的科学进展的历史, 也很难或者不可能正确记录其演化. 通常历史必须以多个纵横交错、相互作用的思想线索来呈现, 所有这些线索都必须单独遵循, 同时也要和它们的相互发展相联系.

　　弗莱克将这一特征比作试图忠实记录几个人之间的对话, 所有人交谈, 尽管有明显混淆, 但同时一个想法突然从谈话中冒出来. [12] 我们必须不断地打断这些思想轨迹的描绘, 以便引入一种新发展的思路; 停止讨论以便解释各种联系, 以及省

---

　　① Falls sich dies bewarheiten sollte, würde sich also das überraschende Resultat ergeben, dass dunkle Materie in sehr viel grösserer Dichte vorhanden ist als leuchtende Materie.

略大量的内容以便注意到一些新兴趋势.

一个历史的序列作为或多或少人为的线索出现, 取代了活跃的交换. 这段历史同时抹去的记忆, 因为新达成的协议所沿的路径看起来不再重要. 一种新的更程式化的新观点取而代之, 它更能为大家接受, 更适合向同事讲述或包含在科学出版物或教科书中.

这种关于新视角如何出现的记忆的消亡很大程度上解释了为什么天文学家如此坚定地 (如果是错误地) 相信我们对宇宙的描绘, 在第 9 章中讨论的天体物理景观是独立的, 与金钱或政治等外部影响隔离.

***

类似的记忆擦除也可以在天体物理学界对思想习惯的接受中找到.

第 8 章详细讲述了在 20 世纪 40 年代末, 赫尔曼·邦迪、托马斯·戈尔德和弗雷德·霍伊尔是如何提出宇宙是一直存在并且随着宇宙膨胀、星系逃逸到宇宙视界之外而不断创造新的物质替代已有的恒星和星系.

因此, 稳态理论消除了快速膨胀宇宙看起来比太阳系和球状星团中的恒星年轻这个矛盾. 这个理论遭到普遍反对, 有时被 20 世纪 50 年代的物理学家嘲笑, 他们认为你不能凭空创造某种东西! 他们反对说, 它违反了物质和能量守恒定律, 这是物理学的基础.

一个早期的例子是量子力学先驱之一, 马克斯·玻恩和弗雷德·霍伊尔之前在《自然》杂志上的交流. 玻恩抗议说: "如果说有什么定律能经受物理学中一切变化和革命, 那就是 [质量-能量] 守恒定律." [13]

霍伊尔回应说, 尽管不断创生, 但在宇宙视界范围内的物质和能量的数量一直是精确不变的. [14] 但这种全局的能量守恒并不能使物理学家满意, 他们更关心更小尺度上的能量守恒. [15] 在宇宙膨胀时, 应该怎么在氢原子创生时解释能量守恒?

这一切都有讽刺意味.

稳态理论所要求的物质创生是通过和广义相对论中的宇宙学常数(爱因斯坦曾在 1917 年用来建立宇宙模型) 非常类似的量提供的.

尽管稳态理论现在被认为和观测冲突, 但物理学和天体物理学界绕了一圈接受了遍及宇宙的暗物质, 来解释宇宙的加速膨胀. 接受潜在的宇宙自我再生的一个合理解释可以返回第 3 章, 重新审视勒梅特的方程 (3.4). 无论宇宙学常数是否起作用, 特别是如果宇宙所有或部分质量-能量密度 ρc^2 包含宇宙学常数或由宇宙学常数主导, 这个方程都成立. 如果质量-能量密度随宇宙膨胀保持不变, 即如果 $\dot{\rho} = 0$, 那么方程 (3.4) 就告诉我们, 压强 P 和质量-能量密度之间的关系一定是

$$P = -\rho c^2. \tag{13.1}$$

如果质量-能量密度是正的宇宙学常数贡献的, 那么压强一定是负的, 反之亦然. 在日常生活中, 我们不习惯用负压强或负质量-能量密度思考, 这就是为什么马克斯·玻恩和 20 世纪 50 年代的物理学家认为稳态理论违反了能量守恒. 但是, 把日常的直觉放在一边, 我们没有正式的、客观的理由排除一个存在负压的宇宙. 为什么物理学家现在看不到这种不断再生的能量与物质和能量守恒定律之间的冲突?

某种程度上, 这可能是因为他们没有在 20 世纪 80 年代初思考稳态理论, 当时他们发明了暴胀来解释表观的空间平坦性, 宇宙在最远距离上的均匀性以及缺少磁单极子. 在 1989 年初与阿兰·莱特曼的访谈中, 宇宙学家丹尼斯·席艾玛 (他曾在 20 世纪 50 年代研究稳态理论) 回忆了和阿兰·古斯在 1981 年他首次提出暴胀理论后不久的一次偶然交谈. "古斯来伦敦的皇家学会开会. 他做了报告, 午饭时我记得我对他说, '你是否意识到你的暴胀时期就是稳态理论?' 他说, '什么是稳态理论?' 他甚至没听说过. 所以那只是很多关于文化差异或者时间差异和文化差异的众多回忆之一. "[16]

这个新真空在暴胀消退后仍然存在并且可以解释今天存在的暗能量, 显示出的能量密度与暴胀真空的能量密度相比微不足道. 然而, 它具有同样的自身再生和再生暗能量的能力, 并且可以一直这样.

今天, 很少有物理学家会嘲笑不同类型真空的存在, 或者它们从无到有产生能量密度的能力. 无限产生真空能量的这个想法从何而来似乎不再重要. 物理学家在两组而非一组可以自我再生并且再生能量的真空中没有看到任何矛盾, 他们现在开始将真空作为一种充满活力的介质. 其完整性质仍然未知, 这是一个被广泛研究的课题, 一度看起来不可思议的概念现在被广泛接受.

将这些历史上的争论从记忆中抹去与早先提到抹去发现工具类似. 一旦天文学界接受了一个新发现, 提到做出发现的观测设备似乎就不再重要了. 一旦一个新理论被采纳, 最初用来接受它的理论基础似乎就不重要了. 一旦学界建立了一个条理分明的天体物理解释, 这本身就证明和支持了重新规整过的景观.

思想惯例、范式转换和网络级联

刚才讲述的曲折的宇宙学历史反映了路德维克·弗莱克对一个科学共同体思想惯例的两个观察, 值得在此在更现代的天体物理环境中回顾:

(1) 与一套公认的信念背道而驰变得不可想象. 稳态理论很快地碰到了这种思维模式: 对于物理学家的共同体, 凭空创造物质违反了能量守恒, 这个提议在 20 世纪中期显得非常荒谬. 直到 30 年后这种明显的违反才被接受.

(2) 然而, 一旦一个概念进入科学词汇表, 它就成为被人们接受的知识的一部分. 不管对错都是如此; 一旦写成公式, 这个概念就不可磨灭. 通常一个被正确地丢弃的错误持有的观点在新的环境会复活并被发现有用. 如果方便的话, 科学家会发掘并修复它. 从无

到有创造物质和能量只是这一历史潮流的一个例子. [17]

在其著作《科学革命的结构》中, 库恩认识到通常科学的任何分支都是在两个条件下从事的: 第一, 存在一组合理的问题以及解决它们的工具; 以及第二, 这个领域足够开放, 允许研究各种各样的问题. [18] 二者结合使得这个学科吸引新一代研究者, 否则他们可能会从事其他科学活动. [19]

在第 12 章中, 我们看到埃德温 · 特纳用类似的术语描绘了暴胀理论的吸引力, "一个允许人们进行很多有趣的计算的模型. 可以说这是一个理论家的健身房, 人们可以去那里, 有很多好问题需要研究, 需要解决. "

库恩的范式指导他所说的"常规科学". 他写道, "选择 [这个术语范式], 我想说一些被接受的实际科学实践的例子 —— 包括定律、理论、应用和仪器的例子, 提供了模型, 这些模型反映了科学研究特别连贯的传统. "

今天, 诸如宇宙学、X 射线天文学、相对论天体物理学、搜索和研究系外行星系统 (都可以被认为是科学家参与其中的领域) 等天文学科有共同的一系列公认的方法、工具和判断成功的判据.

然而, 正如库恩指出的, 范式的命运是, 它们最终产生反常现象, 可能最初被忽视, 但是随后数量增多, 直到该领域中的研究者意识到他们开始研究时从未预料到的危机. 库恩写道 [20]:

　　　　面对异常或危机, 科学家对已有的范式持不同的态度, 而他们研究的性质也随之改变. 竞争性的声音激增、尝试任何东西的意愿、对明显不满的表达、求助于哲学和争论基本原理, 所有这些都是从常规研究转向非常规研究的征兆.

库恩把这类转变称为伴随科学革命的范式转变. 他认为这些是 [21]

　　　　那些旧范式整体或者部分被不兼容的新范式替代的非积累性的时期. …… 一种增长的意识开启了科学革命 …… 一种已有的范式在探索自然的一个方面 (这个范式之前在其中引领了道路) 中停止充分发挥作用 …… 这种功能障碍是科学革命的先决条件.

今天, 库恩的科学革命可能更适合被认为是邓肯 · 瓦茨描绘的网络级联的一个特殊子类. [22] 天体物理学家和任何其他社会网络的成员一样, 不停地观察他们的同事在干什么. 当他们察觉到他们的共同体中的巨型集团中有足够数量的成员倾向于寻求新的方向时, 即使只是一个同事改变思维也可能说服他们加入对新的共同思想、新的思想惯例、新的研究方向、新的范式的寻找. 这导致一个级联过程, 只有当足够数量的同事在一个新的前进方向达成共识才会稳定下来.

把天体物理革命和瓦茨的所有种类的级联过程联系起来很有意义. 至少革命和级联过程有一个共同的显著特点: 一个科学共同体的重要成员改变了研究方向或

主题.

在 20 世纪中, 这样的天体物理级联更频繁地由完全未预料到的发现产生, 比如中子星、黑洞或大部分能量以射电波或 X 射线 (而不是可见光) 辐射的星系的发现. 每个这些未预料到的发现都导致整个学界的天文学家放弃他们正在从事的工作, 开始研究新发现的现象. 这些新现象似乎提供了更令人兴奋的前景!

注意到, 这些观测发现没有一个在之前产生了库恩的令人不安的异常或危机, 或者导致了学界对其追寻的范式的怀疑. 观测发现出乎意料, 它们令人兴奋! 所涉及的天文学家想转向新事物.

这不是说, 弗莱克或库恩在他们对变化的思想惯例或范式的看法上犯了错误. 然而, 很难说库恩所引用的所有革命 —— 尤其是包含在他所说的革命中的 X 射线或放射性的发现, 之前有不同信仰的派系之间的对抗. 两个发现都是出乎意料的. 即使需要大量研究来充分理解, 两个发现都不涉及令人苦恼的调整. 但两个发现都决定性地改变了科学的进程.

很多不同类型的级联都以科学家大规模地从一系列活动中迁移到另一系列的活动中为标志. 这些可以并且确实有各种不同的原因, 应该加以认识和区分. 词汇的清晰不仅在科学中有用, 而且对于描绘科学共同体如何工作也有用. "革命" 这个词太容易被用于可能有完全不同起源的级联过程. 有时它也可能用于没有迹象触发了级联的显著进展. 为这些不同类型的行为发展清晰的词汇可以为科学如何发展提供更好的领悟.

社会构建

天体物理学的一些曲折是由坚固防御的构建导致的, 因为它们看起来和日常的直觉非常接近, 或者是经过几十年的仔细观察而被认为必然为真的清晰结果.

必然么?

具体一点会有帮助. 天体物理构建到底是什么? 这里有三个简单的例子:

1917 年, 爱因斯坦试图展示他和大卫 · 希尔伯特刚刚以极大的努力猜测其结构的广义相对论如何能给出一个合适的宇宙模型. 如当时其他人都认同的, 这个模型必须是静态的 —— 永远不变. 但是广义相对论不能阻止静态宇宙在恒星的相互引力的作用下坍缩. 艾萨克 · 牛顿在两个世纪以前就已经担心这个问题了. 因此爱因斯坦在广义相对论中增加了一个宇宙学常数, 这解决 (固定住了) 它, 阻止了宇宙坍缩.

14 年后, 当爱因斯坦被说服, 承认宇宙在膨胀时, 他悔恨地意识到他引入宇宙学常数只是为了防止宇宙坍缩. 没有它, 广义相对论要好得多. 他意识到, 他创造的宇宙模型是完全基于他的宇宙必须是静态的预想.

***

同样在这几十年间, 亨利 · 诺里斯 · 罗素和亚瑟 · 斯坦利 · 爱丁顿开始构建恒星模型. 正如当时其他人所认同的, 恒星的化学丰度必然和地球上的相同. 恒星光谱中强的重元素光谱特征暗示了这一点. 在这种预期下, 爱丁顿创造了一个由重元素组成的恒星结构的漂亮理论, 推导了辐射是如何从恒星内部向外传递到表面的, 并得到了恒星质量和光度的一个关系 —— 这看起来是一个理论的胜利.

太阳和恒星顽固地拒绝合作, 塞西莉亚 · 佩恩的测量清楚地显示氢的丰度占主导, 罗素提出异议. 在给《自然》的快报中, 他和他普林斯顿大学的同事卡尔 · 康普顿已经明确表示, 如果采用表面的值, 直截了当地分析"会需要巨大到荒谬的氢丰度".

为什么? 显然, 为了维持恒星的化学丰度必须和地球的相同这个概念. 爱丁顿和罗素创建的模型绝对是一个构建.

＊＊＊

1948 年, 邦迪、戈尔德和霍伊尔创立了稳态理论来解释为什么恒星可以比从膨胀得到的宇宙表观年龄大. 为做到这一点, 他们需要解释不断的物质创生以及快速转变为恒星 —— 所有这些都要以精准的速率维持宇宙的外观以及它所包含的所有恒星和星系永远保持不变. 当类星体在之后 15 年被发现, 并且被发现在高红移处 (更早的时候) 比例更高时, 这个理论碰到了它的第一个观测挑战. 随后微波背景辐射的发现是一个更大的打击, 稳态理论对此没有任何清楚的解释. 邦迪、戈尔德和霍伊尔创立的模型是一个为了迎合错误的哈勃常数而创造的一个构建.

＊＊＊

考虑到这些例子, 人们需要担心, 用于解释空间为何均匀、各向同性和平坦, 以及为什么找不到磁单极子的暴胀宇宙可能也是一个构建. 就像稳态理论一样, 在暴胀阶段, 它也需要从无到有不断创生的高能真空.

暗能量是一种构建么? 它的解释类似地是基于真空能量永远可以从无到有创生 (由于负压强的假设) 的概念. 它的存在是否仅仅是为了避免对爱因斯坦广义相对论的挑战?

虽然暴胀、暗物质、暗能量都不一定是用于挽救我们觉得太重要而无法抛弃的理论的构建, 但不应该仓促否定它们就是构建的这种可能性.

真实的宇宙可能大不一样!

社会压力、生产力和回报

还有一个问题: 为什么一些在事后看来显然很重要的天体物理学进展在它们首次出现时没有被彻底铭记?

在第 8 章中, 我们遇到了两位年轻的理论家拉尔夫 ·A. 阿尔弗和罗伯特 ·C. 赫尔曼, 他们在 1948~1949 年预言, 宇宙应该充满了温度在绝对零度之上 1~5 度的电磁辐射. [23]1965 年这种辐射被位于新泽西的贝尔电话实验室的阿诺·彭齐亚斯和罗伯特·W. 威尔森偶然发现. [24] 其温度现在知道是 2.73 K, 正好在预测的范围内. 但是到 1965 年, 阿尔弗和赫尔曼的工作早就被遗忘了. 罗伯特·迪克和他普林斯顿大学的同事在此期间基本上重新建立了相同的理论, 而阿尔弗和赫尔曼几乎没有得到与发现重要的新现象相称的荣誉. [25]

忽略这种预言的最简单的解释可能是它们很少能很快地被研究. 其研究往往缺乏工具, 可能需要几十年来发展这些工具, 而且通常是因为无关的商业或国家需求. 审慎的科学家可能会忽略这些预测, 进行可发表的结果的研究.

稳定的科学产出保证了科学家的生存, 塑造了科学家进行的工作. 在一个完善的思想体系中工作, 科学家面临风险较少. 发表证实广泛持有的信仰的结果不会与任何人为敌, 可能对学界有用.

对于一个作者来说, 更难的是一篇挑战同行科学家信仰、质疑他们工作的文章. 期刊审稿人会要求提供比符合发表要求更高标准的证据. 期刊的审稿人甚至可能基于它可能是错误的以及至少需要更多支持而建议拒绝一篇大胆的新文章.

其他实际因素也在发挥作用. 大多数天文学家和天体物理学家都专注于他们致力于完成的项目. 他们的工作由一个机构资助, 只有当承诺的研究圆满完成这个机构才会提供持续的资助. 这需要避免分心以获得可以发表的结果. 人们只能简单探索出现的异常, 然后就回到手头主要的问题. 在一些喋喋不休的难题持续存在的情况下, 有人认为最终可能出现一些解释; 最有可能的是, 它没什么大不了的.

爱因斯坦在其逝世后出版的一本自传中强调了这个困难. [26] 他回顾了他自己获得瑞士专利局职位中的好运, 在那里他一完成自己的任务就可以埋头研究喜欢的问题, 不用担心自己的努力可能不会成功.①

依靠这份工作, 我在最有创造力的那些年, 1902~1909 年摆脱了经济上的担忧. 除此之外, 技术专利的最终格式化的工作对于我来说是一个名副其实的福利. 它需要多方面的思考, 并且刺激了物理推理. 最终, 一个实践的职业实际上是我这样的人的福利. 因为, 学术事业迫使一个年轻人发表可观数量的科学文章 —— 这是肤浅的诱惑, 只有坚强的人才能抵抗.

---

① Dadurch wurde ich 1902-9 in den Jahren besten productiven Schaffens von Existenzsorgen befreit. Davon ganz abgesehen, war die Arbeit an der endgültigen Formulierung technischer Patente ein wahrer Segen für mich. Sie zwang zu vielseitigem Denken, bot auch wichtige Anregungen für das physikalische Denken. Endlich ist ein praktischer Beruf für Menschen meiner Art ¨uberhaupt ein Segen. Denn die akademische Laufbahn versetzt einen jungen Menschen in eine Art Zwangslage, wissenschaftliche Schriften in impressiver Menge zu produzieren-eine Verführung zur Oberflächlichkeit, der nur starke Charaktere zu widerstehen vermögen.

相信科学领袖

在第 2 章中，我描述了天体物理学中证实和接受新思想的机制. 那里指出科学家是通过逻辑被说服的，但这个描述不完整.

一种尽管非常有力但不常被引用的劝说类型是在非常有天赋的理论物理学家理查德·费曼还在世的时候在美国经常听到的. 它大致是这样的："昨天我和费曼共进午餐，他说……"

费曼的影响是巨大的. 当他发表声明时，所有类型的物理学家都会注意. 如我们之前看到的，数量更多的只有少数人信赖的科学家的声明可以通过启动级联过程导致广泛的接受而类似地说服同事.

科学家并不总是用客观的方法说服彼此，而是毫不掩饰地借助一个像费曼那样聪明的人的权威，甚至在表示对权威的蔑视时也是如此. 虽然这只是暂时的情况，最终需要更有力的证据，但受人尊敬的科学家的影响往往是深远的，科学机构中少数的领导可以通过他们在咨询委员会中的工作产生令人印象深刻的影响.

考虑到公共的力量对于接受新的概念和理论的重要性，我们如何才能确定我们的天体物理和宇宙学理论是健全的，而不只是因为看起来可信而漫不经心制造出来的构建？在我们构建错误理论时，我们有什么办法纠正自己？

一个构建有两个特征. 第一，它是专制的，主要因为科学界的权威支持它而获得合法性. 第二，它与大多数 (如果不是全部) 科学发现一致；但它很少做出具体的可以通过实验或观测证实的预测. 在它做出这些预测的领域，当它的预测不符合时它可能很快就会过时.

权威主义 —— 弗莱克的思想集体对接受一种思维方式的影响，也许本身没有充足的理由怀疑我们的理解仅仅是一种构建，它只是学界应该提防的一种警告.

注释和参考文献

[1] *The Web of Belief*, W. V. Quine. New York: Random House, 1970, p. 29.

[2] *Gödel, Escher, Bach-an Eternal Golden Braid*, Douglas R. Hofstadter, New York: Basic Books, 1979, p. 26.

[3] *Entstehung und Entwicklung einer wissenschaftlichen Tatsache-Einführung in die Lehre vom Denkstil und Denkkollektiv*, Ludwik Fleck. Basel: Benno Schwabe & Co. 1935; Frankfurt am Main: Suhrkamp, 1980. English translation: *Genesis and Development of a Scientific Fact*, Ludwik Fleck, translated by Fred Bradley & Thaddeus, J. Trenn, edited by Thaddeus J. Trenn & Robert K. Merton. University of Chicago Press, 1979.

[4] A Numerical Study of the Stability of Flattened Galaxies: or, Can Cold Galaxies Survive? J. P. Ostriker & P. J. E. Peebles, *Astrophysical Journal*, 186, 467-80, 1973.

[5]   Extended Rotation Curves of High-Luminosity Spiral Galaxies V. NGC 1961, the Most Massive Spiral Known, Vera C. Rubin, W. Kent Ford, Jr., & Morton S. Roberts, *Astronomical Journal*, 230, 35-39, 1979.

[6]   The Rotation and Mass of the Inner Parts of NGC 4826, V. C. Rubin, E. Margaret Burbidge, G. R. Burbidge & K. H. Prendergast, *Astrophysical Journal*, 141, 885-91, 1965.

[7]   Rotational Properties of 21 Sc Galaxies with a Large Range of Luminosities and Radii, From NGC 4605 ($R =4$ kpc) to UGC 2885 ($R = 122$ kpc), Vera C. Rubin, W. Kent Ford, Jr. and Norbert Thonnard, *Astrophysical Journal*, 238, 471-87, 1980.

[8]   Rotation Curves in Spiral Galaxies, Yoshiaki Sofue & Vera Rubin, *Annual Reviews of Astronomy & Astrophysics*, 39, 137-74, 2001.

[9]   Spectra and Other Characteristics of Interconnected Galaxies and of Galaxies in Groups and in Clusters III, Fritz Zwicky & Milton L. Humason, *Astrophysical Journal*, 139, 269-83, & plates 11, 63, and 72, 1964.

[10] Die Rotverschiebung von extragalaktischen Nebeln, F. Zwicky, *Helvetica Physica Acta*, 6, 110-27, 1933; see p. 126.

[11] Ibid., *Entstehung*, Fleck, p. 17.

[12] Ibid., *Entstehung*, Fleck, p. 23.

[13] Formation of the Stars and Development of the Universe, Pascual Jordan, with an introduction by Max Born, *Nature*, 164, 637-40, 1949.

[14] Development of the Universe, *Nature*, F. Hoyle, 165, 68-69, 1950.

[15] *Cosmology and Controversy—The Historical Development of Two Theories of the Universe*, Helge Kragh, Princeton University Press, 1996, 196-201, which has a more extensive discussion of the controversy.

[16] *Origins—The Lives and Worlds of Modern Cosmologists*, Alan Lightman and Roberta Brawer. Cambridge MA: Harvard University Press, 1990, p. 147.

[17] Ibid., *Entstehung*, Fleck, p. 31.

[18] *The Structure of Scientific Revolutions*, Thomas S. Kuhn, The University of Chicago Press, 1962.

[19] Ibid., *The Structure of Scientific Revolutions*, Kuhn, p. 10.

[20] Ibid., *The Structure of Scientific Revolutions*, Kuhn, p. 90.

[21] Ibid., *The Structure of Scientific Revolutions*, Kuhn, p. 91.

[22] A simple model of global cascades on random networks, Duncan J. Watts, *Proceedings of the National Academy of Sciences of the USA*, 99, 5766-71, 2002.

[23] Remarks on the Evolution of the Expanding Universe, Ralph Alpher & Robert Herman, *Physical Review*, 75, 1089-95, 1949.

[24] A Measurement of Excess Antenna Temperature at 4080 Mc/s, A. A. Penzias, and R. W. Wilson, *Astrophysical Journal*, 142, 419-21, 1965.

[25]　Cosmic Black-Body Radiation, R. H. Dicke, P. J. E. Peebles, P. G. Roll, & D. T. Wilkinson, *Astrophysical Journal*, 142, 414-19, 1965.

[26]　Autobiographische Skizze, Albert Einstein, in Helle Zeit-*Dunkle Zeit, in memoriam Albert Einstein*, edited by Carl Seelig. Zürich: Europa Verlag, 1956, p. 12.

第三部分

辨别真实宇宙的代价

第14章 天文学共同体的组织和运作

我们确定宇宙的起源和早期演化中的成功与否可能取决于两个相互竞争的因素. 首先是早期宇宙中普遍存在的高温阶段可能在多大程度上消除了起始时的所有记忆; 其次是搜寻可能免于被擦除 (因而我们可以恢复和分析不完整的残存证据) 的信息碎片的货币成本.

天文学所嵌入的更大的网络

即使考虑到已经提到的所有影响, 解释天体物理学的行为和进展的一部分困难还是在于这个领域无法完全孤立于它所处的大环境.

现代天文学是昂贵而有竞争力的. 它昂贵是因为强大的仪器是昂贵的, 无论是望远镜还是超级计算机. 它也必须保持竞争力, 因为天文项目的成本必须在国家层面上被证明是合理的. 在国家层面上天文学要和其他科学竞争有限的资源.

从天文学家个体的角度来看, 这两个因素需要不断证明资助以及潜在的启动项目所需的观测时间的合理性. 首先, 这涉及说服更大范围的天文学家同意资助. 领域内的说服及与其相关的政治活动是几乎每一个成熟的天体物理学家工作的重要部分.

申请必须提交给资助机构. 不仅为了设备, 而且为了开展一个项目所需的研究生和博士后而获得资助通常也是这种努力的一部分. 一旦得到资助, 通常需要提交另一套说服性的申请以获得一个天文台的观测时间或一台足够强大的超级计算机的使用权. 这些设备大部分是被超量申请的; 因此即使已经获得了资助, 雄辩的说服力也是重要的. 说服步骤的网络是复杂的, 在图 14.1 中以简化的形式展示.

天文学家可能也会被要求参加各种资助机构或美国国家科学院的咨询委员会协助编写学界的总体规划. 在那里, 他们面临的任务是说服委员会成员, 某项研究应该被赋予高优先级.

正如我们在第 11 章中所看到的, 天体物理委员会类似地要求成员天文学家通过访问他们在美国国会的代表, 解释四个天文台的目的和重要性以及要求国会的支持来寻求对伟大天文台的支持.

出于政治考虑的高级别政府决策偶尔也会授权新的科学倡议. 其中一些可能是受欢迎的. 如果对潜在的彗星或小行星与地球的灾难性碰撞的担心导致政府下令对这些天体的性质和轨迹进行广泛研究, 那么行星系统研究者将对这一决定表示赞赏.

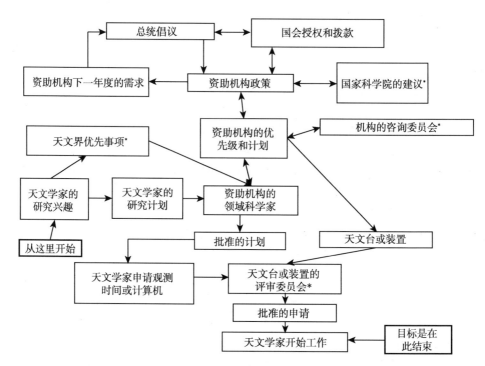

图 14.1　希望进行新的观测的个体天文学家看到的美国天文学团体的组织. 根据所提出的观测成本以及它是否属于已经公认为重要的研究学科, 即使一个非常合理的申请在被批准前也会出现实质性的延迟. 有影响力的咨询委员会每 10 年召开一次会议, 评估美国国家科学院和美国国家研究委员会的主要天文学项目; 美国国家自然科学基金、美国宇航局或美国能源部咨询委员会, 出于政治或经济目的的总统倡议或国会立法都能资助潜在的相互冲突的天文学项目并极大地影响一个项目是否能得到批准和资助. 天文台的台长也有相当大的自行决定的权力, 但需要得到天文台董事会和 (建议观测时间应该如何在提交竞争的观测申请的天文学家之间分配的) 时间分配委员会的批准. 星号 * 表示其成员可能明显重叠的委员会

这一过程是复杂的, 但很大程度上遵循了范内瓦·布什 1945 年的报告《科学 —— 无尽的前线》中的设想.[1] 对天文学的支持不仅需要一个科学的理论基础, 而且需要与总统和国会的优先事项相一致 (并不总是一致), 这使事情进一步复杂化.

于是, 对一个项目的资助会因为国家选举而摇摆, 对长期项目构成威胁. 拮据的时期可以决定延迟或取消任务. 管理不同类别的技术设备的军事保密可能会否定 (美国自己支持起来太昂贵的) 项目的国际合作前景. 这些项目的开始和停止总是使那些花了多年时间致力于它们的成功却发现前景受到威胁的人感到沮丧.

通常, 自上而下的举措是出于非科学的关注点 —— 有时需要维持一个有能力的科学家的国家队, 一些未来的国防工程可能需要他们的专业知识, 如果不这样, 他们就会因为没有工作而被遣散. 对于受到影响的处于工作状态的科学家来说, 这些干预似乎是不明智的, 但它们可能对国家安全至关重要. 如果政府指派这些工程师建造一些大多数天文学家可能认为是多余的强大的新设备, 那么那些少数愿意从他们所从事的任何研究转变过来的人可能最终会从这个改变中获益.

在美国, 罗纳德·里根总统最初宣布的对于天文学家和空间科学家来说重要的空间站是需要大量重组的设备的一个例子. 早些时候, 我们看到了这项总统倡议如何最终限制了它对天体物理学项目的支持以避免更高的成本超支.

同样地, 二十年后的 2004 年 2 月 14 日, 乔治·W. 布什宣布: "我们将建造新的载人飞船进入宇宙, 在月球上获得新的立足点并为奔向我们世界之外的新旅程做准备." 他提出建造天文学家能最终凭借其在月球上建立新的天文台的强大的新型火箭. [2] 由于所需资金未能被合理证明, 这个项目也随时间推移而消失了. 但是, 如果提议持续下来, 那么那些被说服、按指示的方向转变他们的研究的人就能受益. 政府经常用它给那些灵活的人提供的资助来说服不情愿的科学家.

天体物理学共同体的大小和结构

公用事业和资助

一个长期项目中所追求的科学方向是最重要的, 但实际的考虑会在决定我们的前进方式和速度上发挥作用.

例如, 我们可能会预期天体物理知识增长的速度大致相当于活跃研究者的数量. 但是, 是这样的么? 并且, 如果是这样的, 那么决定应该有多少科学家可能或应该投身天文学的极限是什么?

天文学家和天体物理学家群体规模的一个主要和容易理解的极限必然是社会所能负担的资助.

但是也存在其他极限.

澳大利亚理论人类学家罗兰·弗莱彻在对人类居住区 —— 社区增长的研究中证认出了三个这种极限: 村庄、城镇和城市. [3] 值得注意的是, 适用于弗莱彻的居住区的增长和生存的同样的极限也适用于天文学研究团体成败和世界天体物理学界发展的前景.

干扰极限

当一个社区的密度变得太高, 干扰了彼此的活动时, 弗莱彻的第一个极限就出现了. 当出现这种情况时, 社区停止增长, 其成员移居到别的地方. 弗莱彻把这种极限称为干扰极限并用字母 I 表示.

天文学家之间最明显的相互干扰莫过于主要天文台的台长的委婉说法 "超量申请率". 高的超量申请率被认为是一个天文台独特和成功的标志. 如果四倍于实

际得到观测时间的天文学家提交使用天文台的申请, 那么这个天文台一定提供了高价值的服务. 另一方面, 每四个想使用这个天文台的天文学家中的三个被拒绝.

这种量级的超量申请率并不罕见, 无论是对于天文台还是资助机构, 并且因为整个研究生教育系统依赖于筹集到足够的资金或获得观测时间、获得超级计算机的使用权或其他资源来支持学生的研究, 所以大多数从事教育的高级研究人员为了他们的资助份额而无法逃避竞争. 他们把大部分时间用于企业性质的活动而不是他们做得最好的研究中.

这无疑是干扰极限最适用的地方. 当天文学家把大部分时间用于撰写基金申请而几乎不用于研究时, 我们就达到了进一步增长被自我挫败影响的那个极限. 这个领域将人满为患.

阈值极限

年轻的科学家可能会决定进入一个新的而不是一个既定的学科, 因为较新的领域尽管潜在收益远不确定, 但可能有更多的自由发展. 1928 年夏天, 24 岁的乔治·伽莫夫来到哥廷根, 为了有机会参与令人兴奋的量子力学研究新领域, 他选择了这条通向未来的道路.

正如我们在第 6 章中看到的, 那个夏天, 哥廷根的物理学家集中精力研究原子和分子的量子理论. 伽莫夫不想参加这场混战. 他选择安静地研究原子核的量子理论 —— 一项还没有成为时尚的工作. 在这个领域, 他可以按自己的节奏工作, 不必担心别人的干扰和竞争.

然而, 冒险进入人烟稀少的新领域也不是没有危险. 如果这个领域没有什么人感兴趣, 那么也没有人会在意你在做什么. 你的文章不会有人读, 你的研究所需要的资助也难以申请. 无论这个课题本身多么有趣, 这项工作都很可能找不到什么应用, 有时在你离开这个领域很长时间之后, 新一代会重新发现这个领域, 而不知道早先的工作, 重复这项研究而没有意识到它之前已经都被研究过了. 如我们在第 8 章中看到的, 这就是阿尔弗和赫尔曼以及他们对微波背景辐射预言的命运.

科学文献中充满了在它们那个时代被忽略, 之后又重新被发现的进展. 通常对首次进行研究的那些人的工作认识不足. 那些超前于时代而被忽略的科学家值得同情. 他们的生活不值得羡慕.

弗莱彻定义了一个阈值, 记作 T, 如图 14.2 所示, 在此之下人类聚居地不可能繁荣. 一个寻求繁荣的科学领域需要一个相当大的群体来互动、讨论、交叉检验、反驳和最终接受. 除非这个领域成功吸引了足够的成员展示出快速的进步, 否则更大的科学共同体就会忽略它. 这个领域将被认为是不流行的.

一个研究时髦的问题的充满活力的群体很容易吸引有见识的能提供建设性批评意见的同事. 在自己选择的偏远领域中研究的孤独的天文学家或小团体可能会

取得进步, 但很少会有完全懂得其重要性或能给出明智意见的同事. 主流之外的研究者发现他们很大程度上被忽略了, 这是一个工作没有得到共识的团体. 在阈值极限之下, 它们是不可见的. 在科学家的网络中, 从图 9.8 右上和图 14.2 中分离出来的巨大成分在阈值极限之下.

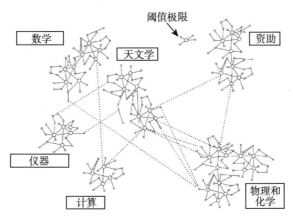

图 14.2　阈值极限. 与广大天体物理学家通过共同发表相联系的巨型集团分离的研究者可能发现他们的工作很大程度上被忽略了, 即使它是原创的和有趣的. 如果一个人的工作要获得关注或得到资助, 那么可能需要直接和更大的研究群体沟通联系

　　一个经常看起来工作在阈值水平以下的高产的科学家是在爱沙尼亚出生的恩斯特·约皮克. 两个因素导致了他的孤立. 他的大部分工作是在主流之外的天文台进行的, 最初在 "一战" 期间是在莫斯科大学, 后来在爱沙尼亚的多帕特天文台; 随着 "二战" 期间爱沙尼亚被苏联占领, 他到了爱尔兰的阿玛天文台, 在那里他一直工作到 1985 年生命终结. 约皮克的兴趣非常广泛, 在很多他的研究中, 他似乎永远是个局外人. 他主要感兴趣的领域是太阳系小天体的研究 —— 小行星、彗星和陨石. 但他也是对天体物理学和宇宙学很多其他领域做出贡献的人.

　　如我们之前看到的, 1916 年, 约皮克发现了极端高密度的恒星, 现在被称为白矮星. 他认为其密度难以置信, 但在那个时代, 类似致密的恒星也被发现并被认为是真实的. [4]

　　六年后, 1922 年, 他推测出一个可靠的仙女座星云的距离, 确立了它是一个相当于银河系的恒星系统, 但处于很远的距离. 从那时起, 其他旋涡星系也可以被放心地认为是独立的星系. [5]

　　1938 年, 约皮克发表了一篇关于《恒星结构、能源和演化》(*Stellar Structure, Source of Energy, and Evolution*) 的 115 页长的文章. [6] 在文章中, 他指出 "从质子 (伴随正电子发射) 直接合成氦" 以及在 [中心温度]$T_c \sim 2 \times 10^7$, $^{12}C+^1H$ 的合并或许能够提供太阳的辐射 5 亿年. 他没有预料到贝特在次年描述的碳循环, 但对恒星结构的考虑使得他的工作令人印象深刻.

1951 年, 大约和埃德温 · 萨尔皮特同一时间, 约皮克也提出了恒星在它们的中心温度下出现的形成碳 ^{12}C 的三 $-\alpha$ 过程. [7] 他不知道铍的共振能级, 萨尔皮特通过与福勒的加州理工学院研究组的联系知道这一点. 但约皮克的工作仍然令人印象深刻, 特别是因为同一篇论文页预测了通过一系列 α 粒子吸收逐次形成氧、氖、镁和氩. 这些更重的元素在逐渐升高的恒星温度形成.

在晚年发表的一篇自传文章中, 约皮克回忆了在他 1938 年关于《恒星结构、能源和演化》的文章发表后收到的来自伽莫夫的一封信. 伽莫夫 "强调了我工作的重要性, 但责备我在这么 '隐晦的' 地方发表, 因为他认为对恒星结构的研究一定受到了不必要的延误. "[8]

约皮克解释了主要在他付出了大部分职业生涯的两个天文台 (最初在爱沙尼亚塔尔图的多帕特天文台, 后来在爱尔兰的阿玛天文台) 的出版物上报告工作的习惯. 他赞扬了 "几百年 …… 世界上所有天文研究机构 [之间] …… 天文学出版物交流的传统, "并且显然觉得这是一个他乐于遵循的光荣传统. 但是到 20 世纪, 大多数天体物理学家都在更易于获得的期刊上发表文章, 所以约皮克的大多数工作都被忽视或者太晚才被发现, 因而没有对演化中的思想产生明显的影响. 约皮克倾向于写冗长、全面的文章, 他注意到他的文章在《天体物理杂志》上发表所需的花费 "将绝对是令人望而却步的". 对于他和他所供职的研究所来说, 期刊版面费是无法承受的.

工作在阈值或阈值之下并不反映科学家贡献的质量, 也不影响工作的重要性. 当前的一项特别重要的研究是搜索地外文明 (SETI). 其专门研究团队很大程度上孤立于在有更确定产出的项目中工作的天文学家的巨大群体. 但如果 SETI 成功定位了宇宙中其他地方的智慧生命, 那么这项发现将在全球范围内引起震动, 天文学家将争先恐后地追寻这个发现!

天文学需要愿意解决困难问题的观测者和理论家, 无论他们的探索是否能很快带来繁荣!

交流极限

弗莱彻的第三个也是最后一个极限是交流极限, 记作 C. 除非能够保持令人满意的交流, 否则一个领域不会繁荣发展. 该领域可能分裂成几乎没有交流的更小的学科. 这在更大的成熟的物理学领域中已经是事实. 注意到图 14.2 中画的物理、数学和天文学中近乎独立仅通过单个链路连接的集团.

曾经, 美国物理学会出版了《物理评论》, 一本面对职业物理学家的期刊. 这本期刊现在分裂成了《物理评论 A》, 发表关于 "原子、分子和光学物理" 的文章; 《物理评论 B》, 专注于 "凝聚态物理学", 等等, 直到针对 "统计、非线性和软物质物理学"的《物理评论 E》. 这些期刊的领域很少交叉, 但为了不失去全面的监督, 美国物理学会出版了《物理评论快报》, 接收关于所有种类课题、可能会激发活跃在其他物理领域的同事兴趣的简短研究. 2011 年, 美国物理学会还增加了《物理评论 X》旨在作为 "一本只在线发表、完全开放的重要研究期刊, 涵盖所有的物理学及其在相关领域的应用. "

- 天文学和天体物理学现在正接近这样一个状态: 同样缺乏交流的情况不再允许该领域的大部分成员保持对自己领域之外的研究学科中的工作保持洞察力. 一本沿着《物理评论 X》路线但致力于天体物理学的新期刊有助于保持天文学的完整.

规避这些极限

正如弗莱彻指出的, 干扰和交流极限不是绝对的. 它们可以通过采取适当的措施来克服. 在天文学和天体物理学中, 避免干扰极限的趋势至少部分地表现为不断增加的力量整合. 你可以加入你的同事而不是和他们竞争, 加入往往比单干收获更多.

很多复杂的项目, 例如, 在太空中建造和运行天文台, 需要专家的大量合作, 不可能由小团体进行. 即使是纯理论的文章现在也有越来越多的共同作者了. 在早先几十年, 这些文章可能仅仅是由一个人写的, 或者是由一个学生和他或她的导师一起写的. 今天, 理论模拟所需的计算机程序可能是专用的或者可能太复杂, 一个团队中只有一个成员对其完全熟悉. 然而, 更多的合作者提供了更大的复杂工具的集合.

更多数量的文章共同作者产生了作者之间日益紧密的联系, 产生了共同发表、建立相互依赖、或许最终思维类似的巨大的天文学家群体 —— 思想集体演化的另一种方式.

***

尽管干扰极限可能因此被规避 (虽然有一定净收益), 但克服交流极限可能会更加困难. 有些东西需要保持天体物理学的完整性; 否则我们将错过宇宙如何演化的更宏大的特征.

交流障碍不是我们获取信息的速度. 通过在互联网上搜索, 容易找到任意数量不同作者的不同主题的工作. 天体物理学中很多近期文献以及一些主要天文期刊的全部内容 (有些可以追溯到一个多世纪创刊的时候) 很容易获取. 每天下载新的预印本 (它们中的很多在发表在期刊上的前一天上传) 也可以通过 arXiv astro-ph 网站获取.

获取信息的载体不是真正的问题. 我们所要求的计算机化的档案已经淹没了我们. 但我们或许必须找到更快地吸收信息的方法, 要么通过改进信息进入我们意识的技术, 要么通过更好地从大量信息中提取关键数据的方法. 关键数据深深嵌入这些信息, 很容易错过.

通常, 天体物理学家直到许多年以后才会完全认识到早先工作的含义. 过去一些年取得的进展很快就会被遗忘或被推定为过时的, 令人遗憾的是, 同样的工作被不必要地重复. 改进的用于定位和吸收大量已有信息的方法将更高效地推进这个领域.

幸运的是, 信息的快速提取和可视化是许多应用学科积极研究的关键领域, 从计算机游戏到金融市场的展示, 对不断变化的景观的快速理解可以造成成功与失败的差别. 许多群体需要克服交流极限, 天文学家群体绝对位列其中.

注意到刚才描述的增长极限如何反映了网络理论家的发现. 阈值极限对应着与图 9.8 和图 14.2 所示的巨大成分断开的那部分网络. 作为这个巨型集团一部分的群体成员仍然对未链接的出版物一无所知. 相互干扰的限制促使天文学家进行更大规模的合作, 至少部分原因是网络上出现了越来越多的联系, 随着人们选择合作而非竞争而产生一个巨型集团. 网络结点之间链路数量的增长可能预示着接近了干扰极限.

类似地, 随着学科分裂为集中于不同的问题并创建独立的专门期刊, 当网络开始变成密集链接的集团时, 集团之间有稀疏的链接, 交流极限也开始部分显现. 反映出版模式的网络因此提供了一种追踪天文学和天体物理学向何处发展的方法.

谁或者什么在运行宇宙?

图 11.2 和图 14.1 中所示的科学家和政府机构之间复杂的说服性互动以及图 9.8 和图 14.2 中描绘的不同科学家群体之间的相互作用的网络结构可能会使人们提问: "谁在负责天文学?" —— 不仅在一个国家如此, 国际上也是如此. 这显示了天文学的资助有多么复杂, 科学家、行政人员和政治领袖的动机需要多么紧密地联系在一起才能使任何重大项目取得成功.

在第 12 章中, 我们看到任何一种过于密集的网络都会带来不稳定的威胁, 部分是互相干扰的结果. 但它也预示着一种潜在的不健康的思想趋同. 如第 11 章所证明的那样, 在早期审议伟大天文台如何建造最好的过程中, 我们天体物理学家确信与空间站保持密切联系将是最好的前进方向 —— 尽管事后我们都意识到这将可能是个多么大的错误.

这正是安德鲁·皮克林 1984 年的工作中所指出的大型合作中出现的联系. 在天文界中, 这种联系可能会导致世界模式的相互接受 —— 最初是纯科学的, 但随着寻求和获得资助以获得进一步进展, 最终也会出现在政治层面上.

这就是导致皮克林关注 "科学能导致社会构建, 而不是逐渐接近更伟大的内在真理 (比如宇宙结构)" 这一点的原因. [9]

因此, 我们回到皮克林的论文, 问这样一个问题: "我们对宇宙的现代观点是否反映了宇宙的内禀性质, 如我们所普遍相信的, 还是我们对宇宙的描述是一种社会构建?"

简言之, 我们需要问 "谁或者什么在真正运行 —— 也就是说, 决定了宇宙的结构和演化?" 是自然界固有的力量么? 是一群有影响力的天文学家么? 有没有可能是通过分配的资金决定了研究方向的政府?

这些问题的答案只是部分明确的: 我认为我们可以排除那些寻求科学发现和传统信仰之间和谐的宗教团体. 举个例子, 创世论者可能有动机要影响科学观点, 但可能缺乏技术手段. 另一方面, 正如保罗 · 福曼在他 1971 年的专著《魏玛文化、因果关系和量子理论, 1918—1927: 德国物理学家和数学家对敌对的知识环境的适应》*Weimar Culture, Causality, and Quantum Theory*, 1918—1927: *Adaptation by German Physicists and Mathematicians to a Hostile Intellectual Environment*中所指出的, 文化力量似乎鼓励科学家强调他们科学发现的可被社会接受的那些方面. [10]

政府可能没有特别的动机去影响天体物理思想, 但是确实有技术手段这样做 —— 通过支持利用, 为政府或其他社会优先事项发展的技术的那些科学研究.

最后, 马克 · 纽曼的研究所揭示的网络中连接最强的天文学家不仅有动机, 也有机会和手段来塑造宇宙. [11] 他们的动机可能是真诚地希望天文学能够成为有前景的新方向. 这些有影响力的成员为所服务的委员会提供了机会和方法. 委员会邀请他们建议, 应该建设哪些新的天文台, 谁应该领导它们以及资金应该怎么在它们可能从事的研究项目之间分配.

但正如在法庭上一样, 动机、机会和手段只是间接证据. 问题是, "最有影响力的天文学家是否真的运行或塑造了宇宙?"

我的印象是, 在我们有可观的观测或实验证据积累的领域, 我们的天体物理学和宇宙学理论在很大程度上反映了物理现实. 然而, 在缺乏证据的情况下, 紧密联系的顶尖科学家群体可能实际上在构建宇宙.

***

天体物理理论是一个构建的程度, 只能通过在新观测或新的实验数据出现时检查它的历史来确定. 如果理论提出后的大部分发现需要这个理论补充新的假设, 它们自己得不到已有科学证据的支持 —— 尽管很可能是兼容的, 那么人们就应该怀疑这个理论是一个构建, 而不是对自然固有属性的反映.

我们可能希望这样一个构建最终会被一个更强有力的理论替代, 这个理论类似地和所有现有数据符合但是需要较少操作就和随着时间推移的新数据符合. 这样一来, 随着新证据出现, 构建可能被最终揭露, 构建要么被证明是错的, 要么由之前看来不必要的新的假设修正和支持. 尽管可能存活更长的时间, 但两种结果必取其一. 构建将被更好地反映宇宙真实性质的理论取代, 或者它的存在仅仅是因为对进一步实验和观测支持的搜寻已经变得无法承受!

遗憾的是, 天体物理检验正在变得越来越昂贵, 往往超出了社会的财力. 于是我们的任务是寻找一些方法来保持研究健康地发展, 或者尝试在更长的时间内用花费更少的更小步骤探索宇宙, 或者等待为医疗、安全、通信、环境、娱乐或其他目的发展的技术赶上来. 技术手段可能会出现, 为我们提供经济上负担得起的新工具, 使我们能够再次继续前行.

我们如何识别社会构建?

那么问题是, 我们能否列举出客观标准来阻止我们欺骗自己去接受一个社会构建来代替真实宇宙? 我相信我们可以, 但只有我们能检验这个构建所作的预言. 如果它给不出预言, 它就不可能有用, 应该抛弃. 更严重的是, 这个构建确实做出了预言, 但检验它们是不可承受的.

***

社会构建特别有可能出现在对宇宙起源的寻找中. 有几个因素表明了这一点.

我们知道宇宙在最初的 40 万年里的大部分时间对电磁波是不透明的. 它在最初几分钟对中微子也不透明. 高不透明度表明, 只有在中微子和辐射与剩下的原始混合物分别退耦时的热平衡迹象会从这些较早时期幸存下来. 热平衡是由温度和热涨落的统计集合来描述的; 这些量本身不能提供丰富的信息.

引力辐射可能在更早的时候与物质和辐射退耦. 今天的希望是, 引力辐射可以最终告诉我们更多关于宇宙演化最早时刻的信息. 但即使在那里, 除了这些波和其他所有形式的辐射都显著地相互作用达到热平衡之外, 我们可能也不能了解太多.

暗物质与辐射退耦的时期也是未知的, 但是如果在宇宙演化很晚的时候才发生, 我们或许也不能从对暗物质分布的研究中了解很多关于创生最早时刻的事.

微波背景辐射确实告诉了我们宇宙起源 40 万年后, 宇宙中的质量, 包括暗物质的分布. 我们在那里看到的也可以部分归因于时间起始时的条件, 当时温度可能极高, 涨落可能是混沌的. 我们现在推测, 这些涨落最终导致了星系团的形成. 我们可以通过模拟仔细研究这些可能性, 因为宇宙微波背景辐射成图信息非常丰富, 而且因为存在数以百万计的星系团, 我们可以观测检验我们理论的正确性. 但这些都不足以精确揭示在宇宙一皮秒 (10^{-12} 秒) 时发生了什么, 这对于粒子物理学家来说可能是重要的.

我们可能不得不逐步用越来越高的开支建造更复杂的仪器, 得到宇宙最早期越来越不直接的信息, 因为信息很可能在高密度和导致了平淡的热平衡态的紧密相互作用下已经被擦除了.

一个潜在的希望是, 即使最早的时期也可能产生了一系列重大转变, 每一个都伴随着某种今天仍然能到达我们这里的信息载体与物理环境的退耦. 原初核反应通过宇宙在几分钟时的冷却而停止, 从这个时期保留下来的氢、氦、氘核锂同位素的比例仍然提供了我们对早期宇宙的物理条件的最详细的见解. 很有可能的是, 追踪一系列其他实体 —— 引力辐射、中微子、暗物质的退耦温度都将被证明是富含信息的. 但我们毫不清楚宇宙是否会对我们那么慷慨, 通过我们是否能逐步回溯宇宙历史到它遥远过去的那些方式传达这些事件的完整见解.

最早期的粒子和辐射的能量远比我们在今天能够建造的最昂贵的加速器所能产生的高. 这将使得在我们的实验室中模拟早期普遍存在的物理条件变得困难. 或者必须建造更能够负担得起的加速器, 或者必须找到方法从极少数自然产生的能量高达 $10^{19} \sim 10^{20}$ eV (远高于今天任何加速器产生的能量) 的宇宙线粒子获取高能信息. 鉴于这些粒子数量非常少, 以及它们和宇宙仅仅被一种大统一作用力 (由 $10^{25} \sim 10^{28}$ eV 能量的粒子传递) 支配的时期的能量相比较低的能量, 这也可能会留下很多没有回答的问题.

我们也很少知道掌控宇宙中巨大距离间隔上事件的物理规律. 广义相对论可能是最终的规律, 但我们可能很难证实这一点, 特别是如果真空在过去 10^{10} 年可能经过了进一步的相变.

真正理解的标志是能正确预测越来越多数量和种类的实验和观测研究的结果. 现在, 我们遇到的很多惊奇仍然显示我们所知道的是多么得少. 它们丰富了我们的理解, 也显示了我们的知识是多么得不完整. 只有在最远见卓识的观测和实验室得到理论预言完全符合的结果时, 才有可能保证我们接近于完全理解了宇宙的复杂性, 我们的理论可能不仅仅是一个社会构建.

然而, 另一方面, 天文观测的命运可能接近复杂实验的命运. 在他的《实验如何终结》(How Experiments End) 一书中, 皮特·加里森恰如其分地说:

- 阅读一篇文章, 人们可能得出这样的结论, 具有逻辑内涵的实验装置会产生影响. 但潜藏于实验文章的信心背后的是一种依赖于一种微妙判断的工作 …… 只有实验者知道机器、材料、合作者、解释和判断 …… 的任意特定组合的真正优势和弱点. 实验室是关于对我们周围的世界说服性论点 (即使没有逻辑学家的确定性) 的集合. [12]

结果, 当所用的仪器产生了它们的设计所允许的那么多信息, 实验就结束了. 继续研究不会带来什么收益, 但肯定会增加开销.

同样的命运也支配着天文观测. 当观测被认为达到了顶峰, 各种压力可能会要求终止昂贵的地基设备或空间项目. 就像一个已经结束的高能实验, 这些观测随后被冻结在历史中.

对宇宙的无缝描绘
天体物理学的主要推动力是描绘宇宙从诞生到我们的时代 (作为一个在各个

时期通过使观测数据和理论完全符合的物理过程产生了星系、类星体、恒星和行星的无缝过程) 演化. 今天, 或许没有什么比当前寻找无数不同观测和它们的推论之间定量一致的宇宙学研究更有雄心去产生这样一个紧密编织的更清晰的网络.

这些方法中最全面的是试图确定微波背景辐射的温度、温度涨落和偏振在天空中如何变化以及如何相关于① 预期的时间起始时的质量-能量涨落; ② 今天观测到的星系成团和空洞的分布; ③ 与微波背景辐射相互作用的星系团发出的 X 射线辐射; ④ 哈勃常数的精确测量; ⑤ 最初通过高红移 Ia 型超新星观测发现的暗能量密度; ⑥ 这些暗能量的状态方程; ⑦ 宇宙最初几分钟产生的氢的原初丰度; ⑧ 不同种类中微子的数量和每一类中微子的质量和; ⑨ 银河系发出的前景辐射 (在确定之前的八个相关性的时候需要考虑), 以及进一步与本地的气体和尘埃分布、年轻恒星的形成以及其他银河系尺度的其他活动的关系. 所有这些编织成一个连贯的故事的课题是基于使用威尔金森微波各向异性探测器 (WMAP) 近十年的不间断观测, 以及在整个电磁波频段用地基望远镜以及从空间进行的大量独立观测. [13,14]

这些观测的高度相关使得我们当前的宇宙学特别倾向于不稳定, 并不是说相互关联是不可取的. 相反, 如果一个宇宙学理论未能揭示我们的宇宙是一个连贯的结构, 每个部分都通过物理学定律巧妙解释的连接与其他所有部分契合, 那么我们会感到困扰.

问题是, 如果构建之间的这些连接中的一个被发现缺失, 紧密构建的宇宙学就会瓦解. 天体物理学家可能会争先恐后地假设存在一些其他的链接以保证整个结构不崩溃; 但这可能只是一个构建、一个道具, 还将继续困扰认真负责的理论家.

今天, 尽管 WMAP 和其他空间和地基巡天揭示了很多令人满意的相关性, 但我们的知识中仍然存在巨大缺口. 具有类似暗物质或暗能量的替代组分支撑了宇宙学结构, 隐藏了我们掌握的物理学中的巨大空白.

自然可能符合也可能不符合我们建立的奇怪的知识结构, 它可能只是另外一个人类构建.

事实上, 当前的宇宙学中可能已经出现了一些裂缝, 尽管说它们是否有意义还为时尚早. 我提到它们只是因为我引用的这类检验通常提供了理论潜在缺陷的最初迹象.

到目前为止, WMAP 团队近十年的观测表明, 微波背景辐射的亮度分布和预测的无标度标量涨落谱 (爱德华·哈里森和雅科夫·泽尔多维奇在 20 世纪 70 年代提出这个谱, 1983 年林德的混沌暴胀模型也提出了这个谱) 符合得非常好. 这个符合在 $(96.8 \pm 1.2)\%$ 的水平上被证实. [15-17] 然而, 这个惊人的符合在 99.5% 的置信度上稍微偏离了最初的预测. WMAP 团队提出, 其他尚未被理解的因素一定在起作用. 然而同时, 也提出了许多其他类型的涨落, 特别是在原始真空中自发出现的涨落, 其中一些可能最终被发现能提供更好的拟合. [18]

WMAP 的另一个发现表明, 中微子种类的等效数量是 $N_{eff} = 4.34^{+0.86}_{-0.88}$, 尽管置信度较低, 只有 68%. 因为我们现在只发现了三种中微子, 这可能也是一个令人担忧的发现.

如果我们了解了更多之后这些问题仍然存在, 那么我们就必须找到理解它们的方法. 最终会出现一种新的宇宙学, 一种看待宇宙结构的新观点, 我们可能再次面临同样的问题. 新的宇宙学能准确描绘宇宙的实际运行么? 或者, 这也只是一个我们用来克服我们理解中的漏洞的方便的构建? 幸运的是, 微波背景辐射的研究还在继续, 并且得到了强大的普朗克太空望远镜的协助. 它是由欧洲空间局和美国宇航局在 2009 年 5 月发射的. 它的第一批结果正在逐渐成为人们关注的焦点.

狄拉克的一般性长期计划

我们需要重新思考宇宙学到底应该是什么.

一旦进行了我们可以想到的所有检验, 或者至少所有看起来可以负担的检验, 我们会有多确定我们已经最终揭示了的宇宙结构和历史, 而不是一些 (恰好通过了我们所能进行的所有测试, 但是除此之外和真实宇宙没有什么相似之处的) 方便的构建?

或许我们可以采用来决定这些问题的最合适的方法就是保罗·狄拉克 (图 14.3) 最初在 20 世纪 30 年代提出的方法.

图 14.3　提出将物理世界与相应数学形式匹配的方案时候的保罗·阿德里安·莫里斯·狄拉克. 他的方案可以扩展到涵盖自然和宇宙的一切 (鸣谢美国物理联合会(AIP)埃米利奥·塞格雷视觉档案库. 剑桥大学圣约翰学院授权)

1930 年, 狄拉克注意到, 相对论量子场论方程对于正能量和负能量的电子都成立. 他问, 为什么没有负能电子, 并提出它们可能确实存在, 但是"所有负能态都被占据, 除了一些速度较小的态."任何正能电子都会有非常小的机会跳入负能态, 从而表现出实验室中观察到的电子的行为. [19]

狄拉克把负能电子的空穴解释为正能量的带正电的粒子. 当一个空穴和一个电子结合, 它们的电荷就会抵消, 能量和动量会被辐射带走.

狄拉克面对和意识到的唯一问题是, 如果他认为空穴代表质子, 那么他的理论就不太对. 质子质量和电子质量不匹配, 他认为相对论性计算可能"导致最终对质子和电子的不同质量给出解释."

作为科学历史学家的赫尔奇·克拉夫半个世纪后回顾道, 狄拉克 1930 年的结论很快就被赫尔曼·外尔、伊戈尔·塔姆、J. 罗伯特·奥本海默和狄拉克自己在独立的文章中反驳. 到第二年, 1931 年, 他们已经证明了, 带正电的粒子应该具有和电子相同的质量, 即使不考虑别的原因, 电子和质子的碰撞也会很容易湮灭, 与观察到的物质的稳定性不符. [20] 狄拉克现在预测, 不仅电子, 质子也应该有负能态. 他把负能态带负电的质子称为"反质子". [21]

狄拉克的第二篇文章发表后几个月, 加州理工学院一名从事宇宙线实验的 27 岁博士后的卡尔·大卫·安德森在他的云室照片中发现的粒子径迹"表明是一个质量和带电量和电子相当的带正电的粒子."[22] 在后来的一篇文章中, 安德森称这些粒子为正电子. [23]

这是第一种被发现的反粒子, 改变了物理学的进程! ①[24]

在他 1931 年的文章中, 狄拉克还讨论了第二组对称性参数来预测自然中应该存在的带磁荷的粒子. 和带电荷的电子类似, 这些粒子会携带磁荷 $\mu = \hbar c/(2e)$. [25] 尽管这些粒子从未被探测到, 但它们被称为磁单极子. ②

狄拉克提出的研究策略的要点是他洞察到 [26]

- 现代物理学的发展要求数学不断改变其基础, 变得更抽象. 一度被认为是纯抽象虚构的非欧几何和非对易代数 …… 现在已经被发现对于 …… 物理世界的描述非常必要. 现在可以提出的最有力的研究方法是使用所有这些纯数学资源尝试完善和推广构成了已有理论物理基础的数学公式, 在这个方向的每个成功之后尝试用物理实体解释新的数学特征.

粗略地说, 狄拉克建议的研究计划是将成功的理论物理形式扩展到不仅研究可能显示出正能态或已知粒子的电荷, 也可以研究奇异的负能态粒子或运动速度超过光速的快子 (tachyon), 或者带有可预测的磁荷的粒子. 这样一个计划可以指导实验家和观测者, 将他们的注意力集中在有潜在突破可能性的研究领域中.

---

① 反质子直到 1959 年才被发现.

② 第 10 章中讨论的磁单极子是比狄拉克设想的质量更大的变种.

或许巧合的是, 克拉夫回忆狄拉克的建议的文章正好写于阿兰·古斯在研究他的宇宙暴胀模型中的磁单极子的命运的时候. 现在回头看, 狄拉克半个世纪前提出的研究计划可能塑造了一种严肃看待磁单极子可能存在的宇宙学 —— 并且引入的暴胀避免了可能观察到过剩的磁单极子.

***

狄拉克的 "探索性理论可以强调基于新的对称性和拓扑结构的数学表示或者增加抽象维度" 这个洞见有很强的吸引力. 这个方向上的努力可能在这其中发挥了重要作用: 验证一个给定的理论框架是否足以定义宇宙的结构, 或者基于更多对称性或更复杂的拓扑结构的更一般框架是否更有效: 有很好理解的理论结构可能只是更全面的、和已有实验和观测一致的理论的子集, 但潜在地也可以解释导致进一步发现的新发现.

理论物理学家已经在过去几十年在探索弦和膜理论的过程中进行了这种努力, 这些理论可能最终提供一个将自然中所有力结合起来 (从而包括一些宇宙学基本要素) 的理论. [27,28]

在狄拉克的思想里, 理论物理方程的任何潜在未探索的结果都可能有自然中的一个实际对应. 我们在第 10 章碰到过的赫尔奇·克拉夫 1981 年的研究考察了这一广泛的研究计划和它对物理学家群体的影响, 在 20 世纪最后几十年发展出一种态度, 任何没有被物理学定律禁止的东西都应该在自然中存在. [29] 沿这些思路的想法可以追溯到亚里士多德, 通常表达为丰饶原则.

应用于天体物理学, 狄拉克提议通过将其扩展到涵盖宇宙学的范式来超越物理学家对正确描绘高能粒子物理的数学形式的搜寻. 这样一个计划不仅要求系统地搜寻新模式揭示比之前认识更丰富的宇宙, 还要求发现不经意间潜入宇宙学思想并阻止我们感知宇宙真实特征的错误构建.

***

最终我们可能发现自己被说服了, 我们的搜寻不得不结束. 可能有两个潜在的结果.

第一个可能是, 我们最终会找到一种可接受的科学解释, 但我们无法进一步检验它 —— 要么因为我们不知道怎么进行检验, 要么因为想到的检验会无法承受. 有可能普遍的科学解释是一种社会构建. 我们无法承认也无法否认.

第二个可能是, 观测和实验将最终产生一系列相互一致的发现, 我们可以在广泛的物理条件下交叉检验, 发现宇宙的运行遵循简单的数学模式. 这并不能告诉我们为什么这些特定的模式而不是其他模式最终被自然青睐, 但对于长达几个世纪的搜寻来说, 这会是一个令人印象深刻的结论. 很多人可能被说服, 我们已经取得了所有可能的进展, 但有可能一些人还会坚持探索以了解更多. 如果他们成功了, 一个产生更深刻见解的新时代仍然会出现.

注释和参考文献

[1] *Science—The Endless Frontier*, Vannevar Bush, reprinted by the National Science Foundation on its 40th Anniversary 1950-1990, National Science Foundation, 1990.

[2] Transcript of Remarks on U.S. Space Policy, President George W. Bush, NASA release, Washington, DC, January 14, 2004.

[3] *The Limits of Settlement Growth: A Theoretical Outline*, Roland Fletcher. Cambridge University Press, 1995.

[4] The Densities of Visual Binary Stars, E. Öpik, *Astrophysical Journal*, 44, 292-302, 1916.

[5] An Estimate of the Distance of the Andromeda Nebula, E. Öpik, *Astrophysical Journal*, 55, 406-10, 1922.

[6] Stellar Structure, Source of Energy, and Evolution, Ernst Öpik, *Publications de L'Obervatoire Astronomique de L'Université de Tartu, xxx*, No. 3, 1-115, 1938.

[7] Stellar Models with Variable Composition. II. Sequences of Models with Energy Generation Proportional to the Fifteenth Power of Temperature, E. J. Öpik, *Proceedings of the Royal Irish Academy*, 54, Section A, 49-77, 1951.

[8] About Dogma in Science and other Recollections of an Astronomer, E. J. Öpik, *Annual Reviews of Astronomy and Astrophysics*, 15, 1-17, 1977.

[9] *Constructing Quarks-A Sociological History of Particle Physics*, Andrew Pickering. University of Chicago Press, 1984.

[10] Weimar Culture, Causality, and Quantum Theory, 1918-1927: Adaptation by German Physicists and Mathematicians to a Hostile Intellectual Environment, Paul Forman, *Historical Studies in the Physical Sciences*, 3, 1-115, 1971.

[11] The structure of scientific collaboration networks, M. E. J. Newman, *Proceedings of the National Academy of Sciences of the USA*, 98, 404-09, 2001.

[12] *How Experiments End*, Peter Galison, University of Chicago Press, 1987, pp. 244 and 277.

[13] First-Year Wilkinson Microwave Anisotropy Probe (WMAP) Observations: Determination of Cosmological Parameters, D. N. Spergel, et al., *Astrophysical Journal Supplement Series*, 148, 175-94, 2003.

[14] Seven-Year Wilkinson Microwave Anisotropy Probe (WMAP) Observations: Cosmological Interpretation, E. Komatsu, et al., *Astrophysical Journal Supplement Series*, 192, 18, 2011.

[15] Fluctuations at the Threshold of Classical Cosmology, E. R. Harrison, *Physical Review D*, 1, 2726-30, 1970.

[16] A Hypothesis, Unifying the Structure and the Entropy of the Universe, Ya. B. Zel'dovich. *Monthly Notices of the Royal Astronomical Society*, 1P-3P, 1972.

[17] Chaotic Inflation, A. D. Linde, *Physics Letters B*, 129, 177-81, 1983.

[18] Ibid., Seven-Year Wilkinson, Komatsu, et al., 2011.

[19] A Theory of Electrons and Protons, P. A. M. Dirac, *Proceedings of the Royal Society of London A*, 126, 360-65, 1930.

[20] The Concept of the Monopole. A Historical and Analytical Case-Study, Helge Kragh, *Historical Studies in the Physical Sciences*, 12, 141-72, 1981.

[21] Quantised Singularities in the Electromagnetic Field, P. A. M. Dirac, *Proceedings of the Royal Society of London A*, 133, 60-72, 1931.

[22] The Apparent Existence of Easily Deflectable Positives, Carl D. Anderson, *Science*, 76, 238-39, 1932.

[23] The Positive Electron, Carl D. Anderson, Physical Review, 43, 491-94, 1933.

[24] Antiproton-Nucleon Annihilation Process. II, Owen Chamberlain, et al., *Physical Review*, 113, 1615-34, 1959.

[25] Ibid., Quantized Singularities, Dirac, p. 68.

[26] Ibid., Quantized Singularities, Dirac, p. 60.

[27] Large Extra Dimensions: A New Arena for Particle Physics, N. Arkani-Hamed, S. Dimopoulos & G. Dvali, *Physics Letters B*, 429, 263-72, 1998.

[28] An Alternative to Compactification, L. Randall & R. Sundrum, *Physical Review Letters*, 83, 4690-93, 1999.

[29] Ibid., The Concept of the Monopole, Kragh, 1981.

第15章　语言和天体物理的稳定性

尽管大多数天文学家特别重视他们现在正在研究的问题, 但除非学界能在有明确推动力的连贯研究计划上达成一致, 否则我们对宇宙的认识不会取得令人满意的进展. 计划不能太僵化, 否则初期预料不到的因素可能导致新见解受到阻挠. 在我们了解更多并且意识到需要进行深思熟虑的路线修正时, 也不应该反对改变方向.

这些判据似乎相互矛盾, 所以看待它们的时候需要当心. 在第 2 章中我们看到不同的科学家如何通过不同的手段处理一个特定问题, 主要受到他们用于发展技能和信心的工具的引导. 面对新的问题, 他们在寻求不断增加的见解的过程中寻求不同的工具. 但在学界能说服自己, 以及特定工具集的使用确实能产生重大进展之前, 值得信赖的专家可能首先需要解释各自的工具如何工作以及它们得到的结果. 本章展示如何最有效地进行这种相互说服.

如何让百万英里以外太空中的空间飞行器复活

介绍复活空间飞行器, 是因为这强调了语言在塑造科学家和工程师在出故障时维修一个复杂系统的方式中首要的重要性. 天体物理学界可能受益于采用类似的形式来消除阻碍该领域发展的错误, 为天体物理学研究和归档天文学数据制定长期公共计划, 这可能有利于子孙后代.

＊＊＊

尽管大多数科学家不知道, 一个复杂的空间任务即使不是每天, 每周也往往在主要或次要的方面失效. 保持任务能继续的数十万个分立部件的无数相互作用太复杂了, 无法完全预料奇异的失效模式.

这使得任何复杂的空间望远镜都是不稳定的, 很可能失效. 以数十千米每秒穿过太阳系的尘埃颗粒的碰撞可能损坏搭载的仪器. 来自太阳爆发的高能核粒子可能使航天器的电子系统失效.

因为可能碰到挫折, 重大太空项目会保留专家来保证项目可靠地运行. 如果航天器的一个功能发生故障, 那么不需要此功能的基本项目会继续进行. 同时, 专家会确定出了什么问题, 如果是可修复的, 如何能修复它, 一种替代的运行模式如何能使系统完全恢复健康.

这一切都是为了修复距离地球一百万英里的航天器!

＊＊＊

首先要诊断出了什么问题. 检测到的故障可能是几十个原因造成的. 必须进行

测试来识别故障根源. 故障是机械的还是电气的? 是否可能是通过向机载计算机发送新的指令而修复的软件故障?

首先, 组建一个专家小组. 航天器的复杂性要求在选择每个成员和计划团队如何工作方面格外小心. 尽管每个专家都必须非常熟悉一个特定航天器家族的部件如何工作, 但小组成员也必须能够互相理解 —— 共享一种基于能识别航天器部件、功能、操作方式和弱点的单词的语言.

词汇至关重要! 每个航天器组件, 航天器的每个功能都有一个名字, 缩写词通常是缩写成缩略的复杂名称. 缩写词典给出了开始智能表达和解决一个问题所必须掌握的最小词汇表. 词汇表的大小反映了航天器的复杂性. 对于专家来说, 这种私有语言用错综复杂的含义描绘了航天器运行.

有意义的信息交换的最低要求是每一位专家都不仅流利掌握他或她自己领域的词汇, 而且同样能顺利地理解至少两位其他小组成员所表达的思想, 每位专家掌握不同的航天器功能. 这种流利程度难以掌握, 但对于组成一个能解决前所未有的问题的专家小组来说至关重要.

***

每个空间项目都创造了自己的语言. 在 20 世纪 90 年代, 欧洲空间局发射了红外空间天文台 (ISO), 一个十亿美元的天文项目. 到 ISO 在太空中运行了两年, 生命即将结束时, 其专用语言最终含有一个大约 1500 个缩写词的列表.

正如日常自然语言中的词汇一样, 也会出现多义的缩写词. 它们的意义只有在上下文中才能理解. 即使是缩写 ISO 现在也不只表示 "红外空间天文台" 了, 还表示 "国际标准组织". 类似地, PSS 的意思可以是 "锥体支撑结构" "便携软件模拟器" "电源和存储子系统" 或 "电源子系统". 新的词汇包括名词 (航天器零件、地基支持设备、相关组织)、动词 (航天器活动和指令) 和形容词或副词 (名词或动词变体), 正在达到传统英语的复杂性和模棱两可的程度.

在任务结束后几十年, 它的专用语言已经基本不存在了. 它的一些词汇已经被后续任务采用, 尽管有新的问题和歧义. 从现在开始半个世纪, 理解 ISO 如何运行的语言将难以复活. 专家们将会离开, 他们创造的用于建造和运行这个航天器并成功完成任务的语言将不再使用.

用于建造航天器及其仪器的尖端技术将被其他完全不同的技术所取代, 甚至可能在技术博物馆中已经处于非正常运转状态. 如果对望远镜及其仪器得到的信号的含义有怀疑, 我们将不知道这些信号是传达了当时没有充分重视的重要天文信息还是它们只是已知的仪器性能问题.

问题的解决

构成 ISO 缩写词列表的 1500 个词只是一个开始. 航天器专家处理的概念比缩

写词的词汇丰富得多. 一位专家处理的每一件设备都可能有很多部件, 通常由制造商的零件号区分; 每一行计算机代码都有其指定的行号.

缩写词只分配给对话中需要识别的设备和概念. 零件编号尽管在对问题进行调查时有关键的重要性, 但通常不分配缩写词. 计算机代码可能只对于编写它们的人有意义, 即使其他人可以试图遵循它们的逻辑. 缩写词词汇表和词典只是构成了足以交换思想的语言的基础. 就像英语和其他自然语言一样, 高度专业化的名称并没有进入词典和缩写词列表.

现在让我们看看一个专家小组是怎么解决实际问题的. 为强调所涉及的原则, 我所描述的方案是故意简化的.

我们可以想象这个团队围坐在一张大圆桌前, 如图 15.1. 项目负责人询问组员以确定昨天在航天器在世界时 12:33:07 到 15:46:18 之间未能将数据传回地球时发生了什么.

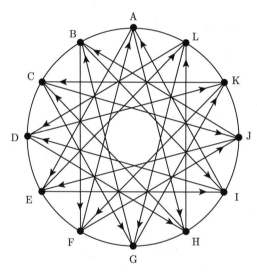

图 15.1　12 位专家之间的等效圆桌会议. 每个参与者都是一个领域的专家, 并且熟悉其他两个领域, 每位专家都有四个到其他专家的链接 —— 两个进两个出. 调查及其回应可以通过五步传达给任何其他成员, 并且可以通过不同的通常更长的传输路径证实. 注意到, 每个箭头, 每个通信链路仅指向一个方向

专家 A 通过询问 "这是否可能是由于某个步骤" 来开始调查. 但不清楚哪个小组成员能回答这个问题. 专家 E 理解 A 提出的问题并且相信专家 D 可能可以回答. 然而 D 不确定专家 E 问的是什么. 于是 E 向专家 I 解释这个问题, 专家 I 随后用 D 掌握的词汇重新描述了这个问题. 谈话的方向总是从一个希望传达一个问题的专家到理解它的措辞的人. 在图 15.1 中, 这是从 A 到 E 到 I 然后到 D 的箭头

表示的.

考虑了这个问题以后, D 现在想回答 A, 但这只能通过链路上的专家 K 和 F 帮助解释才行, 他们掌握了以完全可以理解的方式传递信息所必须的词汇. 其他小组成员如果也要领会 D 的回应, A 可以进一步向 E 和 H 解释, 他们可以通过不同的中间人告知所有其他成员. 每个问题和每个回应都可以通过最多五步 (也就是通过最多四个中间人) 传递给所有其他成员.

每个接收人可以通过最多六步, 经过至少两条完全不同的路径接收到一份初始信息. 所有人都能比较这两个版本以确定它们是否一致. 如果它们不一致, 接收人可以要求进一步澄清直到沿两条路径达到的信息一致. 消息也通过最多连续的五步回到发出人 A, 涉及三条部分重叠的路径.

如果这个传输过程中的每一个结点 —— 每一个中间人在传递信息时平均引入了比如说 1% 的误差, 那么接收到的两条信息应该每个含有 5%~6% 的误差, 对应于传递两条信息所需的五到六个步骤. 此外, 原始信息的发起人, 专家 A 将能说出两条返回的信息对应于或者回答了最初传递的问题的程度. 如果发现它们有欠缺, 可以用更明确的措辞来澄清潜在的误解.

这似乎是实际进行小组讨论的不必要的笨拙风格; 但它包含了本质上在每个成员完全理解其他成员试图传达什么之前小组成员之间更为混乱的交流. 它通过最小数量的交叉检验来防止潜在的最可能的误解.

解决一个复杂的技术问题需要小组中的每个人充分理解这个问题以便有助于其解决. 任何不能进行详细讨论的人都不应该进入小组.

这个组合的圆桌需要强调的一个特点是每个成员可以至少最小限度地验证所传输的信息是无误的. 这是通过将每条消息经过两条或多条经过所有成员的路径传递回所有成员来实现的. 验证确保每个成员充分理解所有其他人, 即使传递的信息在桌子上传输的每个结点都被转译了.

图 15.2 展示了一个如果需要能勉强工作, 但成功的前景非常有限的小组的简单模型. 看起来更简单的座位安排说明了将小组成员和不同技能区域相匹配时所需要避免的陷阱. 在所示的配置中, 每个小组成员都是一个领域中的专家, 但是如以前一样, 只熟悉一个其他领域.

小组成员有限的语言技能能导致可行的安排的唯一方式是对于所示的座位安排, 任何对话一致地沿逆时针方向, 其中每个成员都只能充分理解他左边的成员.

当每个小组成员除了他或她自己的专业词汇, 只理解一个其他专家的词汇, 每个问题和每个回复都必须经过十二个连续步骤才能最终返回一个合适的回答给提问的人. 如果我们还是假设平均每个传输步骤引入 1% 的误差, 那么返回提问者的信息就会有大约 12% 的误差. 消息的发起人可以比较返回的信息和发出的问题, 看信息的传输是否令人满意. 桌上的其他小组成员都没有一种独立的方法检验他们接收到的消息是否包含错误, 除非信息绕圆桌进行第二次传递 (有可能造成额外的误差).

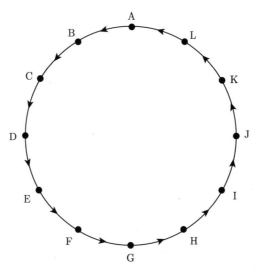

图 15.2　专家之间受到阻碍的圆桌讨论. 在这个圆桌讨论中, 每个小组成员, 从 A 到 L 都仅仅是一个领域中的专家, 并且彼此熟悉. 两个链接将每位专家连接到其他人, 一个来的链接表示一个语言熟悉的专家的询问, 一个去的链接表示小组成员自己的专业领域给出的回应. 如文中讨论的, 这种传输方案可以工作, 比图 15.1 中所示的排列明显更少

当每个小组成员只理解一个其他专家的词汇时, 整个小组完全理解一个问题的预期就大大降低了. 这就是为什么每个小组成员都需要熟悉至少两个其他专业领域, 如图 15.1 所示.

现在我们可以比较图 15.1 的圆桌和互联网上的虚拟圆桌的运行, 后者解决了第 12 章中描述的超光速中微子问题. 在那里, 我们看到了一个未知来源的复杂科学问题如何能在危机时被专家 —— 理论家、工程师、实验家、数学家甚至哲学家共同解决.

解决了中微子问题的互联网上的虚拟圆桌由比图 15.1 的十二位更多的专家组成. 但它导致了同样的基本结果, 即这个问题的所有方面都已经全面经过常规过程的检验, 并且至少所有关键参与者都充分理解了出现的问题以及如何解决它.

***

这是处理本章开头提出的任务 (保持语言的清晰性以便在面对可以阻碍日常进展、扭曲长期公共计划的制定或阻碍老化的归档数据的解释的那些偶然错误或误解的信息时, 稳步推进天体物理学发展) 所需要的漫长而必要的转变.

我提出的正式程序说明了: 今天, 困难的科学问题如何能通过优秀的人交换思想而共同解决. 正如航天器专家解决遥远太空中仪器的问题, 同样的方法也可以解决困难的天体物理理论问题. 科学家小组不仅在自己的学科中是专家, 而且精通两个或多个其他学科的词汇, 能容易地彼此沟通, 在纳入所有学界所接受的物理学或天体物理学核心领域之前整理和评价新的发现.

清晰的语言通过它提供的交叉检验使学界免受错误的影响. 当一个学科中的新发现被另一个学科完全理解并且似乎违反了它的发现, 圆桌讨论可以产生怀疑并减少矛盾的信息进一步传播, 直到矛盾得到解决. 调查欧洲核子研究中心产生的中微子速度的虚拟圆桌会议可以指出矛盾的天体物理证据. 来自 1987 年大麦哲伦云中的超新星爆发、到达地球的中微子肯定没有像所宣称的欧洲核子研究中心中微子那样超光速. 新的测量至少需要考虑到这一点.

在很大程度上, 小组中的科学专家就相当于弗莱克的思想集体. 他们的判断, 就像航天器专家的判断一样, 接受之前需要仔细审查. 航天器专家是否正确理解了一个问题总是首先用能否完全复苏航天器来检验. 如果成功了, 专家就很可能已经解决了问题 —— 除非它很快复发. 类似地, 为了确保一组天体物理学家的发现确实是正确的, 他们的结论在被广泛接受之前也必须进行检验.

理解与控制

将新发现交给知识渊博的专家小组, 然后通过实验检验他们的分析, 这个过程是避免第 12 章最后一节所讨论的错误的另一种方法. 除了通过隔离不同学科, 第二种避免错误从一个学科传递到另一个学科的方法是传统实验检验提供的.

实验科学的原则是, 完全理解一个过程需要能重复它, 以可预测的方式改变它并且定量解释产生的行为. 理解就是控制.

我们需要问的问题是, "如果一个学科网络受到有害冲击, 有没有可能控制其结果? 我们今天所追求的天体物理学所固有的不稳定性是否能进行管理, 使得学科间只发生有意义的交流? 有没有更有效的方法来组织天体物理学界的网络以更好地控制它们的交流?"

这些问题可以由这些人的工作回答: 法国出生的麻省理工学院机器人、非线性控制和学习系统研究人员雅克·斯洛坦; 马萨诸塞州波士顿的美国东北大学的罗马尼亚出生的匈牙利裔网络科学专家阿尔伯特·拉兹洛·巴拉巴斯; 和中国出生的美国东北大学博士后研究人员刘洋彧. 他们的研究 "复杂网络的可控性" 试图理解复杂网络如何能够被有效控制. [1] 他们的开创性论文是研究任意类型 —— 机械的、电子的、生物的或社会的复杂网络控制的深刻尝试, 文章第一句话讲述了基本信条, "如果合适地选择输入, 一个动力学系统是可控的, 它可以在有限时间内从任何初始状态被驱使到所期望的最终状态. "

可能还要加上 "以有限的成本"!

到目前为止试图控制复杂网络碰到了两个主要困难. 第一个是识别网络的构架来确定哪些组件相互作用; 第二个是辨别确定相互作用序列的动态规律. 这些详细的考虑仍然存在. 然而, 所有网络所共有的一些优越特性可以简化对有限控制的搜寻, 刘洋彧、斯洛坦和巴拉巴斯 ——LSB 的工作至少揭示了其中一些.

LSB 考虑的网络都是有方向的. 它们包含结点、通信中心, 信息从这些通信中心沿着结点之间的边或链接传递到其他结点, 如图 12.1 所示. 边把信息从一个驱动结点传递到需要控制的一个下级结点. 然而, 在 LSB 的网络中, 信息禁止沿一条边双向传递, 意味着图 12.1 中连接任意两个结点的箭头都应该仅指向一个方向, 如图 15.1 和图 15.3 中那样, 否则控制失效. 然而, 受影响的结点仍然潜在地可以把信息沿其他边经过几个中间结点传递回驱动结点, 也如图 15.1 和图 15.3 所示.

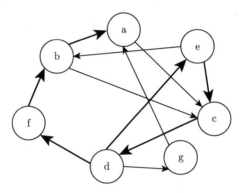

图 15.3　通过不同耦合强度或权重 w 的链路连接的 7 结点网络. 但在这里, 与图 12.1 不同, 每条链路或边仅沿一个方向传递信息. 这样的网络可以更可靠地控制. 学科间较强的链接用颜色较深的箭头表示. 注意到结点 d、e、f 和 g 每一个都是由单一的驱动结点控制的. 结点 a 和 b 都是由两个驱动结点控制的, 而 c 由 4 个结点驱动, 使得它更难控制

一个如图 15.3 中由 N 个结点组成的网络的状态可以通过枚举每个结点在某个特定时刻 $t = T$ 的状态 $[x_1(t), x_2(t), \cdots, x_N(t)]_T$ 来描述. 举个例子, 这个状态可能代表时刻 T 通过每个结点的信息量.

网络的演化可以用两个因素描述. 第一个因素是结构性的, 仅仅依赖于网络的体系结构和初始状态. 第二个因素是外部控制器对结点的一些状态的依赖时间的控制.

可以想象的最简单的这类网络之一是弹球机. 一个玩家施加最小控制, 如果他只能以期望的初始动量发射钢球, 与弹球机没有进一步互动. 机器内部结构和球发射时的动量决定的初始状态控制了球的轨迹与球和机器经历的状态序列. 显然, 一个在发射后能对球的轨迹施加更多控制的玩家有更多机会获得较高的弹球分数.

根据网络的体系结构, 总体控制可以通过在仅仅几个选定的结点进行干预来实现, 或者可能要求控制大多数结点. 完全控制一个网络所需的最少驱动结点数由非共享路径的总数决定. 这意味着, 如果每个驱动结点只驱动另外一个结点, 它只控制链中的第一个结点可能就足够了. 这种系统可以被认为相当于弹球机, 玩家可以单独控制球的发射动量. 如果一个驱动结点驱动两个其他结点, 那么控制不仅要施加在驱动结点上, 还要施加在至少一个它控制的结点上 (图 15.4).

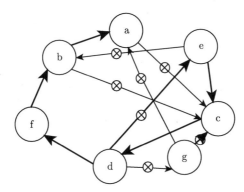

图 15.4　图 15.3 中网络的控制要求每个结点都只有一个上级控制结点. 如果有几条输入的边, 除了一条之外这些边都必须是单独控制的, 除一条之外, 所有输出的边也是如此. 符号 ⊗表示外部控制的输入. 注意到驱动结点 e 可以控制结点 c、d、f、b 和 a, 所提供的控制如图所示可以放在很多其他边上. 但这种控制的安排可能不是最好的策略, 因为它使得结点 c、d 和f 非常关键, 意味着一个结点损坏会使其他结点失效

　　第二个关键因素是度(边的数量, 向每个结点输入和输出信息)k 的分布. k 是对加德纳和阿什比在他们的图 12.3 中考虑的连接度 C 的一个度量. [2] 信息在 LSB网络的边中流动的方向可以改变, 但在确定可实现的控制上似乎相对不太重要, 只要度分布, 网络结点上输入和输出边数量 k_{in} 和 k_{out} 的概率分布 $P(k_{in}, k_{out})$ 保持不变.

　　一个重要的问题是在链路失效的情况下会发生什么, 这是大型网络的常见问题. 某些链路在这样的意义下是关键的, 如果这些链路失效, 就需要额外的驱动控制. 其他链路可能是冗余的, 可以去掉而不影响驱动结点的数量或分布. 其他的是普通的, 它们既不关键也不冗余; 它们发挥功能, 但没有它们网络也能受控. 在图 15.2的安排中, 按照刘洋彧、斯洛坦和巴拉巴斯的术语, 小组的每个成员都是关键的, 缺失一个小组成员都会导致整个小组的功能障碍. [3] 图 15.1 的布局表明每个小组成员都是冗余的. 这种布局相应地更健壮.

　　将图 15.1 考虑为一个圆桌, 我们可以注意到, 讨论所沿的路径至少包含了对完全控制的一个要求, 刘洋彧、斯洛坦和巴拉巴斯强调了这一点. [4] 结点 —— 小组成员之间的每个链接只沿一个方向传递信息, 尽管还有一个较长的返回初始结点的路径作为对传输可靠性的交叉检验.

如图 15.2, 对于小的连接度 $\langle k \rangle$, 所有链路对于控制往往都是必不可少的, 所以关键链路的比例接近于 1. 尽管人们可能认为冗余链路的比例总是会随着连接度 $\langle k \rangle$ 的增加而增加, 但并非如此. 这是因为, 随着连接度增加, 可能出现巨型组件, 如图 9.8 所示. 一个链路变得对于完全控制不必要的可能性降低了.

如 LSB 指出的: [5]

- 要完全控制一个网络, 就必须 …… 确保每一个 …… 结点有自己的"上级". 如果一个结点没有"上级", 即没有指向它的结点, 那么显然它是不可及的, 我们就失去了对它的控制. 如果两个或更多结点共享一个"上级" …… 那么我们就不能完全控制这个系统 …… 如果我们只控制了中枢, 那么这个系统是不可控制的, 因为我们不能独立控制 …… 两个下级结点, 如果它们有一个共同的上级.

从这些话可以理解为什么中枢一般不能作为控制结点. 然而, 中枢对网络演化施加了重要影响, 仅仅是因为它们连接和影响了很多下级结点, 尽管是以令人惊愕的不加选择的方式 (如果目标是驱动整个网络迅速地从初始状态变到任何所需的最终状态).

LSB 解析地得到了一些结果以及通过对三十多个真实世界网络 (包括从酵母到企业界的调控网络、食物网、电网、电子或神经元电路、科学引用、互联网、电子邮件往来和组织间的制造业结构) 的研究得到的其他结论.

或许令人惊讶的是, 他们发现基因调控网络显示高比例的驱动结点, $n_D \sim 0.8$, 意味着大约 80% 的结点必须独立地被控制才能完全控制网络的行为. 这大概说明了生物物种的稳定性. 当这么多不同结点控制生物体的功能时, 就很难产生重大改变. 突变的发生是少数, 只有证明在竞争中有优势, 它们才会进入主流.

相比之下, LSB 研究的一些社会网络由最小部分 n_D 的驱动结点表征, 表明少数个体原则上可以控制整个系统. 这对于天体物理网络可能是对的, 已经由我在第 13 章中提到的说服同事的模式进行了展示, 在那里我注意到少数非常有影响力的天体物理学家可以极大地影响公共决策.

LSB 的最后一个发现是可怕的. 如果这些被认为是权威的少数人就是错了, 即便是善意的, 会怎么样? 这给出了暂停的理由. 从创新的视角看, 一个个体可以相对容易地带来新方法会比较好. 但是, 如我们在很多进展中看到的, 天体物理中的创新者通常是年轻而缺乏影响力的. 最有影响力的天体物理学家通常不再是最具有创新能力的. 这些是作为中枢的个体. 严格按照 LSB 要求的标准, 他们可能不能控制系统, 但他们在网络中的中心度使得他们能够通过他们所影响的紧密连接的同事的集团强烈影响网络的演化.

天体物理学中的另一个担忧可能是天体物理学科网络中的结点似乎主要是双

向连接的而不是单向边 —— 更像图 12.1 而不是图 15.3. 目前, 天体物理信息在学科之间双向流动. 这使得网络的控制要困难得多, 并且以目前这种形式或许是不可能的. 如果维持当前的网络结构, 对网络的冲击可能是无法阻止的. 可能需要找到更容易控制的学科之间分享信息的方式以确保天体物理学更高的稳定性.

确保这一点的一种方法需要建立学科之间更可行的链接排序, 其中最初得到一个新发现的学科将这个发现告知一组代表潜在受到影响的学科的专家. 这些专家组成一个如图 15.1 所示的圆桌, 他们首先筛选新提供的信息以发现和纠正任何误解或潜在错误. 只有在小组发布了进一步用于传输的澄清后的信息之后, 它才能传递给相关学科. 如果所提供的信息仍然不明确或可疑, 有疑问的学科可以从链路上游更接近原始信息源头的信息源寻求进一步澄清.

这样的方案与 LSB 的发现最为一致, 即仅当每个结点, 接收信息的学科仅由一个驱动提供信息时可以建立显著的控制 —— 这里是对传输的数据的质量和清晰性的控制. 在这里, 驱动可以是最容易掌握信息来源学科和信息进一步传向的学科中词汇的专家小组.

天文学学科的网络只是当今共享信息的众多社会网络之一. 幸运的是, 网络理论的研究仍然在继续. 这有助于逐步找到更好的方式组织天体物理学界内部的信息交流以确保其更高的稳定性.

LSB 的发现也部分地符合传统的出版方式, 重新插入单向边, 从作者到期刊审稿人再到期刊读者群体. 这里, 控制结点位于期刊编辑办公室中. 通过预印本发布绕过这个系统可以更快地传递信息, 但所传递的信息可能不太可靠并且可能引起无意的混淆和损害.

我们需要的是一种改进的传播和分享信息的方法, 从与现在期刊类似的控制方法开始, 但进行特别调整以充当阻挡错误信息冲击的屏障. 这是否可行尚不清楚, 还需进一步研究.

路德维克·弗莱克可能会警告我们不要太相信思想集体 —— 专家小组, 以免他们有太大的控制力. 但我们对专家小组的期望不是他们控制信息, 而仅仅是他们筛选信息来减少潜在的误解, 并且他们的发现在任何可能的地方都要受到客观检验.

有根据的长期规划

每十年, 美国国家科学院的国家研究委员会会组织一组天文学家建议之后十年的研究方向和新天文设备的建造. 这些小组可以通过和要求专家处理令人困惑的跨学科课题相类似的方式组建.

如在航天器或跨学科问题的解决中那样, 计划天文学和天体物理学未来的小组成员的选择最理想地应该不仅基于他们自己的研究领域, 还应该基于两三个熟悉的其他天文学科. 不知道在选择十年规划的成员时是否严肃考虑过这第二个判据.

一个公认的主观评价是，参与十年规划的学界成员最有可能被选择是因为他们或者是各自学科的顶尖专家，或者是能理解和调解各学科代表的理论天体物理通才学者. 这无疑是一个可靠的组合，但它不像图 15.1 所示的完全的圆桌调查所要求的那样非常高效. 只有通才学者理解代表各学科的专家，而学科专家不能完全理解彼此或通才学者.

对于不时召开的 (讨论特定的紧迫天体物理问题的讨论会以便知道如何成功推进这些问题的研究) 讨论会的参会人员来说也是一样的. 在探索困难的问题时，语言总是起着核心作用. 用同事能完全理解的方式叙述问题是出现一个之前未知现象需要解释时，天体物理学家面对的最困难的问题之一. 通常不清楚这种现象是真的存在，还是仅仅反映了有缺陷的仪器. 通常，当检查发现观测有错误时，令人兴奋的新发现就淡出了. 但即使一个发现被毫无疑问地证实，真正的原因也可能太多样，搞不清楚是从何处开始的. 暗物质和暗能量就是这样的两个发现.

获取足够大的天体物理词汇表 —— 包括仪器的、天体物理的、数学的和计算的概念，对于任何最肤浅的理解水平来说都是必不可少的. 因为很少有天体物理学家掌握的词汇远远超出在他们自己的研究领域中获得成功所需要的词汇，所以新发现往往需要专门的会议，邀请所有明显相关的和有争议学科的专家参加. 就像他们做工程的同事聚在一张桌子周围推断航天器操作的复杂情况，在他们试图挖掘他们领域所有的专业知识来理解新现象时，天体物理学家可以被认为是坐在一张假想的圆桌周围.

当聚集起来的专家忽视一个关键元素时，进步受到阻碍，这个领域仍然不稳定. 举个例子，抽象数学家很少被邀请参加天体物理学界的讨论. 然而，我们回忆第 14 章，这正是保罗·狄拉克可能提出的建议. 这些可以帮助我们理解天体物理学家特别不熟悉的领域. 这就是为什么史瓦西 1916 年最初的公式提出之后近半个世纪黑洞的问题看起来难以处理的原因. 处理黑洞的问题，需要大卫·芬克尔斯坦意识到需要一种新的流形，其中物理过程不再是时间反演对称的. [6] 罗杰·彭罗斯进一步洞察到拓扑方法可以丰富我们对黑洞的理解，这开启了一个新纪元，可以更好地理解黑洞的存在性.

理论物理学界有一个传统，一百年来，大约每三年聚集公认的顶尖人物讨论一次，指出有可能解决物理中棘手问题的方法. 由比利时化学家、实业家和慈善家厄内斯特·加斯东·约瑟夫·索尔维在 1911 年发起了在早期特别有影响力的索尔维会议，那时受邀参会者群体较小，交流思想很容易. 如沃纳·海森伯在 1974 年所写，"索尔维会议对物理学发展的历史影响与它们的创立者所引入的特殊风格有关：一组各国最有能力的专家讨论他们领域中未解决的问题并找到解决它们的基础." [7]

- 讨论那些看起来不符合公认的天文学科认识的新发现的顶尖专家参加的小型会议特别有助于天体物理学的有序发展. 只有出现重大新问题才召开并且只聚集那些可能提供新见解的专家的会议才能找出异常, 否则进展有可能延迟数年.

控制和决定赞成伟大天文台

在第 11 章中, 我们注意到决定 (以足够快的速度) 建造四个空间天文台 (以便能同时或接近同时地在覆盖从伽马射线到远红外的大部分电磁波谱观测大量天体物理现象) 的家族之前混乱的三年. 此外也可以用地基望远镜进行射电观测. 地基望远镜在美国受到美国自然科学基金委员会控制, 而空间天文台受美国宇航局控制.

查理·佩尔兰的天体物理理事会在尝试说服政府建造伟大天文台中所面对的一些困难可以用刘洋彧、斯洛坦和巴拉巴斯 (LSB) 的控制理论和图 11.2 中含有很多为了控制而最优化系统中的双向箭头的组织结构图理解.

显然, 图 11.2 中所反映的组织结构很容易导致混乱的决策, 不仅通过很多试图同时影响美国宇航局的顾问机构, 而且还分别通过自上而下的美国总统和国会以及自下而上的科学界多管齐下引入的措施. 或许这就是民主地达成决定的本性; 但是使系统可以运行要求不同派系的合作, 以及无畏的公仆愿意做出艰难的决定并忠实于协商的妥协.

之后, 几个因素导致了对伟大天文台有利的决定. 天体物理理事会 (Astrophysical Council) 和副局长伯顿·埃德尔森的空间和地球科学咨询委员会以及美国科学院的空间科学委员会找到了可以互相接受的方法, 埃德尔森就可以听到三个委员会关于伟大天文台的或多或少的一致建议了. 查理·佩尔兰还和他在太阳系探索部的同行杰弗里·布里格斯就一些共同关心的项目达成了协议. 回想起来, 伯顿·埃德尔森对一致性的坚持至少在很大程度上得到了满足.

后来, 取代埃德尔森的莱纳德·菲斯克的到来在美国宇航局的空间科学和应用办公室内引入了一个长期优先事项结构化清单, 在美国宇航局内部受到了高层和底层的赞赏; 几个天体物理理事会成员幸运地引起了总统科学顾问比尔·格拉汉姆对伟大天文台的兴趣. 格拉汉姆可以直接接触关心新科技倡议框架的总统, 如图 11.2 左上标示"总统科学顾问"的框所示.

最后, 天体物理理事会成员也集中精力定期更新国会工作人员对伟大天文台预期能力的认识. 他们实现这一点, 部分是通过专门的关于伟大天文台所能提供的激动人心的新的天体物理和宇宙学见解的系列讨论会, 部分是通过哈维·塔南鲍姆偶尔访问从事大部分正式国会委员会工作并发挥相当大影响力的国会工作人员办公室.

通过选择在整个空间科学界和在政府体系内合作, 图 11.2 中的双向箭头被有效地转换为单向箭头, 使得通过每个办公室的建议反映出一致性.

尽管图 11.2 的组织结构图仍然显示双箭头, 但通过决定性和持久性实现了系统控制的措施. 刘洋彧、斯洛坦和巴拉巴斯的实现控制的判据或多或少得到了满足, 但只是通过迂回的协调说服途径.

结构化档案的关键作用

国家会经历繁荣与衰落的循环.

在 "二战" 后半个世纪的空前支持下, 我们对于天文学如何应对艰难时期迫使我们延迟和中断搜寻可能达数十年或更长时间这一点思考得太少.

天文学界如何能确保来之不易的知识在多年的迟滞或不活跃中不被忘记, 我们对宇宙的理解如何能保持完整, 在长时间的中断后我们还能复活这个领域, 从先辈停下的地方开始吗?

语言和控制是长期保存信息和数据的关键因素! 我们需要更好地确保我们的继任者无论在好的时代还是糟的时代都正确地破译格式并理解我们为未来复苏所存储的资料.

我们目前的归档系统不是为处理数十年长的中断而设计的. 它们的预算默认每十年或二十年我们将会有越来越强大的天文台, 使得较早的数据变得过时. 所以我们的归档系统只需要保持数据在几十年内可以访问. 在更长的时期内, 每过一代, 所存储的信息就不再是完全可恢复的, 因为关于这些观测数据是如何获得的准确知识丢失了.

***

这不是一个抽象的问题. 建造新的天文台现在变得太昂贵, 近几十年我们所习惯的广阔前沿上的观测天文学进展可能随着当前的一代人消失, 除非我们找到不同的方法进行研究. 建造詹姆斯·韦伯空间望远镜的费用已经推迟了其他呼声很高的空间望远镜的建造. 其他只能在空间进行观测的波段的专家可能必须等待十年或二十年才能开始用他们急需的空间望远镜开展工作. 同时, 这些研究人员将必须归档当前的数据以便它们在相应波段由年轻一代领导的活动重新开始时能再次使用.

天体物理学界还没有充分解决这个问题. 公认归档数据的工作已经在现在被称为虚拟天文台的系统中进行. 但是只存储天文数据而没有同样细致的一组规范来描述产生这些数据的天文台的性能 (包括每个组件的规观、特性、所有天文台软件指令的详细记录和天文台运行过程中操作员使用的词典, 无论天文台是地基的还是空间的) 是不够的. 最后, 需要包含日常操作和故障序列以及实施的修复的日志, 还需要包含天文台活跃期间处理观测数据所用软件版本变化的记录.

遗憾的是, 今天我们归档数据库中存储的数据远没有达到这样的完整性. 当被问及这一点时, 归档管理员会回应说, 可用的资助做不到这一点. 然而, 很难看到天文学家如何能在数据存储了仅仅几十年后充分利用归档信息, 更不用说一个世纪了. 今天归档数据的成功使用很大程度上依赖于对进行了原始工作的人的记忆进行挖掘的能力.

下面, 我简述一下仅致力于一个当代空间天文台的天文学家所面对的复杂性 —— 这种复杂性在某种程度上需要反映在以完整为目标的归档数据库中.

演化的语言和长期不稳定性

2009 年, 欧洲空间局发射了它的第二代十亿美元量级的红外望远镜 —— 赫歇尔.[①] 以 18 世纪天文学家威廉·赫歇尔命名, 它比它的前辈, 红外空间天文台 (ISO) 大得多, 并且安装了一套相当不同的仪器.

天文学家精心设计的数据处理工具特别重要. 被称为赫歇尔交互式处理环境 (HIPE) 的工具足够复杂, 需要有经验的天文学家参加为期三天的研讨会来学习如何使用. 在那里, 创造了 HIPE 语言的赫歇尔科学中心的专家做关于星上三个仪器获得的数据的处理 —— 解释的报告. 研讨会部分被设计为教授新的 HIPE 语言; 另一部分, 他们也试图澄清像书一样长的用户手册 (一本描述了航天器和望远镜的性能, 另外三本说明了三个星上仪器的特性) 中的细枝末节.

赫歇尔望远镜刚发射到太空中就开始运行, HIPE 在不断升级, 因为经验表明需要潜在的改进. 到在空间中运行的末期, 大约发射后四年, HIPE 第 10 版已经投入使用. 赫歇尔项目早期发表的结果是用 HIPE 的早期版本处理的. 在项目逐渐淡出的日子里发表的那些结果是用更高级的版本处理的.

使用赫歇尔望远镜上的三个仪器进行的观测过程类似地在整个任务期间发生变化, 因为在操作仪器时特征性的长处和弱点以不同的方式出现. 因此在任务早期获得的天文源的成图或光谱是用与后来非常不同的方式收集的.

在赫歇尔停止运行后, 在项目的整个生命周期里积累的所有数据要用最终版本的 HIPE 进行处理并归档以供后人使用. 然而在不断修改和改进仪器运行程序过程中获得的基本观测数据不能再改变. 此外, 在任务早期发表的期刊文章基于通过早期观测程序获得的数据, 是用早期版本的 HIPE 处理的, 而在任务后期进行的观测是用不同的观测程序进行并用不同方式处理的. 当然, 这些限制是不可避免的, 只有通过在操作航天器和处理数据过程中获得的经验才能提高性能. 然而, 之后能让天文学家访问原始数据并更好地分析它们的仔细归档仍然是一个优先事项. 归档数据库越丰富越完整, 它们的潜力就越大!

***

目前, 很多地基和空基的主要天文台都开发了自己的计算机程序运行望远镜以

---

① 赫歇尔项目由欧洲空间局发起、建造和资助, 得到美国宇航局的大力参与. 它在空间中从 2009 年到 2013 年成功运行.

及处理数据. 通常这些是基于不同的计算机语言的. 这很大程度上是因为不同计算机语言被引入以及随后被抛弃的速度让人困惑. 这个问题是某些地方特有的, 至少部分超出了科学界的控制. 计算机产业只有保持提供改进的性能同时取消对早期软件和硬件的支持和维护才能保持盈利. 这自然而然地强迫人们采用不断变化的计算机语言和程序, 不管是否有益于科学的长期稳定性.

＊＊＊

随着项目中专家的离开, 对早期程序和词汇的记忆快速消失.

从现在起的三十年、五十年或一百年, 或许再也不能完全理解今天获取的数据. 每一代人采用满足自己需要的语言, 这使得归档资料变得越来越难以解释. 但是, 尽管没有人阻止语言变化, 但是精心编写的一组一步步记录所有程序、注意细节的日志可以显著延长归档数据的使用寿命, 使其保持有益. 如果足够小心, 这些记录或许会在长得多的时期内保持有用.

被设想为公地的归档数据

过去二十年里已经出现了一种防止知识在数十年到或许几个世纪里退化的新方法, 能够帮助天文归档数据库的长期维护. 这项努力的潜力最初由印第安纳大学的社会学家和政治经济学家埃莉诺·奥斯特罗姆的工作所揭示, 它说明了社会如何管理公共资源, 只有整个群体愿意参与使所有人能够受益其价值才能维持. [8]

社会学家创造了公地(commons) 这个词来表示可能受到资本权益威胁的集体所有的土地. 这个术语起源于公共牧场 —— 公地, 如果任何牧民试图放牧多于允许的牲畜就无法维持. 违规导致过度放牧, 损害整个村庄的共同利益.

近几十年来, 社会学家和经济学家一直在研究维持受到安全归档成本、国家安全的考虑和其他因素威胁的知识的明智方法. 美国雪城大学的夏洛特·赫斯和埃莉诺·奥斯特罗姆进行了关于作为公共权益的知识的特别广泛的研究. [9] 长期安全保存知识, 使其具备在长时间休眠后恢复和获益的能力, 这是很多群体研究的问题. 就赫斯和奥斯特罗姆所用的意义而言, 知识当然包含天文数据和信息.

公地经济是与 20 世纪资本主义所基于的哲学背道而驰的制度. 但在各种环境中, 该方法显示出非常好的效果. 这可以从日常经验中理解: 我们中的很多人在尝试使新软件能工作而遇到困难时, 会求助谷歌, 看是否有其他人碰到了同样的问题, 解决了它并且能足够贴心地分享正确的方法. 这种方式能奏效是因为数百万人访问的谷歌可以用于建立一个对任何人免费开放的论坛, 这是一个公地, 其价值和前景只依赖于一个对其维护感兴趣的团体的善意.

对于学术工作来说, 众所周知的知识公地是维基百科. 维基百科网站的成功可以追溯到许多愿意为这部广博的百科全书共享资源的人以及其他愿意捐款管理网站的人. 许多统计数据提供了一个组织有序的知识公地所能取得的成就的衡量标准. 在 2010 年 7 月到 2011 年 6 月的年度报告中, 维基百科的母公司维基媒体报告了从超过 570000 名个人捐赠者募集到大约 2500 万美元. 只有三笔捐款超过 100 万美元. 平均捐赠金额大约是 40 美元. 80 名维基媒体员工承担了一个每天创造 8400 篇新文章、当年有四亿两千三百万人访问的网站. 维基百科今天仍然在迅速扩张, 但是否能持续以及能持续多久还不确定. 维基百科仍然需要改进, 正如任何年轻企业一样; 但它涵盖了广泛的主题, 易于访问, 并且它的很多产品都是精心构思、值得信赖和有用的.

＊＊＊

对于天文学来说, 最困难的任务之一是在几十年或更长的时期维持归档数据的实用性, 抛开计算机语言、科学表达或普通词语意义的快速变化 —— 这些都可能不断破坏归档数据. 通过定期澄清来不断更新归档数据的共同努力可以明显延长归档数据的使用寿命, 几乎不增加成本. 在归档数据库建立后几十年, 试图检索存储的数据的天文学家可以通过对具体表达式或不再经常使用的处理技术的信息的检索找到关于它们出处有用的解释.

在某种程度上, 可以肯定的是, 当我们不再掌握数据存储的语言时, 我们可能需要重复观测或不加怀疑地接受一些对它们的解释. 除非天文台能以更低的成本变得更强大, 否则我们能增加我们对宇宙理解的速率可能会滞后于先前收集的数据过时的速率.

注释和参考文献

[1] Controllability of complex networks, Yang-Yu Liu, Jean-Jacques Slotine, & Albert-László Barabási, *Nature*, 473, 167-73, 2011.

[2] Connectance of Large Dynamic (Cybernetic) Systems: Critical Values for Stability, Mark R. Gardner & W. Ross Ashby, *Nature*, 228, 784, 1970.

[3] Ibid., Controllability of complex networks, Liu, Slotine, & Barabási.

[4] Ibid., Controllability of complex networks, Liu, Slotine, & Barabási.

[5] Ibid., Controllability of complex networks, Liu, Slotine, & Barabási: See the online supplementary material to the Nature article of LSB, p. 13.

[6] Past-Future Asymmetry of the Gravitational Field of a Point Particle, David Finkelstein, *Physical Review*, 110, 965-67, 1958.

[7] *The Solvay Conferences on Physics-Aspects of the Development of Physics since* 1911, Jagdish Mehra, with a foreword by Werner Heisenberg. Dordrecht, The Netherlands: D. Reidel, 1975, p. vi.

[8] Introduction: An Overview of the Knowledge Commons, Charlotte Hess & Elinor Ostrom, in *Understanding Knowledge as a Commons-From Theory to Practice*, edited

by Charlotte Hess & Elinor Ostrom. Cambridge, MA: The MIT Press, 2007, pp. 3-26.

[9] A Framework for Analyzing the Knowledge Commons, by Elinor Ostrom and Charlotte Hess, in *Understanding Knowledge as a Commons-From Theory to Practice*, edited by Charlotte Hess and Elinor Ostrom. Cambridge, MA, 2007: MIT Press, pp. 41-81.

第16章　经济可行的天文项目

　　贯穿本书的一个主题是 20 世纪天文学家和天体物理学家在寻找新方法推进我们对宇宙的认识过程中足智多谋的方法. 通过采用尼尔斯·玻尔和梅格纳德·萨哈的新原子和离子理论, 亨利·诺里斯·罗素和塞西利娅·佩恩确定了太阳和恒星中化学元素的丰度. 威廉·德·西特和亚瑟·斯坦利·爱丁顿告诉我们爱因斯坦的相对论如何能得到演化中宇宙的新见解. 乔治·伽莫夫、汉斯·贝特和埃德温·萨尔皮特的核理论为恒星能量来源和化学元素的起源提供了新见解. 天文观测者类似地采用物理学家和工程师发展的技术大大扩展了能用于研究宇宙的波段. 通过采用在其他地方发展的方法, 天文学的成本保持在较低水平.

　　在我们面对今天仍然在持续的 2008 年底的全球经济衰退带来的一系列新挑战时, 这种进取精神对我们有利. 在这些条件下找到新的方法推进天文学对于解决现在要克服的宇宙学问题是很重要的. 这些努力无疑是需要时间的, 如果我们选择合适的经济策略来确保我们天文计划的长期稳定性, 这些努力将会是最成功的.

　　探索这些备选方案是这最后一章的目的.

***

　　20 世纪天文学家所致力解决的实际问题是在长远利益: 对某天可能对地球造成灾难性影响的小行星的研究, 对强烈太阳风暴或太阳上的极端宁静期的研究和对行星气候以及地球上生命有潜在影响的长期演化趋势.

　　天文学造就的最有才华的教师也吸引了一代又一代年轻人从事科学事业, 向他们展示了寻求理解自然能有多么惊险刺激以及如何能为他们同胞的幸福做出贡献.

　　但是, 因为大多数天文活动是为了更深奥的研究, 我们意识到社会为天文学付钱不仅是为了其效用, 而是因为人类长久以来好奇他们在宇宙中的位置 —— 这是主要在闲暇时顾及的宗教和敬畏的混合. 在经济困难阻碍休闲时, 对天文学的关注减弱了.

　　我们所面对的时代可能是困难的. 天文学正在接近或者已经达到了社会目前所能承受的最高资助水平. 为了有成效地向前迈进, 我们需要承认这一点.

　　一个早期经济指标是高能物理焦点的转移: 作为曾经美国物理学界的骄傲, 这个领域的中心活动现在已经转移到了位于瑞士的欧洲核子研究中心的大型强子对撞机 (LHC). 另一个信号是计划建造的下一代大型射电天文设备, 平方公里阵, 部分在南非, 部分在澳大利亚. 这两个改变都伴随着美国设备的退役, 这些设备不再可行或被认为负担不起. 在阿根廷和纳米比亚建造强大的地基宇宙线和伽马射线天文台是优先权转移的其他迹象.

我们在 2012 年 12 月 20 日发布的美国宇航局天体物理实施计划中看到了同样的警告信号, 它推迟了很多 2010 年十年规划中高度推荐的空间任务.[1] 美国宇航局的预算不再能容纳这些任务, 因为詹姆斯·韦伯空间望远镜的预期成本在稳步上升. 在很多项目中, 用于研究暗能量和系外行星的宽视场红外巡天望远镜 (WFIRST) 将被大大推迟. 激光干涉仪空间天线 (LISA) 是与欧洲空间局联合实施的一个任务, 目前处于停滞状态, 其未来相当不确定. 它的设计部分是为了精确检验广义相对论并可能探测到黑洞并合产生的低频引力波.

面对增长乏力的预算, 我们需要考虑新的方法来推进我们对宇宙的认识并保持天文学是一个充满活力、令人兴奋的事业, 能够吸引社会上最聪明、最有才能的年轻科学家. 没有最好的人, 我们就不会成功.

增长乏力的预算减少了我们领域长期以来享有的很多在 "二战" 后快速扩张的半个世纪中被视为理所当然的行动自由. 我们现在可能需要寻求其他更具创新性的方法来进行我们对宇宙起源和演化的探索. 许多潜在的方法都需要考虑.

对发展经济学方法的需求
需要重新评估的六个因素:

- 全世界对天文学研究的预算已经达到一个平台, 至少在未来十年预计会保持不变或部分下降.
- 随着天文学的重点转向研究深奥的暗物质和暗能量, 实际利益有限, 因为开发这些形式的能量似乎遥遥无期, 这个领域可能不再受益于军事或工业界提供的免费设施. 对于联邦对基础设施的支持, 天文学将越来越多地转向美国宇航局和美国国家自然科学基金委员会, 它们的资源比那些致力于国防的资源要有限得多.
- 随着对越来越强大的能力的需求, 天文台的成本迅速上升. 在冻结预算时, 新天文台建造的速率将相应下降.
- 正如现在空间天文台的惯例, 新望远镜的发射可能需要关闭现有的设备, 除非找到以低成本继续运行的方法. 某些波段或形式的活动可能会缩短很多以便为其他领域提供新的活力. 在最近几十年所习惯的在广阔前沿进行天文学研究的方式可能变得无法承受, 除非我们找到新的方法从事天文学.
- 如果任何给定领域中的活动被缩短, 就需要显著改进的归档数据库保存所有我们所学知识的记忆. 这些归档数据库可能是昂贵的, 因为几乎所有现有技术的快速过时将需要维护比现在通常的记录详细得多的记录, 精确描述收集数据的方法以及随后如何处理它们.
- 最后, 一些公众兴趣不大但天体物理上非常重要的深奥的观测将需要私人捐赠者和志愿者. 这些冒险需要大量的支出或稳定的长期支持, 坚定的公共支持将必不可少.

天文学界的长期计划不仅包括国家资助的项目, 还包括那些需要私人筹资维持的项目. 这意味着要根据工业和政府会继续发展或计划使用的仪器和能力来调整进度, 同时也要在没有已知社会应用或政府支持的情况下进行重大课题的探索.

不断发展的科学理论

在美国,《科学 —— 无尽的前线》所倡导的联邦资助研究的政策描绘了对国家强制进行研究的方式的明显依赖. [2] 它们要求符合总统和国会基于国家经济和其他政治需要的指令. 图 9.4 所描绘的周边活动的景观现在影响了天文学和天体物理学, 这在之前从未有过. 如我们在第 11 章中看到的, 重大项目可以启动, 然后随着国家优先事项的变化而推迟或放弃. 并且, 正如第 7 章中所指出的, 如果对是否会揭示敏感信息有怀疑, 美国在国际项目上的合作可能被中止.

尽管这些担忧可以理解, 而且通常可以公平地解决, 但它们提出的一个更困难的问题是这个:

- 我们今天用于理解宇宙运行所能使用的方法是否注定了我们能发现什么? 我们是否有选择性地局限于只发现那些国际支持方式以及相伴的限制所允许发现的那些宇宙特征?

一个更寻常但更重要和更容易回答的问题是: "对国家安全的考虑, 它们可能资助的项目以及它们提供给天文学家的设备是否只促成了某些类型的天文学研究工作而阻止其他研究?"

第二个问题的答案无疑是 "是的". 如果不以比可以想象的任何纯天文应用低几个量级的成本使用最初为国防发展的设备, 美国天文学家不可能在红外、X 射线和伽马射线天文学中取得成功. 将天文学家所需的大型望远镜送入太空的强大发射设施的使用同样重要. 在缺乏实际应用的情况下, 例如, 引力波、暗物质或暗能量的探测, 较难获得资助, 进展缓慢. 目前, 仍然没有对任何这些形式物质或能量的直接探测.①

如果美国政府在 "二战" 后有紧迫的原因强调中微子和引力波的探测而不是电磁波的探测, 那么天文学家今天可能完全致力于研究一个与我们现在所设想的宇宙完全不同的宇宙 —— 可能不会更完整, 但肯定不同. 我们现在所写的教科书中描述的我们所生活的世界可能和今天教给学生的那些描述几乎没有相似之处. 我们的研究工作将致力于澄清我们现在没有理由提出的问题.

有些人可能会认为, 直接探测暗物质和暗能量的工具迟早会出现, 并且某些研究人员已经在从事这项工作. 但是, 如果探测这些形式的物质和能量所必需的资助没有持续增长的迹象, 这些工作可能因为负担不起而被放弃. 我们可能不得不面对这个问题:

---

① 译者注: 2015 年 LIGO 已经直接探测到了引力波.

- 有没有可能我们必须停止研究宇宙起源和相关问题，因为对它们的高效研究所需要的开销超过了社会的承受能力.

我打算展示我们如何能应对这样的意外事件，如果它们出现的话，并且论证它们将需要修改我们现行的经济方法以便与私人捐助者和志愿者签订更强有力的合同，这与《科学 —— 无尽的前线》的功利主义观点，我们已经习惯的工作模式背道而驰. 它不会那么方便，无疑需要多得多的努力来筹集和提供资金，但可能仍然是研究某些关键问题唯一可行的方法.

考虑到这些因素，我们可能需要采取多种方式：

- 随着天文学研究逐渐从可以想到的社会应用中抽象出来，我们将需要保持我们对宇宙起源的探索充满生气，以吸引最好的年轻科学家.

充满活力的领域需要雄心勃勃的目标. 没有这些目标，天体物理学会将失去我们最好的和最聪明的同事：

- 即使预算有限，最高优先级仍然应该把重点集中在宏伟、雄心勃勃的目标上，在社会能够负担的水平上前进和制定预算.

永远不要放弃这些长期目标，因为在强调重要问题时，意外的解决方案往往让我们惊讶. 只需要回忆一下几十年来，在白矮星光谱中未能成功找到爱因斯坦的引力红移. 其次，如我们在第 3 章中看到的，借助一个教授和他的研究生组装好的简洁的实验装置，穆斯保尔效应忽然展示了这个红移.

一个负担得起的项目的经济学

我们现在需要问的问题是，如何在可预见的未来以负担得起的方式实施雄心勃勃的天体物理和宇宙学研究项目？

一个必然的答案是，服务社会仍然应该是一个主要的天文学目标.

- 追求深奥科学问题的自由取决于天文学家在所有可能的地方以实际的方式为人类服务. 这是我们与社会普遍的默契.

对实际问题的研究常常与抽象得多的研究密切相关. 回想一下爱因斯坦在第 13 章所说的，他发现在瑞士专利局处理实际问题实际上是一件幸事，因为他私下也研究无法很快解决的深刻的物理问题. 试图理解日常世界往往会产生对更隐蔽的问题的见解.

我们应该类似地继续追求的第二个成功方法是保持与其他科学和工程界的牢固联系. 天文学是远比物理、化学、生物和工程小得多的领域. 而且，因为天文学的经费是有限的：

- 我们应该继续利用在引入工程师、物理学家、化学家、数学家和生物学家发展的理论和仪器技术中的好运气. 很多这些工具在推进天文学中发挥了核心作用.

如我们在第 9 章中指出的, 这些天文学的恩人不仅经常提供新的工具, 还帮助解决我们学科所缺乏的专业知识和人力.

如我们一直看到的, 20 世纪天体物理学的大部分成功来自于引进军方和通信工业发展的观测技术. 所引入的数学家和理论物理学家发展的理论已经类似地, 据我们所知, 阐明了宇宙的性质由广义相对论和粒子物理学支配. 我们对恒星内部的理解相应地基于热力学、相对论和核物理定律.

除了这些技术, 天体物理学还受益于这些新工具的发明者, 他们中的一些人引入了一种强大的新技术, 选择在余下的职业生涯进入天体物理学, 建立了全新的研究领域和进一步进展的基础. 他们的贡献表明:

- 天文学应该以容纳 (其贡献补充或超过受过常规训练的天体物理学家可以做出的贡献的那些) 创新者为目标. 下一波引入天体物理学的人才可能来自化学或生物领域, 他们的观点可能对我们的领域产生改变方向的影响. 天体物理学家应该鼓励和欢迎这些同事. 同时, 我们应该警惕我们领域的任性增长.

如我们在第 14 章中看到的, 在申请大型天文台观测时间和已经超额申请的天体物理研究经费时, 没有人从扩大的人员队伍中获益.

幸运的是, 我们从其他领域邀请加入我们行列的人才通常带着他们自己的资金, 来自支持实验物理学、化学、生物学或仪器的组织, 结果天文预算需要的增量资金可能更容易筹集.

这和当前的做法没有重大偏离. 几十年来, 得益于政府、工业界和其他领域的同事提供的探测系统和计算机, 天文学取得了进步. 但随着我们对引力辐射、暗物质和暗能量研究的兴趣至少部分脱离了更实际的优先事项, 这些补助几乎肯定会减少. 然后, 我们将不得不寻找其他愿意资助发展所需工具的资金源.

- 随着天文学进入日益脱离当前国家和工业优先事项的新领域, 雄心勃勃的目标将需要对基础设施进行长期投资以开发所需的工具. 以有限的预算, 天文学界需要仔细权衡两种相互竞争的方法之间适当的平衡: 一种通过系统地改进现有工具来获得小而稳定的收益; 另一种有希望沿全新的方向取得重大进展, 必须承担在新的基础设施中的长期投资, 只有在掌握了必要的工具之后才能取得成功.

变化的经济中的天文规划

美国天文事业的组织复杂, 如图 14.1 所示. 新的研究方向可以从几乎任何级别启动, 从美国总统或者国会, 向下到美国科学院组织的天文学和天体物理学的十年规划, 到提出富有想象力的观测和计算的天文学家或者天体物理学家个人. 没有一个单独的代理或机构完全控制了出现的活动, 因为与刘洋彧、斯洛坦和巴拉巴斯在第 15 章和图 15.3 中指出的相反, 组织图中双箭头的数量和受到多个输入影响的办公室的数量违背了完全的网络控制的要求. 只有当总统、国会和各级资助机构同意一项活动可以进行时, 双箭头不再有效, 自上而下的倡议才能向前推进.

在较低级别提出的重大倡议要求在应对快速变化的政治压力的危险方面更加坚定. 如我们在第 11 章和第 15 章中看到的, 只有在向美国宇航局提供建议的所有咨询机构达成共识以及在天体物理部和太阳系探索部就相互感兴趣的任务达成共识之后, 发射伟大天文台的努力才取得成功. 这些条件再次使美国宇航局组织图中的双箭头没有实际意义, 因为各位参与者之间的共识都指向了有利的结果.

和许多更容易的小步骤不同, 选择重大项目 (比如发射伟大天文台) 之间的平衡点时, 我们应该记住, 从事最重要的项目往往需要我们跨越一个巨大的门槛:

- 天文学界需要识别并牢记我们仍然不能理解的问题, 每当新的机会出现时, 就要抓住它们逐渐回答这些问题. 这不意味着我们应该忽视技术进步或改善的经济环境不时提供的有利机会, 以便迅速增进我们对少数问题的理解. 但这些成功不应分散我们解决重大问题的长期目标, 不解决这些问题就不会有更实质的进展.

长期努力
我们可能不得不重新考虑现行的十年规划和十年计划系统是否会继续有用. 它强调的是至少在当时能在大约十年内以可承受的代价解决的问题. 它不支持花费太高或要求跨越数十年观测 (活动和支出必须分散到 50 年或 100 年或更长的时期) 的项目.

在不久的将来, 这可能不是问题. 但即使是现在, 最昂贵的任务也需要十年的时间建造, 如果很快被抛弃, 它们可能无法得到充分利用. 今天建造的大部分空间天文台设计寿命不超过一二十年. 它们通常会早早退休, 为下一代任务腾出空间, 如果它们持续稳定运行那么长时间, 这些任务就无法负担. 航天器成功发射后的常规任务操作也很昂贵. 进行观测的工作人员、维护整个系统健康的工程师、进行研究的科学家都需要预算支付工资.

- 随着我们继续解决更简单的问题并且面对较微弱、较不频繁发生的观测现象, 我们可能不得不发射更大、更灵敏、更复杂、寿命更长因而更昂贵的任务, 其费用可能需要分散在几十年甚至几个世纪中. 这将需要更长期的规划和坚定的目标, 这在天体物理学界几乎是前所未有的. 十年规划可能不足以匹配计划、指导和控制更长期的持久项目.

专注于广阔前沿上的适度进展
最近几十年建造的一些更昂贵的天体物理空间天文台在科学和成本管理上都

取得了巨大成功. 其他一些没有取得成功, 我们应该注意吸取他们的教训.

斯皮策红外望远镜管理得异常好. 最初提出的版本超过了可用资金. 一系列降低成本的措施再加上富有想象力的重新设计最终形成了一项负担得起的任务, 尽管如此, 它还是被证明是非常强大的. [3] 对于构思、发射和运行这个任务的科学家和工程师团队来说, 这台红外望远镜的历史是一段痛苦的、长达二十年的发射前等待. 但它表明了严格管理运行良好的任务如何能以高昂而可持续的成本推进天文学发展.

相比之下, 另外两个红外天文项目一再遭受超支取消的威胁, 但得到缓期执行, 或许部分是因为它们是国际项目, 如果签订了双边或多边协议, 就不能轻易削减和重新设计.

平流层红外天文台 (SOFIA) 目前正开始运行. 詹姆斯·韦伯太空望远镜 (JWST) 仍在建造中. 这两个任务都应该是对天体物理学界的警告, 我们对成本的估计是远远不足的, 需要彻底检查.

- 这不是一个可以完全归咎于管理者的问题. 当所提出的技术步骤太超前于时代, 可以预计, 成本估计就会变得不可靠. 可以理解的是, 我们天文学家想计划从我们建造的天文台获得最大可能的回报. 而工业界渴望建造它们, 试图展示如何能以低成本建造天文台. 双方不切实际的期望总是导致傲慢的投标和惨痛的成本超支, 我们迫切需要采用更严格的评估和控制成本的方法.

除非天体物理学界能控制其胃口, 提出更实际的提议, 否则我们会发现自己可预测地面临着挫折.

- 伟大天文台的计划给我们的教训是, 各个天体物理学科必须满足于现实的进展, 这样才能使所有学科受益. 如果一个学科以牺牲他人为代价渴望更快的速度, 那么整个系统会崩溃.

这是美国宇航局天体物理部部长查理·佩尔兰在 20 世纪 80 年代中期明确提出的战略. 回忆他的沉思, 为了更清晰, 我在这里改述如下:

- 以牺牲所有其他任务为代价推进一个任务可能是值得的, 如果它取代了对其他任务的需要. 然而, 每个任务实际上增加了其他任务的必要性. 我们需要制定一项新的、引人入胜的战略, 动员天文界支持所有重要的任务, 包括那些已经在执行的.

天文学平衡的需求的更大意义仍然在于坚定的引导.

- 天文学今天在"以所有可能的能量范围寻找研究宇宙的方法, 并辅以健康的理论工作"方面仍然是最成功的. 通过国际合作追求这一目标表明, 只有明确同意成本控制必须严格, 并可能需要就降低目标达成相互共识, 才能进行多国或国际研究.

当单个任务变得太昂贵时, 所有其他任务都遭受长时间延迟, 整个领域就会发展迟滞.

为需要私人资助的主要研究编制预算

时不时会出现其解决对于获得必要的宇宙学见解至关重要、但缺乏可预见实际应用的问题. 为完成这些任务, 天文学界将越来越需要筹集私人资金.

通过慈善方式建造大型地基望远镜在天文学中不是新鲜事. 早些时候我们看到了威尔逊山上的胡克望远镜和帕洛马山上的海尔望远镜是如何在 20 世纪前半叶用私人筹集的资金建造的. 1985 年, W.M. 凯克基金会的霍华德 ·B. 凯克类似地提供了七千万美元资助在夏威夷莫纳凯亚山上建造了两台 10 米口径凯克望远镜中的第一台. 超等石油公司创始人威廉 · 迈伦 · 凯克建立的凯克基金会在 1992 年完成了这台望远镜, 并继续在 1996 年完成了相同的第二台望远镜. 在千禧年之际, 为大型地基望远镜的建造贡献一亿美元很罕见, 但可以想象.

然而, 两个相关问题不太清楚. 首先, 是否可能筹集大量私人资金来回答很大程度上受好奇心驱使但不一定能产生重大成果的天文问题? 其次, 慈善组织能否建造远离地球的太空望远镜 (对于慈善组织来说是看不见的纪念碑)? 慈善组织通常需要可见度和认可才能生存.

***

这两个问题中的第一个可以由当前的搜索地外文明 (SETI)最好地回答. SETI 是完全通过慈善以及感兴趣的志愿者投入他们的时间得到支持的.

艾伦望远镜阵列 (ATA), 依靠微软联合创始人保罗 · 艾伦的慷慨解囊为 SETI 而建造, 一直是 SETI 的主要支柱. 艾伦贡献了建造 42 面天线的射电阵列 (2008 年开始科学运行) 所需的大约 5000 万美元中最初的 3000 万美元. 最初的意图是用更多的资助扩展这个阵列. 然而, 2008 年末开始的国际金融危机推迟了这些计划.

SETI 研究所吸引了高素质的专业人员, 他们很大程度上通过联邦资助的用于天体生物学和系外行星系统研究的研究经费得到支持, 这些研究在美国宇航局和美国国家自然科学基金优先研究项目中排名靠前.

美国宇航局和美国国家自然科学基金也在不同时间以不同力度为寻找能在星际空间通信的其他技术先进文明提供单独的资助. 通过捐赠募集的额外资金也主要是通过慈善和工业界的贡献, 业余天文学家和热心人士的小额捐款也是一个稳定的资金来源, 免费提供的服务也是. SETI 研究所作为非营利组织成立以来多年平均的年运行规模为 800 万~1200 万美元 —— 以 2000 财年的美元计算, 其中大约一半的资金用于搜索外星文明.

日复一日年复一年搜寻高级技术文明的运行费必然主要用私人方式支付, 自经济衰退以来难以筹集, 这已经减少了慈善捐款, 将地外文明搜索的资助降低到每年

一百万美元的水平. [4]

这样的数字可以粗略衡量一个主要由好奇心驱动的宇宙学项目可以合理地预期从慈善机构和有兴趣的公众那里得到多少支持. 它清楚地表明, 无论可以设想多大规模的这类项目, 其努力可能必须分布在精心编制预算的数十年间, 可能长达或超过一个世纪. 反过来, 这将需要在相应时间跨度上维护的坚固、稳定的观测平台来收集数据, 以及类似稳定的归档数据库来存储数据. 存档的资料需要远比现在所习惯的更仔细地记录下来. 这将需要清晰、可追溯的语言, 以便几代工作人员能精确地执行, 正确地解释和评估长期持续的观测.

- 使用私人手段研究紧迫的宇宙学问题的代价将是对纪律和目标坚定性的重视. 这样一个私人资助的项目可能需要十亿美元量级的开支, 基于一年大约 1000 万美元的运行费预算, 它可能涉及长达一个世纪的运行寿命, 以及相应的大约三代研究者的职业生涯.

归档数据的长期维护和稳定性

如果我们必须更渐进地发展以保证天文学是可负担的, 我们将越来越需要确保数据的长期稳定性. 否则, 稳定的进展将遥不可及.

- 鉴于计算机行业不可避免的进化趋势, 天文学家和天体物理学家将需要设计无缺陷的方法来频繁地转写记录以保持随时可以访问十年或百年年龄的数据, 包括对这些数据如何收集和处理的详细描述. 这将是昂贵的, 但对于防止前几代人以巨大代价获得的数据和见解的不可挽回的侵蚀是必要的.

另一种选择是定期启动新任务检查几十年前或几个世纪前可能已经建立的任务, 这些原始任务可能是昂贵的. 或许几十年后, 类似的观测可以以更少的花费重复, 尽管很大不同, 到那时更新的技术可能更便宜. 一个富裕的社会可能会同意启动这样的任务. 受到其他优先事项困扰的社会不会同意.

资金永远不会无限增长. 在某种程度上, 贫瘠时代会不可避免地到来. 所有这些都表明, 需要更多地关注如何更好地保持知识, 并使知识在更长的时期内可以理解.

信息将越来越多地存储在更高容量的存储设备中. 但只有当我们知道如何提出正确的问题时, 存储的信息才能被成功访问, 这将需要理解变化的词汇、演变的语言以及过时的技术的本质和历史.

- 改进的数据和知识的归档变得越来越紧迫, 因为我们开始认识到我们正处在不断丧失我们曾经完全理解的东西的威胁之下.

记忆的丧失代价非常高. 在科学中, 它可能产生民间传说, 我们接受前几代传下来的东西, 因为我们缺乏手段 —— 语言、技术或财力, 验证他们获得的知识是否仍然有效.

迅速执行的慈善项目

迄今为止, 私人基金会提出的最雄心勃勃的空间任务是寻找有朝一日可能撞击地球的小行星. 2011 年, B612 基金会开始寻求慈善基金, 用于建造和发射搜寻太阳系的太空望远镜, 证认和追踪至少 90% 的直径大于 140 m 可能接近地球的小行星.[①] 这个被称作 "哨兵" 的任务还可以追踪很多可能影响地球的小至 50 m 的小行星. 这样一个历时 6.5 年的任务的费用在 5 亿美元的范围内, B612 基金会希望尽早筹集到这些资金支持哨兵在 2018 年左右发射. 这个项目编目的小行星总数应该在 500000 左右. 太空飞行器的建造将由一家商业公司进行.

这样的任务迫在眉睫. 一颗 140 m 的小行星与地球相撞会释放相当于最大的氢弹 (大约 2000 万吨到 1 亿吨当量) 爆炸相当的能量. 损害将是可怕的. 2005 年 12 月 20 日, 美国国会通过了 109~155 号公共法案, 其第 321 条, 小乔治·E. 布朗近地天体巡天发案, 指示美国宇航局局长 "计划、发展和实施······探测、跟踪、编目和表征直径大于等于 140 m 的近地天体的物理性质的项目, 以便评估这些近地天体对地球的威胁. "[6]

尽管美国宇航局从未启动这项巡天, 但该机构同意向 B612 基金会提供美国宇航局深空网络接收来自哨兵航天器的遥测信号并跟踪其轨道. 此外, 美国宇航局的人员将参与哨兵的技术审查. 这项安排将允许科学界从 B612 的工作中受益, 它将会免费公开数据. [7]

- 哨兵任务具有明显的实际效益, 基本上不需要基础设施建设. 这可能使得它更有可能获得慈善支持. 但是, 任何如此大规模的航天任务的成功启动都可能预示着其他大规模的由慈善机构支持的、具有更深奥宇宙学意义的航天任务的前景, 这些任务可能在没有政府支持的情况下加速推进.

储量的维护和选择的流动性

在实验科学中, 新的发现通常可以迅速得到验证 —— 通常通过几种独立的方法排除潜在的误解. 在天体物理中, 验证是相当困难的. 许多关键现象只能在罕见而不可预测的情况观测, 并且可能是短暂的, 仅持续数秒或数小时. 全面的研究可能会失败, 因为不能及时获得关键工具. 通常提供独立验证的工具不再存在. 人们可能倾向于批准资助其他设施.

- 发射到太空的天文台通常只能在有限的几年内运行. 这种故意的剔除为其他发射任务提供了资金. 可能不再存在一个必要的天文台来记录一个罕见重现的现象的特征. 处理这

---

① B612 基金会的名字来源于安托万·德·圣埃克苏佩里的小王子所到达的虚构的小行星 B-612. [5]

种操作性问题的一种方法是至少启动一些空间任务, 使它们可以长时间处于休眠模式, 然后在需要时恢复以便进一步使用.

这可能不是对所有任务都是可行的, 特别是那些需要低温冷却剂或其他通常在几年内消耗完的消耗品的任务. 但即使有限数量的空间天文台能进入安全的休眠待机模式 (它们可以不时被唤醒以进行特别重要的观测), 则可以预期以边际成本获得相当大的收益.

在冬眠不可行的情况, 可能存在满足同样目标的替代品. 在红外和亚毫米波段, 平流层红外天文台 (SOFIA) 将进行之前只能用赫歇尔空间望远镜进行的观测. 预计寿命 20 年, SOFIA 望远镜搭载在波音 747 飞机上, 使得可以在任何需要的时候, 甚至在短时间内, 观测极其重要的大范围的红外和亚毫米波段的现象. SOFIA 的灵敏度可能比不上其前身赫歇尔, 但对于很多有趣的观测仍然足够, 没有 SOFIA, 这些观测将完全无法进行.

延长有功劳的天文台的寿命的一种潜在方法可以用 GALEX 任务的生命线举例. 2012 年, 美国宇航局把银河系演化探测器 (GALEX) 任务借给了加州理工学院继续在私人资金的支持下继续运行和管理. 延长这个原定在太空运行九年后退休的紫外天文台的运行, 使得天文学家的国际合作能进行之前未尝试过用 GALEX 进行 (部分因为他们使用了这台望远镜没有明确设计的仪器能力) 的观测. [8]

- 在可能的情况下, 计划退休的国家设施应该首先提供给私人团体使用. 私人组织的小组通常可以通过设计观测计划, 以牺牲灵活性使运行成本最小化, 从而以更能负担的方式运行一个天文台. 因为这样一个研究小组通常非常小, 主要致力于更有限范围的研究课题, 它通常可以比从整个天文界收集观测申请的国家机构更经济地运行.

公地经济学

最后三节看起来似乎是建议将不能由政府资助的天文项目的资助恢复到 "二战" 前的方法, 那时富有的捐助者常常资助重大项目, 这有点误导人. 更现代的项目的眼界要宽得多. 第 15 章中介绍的公地经济学说明了天文学界如何能维持对公共资源的长期使用, 其价值会下降, 除非整个学界包括业余成员, 投资进行维护, 使得所有人受益. [9]

使这种强大的经济模型在 20 世纪 90 年代脱颖而出的特征是互联网的出现. 天文学归档数据库是公共财产 —— 一种对所有天文学家开放的公地. 很大程度上为了天体物理学界利益的一个特别的公地是 arXiv 网站, 特别是 arXiv/astro-ph, 这个领域中很多活跃的研究者对此做出了贡献. 2013 年, 这个档案库的维护是通过来自 arXiv 母机构康奈尔大学的礼赠、来自西蒙斯基金会的另一个实质性的年度礼赠以及每年支付 1500~3000 美元 (根据下载的文章的数量) 的数百个研究机构提供的. 这些共同满足了 arXiv 的年度运行成本, 这一年是大约八十二万五千美元. [10] 然而, arXiv 的主要价值在于世界范围成千上万名天文学家每年撰写的对于作者和读者免费的文章.

　　各种机构维护的重要归档数据库类似地是一组公地, 专门保存地基和空间天文台多年来收集的天文数据. 只有鼓励在归档数据库的使用中碰到问题并成功解决它的用户记录问题如何被克服的笔记, 这些归档数据库才可能公有地维持很长时间.

　　随着语言逐渐变化, 技术表达失去了清晰含义, 首先碰到歧义的用户提供关于如何用更现代的术语阅读的建议将帮助下一代碰到同样问题的天文学家. 语言和技术使用的逐渐演化可以不断补救, 以防止或者至少推迟不可避免的损失. 归档数据库的寿命因此可以通过公共的方式扩展. 但这需要归档数据库用户的全力配合. 每个发现问题的创造性解决方案的用户必须负责任地合作并记录这些新见解, 以维持归档数据库的活力和使用. 那些受益于前人的澄清和解释的人, 如果没有类似地记录他们的更新, 就会使得归档数据库逐渐衰落.

　　这种现代的努力和 20 世纪早些时候的志愿者可能提供的帮助之间的区别在于早期的志愿者通常必然是本地的. 通过互联网, 全球志愿服务已经出现, 助力公益. 全球性网络增加了晦涩难解的课题的专家能解决一个问题的前景, 否则这个问题将是棘手的, 或者至少解决起来是困难或昂贵的. 全球网络还增加了机会, 不仅个人而且有积极性的工业界也可以做出贡献, 并且反过来从重大的天文进展中受益.

　　人们才刚刚开始探索基于共同利益的经济模型的全方位前景. 对于那些政府可能不愿意资助的天文问题的研究来说, 公地方式可能被证明是一种特别有用的方式.

注释和参考文献

[1] Astrophysics Implementation Plan, National Aeronautics and Space Administration: NASA Headquarters, Science Mission Directorate, Astrophysics Division, December 20, 2012.

[2] *Science—The Endless Frontier*, Vannevar Bush, reprinted by the National Science Foundation on its 40th Anniversary 1950-1990, National Science Foundation, 1990.

[3] Making the invisible visible: A history of the Spitzer Infrared Telescope Facility (1971-2003), Renee M. Rottner & Christine M. Beckman, Monographs in aerospace history, NASA-SP 4547, 2012.

[4] I thank Dr. Jill Tarter who, until her recent retirement, headed the SETI Institute ever since its inception. She provided me with several different budget estimates from which I culled representative figures presented here. Her estimates are contained in

two e-mail compilations she kindly sent me, both dated June 16, 2012, and a clarifying e-mail dated February 3, 2013.

[5]　*The Little Prince*, Antoine de Saint-Exupéry, translated from the French by Katherine Woods. NewYork: Harcourt Brace, 1943.

[6]　The B612 Foundation Sentinel Space telescope, E. T. Lu, H. Reitsema, J. Troeltzsch, & S. Hubbard, NewSpace, January 2013. See also http://www.gpo.gov/fdsys/pkg/PLAW-109publ155/pdf/PLAW-109publ155.pdf.

[7]　I am indebted to the B612 foundation and to Dr. Harold J. Reitsema, the Sentinel Mission Director, for the cited information.

[8]　http://features.caltech.edu/features/372.

[9]　*Understanding Knowledge as a Commons-From Theory to Practice*, edited by Charlotte Hess & Elinor Ostrom. Cambridge, MA: The MIT Press, 2007.

[10]　http://arxiv.org/help/support.faq33c.

后　　记

在 20 世纪中, 科学获得了关于宇宙本质的洞察力, 这甚至迟至 1900 年都是不可想象的. 我们需要新词和新概念、构思空间和时间的新方法以及理解物质结构的巨大努力来描述我们遇到的世界. 我开始写这本书是为了更清楚地了解那些最有效地促成所有这些进展的因素.

天文学是一个小领域, 其工具很大程度上是从物理学和工程学中引入的. 在 20 世纪之初, 理论物理学家为我们提供了设计和解释新观测的新视角.

随后, 在 20 世纪中叶, 美国采取了一个深思熟虑的政策, 将基础研究和实际的国家优先事项结合起来. 其他国家纷纷效仿, 导致了所有科学和工程学的爆炸性扩张. 科学进展导致了新的工程探索, 这些反过来又为科学提供了越来越强大的研究工具. 这种结合前所未有地富有成效. 对于天文学来说, 好处巨大.

今天, 我们可能正在进入一个新时代, 这种联系在天文学和工程学之间松弛下来. 天文学家正在把精力转向暗物质和暗能量的研究, 它们对社会的潜在效用根本不明显. 考虑到相互竞争的国家优先事项, 各国政府可能发现自己无法支持进行这些深奥的宇宙学研究所需工具的发展. 天文学家可能不得不寻找其他方法来拓展他们对真实宇宙的研究.

我使用 "真实" 这个词来表达, 宇宙可能具有一种结构使我们迷惑, 除非我们用难以想象或难以获得的高度的特定工具来研究它. 如果缺少这些工具, 我们所揭示的宇宙可能很大程度上具有欺骗性.

为了实现我们的目标, 确定宇宙如何起源, 如何改变自身以及在万古之中产生星系、恒星和生命物质, 我们需要牢记, 工具是塑造我们对宇宙的理解的核心, 发展正确工具的成本将在探索真实宇宙中扮演关键角色.

附录 A　符号、术语、单位和它们的范围

符　　号

∼	表示数值是近似的.
″	表示以角秒度量的角.
′	表示以角分度量的角.
°	表示以度度量的角.
α	希腊字母阿尔法. 参见阿尔法粒子.
Å	单位, 埃.
β	希腊字母贝塔. 参见贝塔粒子和电子, e^-.
c	真空光速, 2.998×10^{10} cm/sec.
γ	希腊字母伽马. 参见伽马射线.
δ	希腊字母德尔塔.
e	电子电量, 4.083×10^{-10} 静电单位.
e^-	电子. 参见电子, e^-.
e^+	正电子. 参见正电子, e^+.
ζ	希腊字母泽塔.
G	引力常数, 6.674×10^{-8} cm^3/(g·sec^2).
h	普朗克常量, 6.626×10^{-27} erg·sec.
$\hbar$	普朗克常量除以 2π, $\hbar = h/2\pi = 1.055 \times 10^{-27}$ erg·sec.
k	玻尔兹曼常量, 1.381×10^{-16} erg/K.
K	开尔文. 参见开尔文温度, K.
$L_\odot$	太阳光度 4×10^{33} erg/sec.
λ	希腊字母兰布达. 参见波长 λ.
Λ	希腊字母兰布达. 参见宇宙学常数.
$M_\odot$	太阳质量 2×10^{33} g.
μ	希腊字母谬, 表示"微", 百万分之一.
n	中子.
ν	希腊字母纽. 参见中微子, ν 和频率, ν.
ν̄	表示反中微子. 参见反中微子, ν̄.
p	质子.

术　语

绝对光度: 参见恒星或星系的光度.

绝热膨胀: 气体没有能量输入和能量损失的膨胀被称为绝热膨胀. 没有能量注入和能量提取的宇宙膨胀类似地称为是绝热的.

阿尔法粒子, α: 由两个质子和两个中子组成的高能氦原子.

埃, Å: 10^{-8} cm. 见表 A.1.

物质: 物质碰到反物质时的毁灭, 伴随着能量释放和光子对或粒子及其反粒子的形成. 参见反物质.

反物质: 由反粒子组成的物质.

反中微子, v̄: 中微子的反粒子. 参见中微子.

反粒子: 参见物质湮灭. 物质由原子组成, 原子含有中子、质子和电子. 对应于这三种粒子, 存在质量相同的反粒子, 如果带电的话, 电荷相反. 中微子是中性粒子, 与其反粒子由自旋方向区分. 粒子和反粒子在相遇时湮灭.

角秒, ″: 1/3600 度.

小行星: 小行星, 通常勉强能用望远镜探测到. 观测到最小的小行星直径为 $50\sim100$ m.

原子质量单位, amu: 一个孤立的电子基态和核基态碳 ^{12}CO 原子静止质量的 1/12.

AXAF: 先进 X 射线天体物理装置, 1999 年 7 月发射后更名为 Chandra 的强大的 X 射线天文空间望远镜.

贝塔粒子: 从原子核中发射的电子或正电子, 通常是高能的.

十亿: 10^9.

双星: 围绕一个共同质心转动的两颗引力束缚的恒星.

位 (比特): "二进制位" 的缩写, 通常指定为符号 0 或 1; 信息的单位.

黑洞: 一种高度致密的大质量天体, 其引力太强, 没有物质和辐射能逃脱. 参见史瓦西半径.

蓝移: 光的频率移动到高频.

玻尔兹曼常量, k: 将平衡温度 T 转换为能量单位的自然常数. 对于理想气体, 压强 P 和粒子 (气体原子或分子) 所占体积 V 的乘积提供了单个粒子的平均能量的一种度量, $PV = kT$, 其中 $k = 1.381 \times 10^{-16}$ erg/K.

褐矮星: 质量比恒星小的天体. 恒星质量足够大, 在其内部能将氢转换为氦. 褐矮星做不到这一点. 但即使质量最小的褐矮星也能由氘核聚变产生能量, 行星质量不足以产生这个活动. 质量最小的褐矮星和质量最大的行星之间的区别不明确.

信使: 来自一个源的任何传递信息的粒子或波.

级联: 一系列过程, 每一个进程触发下一个.

造父变星: 明亮的黄色变星, 以短至 2 天长至 40 天的周期规律地脉动. 造父变星足够明亮, 可以在近邻星系中探测到. 因为它们的周期直接和光度相关, 所以造父变星可以用作距离指示器.

星系团: 一组星系, 可能含有多达数千个单独星系或相互作用星系. 一个小的星系团通常叫做星系群.

彗星: 在靠近太阳时解体的太阳系天体, 留下一条残骸的尾巴以及指向背离太阳方向的电离气体的尾巴.

宇宙背景辐射: 参见微波背景辐射.

宇宙脉泽: 一种单色辐射源, 其高面亮度是通过与人造微波激光和激光相同的过程产生的. 参见脉泽.

宇宙线: 一种速度接近光速的高能粒子. 电子、正电子、质子和原子核都在来自尚不明确的宇宙区域、持续撞击地球上层大气的宇宙线粒子雨中被发现了.

宇宙学常数, Λ: 充满宇宙的均一的真空能量密度.

宇宙: 我们能巡视的所有东西.

相互作用的截面: 只有两个粒子足够接近时才会发生显著的相互作用. 粒子表现为似乎有一个相互作用的截面, 只要粒子相互作用, 则截面的直径超过两个粒子中心到中心的距离.

空间曲率: 在很多宇宙学模型中, 光不沿直线传播, 而是沿弯曲的路径. 这些路径的曲率是空间的曲率.

暗能量: 这是一种假设的充满宇宙的能量, 倾向于使宇宙膨胀加速. 人们几乎不知道它的物理起源. 它可能是某种形式的宇宙学常数 Λ, 随着真空膨胀, 不断自我再生的一种真空能量成分. 但它也可以很好地代表其他可能随时间和地点变化的能量分布.

暗物质: 这种假设的物质形式似乎主导了星系中施加在恒星和星际物质上的引力.

衍射: 光束绕过阻挡物体传播. 不同波长的光沿不同方向传播.

盘: 被引力吸引在大质量中心天体旋转的气体、尘埃或恒星的薄圆形聚集体.

多普勒移动: 当辐射源离观测者而去, 整条辐射谱向长波 —— 低频移动, 当辐射源向观测者移动, 整条辐射谱向短波 —— 高频移动.

尘埃: 固体物质的细颗粒. 在星际空间中尘埃看起来聚集在不规则暗云中.

褐矮星: 一种低光度主序恒星.

食双星: 一对相互绕转的恒星, 其中一颗经过另一颗前方并挡住它的光.

电磁辐射: 包括射电波、红外线、可见光、紫外辐射、X 射线和伽马射线的一类辐射, 彼此的区别只是波长, 波长也决定了每个辐射量子的频率和能量.

电磁理论: 电磁过程的数学描述.

电磁波: 参见电磁辐射.

电子 e⁻: 一种带负电的粒子, 通常围绕原子核运动, 但如果从原子中脱离, 可以自行穿越太空.

电子伏特, eV: 能量单位. 一个黄光的量子携带的能量大约是 2 eV. 一个 X 射线光子的能量有几千电子伏特. 参见表 A.2.

状态方程: 温度变化时物质密度和压强之间的关系.

尔格(erg): 能量单位. 参见表 A.2. 以 1 cm/sec 的速度运动的 1 g 质量的能量是 0.5 erg.

爆发变星: 突然改变光输出的变星, 通常从正常的低水平变为高得多的爆发水平. 参见新星.

eV: 参见电子伏特和表 A.2.

事件视界: 将可观测的事件和其他那些天体退行速度超过光速而消失的事件隔开的一个面.

主序后恒星: 见主序. 一颗已经将其可用的氢转化为氦且不再处于主序中的恒星.

极紫外: 波长非常短的紫外线和波长非常长的 X 射线定义了这个波段的上限和下限.

法拉第旋转: 沿局域磁场方向穿过电离气体的平面偏振波会经历偏振方向的转动. 这个转动在长波射电波段最大, 随波长变短而单调减小.

场论: 一种理论, 其中粒子之间的力是由充满粒子所占据的空间的场传递的. 这个场不断产生和消灭传递粒子之间力的中间粒子. 这个场作用的粒子可以被认为是场的空间能量分布的聚集.

耀发星: 光度可以在数分钟内增大巨大倍数, 随后缓慢降低到正常水平的恒星. 在一些罕见的恒星中, 光度增大超过 100 倍. 大多数只增大 2~5 倍.

平直空间: 宇宙空间被称为平直的, 如果宇宙是无限的, 而且其几何遵守欧几里得的公设, 特别是平行直线无论延长多远都永不相交. 在爱因斯坦的广义相对论中, 这只在宇宙的质-能密度取一个与哈勃常数 H、引力常数 G 的关系为 $\rho_{\text{crit}} = 3H^2/(8\pi G)$ 的临界值 ρ_{crit} 时发生.

流量: 在所测量的频率范围内每秒通过单位面积的能量.

频率, ν: 波, 例如, 电磁波在一秒内经过观察者的波峰数量. 参见赫兹(Hz).

星系盘: 旋涡星系中心平面的恒星和气体的盘状聚集.

星系: 星系是 $10^9 \sim 10^{11}$ 颗恒星的孤立星群和相伴的星际物质, 相互由引力束缚. 星系的英文首字母大写后 (Galaxy) 特指太阳系所在的星系 (银河系). 它含有大约 10^{11} 颗恒星, 跨度达十万光年, 含有一些年龄超过 10^{10} 年的恒星. 银河系有时称为 Milky Way, 因为从太阳系 (距离银河系中心 25000 光年) 看, 它看起来像跨过夜空的白色弥散带.

伽马射线, γ: 一种波长短于 10^{-10} cm、能量高于 10^5 eV 的电磁波. 参见表 A.2.

伽马暴: 在不可预测的时刻从天空中不同部分达到地球的伽马射线爆发, 通常持续不超过几秒钟. 大部分来自遥远的星系, 看起来是骇新星爆发或两颗中子星并合产生的. 见骇新星.

高斯: 磁场强度单位. 地球磁场强度大约是半高斯, 随纬度变化. 在磁性恒星中, 磁场强度可以超过 10^4 Gs. 在星际空间中磁场强度弱于 10^{-5} Gs.

GeV: 见表 A.2.

GHz, 吉赫兹: 10^9 Hz. 见表 A.2. 参见 Hz.

巨星: 任何高度明亮的恒星. 见红巨星.

球状星团: 紧密的引力束缚的 $10^5 \sim 10^7$ 颗恒星的聚集体. 银河系含有数百个球状星团, 都是在 10^{10} 年前形成的.

Gpc, 吉秒差距: 见表 A.1.

克, g: 质量单位. 1 cm³ 水, 大约是一个顶针那么多, 有 1 g 质量. 不同质量单位之间的关系见表 A.3 和图 A.2.

引力辐射: 预期由大质量加速物体释放的一种辐射. 迄今为止, 这些引力波还没有被直接观测到, 但从中子星双星轨道的逐渐变化推断了它们的存在. 引力辐射的量子有时称为引力子.

引力波: 见引力辐射.

海森伯不确定性原理: 见不确定性原理.

赫兹, Hz: 对频率的度量, 以 19 世纪德国物理学家海因里希·赫兹命名. 1 Hz 等于每秒一周. 见表 A.2.

赫罗图: 绘制恒星光度作为光谱型的函数的一种图. 见图 4.1.

均匀性: 始终具有一致性的性质.

哈勃常数, H: 宇宙膨胀速率, 通常用千米每秒每兆秒差距, km/(sec · Mpc) 表示.

骇新星: 一种极端强大的超新星.

Hz: 见赫兹 (Hz).

理想气体: 一种理想化为由无相互作用的随机运动的点状粒子组成的气体. 这个概念在分析高度稀薄的气体的行为时有用.

信息: 对数据内容的定量测量. 参见比特.

红外星系: 大部分能量在红外波段发射的星系.

红外辐射: 波长在 $0.7\ \mu m \sim 1\ mm$ 范围的辐射. 参见表 A.1.

红外星: 大部分能量以红外辐射发射的恒星.

辐射强度: 辐射束的能量含量; 对亮度的度量.

干涉仪: 用于干涉测量的装置. 见干涉测量.

干涉测量: 使用叠加的电磁辐射束之间的干涉测量一个辐射源的角度或光谱结构.

行星际空间: 围绕太阳的行星之间的区域.

星际云: 恒星之间的气体或尘埃云.

离子: 通过增加或 (更通常) 丢失围绕原子核的电子而带电的原子.

电离氢区: 含有 (通过去除电子而) 电离的氢的星际空间区域. 它主要含有自由运动的电子、质子及少量其他离子和原子.

各向同性: 不依赖于方位; 沿任意方向有相同的特性.

开尔文温标, K: 单位等同于传统的摄氏温标但零点在绝对零度 (在那里, 所有物质的能量达到最小)的一种温标. 开尔文温标的零点对应于摄氏温标的–273.15 ℃.

keV: 见表 A.2.

kHz: 见表 A.2.

边缘: 观测者看到的太阳或月球或恒星和行星的投影盘的边缘.

对数: 以 10 为底的数字 N 的对数是 n, 如果 $10^n = N$. 我们写作 $\log_{10} N = n$.

对数标度: 相差一个常数因子, 比如 10 的数字画成相同间距的一种标度. 见图 A.2.

光度: 辐射源在单位时间内发出的能量.

马赫原理: 宇宙中遥远物质的聚集决定了所有地方的无加速运动的局域状态, 并且决定了一个物体的惯性 —— 它对加速的抵抗. 这个原理在不同时期的一些版本也提出自然常数可能类似地被确定, 但这现在看来是不可能的.

磁场: 对运动电荷和磁化物体施加力的场. 参见高斯.

磁变星: 具有极高磁偶极场的变星, 通常具有比太阳强数千倍的磁场.

恒星或星系的星等: 恒星或星系的亮度. 从地球上看恒星或星系的星等称为视星等. 从标准距离, 取为 10 秒差距 —— 大约 30 光年看, 恒星或星系的星等称为绝对星等. 两颗恒星或两个星系光度相差一个星等, 亮度大约相差 2.5 倍. 五个星等相当于亮度相差 100 倍. 在可见光波段测量的星等称为目视星等.

主序: 见赫罗图. 在恒星光度作为颜色或温度的图上, 所有恒星中超过 90% 落在一个从亮的、热的蓝恒星到暗的、冷的红恒星的一条带上. 这条带就是主序.

主序恒星: 落在赫罗图主序上的恒星. 见主序. 参见赫罗图.

流形: 广义相对论中的流形是一个空间, 每点附近类似一个四维欧氏空间. 然而, 在更大的距离上, 空间可能是弯曲的, 依赖于空间中质量–能量的分布.

脉泽: 以雪崩方式发射光子的电磁辐射强源, 所有光子有相同的波长、偏振和行进方向.

质量亏损: 原子质量与其组成粒子没有结合时的质量和之差. 原子核中的质子和中子结合得越紧密, 质量亏损越大.

兆赫兹, MHz: 一百万赫兹 $= 10^6$ 周每秒. 见表 A.2.

流星: 在高速进入上层大气时燃烧和解体并沿其轨迹产生一条光带的星际物质颗粒.

陨石: 见流星. 相当大的流星, 大部分作为一块固体物质穿过大气撞击地球.

度规: 四维相对论性时空中的度规是时空中两个元素之间距离的数学表达式.

MHz: 见兆赫兹.

微米: 1 μm$= 10^{-4}$ cm$= 10^{-6}$ m. 参见表 A.1.

微波背景辐射: 来自宇宙的各向同性的微波辐射. 这种辐射的强度差不多等于内壁温度保持在 2.73 K 的空腔的辐射.

微波辐射: 波长在 1 mm 到超过 10 cm 的电磁辐射.

天然卫星: 类似行星的天体, 受重力作用与较大的母星相连并绕其运行. 地球只有一颗天然卫星; 木星有几十颗. 见行星.

中微子, ν: 一种不带电的亚原子粒子, 自旋 1/2, 静止质量接近于零, 速度通常接近光速. 中微子的反粒子是反中微子. 参见反中微子.

中子, n: 一种电中性粒子, 质量在某种程度上超过一个氢原子. 在所有原子核中, 除了通常的氢, 中子都与质子和其他中子相结合. 当从原子核独立出来后, 中子会以 885 秒的平均寿命衰变, 产生一个电子、一个质子和一个反中微子.

中子星: 一种坍缩的致密星, 其核心主要由中子组成.

噪声: 探测器记录的杂散信号.

非热辐射: 气体发出的比预期的热辐射多出来的辐射.

新星: 在数小时或数天内光度增加到 10^5 倍的爆发恒星, 在几周内恢复到原来的光度, 大致和太阳相当. 新星是由冷的红巨星和致密的较热的伴星组成的双星. 致密星剥离巨星的外层, 聚集这些物质直到临界表面质量触发热核爆炸. 如此周期性地重复.

核子: 原子核中质子和中子的总称.

观测: 一种被动形式的研究, 其中观测者无法刺激所研究的系统.

掩星: 天体源的光被通过源和观测者之间的天体消减.

年老恒星: 已经演化了超过 10^8 年的恒星. 相比之下, 年轻恒星可能在短于 $10^7 \sim 10^8$ 年前形成.

轨道速度: 绕转天体沿其轨道运动的速度.

正交尺寸: 两条或更多相互垂直的线称为正交的. 沿着这些线测量的长度确定了一个物理系统的尺寸.

视差: 在观测者从一个地方移动到另一个地方时源在天空中表观位置的变化. 在判断恒星的距离时, 地球的运动取为等价于沿垂直于视线的基线运动一倍地球和太阳的径向距离, 1.5×10^{13} cm.

参数: 一种可以量化的特性, 其数值描述了一个系统的物理状态.

秒差距, pc: 视差为一角秒的恒星的距离. 这个距离, 3×10^{18} cm 大约相当于三光年, 大约 20 万亿英里.

近星点进动: 在椭圆轨道上绕太阳转动的行星的近星点是它距离太阳最近的点. 这个点会缓慢但持续地围绕太阳转动, 这个运动叫做进动.

相: 一个演化的系统的一个发展阶段.

物质的相: 原子核分子物质可以以多种不同状态存在, 称为相. 主要的相有电离相、气相、液相或固相. 但是也存在其他的相, 比如固体的不同结晶状态.

现象: 一类与其他类迥异的物体或事件模式.

测光: 一种低谱分辨率的亮度测量, 通常包含了与观测的辐射平均频率相当的一个带宽.

光子: 辐射的量子.

普朗克常量, h: 数值为 $\sim 6.6 \times 10^{-27}$ erg·sec 的常量. 乘以光子频率 ν, 普朗克常量可以给出光子的能量, $E = h\nu$.

行星: 太阳被八个称为 "行星" 的大天体围绕, 其中六个被卫星环绕, 至少三个有环. 随着与太阳距离增加, 这些行星是水星、金星、地球、火星、木星、土星、天王星、海王星.

行星状星云: 从主序后恒星抛出、被这颗恒星的白矮星残骸的紫外辐射电离的气体云.

行星系统: 引力束缚在它们所围绕的恒星周围的一组行星. 太阳系是一个行星系统, 但现在知道相当比例的其他恒星也有行星系统.

等离子体: 一种电离气体. 参见电离氢区.

正电子, e^+: 电子的反粒子, 和电子在所有方面都相同, 除了带正电外.

质子, p: 氢原子的原子核.

脉冲星: 一种以规律的间隔发出尖锐射电或伽马射线脉冲的源. 在一些脉冲星中, 这个间隔可以短达毫秒; 在另一些中间隔可以长达数秒. 大多数脉冲星被认为是旋转的、高度磁化的中子星, 是超新星爆发的残骸.

脉动变星: 半径和亮度规律或准规律变化的恒星.

类星体: 占据星系核心的一种致密辐射源. 类星体含有质量可以高达 $10^9 M_\odot$ 的巨型黑洞. 它们通常有较高红移, 显示出亮度的不规则变化.

雷达: 一种向远处物体发射射电脉冲、通过反射回来的脉冲到达时间延迟测量距离的技术.

射电星: 发出射电波的恒星, 通常是光度突然增大时变为射电辐射源的罕见恒星.

射电波: 波长超过 1 mm 的电磁波.

退行速度: 在观测者视线方向退行的速度.

红巨星: 位于赫罗图红巨星分支的一种明亮的红色恒星. 见图 4.1.

红移: 整条光谱向长波、低频移动. 假定观测一个星系的某条氢的谱线频率为 λ_1, 其中同一条谱线在本地的频率是 λ_0, 则红移是 $z = [(\lambda_0 - \lambda_1)/\lambda_1]$. 参见蓝移.

相对论性: 表示物体运动明显被相对论定律支配的一个形容词.

相对论性粒子: 以接近光速运动的亚原子粒子.

分辨能力: 谱分辨能力, R_S 是观测波长 λ 和刚好能分辨的波长差 $\delta\lambda$ 的比例:

$$R_S = \lambda/\delta\lambda.$$

如果一个角 $\delta\theta$ 刚好能被分辨, 那么角分辨能力 —— 也叫做空间分辨能力, 为

$$R_\theta = 1/\delta\theta.$$

静质量: 物体的质量在静止时最小, 在高速时显著增大.

卫星: 有两类卫星 —— 天然的和人造的. 人造卫星是放置在围绕行星或天然卫星的轨道上的装置, 通常用于科学、通信或军事用途. 参见天然卫星.

标量: 标量可以用单个量级描述, 如温度、质量、密度或速度, 它们都不指定空间方向.

标量粒子、场或扰动: 标量粒子是一种假设的没有方向性的粒子. 所以, 它没有自旋. 标量场是类似假设的由标量粒子产生的场. 原子上, 这些场可以扰动空间中的密度分布产生标量扰动.

史瓦西半径: 构成黑洞表面的球的半径, 没有向外的辐射或物质能穿过它而逃脱. 见黑洞.

灵敏度: 一台仪器能探测微弱信号的能力.

SETI: 寻找地外智慧的项目, 主要是分析可能来自行星系统的近邻恒星射电信号.

塞弗特星系: 具有致密核心的旋涡星系, 在其中观测到了数千千米每秒的气体速度. 人们相信这些致密核通常含有超大质量黑洞.

冲击: 改变一个系统状态的突然影响.

太阳质量, $M_\odot$: 太阳的质量. 一个质量单位. 见表 A.3.

太阳系: 太阳和星系系统、天然卫星、小行星、彗星以所有其他围绕太阳的物质. 参见行星、天然卫星、小行星、彗星.

空间分辨率: 见分辨能力.

光谱能量分布: 一颗恒星或一个星系在一个波长或频率范围发出的辐射的分布.

谱线: 由于在某个特定颜色或波长辐射超出或缺失造成的光谱中的窄的暗或亮的特征.

谱分辨率: 见分辨能力.

光谱型: 一颗恒星的光谱型由其光谱决定, 很大程度上依赖于恒星的表面温度. 表面化学也可能是一个因素. 光谱显示出相似特征的恒星被称为有相同的光谱型.

光谱仪: 光谱学使用的仪器. 参见光谱学.

分光双星: 一种双星, 两颗恒星是通过两组叠加的光谱分辨的, 一组光谱对应一颗恒星. 这两组光谱显示出相反的随时间变化的多普勒频移, 因为每颗恒星围绕一个共同质心转动, 交替地接近和远离观测者.

光谱学: 把光分成波长或颜色成分的过程.

光谱: 展示光的不同颜色成分, 或其他类型电磁辐射的波长成分, 每个成分的强度分别显示.

光速, c: 光速大约是 3×10^{10} cm/sec 或者等价地, 300000 cm/sec.

自旋: 每个基本粒子都以自旋角动量表征. 电子、质子、中子和中微子自旋都是 $1/(2\hbar)$. 光量子自旋为 $\hbar$. 对于引力波, 人们相信自旋是 $2\hbar$, 其中 $\hbar$ 是普朗克常量 h 除以 2π. 一些亚核粒子也具有零自旋.

旋涡星系: 恒星、气体和尘埃排列成螺旋状从星系中心向外延伸的线条的一种星系. 棒旋星系是旋臂出现在星系中心细长棒状恒星聚集体末端的一种星系.

稳定性: 承受小扰动并恢复平衡的能力.

恒星: 含有 $10^{32} \sim 10^{35}$ g 物质的引力束缚的致密天体. 只要核能和引力能一直通过恒星高度压缩的中心区域的活动释放, 它就能一直发光. 参见双星、褐矮星、主序后星、耀发星、巨星、主序星、年老恒星、红巨星、变星、年轻恒星.

统计推理: 基于已知结构的系统中随机发生事件的概率的推理.

视超光速源: 成分膨胀看起来快于光速的源.

视超光速: 速度看起来快于光速.

超大质量黑洞: 星系核心的黑洞质量可以达到 $\sim 10^9 M_\odot$.

超新星: 在爆发时, 在几个小时或几天内光度可以增大 $\sim 10^8$ 倍的恒星. 最明亮的超新星称为骇新星, 是已知的最明亮的单颗恒星. 超新星亮度在几个月的时期里降低. 见骇新星.

表面亮度: 一秒钟从单位面积发出的能量.

热核转化: 在足够高, 能产生热核反应的温度, 氢转化为氦, 或者更一般地任何元素转化为其他元素. 恒星内部的核反应释放能量, 最终在恒星表面以星光发射.

时间膨胀: 时钟节奏变慢. 时间膨胀发生在以接近光速运动的物体和放置在大质量物体附近的物体中.

拓扑: 在连续变形 (包括不撕裂的拉伸和弯曲) 下得以保持的一个物体或空间的性质. 球和立方体有相同的拓扑, 但和甜甜圈不同. 有连接杯口和底部的弯曲把手的茶杯和甜甜圈有相同的拓扑结构.

紫外辐射: 波长比紫光短, 在 ~ 4000 Å 至 100 Å范围的电磁辐射. 人眼看不见 (感知不了) 紫外辐射.

不确定性原理: 沃纳·海森伯提出的不确定性原理, 说的是物质或辐射性质的互补对不能同时以任意精度测量. 所以, 粒子或光子的频率和到达时间不能同时确定到超过某个精度水平.

宇宙: 我们所居住的整个事件; 我们能巡视的所有东西. 参见宇宙.

变星: 见造父变星、爆发变星、耀发星、脉动变星.

位力定理: 这个定理指出, 一个引力耦合的围绕一个共同中心做轨道运动的粒子系统具有长期平均的动能 $\langle T \rangle$, 等于长期平均势能 $\langle V \rangle$ 绝对值的一半, $\langle T \rangle = -\langle V \rangle/2$.

目视双星: 一个系统中两颗互相绕转的恒星距离足够远, 用望远镜观察时可以在空间上分辨.

瓦特, W: 功率单位, 等于 10^7 erg/sec.

波长, λ: 相继的波峰之间的距离.

白矮星: 在耗尽所有热核能源后引力收缩到现在大小的致密星. 它的大小和地球相当. 它的质量和太阳相当.

X射线: 能量是可见光光子能量的 $10^3 \sim 10^5$ 倍的光子.

X射线背景辐射: 天空中的弥散 X 射线辐射, 主要来自星系核中的超大质量黑洞的 X 射线辐射. 波长从 ~ 1000 Å到 0.1 Å.

X射线星系: 在 X 射线波段发射可观比例的能量的星系.

X射线星: 在 X 射线波段发射可观比例的能量的恒星.

年轻恒星: 见年老恒星.

单位和范围

非常大和非常小的数字用 10 的幂表示. 所以, 10^6 表示 1000000, 也就是一百万, 其中 6 表示 1 后面零的个数. 类似地, 10^{-6} 表示 0.000001, 表示百万分之一;

7×10^{-6} 是百万分之七.

表 A.1　长度单位之间的关系

单位	以厘米表示的长度/cm	以米表示的长度/m
埃, Å	10^{-8}	10^{-10}
微米, μm	10^{-4}	10^{-6}
毫米, mm	10^{-1}	10^{-3}
厘米, cm	1	10^{-2}
米, m	10^2	1
千米, km	10^5	10^3
光年, ly	9×10^{17}	9×10^{15}
秒差距, pc	3×10^{18}	3×10^{16}
千秒差距, kpc	3×10^{21}	3×10^{19}
兆秒差距, Mpc	3×10^{24}	3×10^{22}
吉秒差距, Gpc	3×10^{27}	3×10^{25}

表 A.2　光子能量、波长和频率单位之间的关系

单位	以尔格表示的能量/erg	光子波长/cm	光子频率/Hz
1 电子伏特 (eV)	1.6×10^{-12}	1.2×10^{-4}	2.5×10^{14}
1 keV $= 10^3$ eV	1.6×10^{-9}	1.2×10^{-7}	2.5×10^{17}
1 MeV $= 10^6$ eV	1.6×10^{-6}	1.2×10^{-10}	2.5×10^{20}
1 GeV $= 10^9$ eV	1.6×10^{-3}	1.2×10^{-10}	2.5×10^{23}

注: (波长, λ)×(频率, ν)=(光速, c): $\lambda\nu = c = 3 \times 10^{10}$ cm/sec; (能量, E)=(普朗克常量, h)× (频率, ν).

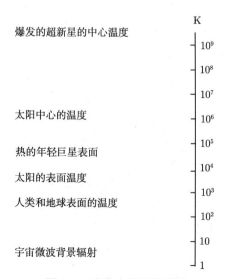

图 A.1　宇宙中的温度范围

表 A.3 质量单位之间的关系

单位	以克表示的质量/g
微克, μg	10^{-6}
毫克, mg	10^{-3}
克, g	1
千克, kg	10^3
吨, t	10^6
太阳质量, $M_\odot$	2×10^{33}

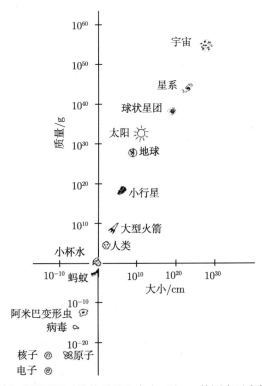

图 A.2 以对数标度表示的不同天体的质量和大小, 以 10 的幂表示它们超过 $1\ \text{cm}^3$ 的倍数. 范围从电子, 质量为 $\sim 10^{-27}$ g, 半径为 $\sim 10^{-13}$ cm, 到宇宙的可见部分, 质量 $\sim 10^{55}$ g, 大小 $\sim 10^{28}$ cm

附录 B 人名对照表

外文人名	国别	人名中文翻译
Albert Einstein	德国	阿尔伯特·爱因斯坦
Albert Michelson	美国	阿尔伯特·迈克尔孙
Albrecht Unsöld	德国	阿尔布雷特·昂索特
Alexander Friedmann	俄国–苏联	亚历山大·弗里德曼
Andrew Pickering	英国	安德鲁·皮克林
Antoine Henri Becquerel	法国	安东尼·昂利·贝克勒尔
Arno A. Penzias	美国	阿诺·A.彭齐亚斯
Arnold Sommerfeld	德国	阿诺德·索末菲
Baron Roland von Eötvös	匈牙利	巴荣·罗兰·冯·厄缶
Bengt Strömgren	丹麦	本特·斯特龙根
Bernard Lovell	英国	伯纳德·洛维尔
Bernhard Riemann	德国	伯恩哈特·黎曼
Carl Friedrich von Weizsäcker	德国	卡尔·弗里德里希·冯·魏茨泽克
Cecilia H. Payne	美国	塞西莉亚·H.佩恩
Charles J. (Charlie) Pellerin	美国	查尔斯·J.(查理)·佩尔兰
Christian Doppler	奥地利	克里斯蒂安·多普勒
Claude Servais Mathias Pouillet	法国	克劳德·塞尔维·马提亚·普耶
Cyril Hazard	英国	西里尔·哈泽德
Daniel Kevles	美国	丹尼尔·凯威勒斯
David H. DeVorkin	美国	大卫·H.德沃金
David Hilbert	德国	大卫·希尔伯特
Dewight D. Eisenhower	美国	德怀特·D.艾森豪威尔
Dmitri Ivanovich Mendeleev	俄国	德米特里·伊万诺维奇·门捷列夫
Donald J. Hughes	美国	唐纳德·休斯
Duncan Watts	美国	邓肯·沃茨
Edgar Kutzschner	德国	埃德加·W.库茨施纳
Edward Teller	匈牙利	爱德华·特勒
Edwin Powell Hubble	美国	埃德温·鲍威尔·哈勃
Eleanor Margaret Burbidge	英国	埃莉诺·玛格丽特·博比奇
Emmy Noether	德国	艾米·诺特
Enrico Fermi	意大利	恩里克·费米
Ernest Rutherford	英国	欧内斯特·卢瑟福
Ernst Mach	奥地利	恩斯特·马赫
Ernst Öpik	爱沙尼亚	恩斯特·约皮克
Erwin Schrödinger	奥地利	欧文·薛定谔

续表

外文人名	国别	人名中文翻译
Eugene Wigner	美国	尤金·魏格纳
Evegeny M. Lifshitz	苏联	叶甫盖尼·M. 栗夫希茨
Felix Klein	德国	菲利克斯·克莱茵
Franklin D. (Frank) Martin	美国	富兰克林·D. 马丁
Franklin Delano Roosevelt	美国	富兰克林·D. 罗斯福
Fred L. Whipple	美国	弗雷德·L. 惠普尔
Friedrich Haller	瑞士	弗里德里希·哈勒
Fritz Zwicky	瑞士	弗里茨·兹维基
Geoffrey Ronald Burbidge	英国	杰弗里·罗纳德·博比奇
George Eastman	美国	乔治·伊士曼
George Gamow	苏联	乔治·伽莫夫
Georg von Hevesy	匈牙利	盖奥尔格·冯·赫维西
Gerrit L. Verschuur	美国	格利特·L. 费斯丘尔
Glen A. Rebka Jr.	美国	小格伦·A. 瑞贝卡
Grote Reber	美国	格洛特·雷伯
Guglielmo Marconi	意大利	古列尔莫·马可尼
Gustav Robert Kirchhoff	德国	古斯塔夫·罗伯特·基尔霍夫
Gustav Strömberg	瑞典	古斯塔夫·斯特伦贝里
Harlow Shapley	美国	哈罗·沙普利
Hans Bethe	德国	汉斯·贝特
Hans Geiger	德国	汉斯·盖革
Heinrich Hertz	德国	海因里希·赫兹
Helge Kragh	丹麦	赫尔奇·克拉夫
Henry Norris Russell	美国	亨利·诺里斯·罗素
Hendrik A. Lorentz	荷兰	亨德里克·A. 洛伦兹
Hermann Carl Vogel	德国	赫尔曼·卡尔·福格
Hermann Minkowski	俄国、德国	赫尔曼·闵可夫斯基
Hermann von Helmholz	德国	赫尔曼·冯·亥姆霍兹
Hippolyte Fizeau	法国	希波吕忒·斐索
Ippei Okamoto	日本	冈本一平
Ira Wasserman	美国	伊拉·瓦瑟曼
Irwin Shapiro	美国	埃尔文·夏皮罗
Isaac Newton	英国	艾萨克·牛顿
Jagdish Mehra	美国	雅迪什·梅拉
Jake Garn	美国	杰克·加恩
Jan Oort	荷兰	詹·奥特
James Chadwick	英国	詹姆斯·查德威克
James Clerk Maxwell	英国	詹姆斯·克拉克·麦克斯韦
James F. Brisson	美国	詹姆斯·布里森
James Jeans	英国	詹姆斯·金斯

续表

外文人名	国别	人名中文翻译
James stanley Hey	英国	詹姆斯·斯坦利·海伊
Jesse G. Greenstein	美国	耶西·格林斯坦
Jocelyn Bell	英国	乔斯林·贝尔
Johann Jakob Balmer	瑞士	约安·雅各布·巴尔末
Johannes Robert Rydberg	瑞典	约安尼斯·罗伯特·里德伯
John Hasbrouck van Vleck	美国	约翰·哈斯布鲁克·范·弗莱克
John Mitchell Nuttall	英国	约翰·米切尔·纳托尔
Joseph John Thomson	英国	约瑟夫·约翰·汤姆孙
Josef Stefan	奥地利	约瑟夫·斯特藩
Julius Robert Mayer	德国	尤里乌斯·罗伯特·迈尔
Julius Scheiner	德国	尤里乌斯·席耐尔
Jun Ishiwara	日本	石原纯
Karl Hufbauer	美国	卡尔·霍夫鲍尔
Karl Jansky	美国	卡尔·央斯基
Karl Taylor Compton	美国	卡尔·泰勒·康普顿
Karl Schwarzschild	德国	卡尔·史瓦西
Lev Landau	苏联	列夫·朗道
Louis R. Henrich	美国	路易斯·R. 亨里奇
Ludwik Fleck	波兰	路德维克·弗莱克
Maarten Schmidt	美国	马丁·施密特
Marcel Grossmann	瑞士	马赛尔·格罗斯曼
Marie Skłodowska Curie	波兰	玛丽·斯克罗多夫斯卡·居里
Mário Schoenberg	巴西	马里奥·勋伯格
Mark Newman	美国	马克·纽曼
Martin Rees	英国	马丁·瑞斯
Martin Ryle	英国	马丁·赖尔
Maurice Solovine	瑞士	莫里斯·索洛文
Max Born	德国	马克斯·玻恩
Max Planck	德国	马克斯·普朗克
Meghnad Saha	印度	梅格纳德·萨哈
Niels Bohr	丹麦	尼尔斯·玻尔
Otto Struve	美国	奥托·斯特鲁韦
Pascual Jordan	德国	帕斯卡·约当
Paul Dirac	英国	保罗·狄拉克
Pierre Curie	法国	皮埃尔·居里
Ralph A. Alpher	美国	拉尔夫·A. 阿尔弗
Ralph Howard Fowler	英国	拉尔夫·霍华德·福勒
Renee M. Rottner	美国	勒妮·M. 罗特纳
Riccardo Giacconi	意大利	里卡多·贾科尼
Richard Manchester	美国	理查德·曼彻斯特

续表

外文人名	国别	人名中文翻译
Robert Atkinson	英国	罗伯特·阿特金森
Robert C. Herman	美国	罗伯特·C. 赫尔曼
Robert Sherwood Shankland	美国	罗伯特·舍伍德·尚克兰
Robert Vivian Pound	美国	罗伯特·薇薇安·庞德
Robert Wilhelm Bunsen	德国	罗伯特·威廉·本生
Rudolph Minkowski	德国	鲁道夫·闵可夫斯基
Rudolf Mössbauer	德国	鲁道夫·穆斯堡尔
Steven Strogatz	美国	斯蒂芬·斯托加茨
Subrahmanyan Chandrasekhar	印度	萨婆罗门扬·钱德拉塞卡
Thomas Kuhn	美国	托马斯·库恩
Vannevar Bush	美国	范内瓦·布什
Vesto Melvin Slipher	美国	维斯托·梅尔文·斯里弗
Viktor Hess	奥地利	维克多·赫斯
Walter S. Adams	美国	沃尔特·S. 亚当
Walter Baade	德国	沃尔特·巴德
Ward Whaling	美国	沃德·威灵
Wernher von Braun	德国	沃纳·冯·布劳恩
Wilhelm Anderson	爱沙尼亚	威廉·安德森
Willem de Sitter	荷兰	威廉·德·西特
William Marshall Smart	英国	威廉·马绍尔·斯马特
William McElroy	美国	威廉·麦克尔罗伊
William Ramsay	英国	威廉·拉姆赛
William Rowan Hamilton	爱尔兰	威廉·罗恩·哈密顿
Wolfgang Pauli	德国	沃尔夫冈·泡利
Yuri Krutkov	俄国-苏联	尤里·克鲁特科夫

注: 在没有约定俗成的情况下, 外文人名通常按照原文发音音译 (日文人名按日文汉字翻译), 故同样的名字可能对应不同的中文. 例如, 英国人 Henry 译为亨利, 法国人 Henry 译为昂利.

附录 C 地名对照表

外文地名	国别	地名中文翻译
Aarau	瑞士	阿劳
Cambridge	英国	剑桥
Danzig	西普鲁士 (今波兰)	但泽 (格但斯克)
Everett, Massachusetts	美国	马萨诸塞州埃弗雷特
Gallipoli	土耳其	加里波利 (盖利伯卢的旧称)
Göttingen	德国	哥廷根
Flagstaff, Arizona	美国	亚利桑那州弗拉格斯塔夫
Holmdel	美国	霍姆德尔
Kendal,Westmorland	英国	威斯特摩兰郡肯达尔
Principe Island	圣多美和普林西比	普林西比岛
Sobral, in the state of Caera	巴西	塞阿拉州索布拉尔镇
Würzburg	德国	维尔茨堡

索　引